千華數位文化
Chien Hua Learning Resources Network

考前充分準備 臨場沉穩作答

千華公職資訊網
http://www.chienhua.com.tw
每日即時考情資訊 網路書店購書不出門

千華公職證照粉絲團 📘
https://www.facebook.com/chienhuafan
優惠活動搶先曝光

千華 Line@ 專人諮詢服務

☑ 有疑問想要諮詢嗎？
　歡迎加入千華 LINE＠！

☑ 無論是考試日期、教材推薦、
　勘誤問題等，都能得到滿意的服務。

☑ 我們提供專人諮詢互動，
　更能時時掌握考訊及優惠活動！

經濟部國營事業

(台糖、台電、中油、台水、漢翔) 新進職員甄試

一、報名方式：一律採「網路報名」。

二、學歷資格：教育部認可之國內外公私立專科以上學校畢業。

三、應試資訊

完整考試資訊

http://goo.gl/VLVflr

(一)甄試類別：各類別考試科目及錄取名額：

類別	專業科目A (30%)	專業科目B (50%)
企管	1. 企業概論 2. 法學緒論	1. 管理學 2. 經濟學
人資	1. 企業概論 2. 法學緒論	1. 人力資源管理 2. 勞動法令
財會	1. 政府採購法規 2. 會計審計法規（含預算法、會計法、決算法與審計法）	1. 中級會計學 2. 財務管理
大眾傳播	1. 新媒介科技 2. 傳播理論	1. 新聞報導與寫作 2. 公共關係與危機處理
資訊	1. 計算機原理 2. 網路概論	1. 資訊管理 2. 程式設計
統計資訊	1. 統計學 2. 巨量資料概論	1. 資料庫及資料探勘 2. 程式設計
法務	1. 商事法 2. 行政法	1. 民法 2. 民事訴訟法
智財法務	1. 智慧財產法 2. 行政法	1. 專利法 2. 商標法

類別	專業科目A (30%)	專業科目B (50%)
政風	1. 民法 2. 行政程序法	1. 刑法 2. 刑事訴訟法
地政	1. 政府採購法規 2. 民法	1. 土地法規與土地登記 2. 土地利用
土地開發	1. 政府採購法規 2. 環境規劃與都市設計	1. 土地使用計畫及管制 2. 土地開發及利用
土木	1. 應用力學 2. 材料力學	1. 大地工程學 2. 結構設計
建築	1. 建築結構、構造與施工 2. 建築環境控制	1. 營建法規與實務 2. 建築計劃與設計
水利	1. 流體力學 2. 水文學	1. 渠道水力學 2. 土壤力學與基礎工程
機械	1. 應用力學 2. 材料力學	1. 熱力學與熱機學 2. 流體力學與流體機械
電機(甲)	1. 電路學 2. 電子學	1. 電力系統 2. 電機機械
電機(乙)	1. 計算機概論 2. 電子學	1. 電路學 2. 電磁學
儀電	1. 電路學 2. 電子學	1. 計算機概論 2. 自動控制
環工	1. 環化及環微 2. 廢棄物清理工程	1. 環境管理與空污防制 2. 水處理技術
畜牧獸醫	1. 家畜各論(豬學) 2. 豬病學	1. 家畜解剖生理學 2. 免疫學
農業	1. 植物生理學 2. 作物學	1. 農場經營管理學 2. 土壤學

類別	專業科目A (30%)	專業科目B (50%)
化學	1. 普通化學 2. 無機化學	1. 定性定量分析 2. 儀器分析
化工製程	1. 化工熱力學 2. 化學反應工程學	1. 單元操作 2. 輸送現象
地質	1. 普通地質學 2. 地球物理概論	1. 構造地質學 2. 沉積學
石油開採	1. 岩石力學 2. 岩石與礦物學	1. 石油工程 2. 油層工程

(二)初(筆)試科目：

　　1.共同科目：國文、英文，各占初(筆)試成績10%，合計20%。

　　2.專業科目：除法務類均採非測驗式試題外，其餘各類別之專業科目A採測驗式試題(單選題，答錯倒扣該題分數3分之1)，專業科目B採非測驗式試題。

　　3.初(筆)試成績占總成績80%，共同科目占初(筆)試成績20%，專業科目占初(筆)試成績80%。

(三)複試(含查驗證件、人格特質評量、現場測試 、口試)。

四、待遇：人員到職後起薪及晉薪依各所分發之機構規定辦理，目前各機構起薪為新台幣3萬5仟元至3萬8仟元間。本甄試進用人員如有兼任車輛駕駛及初級保養者，屬業務上、職務上之所需，不另支給兼任司機加給。

※詳細資訊請以正式簡章為準！

 千華數位文化股份有限公司　■新北市中和區中山路三段136巷10弄17號
■TEL: 02-22289070　FAX: 02-22289076

🔧 目次

第一章 力系的平衡

第二章 摩擦、虛功原理與慣性矩

第三章 應力與應變分析

(2) 目次

第八章　質點動力學

第九章　剛體動力學

第十章　近年試題及解析

(4) 本書特色與準備要領

🔧 本書特色與準備要領

「工程力學」為機械土木類國營事業考試、機械類高普考、機械技師、關務地方三等四等特考及97年度增加的專利師考試專業科目之一，一般公務人員高等考試（三級）、特種考試（三等）及國營事業考試職員的招考都是用「工程力學」或是「應用力學」等名稱來表示，公務人員普通考試、特種考試（四等）、及國營事業招考雇員級的考試都是用「機械力學概要」、「應用力學概要」或是「工程力學概要」等名稱來表示，均包含靜力學、材料力學及動力學三門學科，就考科本身內容來說是一樣的，只是因為考科名稱的不同或是職等的不同而難度稍有不同而已，因此考科名稱無論是「機械力學」、「應用力學」或是「工程力學」，本書籍內容均已涵蓋所有範圍。

「工程力學」於機械類的各類考試中，佔有一定的重要性，考科包含靜力學、材料力學及動力學三門學科，一張考卷只有短短的五題來測驗考生解決問題的能力，因此收集各類國考的考古題，掌握各個單元在工程力學中所扮演的角色，才能更有效率的掌握重點，了解出題的趨勢。本書的特點在於收集近幾年重要機械土木類國營事業考試、機械土木類高普考、機械技師、關務地方三等、四等特考試題，搭配詳細的解答與分析，內容依國考出題方向及重點分配章節編輯成冊，一方面讓讀者能了解各單元出題的比重，另一方面節省了讀者收集考題的時間，並能了解出題的方向，掌握重點，能更有效率的達到高分的效果，可適用於所有國家考試之工程力學（含靜力、材力及動力）科目。

本書之編輯與校對多在下班、假日之餘，雖經再三校對，然因學識疏淺，疏失之處在所難免，尚祈各位先進不另指正，感激不盡。本書得以完成特別感謝千華數位文化有限公司編輯部之鼎力促成，內人劉懿嫻小姐協助打字與鼓勵。

編者謹識

第一章 力系的平衡

1-1 力學基本概論與定義

一、工程力學

(一) 靜力學：物體假設為受力後不變形之剛體，力作用於靜止物體時，應用平衡的幾何條件求解物體受力平衡關係的問題。

(二) 材料力學：物體假設為受力後會變形之彈性體，力作用於靜止物體時，外力對物體所產生的應力與變形之效應。

(三) 動力學：物體假設為受力後不變形之剛體，力作用於靜止或移動之物體時，外力對物體所產生的速度與加速度之變化。

二、力的效應

(一) 力的傳遞模式：力在物理上我們通常稱之為作用力(F)，具有大小與方向性，可用向量來表示力作用效應的大小、作用點及作用方向，與物體沿作用力方向的移動距離(S)之乘積，我們稱之為力的作用功。

(二) 外力與內力

1. **外力**：物體受到外界的作用力稱之為外力。
2. **內力**：物體受到外界的作用力時，其內部各部分彼此間的作用力，大小相等方向相反，稱之為內力。

三、牛頓定律

(一) 第一定律：一物體所受合力為零時，則此物體將保持靜止不動，或沿一直線作等速度運動，又稱之為慣性定律。

(二) 第二定律：一物體所受合力不為零時，則此物體在合力的作用方向上產生加速度，即表示 $F = ma$，其中合力為 F、質量為 m，a 表示物體的加速度。

(三) 第三定律：兩物體間若是存在有作用力與反作用力，其大小相等、方向相反且作用在同一線上。

(四) 萬有引力定律： 在任意兩個質點或物體之間有一吸引力作用 F，r 表示兩物體間的距離、G 表示萬有引力常數。

$$F = \frac{Gm_1m_2}{r^2} \Rightarrow 令 g = \frac{Gm_2}{r^2} \Rightarrow F = m_1g$$

四、力的單位

國際單位制度(The International System of Units)簡寫為 SI 制，其基本單位：長度、時間及質量分別以公尺 (m)、秒 (s) 以及公斤 (kg) 表示，力的單位則以牛頓 (N) 表示，1 牛頓定義：使物體質量 1kg 產生 1(m/s²)的加速度時，所需要的作用力。

五、平面的力系

(一) 力的分解

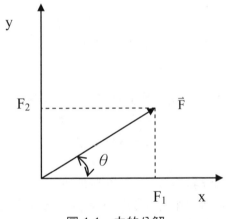

圖 1.1　力的分解

$$\vec{F} = F_1\vec{i} + F_2\vec{j} = |\vec{F}|\cos\theta\vec{i} + |\vec{F}|\sin\theta\vec{j}$$

(二) 力的平衡： 平面上各力的作用交於同一點 O，假設三個平面作用力 $\vec{F_1}$，$\vec{F_2}$，$\vec{F_3}$ 匯交於 O，如圖 1.2 所示，由力平衡公式可得 $\vec{F} = \vec{F_1} + \vec{F_2} + \vec{F_3}$，利用力多邊形求合力大小和方向。

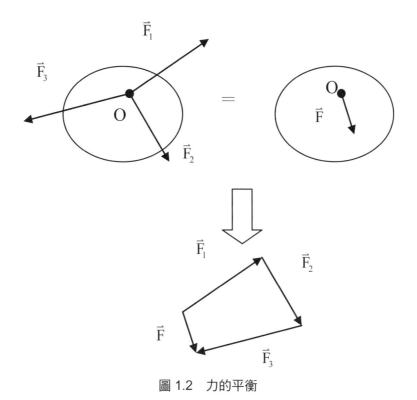

圖 1.2　力的平衡

1. 各方向作用力合成的結果是一個合力，合力作用線通過交會點，合力的大小和方向即為 $\vec{F} = \sum \vec{F}_i$ ，若為平面作用力可用下式表示：

$$\vec{F} = \sum F_x \vec{i} + \sum F_y \vec{j}$$

2. 假設作用在剛體上為 $(\vec{F}_1, \vec{F}_2, \cdots \vec{F}_n)$ 的平衡力系，即 $(\vec{F}_1 + \vec{F}_2 + \cdots \vec{F}_n) = 0$

3. 平面力系平衡。

$$\begin{cases} \sum F_x = 0 \\ \sum F_y = 0 \end{cases}$$

六、空間的力系

(一) 直角座標系統又稱為笛卡爾座標系統，為右手座標系統(right-handed coordinate system)，係將右手食指至小拇指，向正 x 軸方向伸展，朝正 y 軸方向握緊，此時右手大姆指的方向即為正 z 軸的方向。

(二) 如圖 1.3 計算力 $\vec{F}$ 在 x 軸和 z 軸上的投影時，先將力 $\vec{F}$ 投影在 xz 平面上，得平面上的投影向量，然後再投影到 x 軸和 z 軸上。

(三) $\vec{F} = \vec{F}_x + \vec{F}_y + \vec{F}_z = F_x\vec{i} + F_y\vec{j} + F_z\vec{k} = F\cos\alpha\cos\gamma\,\vec{i} + F\sin\alpha\,\vec{j} + F\cos\alpha\cos\beta\,\vec{k}$ 。

(四) 若某空間力系由幾個力組成，則合力：

$$\vec{F} = \sum \vec{F}_i = (\sum F_x)\vec{i} + (\sum F_y)\vec{j} + (\sum F_z)\vec{k}$$

合力的大小：$F = \sqrt{(\sum F_x)^2 + (\sum F_y)^2 + (\sum F_z)^2}$

(五) 在計算時可先計算 $\vec{F}$ 之單位向量，如圖 1.3，假設合力大小為 F＝100N 且 A 點座標為(2,3,4)，則 $\vec{F}$ 計算方式如下所示：

$$F_x = 100 \cdot \left(\frac{2}{\sqrt{(3)^2 + (4)^2 + (2)^2}}\right) = 37.2N \quad \text{、} \quad F_y = 100 \cdot \left(\frac{3}{\sqrt{(3)^2 + (4)^2 + (2)^2}}\right) = 55.7N$$

$$F_z = 100 \cdot \left(\frac{4}{\sqrt{(3)^2 + (4)^2 + (2)^2}}\right) = 74.3N$$

$$\vec{F} = 37.2\vec{i} + 55.7\vec{j} + 74.3\vec{k}$$

(六) 空間力系平衡：

$$\begin{cases} \sum F_x = 0 \\ \sum F_y = 0 \\ \sum F_z = 0 \end{cases}$$

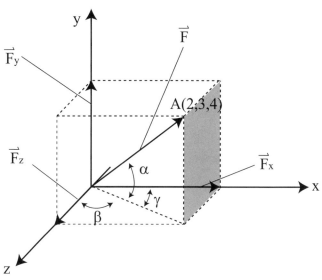

圖 1.3　空間力系分解

七、力矩

(一) 作用力對一點之力矩： 如圖 1.4 所示，有一剛體內有一作用力 $\vec{F} = (F_x)\vec{i} + (F_y)\vec{j} + (F_z)\vec{k}$ ，o 點至作用力 $\vec{F}$ 作用線上任一點之位置向量 $\vec{r} = x\vec{i} + y\vec{j} + z\vec{k}$ ，作用力對 o 點之力矩 $\vec{M}_o$ ，其方向可用右手定則決定，我們定義為：

$$\vec{M}_o = \vec{r} \times \vec{F} = (x\vec{i} + y\vec{j} + z\vec{k})$$

$$\times (F_x\vec{i} + F_y\vec{j} + F_z\vec{k})$$

$$= \begin{vmatrix} \vec{i} & \vec{j} & \vec{k} \\ x & y & z \\ F_x & F_y & F_z \end{vmatrix}$$

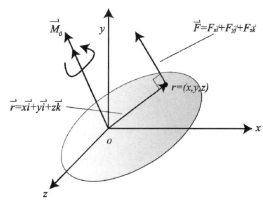

圖 1.4　一力對一點之力矩

(二) 作用力對一軸之力矩

作用力 $\vec{F} = (F_x)\vec{i} + (F_y)\vec{j} + (F_z)\vec{k}$ 對一 a 軸之力矩：

$$\vec{M}_a = [(\vec{r} \times \vec{F}) \cdot \vec{e}_a] \times \vec{e}_a$$

其中 $\vec{e}_a$ 為 a 軸之單位向量、o 點至作用力 $\vec{F}$ 作用線上任一點之位置向量 $\vec{r} = x\vec{i} + y\vec{j} + z\vec{k}$。

八、力偶矩

(一) 力偶(couple)：兩互相平行且大小相等之平行作用力，作用在不同的作用線上，稱之為力偶。

(二) 力偶矩：由一對力偶所產生的力矩，其方向與力偶平面互相垂直，稱之為力偶矩 M，如圖 1.5 所示力偶矩 $M = F \times d$，其方向可用右手定則決定。

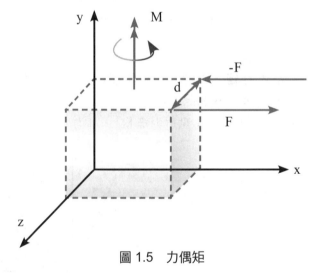

圖 1.5　力偶矩

(三) **作用力之平移定理**：如圖 1.6 所示，一個作用力平移後，它對物體的作用效應因此而改變，要想保持原來力的作用效果，必須附加一個力偶，即表示作用力 F 可分解為一單力 F 與力偶 M。

圖 1.6　作用力之平移定理

1-2 剛體系統

一、剛體力系平衡

(一) **剛體力系的平衡**(equilibrium of forces)：剛體系統之合力為零，所有內外力應保持平衡，使剛體系統處於靜定平衡之狀態。

(二) **平面剛體平衡方程式**

受力形式	平衡方程	平衡條件	平衡方程限制條件
基本形式	$\Sigma F_x = 0$ $\Sigma F_y = 0$ $\Sigma M_A = 0$	$\vec{F} = 0$ $\vec{M} = 0$	A 為平面上任一點且 x 和 y 軸不得相互平行
二扭矩形式	$\Sigma F_x = 0$ $\Sigma M_A = 0$ $\Sigma M_B = 0$	$\vec{F} = 0$ $\vec{M} = 0$	A、B 為平面上任二點且兩點連線不得與 x 軸垂直。
三扭矩形式	$\Sigma M_A = 0$ $\Sigma M_B = 0$ $\Sigma M_C = 0$	$\vec{F} = 0$ $\vec{M} = 0$	A、B、C 為平面上任三點且三點不得在同一直線上。

(三) 三度空間剛體平衡方程式

平衡方程	平衡條件	平衡方程限制條件
$\Sigma F_x=0$、$\Sigma F_y=0$ $\Sigma F_z=0$、$\Sigma M_x=0$ $\Sigma M_y=0$、$\Sigma M_z=0$	$\vec{F}=0$ $\vec{M}=0$	x、y 及 z 表示座標軸 x 軸、y 軸及 z 軸。

二、支承型式與自由體圖

(一) **自由體圖**：將剛體系統之整體或者是部分元件單獨隔離出來，分析其所受之外力，每一隔離出來之元件，將所有受力情形，表現在圖形上，謂之為自由體圖。

1. 每一獨立隔離出來之元件，於自由體圖上之所有作用力，無論是已知或未知力，應全部標示出來。

2. 未知力可先行假設其方向，若事後算出答案為正值，代表與假設力之方向相同，若事後算出答案為負值，代表與假設力之方向相反。

(二) **支承反力與自由體圖**

支承型式	自由體圖	圖式說明
平面相接觸	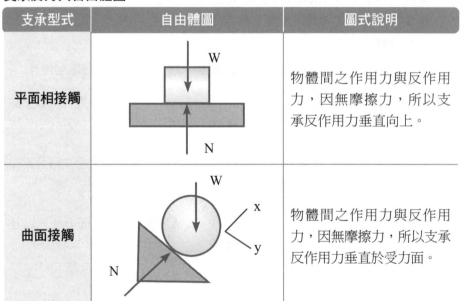	物體間之作用力與反作用力，因無摩擦力，所以支承反作用力垂直向上。
曲面接觸		物體間之作用力與反作用力，因無摩擦力，所以支承反作用力垂直於受力面。

支承型式	自由體圖	圖式說明
點與平面	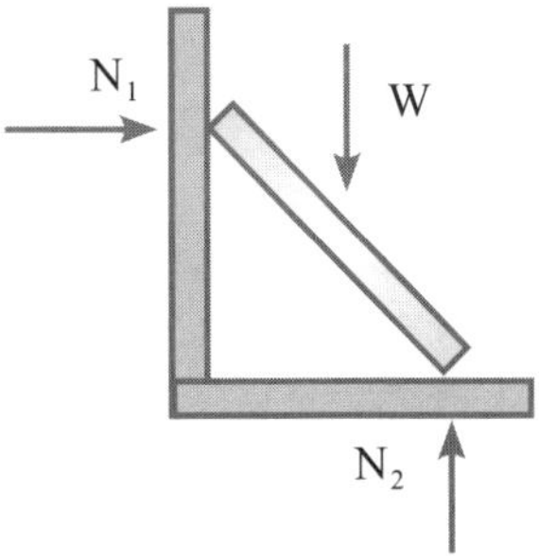	物體間之作用力與反作用力，因無摩擦力，所以支承反作用力垂直於受力面。
繩索	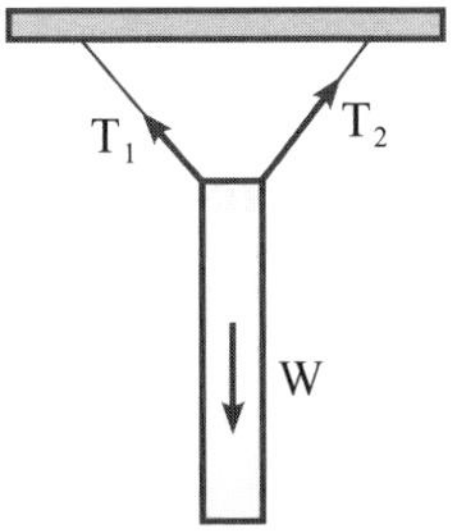	反作用力為作用於繩索方向上的力。
滾支承及鉸支承	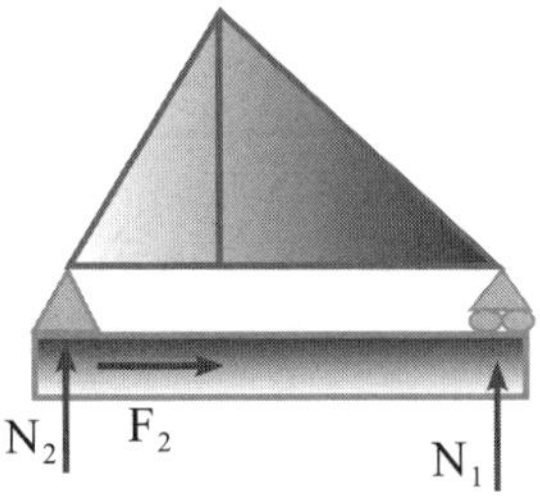	鉸支承反作用力因方向不明確，所以先假設為兩互相垂直之分力 N_2 及 F_2，滾支承反作用力為垂直於受力面。
滑塊	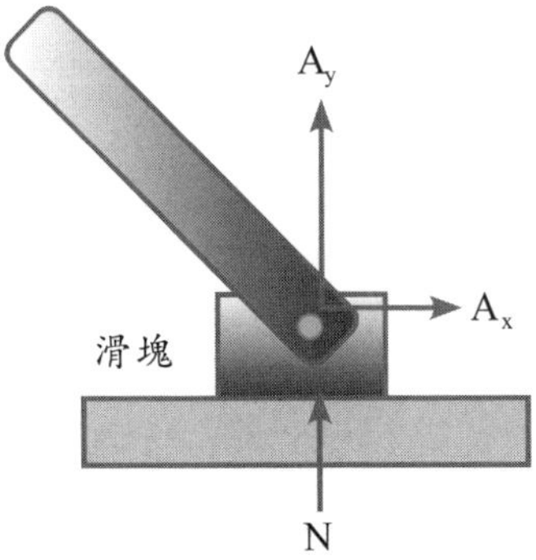	滑塊受力為地面之反作用力 N 與鉸接點 A 之作用力 A_x 及 A_y。

範例 *1-1*

如右圖所示，長 12m 之桿件 AB 靜置於光滑地板上，用 AC, AD, AE 三條繩索支撐。已知 AC, AD 二繩索之拉力分別為 1300 N 與 2000N，求 E 點應落於何處系統才能平衡？(亦即找平衡時之 x, y 關係式) 若繩索 AE 之拉力不大於 3000 N 時，E 點與 B 點最小距離應為多少？【土木地方特考四等】

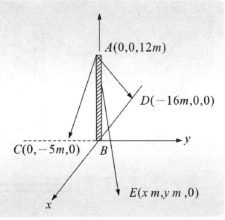

(解) 1. (1) 已知 $T_{AC} = 1300N$、$T_{AD} = 2000N$

由圖可知 $\overrightarrow{AD} = (-16, 0, -12)$　$\overrightarrow{AC} = (0, -5, -12)$

$\overrightarrow{AE} = (x, y, -12)$

(2) x 方向力平衡：

AD 索 x 方向張力 $= 2000 \times \dfrac{|-16|}{\sqrt{(-12)^2 + (-16)^2}} = 1600(N)$

AC 索無 x 方向張力

AE 索 x 方向張力 $= T_{AE} \times \dfrac{x}{\sqrt{(x)^2 + y^2 + (-12)^2}}$

(3) y 方向力平衡：

AD 索 y 方向無張力

AC 索 y 方向張力 $= 1300 \times \dfrac{-5}{\sqrt{(-5)^2 + (-12)^2}} = 500(N)$

AE 索 y 方向張力 $= T_{AE} \times \dfrac{y}{\sqrt{x^2 + y^2 + (-12)^2}}$

(4) 得 $1600 = \dfrac{x}{\sqrt{(x)^2 + y^2 + (-12)^2}} \times T_{AE}$ ……(1)

$500 = \dfrac{y}{\sqrt{x^2 + y^2 + (-12)^2}} \times T_{AE}$ ……(2)

$$\frac{(1)}{(2)} \Rightarrow \frac{x}{y} = \frac{1600}{500} = \frac{16}{5}$$

2. 令 $T_{AD} = 3000N$，且 $\frac{x}{y} = \frac{16}{5} \Rightarrow x = 3.2y$　代入(1)

$$1600 = \frac{3.2y}{\sqrt{(3.2y)^2 + y^2 + (-12)^2}} \times 3000$$

$$\Rightarrow y = 2.41(m)　\Rightarrow x = 7.712(m)$$

則最短距離 $\overline{EB} = \sqrt{x^2 + y^2} = 8.08m$

範例 *1-2*

如圖所示之結構與物件處於平衡狀態，其中 W_2 係透過 C 處的滑輪懸掛於右邊繩索下。如果 W_1 的重量為 500 kg，則在忽略剛性桿件 AB 與各繩索重量的情況下，請問 W_2 的重量應為何？桿件鉸接處 A 點的反力又為何？【機械普考】

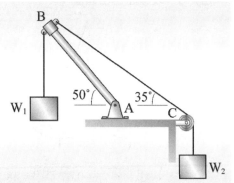

(解)　1. **取 AB 自由體圖：**

已知 $W_1 = 500kg$，假設 $\overline{AB} = L$　$\Sigma M_A = 0$

$W_1 \times L\cos50° = W_2\cos35° \times L\sin50° - W_2\sin35° \times L\cos50°$

$\Rightarrow 500 \times \cos50° = 0.2588 W_2$

$W_2 = 1241.77kg$

2. $\Sigma F_x = 0 \Rightarrow W_2\cos35° + A_x = 0$

$\qquad\qquad \Rightarrow A_x = -1017.198(\leftarrow)$

$\Sigma F_y = 0 \Rightarrow -W_1 - W_2\sin35° + A_y = 0$

$A_y = 500 + 1241.77 \times \sin35° = 1212.25(\uparrow)$

因此 A 點反力為

$$N_A = \sqrt{A_x^2 + A_y^2} = \sqrt{(-1017.198)^2 + (1212.25)^2}$$

$$= 1582.48kg(\searrow)$$

範例 *1-3*

如右圖所示，各重 W、半徑為 r 的平滑管 A、B 的端點被等長(長度為3r)的繩索吊起，第三管 C(半徑為 r/2)放在 A、B 之間。假設管子間無摩擦力存在，試求在不破壞平衡的狀態下，管 C 的最大重量(以 W 表示)。【機械高考】

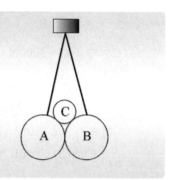

解　1. **取整體自由體圖：**

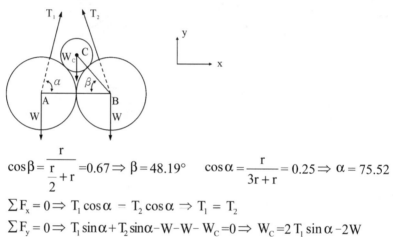

$$\cos\beta = \frac{r}{\frac{r}{2}+r} = 0.67 \Rightarrow \beta = 48.19° \qquad \cos\alpha = \frac{r}{3r+r} = 0.25 \Rightarrow \alpha = 75.52$$

$$\sum F_x = 0 \Rightarrow T_1\cos\alpha - T_2\cos\alpha \Rightarrow T_1 = T_2$$

$$\sum F_y = 0 \Rightarrow T_1\sin\alpha + T_2\sin\alpha - W - W - W_C = 0 \Rightarrow W_C = 2T_1\sin\alpha - 2W$$

2. **取 A 自由體圖：**

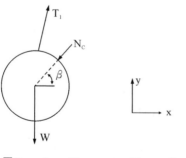

$$\sum F_x = 0 \Rightarrow T_1\cos\alpha = N_C\cos\beta \Rightarrow N_C = \frac{T_1\cos\alpha}{\cos\beta} \cdots\cdots(1)$$

$$\sum F_y = 0 \Rightarrow T_1\sin\alpha - W = N_C\sin\beta \cdots\cdots(2)$$

由(1)(2)可得 $T_1 = 1.45W$ ， $N_C = 0.5446W$

3. **取 C 自由體圖：**

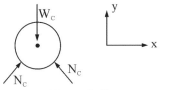

$$W_C = 2\,N_C \times \sin\beta = 2 \times 0.72 \times \sin 48.19 = 0.812W$$

範例 *1-4*

如右圖所示，連接於 E 點的四條纜繩各均受到 28kN 之拉力作用，試將纜繩 EA 所受之力以笛卡爾向量(Cartesian Vector)表示之，並求出 E 點所受四條纜繩之合力為何？【機械高考】

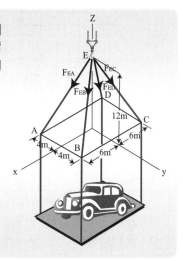

(解) 1. A 點座標(6 , −4 , 0)　E 點座標(0 , 0 , 12)　 $\overrightarrow{EA} = 6\vec{i} - 4\vec{j} - 12\vec{k}$

$\overrightarrow{EA}$ 之單位向量

$$= \frac{1}{\sqrt{(6)^2 + (-4)^2 + (-12)^2}}\,(6\vec{i} - 4\vec{j} - 12\vec{k})$$

$$= \frac{1}{14}(6\vec{i} - 4\vec{j} - 12\vec{k})$$

$$\vec{F}_{EA} = 28 \times [\frac{1}{14}(6\vec{i} - 4\vec{j} - 12\vec{k})]$$

$$= 12\vec{i} - 8\vec{j} - 24\vec{k}$$

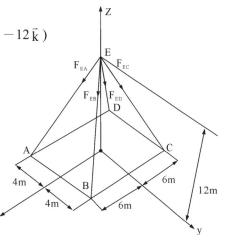

2. 同理：

$$\overrightarrow{ED} \text{ 之單位向量} = \frac{1}{14}(-6\vec{i} - 4\vec{j} - 12\vec{k}) \quad \vec{F}_{ED} = -12\vec{i} - 8\vec{j} - 24\vec{k}$$

$$\overrightarrow{EC} \text{ 之單位向量} = \frac{1}{14}(-6\vec{i} + 4\vec{j} - 12\vec{k}) \quad \vec{F}_{EC} = -12\vec{i} + 8\vec{j} - 24\vec{k}$$

$$\overrightarrow{EB} \text{ 之單位向量} = \frac{1}{14}(6\vec{i} + 4\vec{j} - 12\vec{k}) \quad \vec{F}_{EB} = 12\vec{i} + 8\vec{j} - 24\vec{k}$$

$$E \text{ 點合力 } \vec{F} = \vec{F}_{EA} + \vec{F}_{EB} + \vec{F}_{EC} + \vec{F}_{ED} = -96\vec{k} = 96\vec{k}(\downarrow)$$

1-3 ┊ 結構分析

一、桁架基本概念

桁架(truss)是由細直構件所組成，於構件與構件之端點相互連接而成的一種結構。

(一) 桁架基本假設

1. 各構件本身自重忽略不計，且均為剛體，受力後均不變形。
2. 各構件均為直線桿件，支承亦為一節點，所有作用力均作用在接點上。
3. 連結兩構件之支承，假設為無摩擦，且各桿件的軸線均通過節點。

(二) 桁架構件之自由體圖：桁架結構分析由以上假設可知，每一構件均為兩端點受力的構件，可稱之為二力構件，若所有的受力狀況均在同一平面上，我們稱之為平面桁架(planar trusses)，無論是空間或平面上，均可將構件視為二力構件，在分析時構件僅在兩端點受力，作用力方向為沿著構件軸線傳遞，若兩端點受拉伸力，可視為張力(T)，若兩端點受到壓縮力，可視為壓力(C)，一般計算以拉力(T)為正，壓力(C)為負，如 1.7 圖所示，構件與節點之受力狀況。

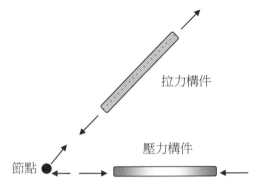

圖 1.7　構件與節點之受力狀況

二、桁架分析

(一) **節點法：** 節點法就是將桁架內的節點單獨隔離出來取自由體圖分析，如圖 1.7 中，作用力沿構件軸線方向進出節點，進入節點之作用力為構件受到之壓力，出節點之作用力為構件受到拉伸力，由於桁架中的構件皆為同一平面的二力構件，所以各個節點之受力為共面且共點力系，利用 $\sum F_x = 0$ 及 $\sum F_y = 0$ 得兩聯立方程式，可解得兩個未知數。

(二) **截面法：** 截面法可將整個桁架自某一區段切開，針對三個以下之構件(特殊桁架及 K 桁架不受三個以下之限制)同時取截面，取截面後可分別將各部分隔離出來取自由體圖分析，並利用三個平衡方程式來計算構件之內力，如圖 1.8 所示，兩個未知力 S_{BC}、S_{AB} 可由自由體圖，應用三個平衡方程 $\sum F_x = 0$、$\sum F_y = 0$、$\sum M_A = 0$ 式而獲得。

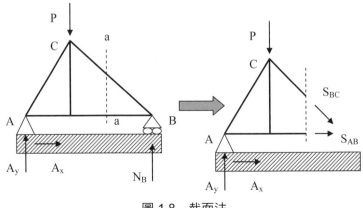

圖 1.8　截面法

(三) 節點法配合斷面法：對於結構較複雜之結構，可先找尋零力構件後，再相互配合使用節點法與截面法來完成桁架的分析。

(四) 零力構件：構件內力為零稱之為零力構件(zero force member)，形式如下所示：

構件形式	自由體圖	圖式說明
二根構件連接於一節點且不共線、不受力	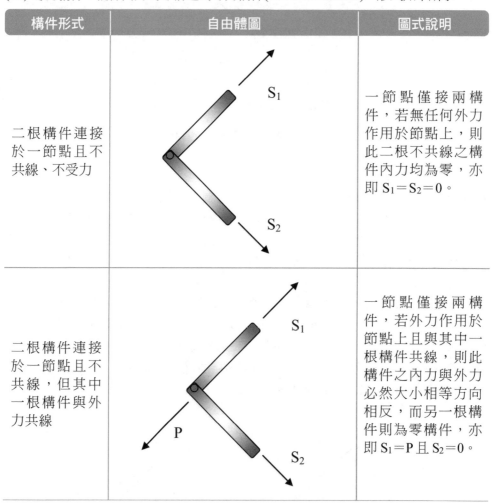	一節點僅接兩構件，若無任何外力作用於節點上，則此二根不共線之構件內力均為零，亦即 $S_1 = S_2 = 0$。
二根構件連接於一節點且不共線，但其中一根構件與外力共線		一節點僅接兩構件，若外力作用於節點上且與其中一根構件共線，則此構件之內力與外力必然大小相等方向相反，而另一根構件則為零構件，亦即 $S_1 = P$ 且 $S_2 = 0$。

構件形式	自由體圖	圖式說明
無任何外力作用且其中二根構件共線之三構件	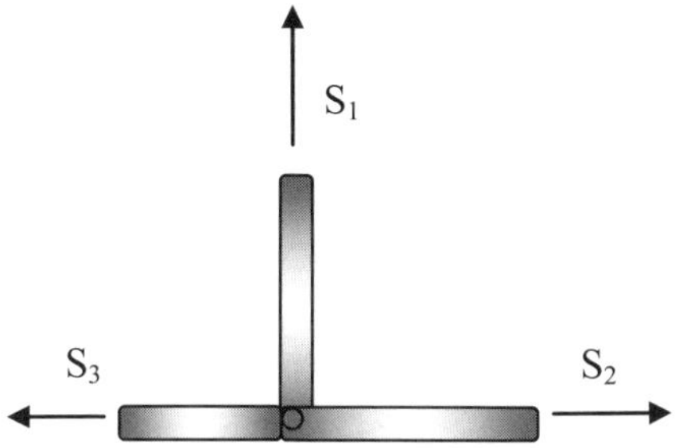 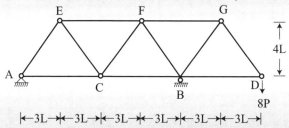	無任何外力作用且其中二根構件共線之三構件，共線的二構件，其內力必然大小相等方向相反，而第三根桿件必為零桿件，亦即 $S_2 = S_3$ 且 $S_1 = 0$。

(五) 桁架解題步驟

1. 取整個桁架之自由體圖求解所受的所有外力(包含支承反力)。
2. 找出零力構件。
3. 若為三根構件以下可先用截面法求取構件內力。
4. 利用節點法求取內力。

範例 *1-5*

設有如圖所示之桁架，試解此桁架，求反力及各桿桿力。(土木地方特考)

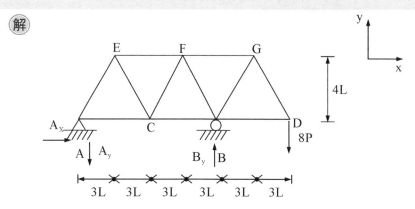

解

1. **如上圖所示：**

$\sum F_x = 0 \Rightarrow A_x = 0 \qquad \sum F_y = 0 \Rightarrow B_y - A_y - 8P = 0$

$\sum M_B = 0 \quad \Rightarrow 8P \times (3L + 3L) = A_y(3L \times 4)$

$\Rightarrow A_y = 4P(\downarrow)$

則 $B_y = 12P(\uparrow)$

2. **利用節點 A 畫自由體圖：**

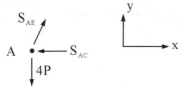

$\sum F_y = 0 \Rightarrow S_{AE} \times \dfrac{4}{5} = 4P \quad \Rightarrow S_{AE} = 5P(拉)$

$\sum F_x = 0 \Rightarrow S_{AC} = -3P(壓)$

3. **取 D 點自由體圖：**

$\sum F_y = 0 \Rightarrow S_{GD} = 10P(拉)$

$\sum F_x = 0 \Rightarrow S_{BD} = -6P(壓)$

同理取各點自由體圖可求得各桿桿力

$S_{GB} = -10P(壓)$，$S_{GF} = 12P(拉)$

$S_{BF} = -5P(壓)$，$S_{BC} = -9P(壓)$

$S_{FC} = 5P(拉)$，$S_{FE} = 6P(拉)$

$S_{EC} = -5P(壓)$

範例 *1-6*

如右圖 P 為 600 N，所有桿重不計、C 點為滾支承、銷接點皆為光滑插銷，求桿 AB、AE、BE 與 BC 受力大小。(機械關務四等)

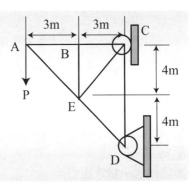

解　1.

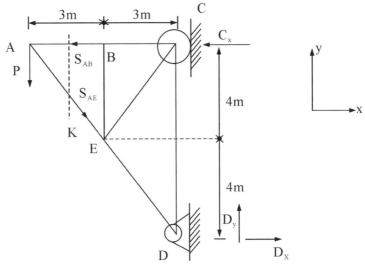

如上圖所示

$$\sum F_y = 0 \Rightarrow D_y = P \quad \sum F_x = 0 \Rightarrow C_x = D_x \quad \sum M_D = 0 \Rightarrow 8$$

$$C_x = 6P \quad C_x = \frac{3}{4}P(\rightarrow) \quad D_x = \frac{3}{4}P(\leftarrow)$$

2. **利用剖面法如上圖之剖面線 k：**

$$\sum F_y = 0 \quad S_{AE} \times \frac{4}{5} = D_y = P$$

$$S_{AE} = \frac{5}{4}P = 750(N) \quad \sum F_x = 0$$

$$S_{AE} \times \frac{3}{5} - S_{AB} - C_x + D_x = 0$$

$$\Rightarrow S_{AB} = \frac{3}{4} P = 450(N)$$

3. **取節點 B 自由體圖：**

$$\sum F_y = 0 \Rightarrow BE \text{ 為零力桿 } \quad S_{BE} = 0$$

$$\sum F_y = 0 \Rightarrow S_{AB} = S_{BC} = 450(N)$$

範例 *1-7*

如圖所示，試求出桁架
(Truss)之桿件 CD 所受
力量之大小與作用之方
向為何？(機械高考)

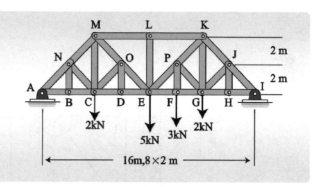

破題分析

桁架解題步驟

1. 取整個桁架之自由體圖求解所受的所有外力(包含支承反力)。
2. 找出零力構件。
3. 若為三根構件以下可先用截面法求取構件內力。
4. 利用節點法求取內力。

解　1. 如圖所示，取整體自由體圖：

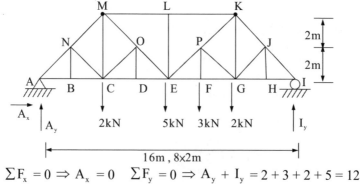

$$\sum F_x = 0 \Rightarrow A_x = 0 \quad \sum F_y = 0 \Rightarrow A_y + I_y = 2 + 3 + 2 + 5 = 12$$

$$\sum M_A = 0 \Rightarrow 16 I_y = 2 \times 4 + 5 \times 8 + 3 \times 10 + 2 \times 12 \Rightarrow I_y = 6.375(kN)$$

$$A_y = 5.625(kN)$$

2. 由於桿 $\overline{BN}$、$\overline{DO}$、$\overline{NC}$、$\overline{OC}$ 為零力桿：

因此桿件 CD 之桿力 $S_{CD} = S_{BC} = S_{AB}$　　取節點 A 之自由體圖

$$\sum F_y = 0 \Rightarrow S_{AN} \times \sin 45° = A_y = 5.625 \quad S_{AN} = 7.95(kN)$$

$$\sum F_x = 0 \Rightarrow S_{AB} = S_{AN} \cos 45° = 5.625 kN(拉) \quad S_{AB} = S_{BC} = S_{CD} = 5.625 kN(拉)$$

經典試題

選擇題型

(　　) **1.** 已知 A,B,C 三點，有一作用於 A 點之力向量為 $F = 2i + 3j + 4k$，若 BA $= 5i - 6j + 3k$，BC $= 3j + 4k$，則 F 對 B 點之力矩在 BC 方向之分量為：　(A)66.0　(B)13.2　(C)-13.2　(D)-66.0。【機械高考第一試】

(　　) **2.** 如右圖所示，滑塊 A 與軸之間為平滑，
且處於平衡狀態，則A之質量為：

(A)10.4 kg　　　(B)12.2 kg

(C)13.5 kg　　　(D)14.4 kg。

【機械高考第一試】

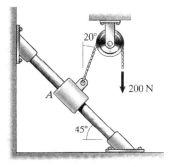

( )　**3.** 如下圖所示，一均勻桿件之重量為 W，所有接觸面皆為平滑無摩擦
力，則水準繩索之張力為何？　(A)0　(B)0.354W　(C)0.646W
(D)W。【機械高考第一試】

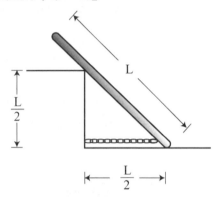

( )　**4.** 如下圖所示引擎(engine)系統的位置，若在平衡狀態下引擎之輸出力矩
為 M = 252 N・m ，試問：作用在活塞上的 P 力是多少？　(A)2200 N
(B)2400 N　(C)2600 N　(D)2800 N。【機械高考第一試】

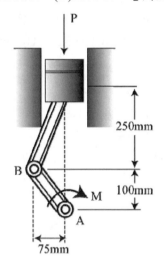

(　　) **5.** 已知某星球表面之重力加速度為 0.5g(g 為地球表面之重力加速度)，則質量為 10kg 的物體，在該星球表面秤出的重量為：　(A)980N　(B)490N　(C)100N　(D)98N　(E)49N。【台電中油】

(　　) **6.** 下列何者為純量？　(A)位移　(B)速度　(C)加速度　(D)距離　(E)動量。【台電中油】

(　　) **7.** 一作用力 $\vec{F} = 8\vec{i} - 16\vec{j} + 6\vec{k}$ (N)，經過座標點$(-3, 8, 2)$m，則此力對$(2, 3, -1)$m 座標點之力矩為？(N-m)：
(A)$-24\vec{i} - 128\vec{j} + 12\vec{k}$　(B)$40\vec{i} - 80\vec{j} + 30\vec{k}$
(C)$78\vec{i} + 54\vec{j} + 40\vec{k}$　(D)$16\vec{i} - 48\vec{j} - 6\vec{k}$
(E)$83\vec{i} + 40\vec{j} + 60\vec{k}$。【台電中油】

(　　) **8.** 如右圖之桁架中，零力桿有幾根？
(A)3 根　(B)4 根
(C)5 根　(D)6 根
(E)7 根。【台電中油】

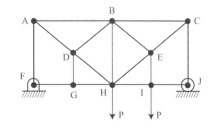

(　　) **9.** 直角座標系中，作用力 $\vec{F} = 42.4\vec{i} + 56.6\vec{j} + 70.7\vec{k}$(N)，其中 $\vec{i}, \vec{j}, \vec{k}$ 分別是 x, y, z 座標之單位向量，則此作用力與 x 軸之夾角的正弦值 $\sin\theta_x = ?$
(A)0.91　(B)0.87　(C)0.81　(D)0.47　(E)0.42。【台電中油】

(　　) **10.** 一物體受到共平面的三個集中力作用，則平衡的必要條件為：　(A)其中兩力平行　(B)其中兩力垂直　(C)三力交於一點或平行　(D)三力共線　(E)三力大小相等。【台電中油】

(　　) **11.** 如圖所示，球重 90KN，置於光滑之垂直及傾斜面上，則接觸點 A 之水平反力為：
(A)90KN　(B)120KN　(C)150KN　(D)180KN。
【經濟部】

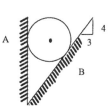

(　　) **12.** 如圖所示系統之彈簧勁度 $K_1 = 10000N/m$，
$K_2 = 30000N/m$，$W = 600N$，$\alpha = 30°$，且
物體之接觸面為平滑，試問彈簧 K_1 受到的
力為多少？
(A)75N　　　　　　　　　(B)100N
(C)150N　　　　　　　　　(D)200N。【經濟部】

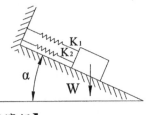

(　　) **13.** 如圖所示之剛體結構支承 A 之彎矩力為多
少？
(A)150KN-m
(B)400KN-m
(C)550KN-m
(D)750KN-m。【經濟部】

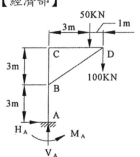

(　　) **14.** 如圖所示受外力作用之鋼架，則 B 點之
垂直反力為多少？
(A)1KN
(B)3KN
(C)8KN
(D)10KN。【經濟部】

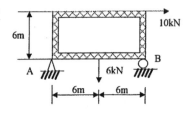

(　　) **15.** 如圖所示結構中，bc 桿件之軸力為：
(A)75kgf(受壓)　　(B)75kgf(受拉)
(C)120kgf(受壓)　　(D)120kgf(受拉)。
【經濟部】

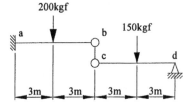

(　　) **16.** 如圖所示以兩繩支撐之直桿，若直桿不
至於傾倒，則其中一繩拉力 T 為多少？
(A)300.2N　(B)600.7N　(C)1001.9N
(D)2003.9N。【經濟部】

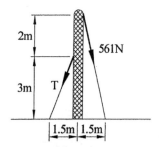

(　) **17.** 如圖所示為一繩索和滑輪組合而成的系統,被用以支撐重 W 之物體。假設每個滑輪均可以自由轉動,若欲維持物體 W 於平衡狀態,試求繞經滑輪 A 和 B 之繩索拉力 T 為多少 W?(不計滑輪及繩索重量)
(A)W/2　(B)W/4　(C)W　(D)2W。【經濟部】

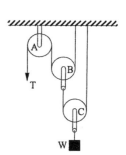

(　) **18.** 如圖所示兩作用力對剛體中 A 點之旋轉效應為何?　(A)240KN-m (B)480KN-m　(C)720KN-m　(D)780KN-m。【經濟部】

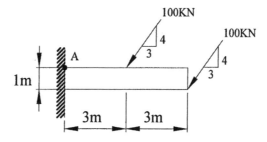

(　) **19.** 如圖所示之平衡懸索系統,繩子 BC 之軸力大約為:　(A)73.2P (B)85P　(C)89.6P　(D)100P。【經濟部】

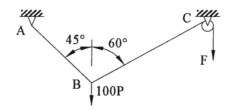

(　) **20.** 下列何者具有方向性?　(A)能量　(B)功率　(C)動量　(D)質量。
【102 年經濟部】

(　) **21.** 如右圖所示,三力作用於同一點上且維持平衡,力量 F 大小為何?
(A)3.06N　　　　(B)4.59N
(C)6.12N　　　　(D)10.71N。【102 年經濟部】

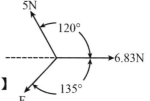

（　）**22.** 如右圖所示，A 點力矩為
20N-m，夾角 θ 為何？

(A)15°
(B)30°
(C)45°
(D)60°。【102 年經濟部】

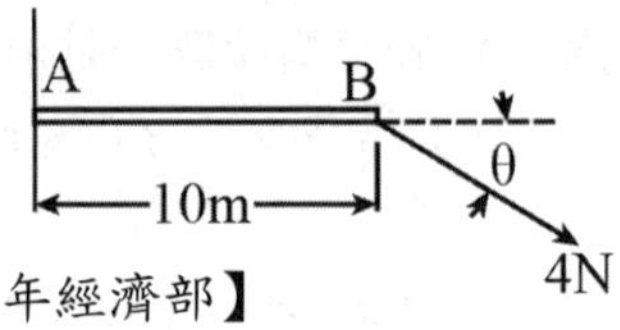

（　）**23.** 如右圖所示，AC 梁由 A 銷及繞
過 D 滑輪之繩索支撐，外力 P
大小為 60N，繩索張力為何？

(A)35N　　　(B)56N
(C)70N　　　(D)140N。
【102 年經濟部】

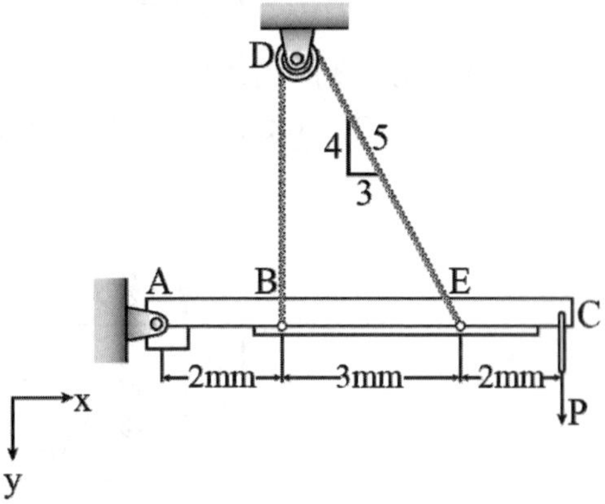

（　）**24.** 承上題，A 點 x 方向與 y 方向之支承反力分別為何？

(A)x 方向 42N，y 方向 66N　　　(B) x 方向 66N，y 方向 42N
(C) x 方向 84N，y 方向 140N　　(D) x 方向 63N，y 方向 105N。
【102 年經濟部】

（　）**25.** 如右圖所示，AB 及 BC 均為繩索，外力
169N，繩索張力 T_{AB}、T_{BC} 分別為何？

(A)65N、156N
(B)50N、120N
(C)120N、50N
(D)156N、65N。【102 年經濟部】

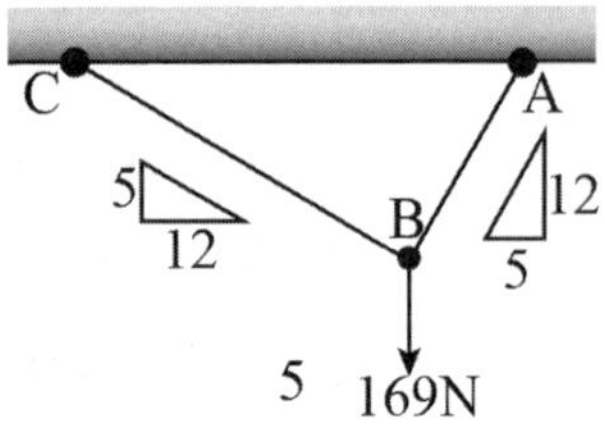

（　）**26.** 如右圖所示，一正立方體受三力偶作用，則該
物體所受之合力偶大小為何？

(A)47.6N-m　　　(B)55.9N-m
(C)82.5N-m　　　(D)85N-m。【103 年經濟部】

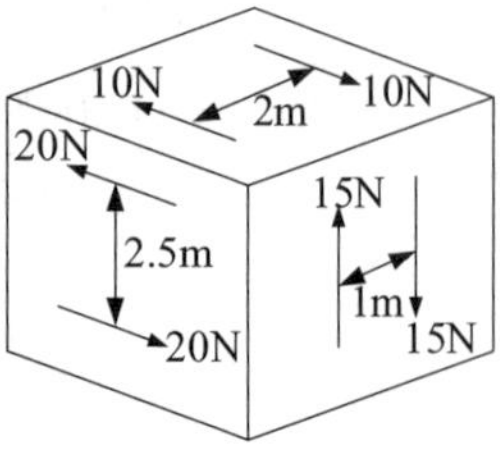

(　) 27. 下列敘述中，何者係說明牛頓運動定律（Newton's three laws of motion）中的第三定律？
(A)兩質點的作用力與反作用力其大小相等、方向相反，且作用於同一直線上
(B)當作用於一質點上的合力為零時，該質點若最初為靜止則仍將保持靜止，該質點若最初為運動中則將作等速度直線運動
(C)多個共點力之合力對一定點的力矩會等於個別力對同一定點的力矩之和
(D)當作用於一質點上的合力不為零時，該質點將在合力的作用方向產生加速度，且此加速度的大小和合力的大小成正比，但與質量的大小成反比。【103 年經濟部】

(　) 28. 如右圖所示，AD 為樑構造，BC 為繩構造，今於樑端 D 處施加荷重 P，當 P 達 150KN 時繩發生斷裂，若考量安全係數為 3，則該繩之容許拉力為何？

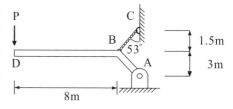

(A)147KN　　　　　　　　(B)139KN
(C)133KN　　　　　　　　(D)129KN。【103 年經濟部】

(　) 29. 有 P、Q 二作用力大小分別為 400N 及 200KN，夾角為 120 度，則 P、Q 之合力大小為何？
(A)200KN　　　　　　　　(B)259.8KN
(C)300KN　　　　　　　　(D)346.4KN。【103 年經濟部】

(　) 30. 如圖所示，一直徑 2.5m，重量 300N 之均勻圓盤，受水平力 T 作用，已知接觸點 A 為粗糙的，且圓盤於 A 點無滑動，若圓盤要滾上高度為 0.5m 之台階，其水平力 T 最少應為何？

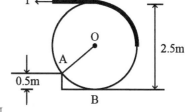

(A)75N　　　　　　　　　(B)150N
(C)200N　　　　　　　　(D)250N。【107 年經濟部】

( ) **31.** 如圖所示,一平面桁架受水
平力 30kN,求桿件 CD 之力
量為何?

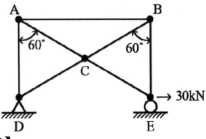

(A) $4\sqrt{3}$kN 拉力

(B) $8\sqrt{3}$kN 拉力

(C) $10\sqrt{3}$kN 拉力

(D) $20\sqrt{3}$kN 拉力。【107 年經濟部】

( ) **32.** 如圖所示,一重量為 800N 之物體,置於
牆面及地面上,其與牆面摩擦係數為
0.25,與地面摩擦係數為 0.35,若欲使物
體向右移動,推力 P 最小為何?

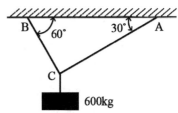

(A)681.54N   (B)698.13N

(C)726.54N   (D)781.63N。【107 年經濟部】

( ) **33.** 下列何者為迴轉半徑(Radius of gyration)之單位?   (A)m   (B)m^2
(C)kg·m^2 (D)N·m^2/s^2。【107 年經濟部】

( ) **34.** 如圖所示,一質量塊為 600kg,以不能伸長之兩細繩懸吊著,在平衡
狀態下細繩之張力,下列何者正確?

(A) $T_{AC} = 200$kgw

(B) $T_{BC} = 200\sqrt{3}$kgw

(C) $T_{AC} = 250$kgw

(D) $T_{BC} = 300\sqrt{3}$kgw。【107 年經濟部】

( ) **35.** 下列對於剛體之描述,何者正確?   (A)外力作用下,剛體內部之應變
(Strain)不為零   (B)外力作用下,剛體內部任意兩質點間無任何相對位
移   (C)外力作用下,剛體內部有應變能(Strain energy)之產生   (D)外
力作用下,剛體不能轉動。【107 年經濟部】

( ) **36.** 如圖所示之桁架,於 E 點施一向下垂直力 P,
求內力為零之桿件數目為何?

(A)0   (B)1

(C)2   (D)3。【107 年經濟部】

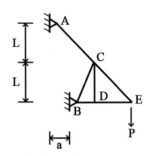

(　　) **37.** 如圖所示之矩形桁架，在水平力 P 作用下，下列何者為零力桿件？

(A)a

(B)b

(C)c

(D)d。【107 年經濟部】

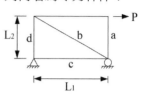

(　　) **38.** 下列何者具方向性？　(A)能量　(B)角動量　(C)質量　(D)功率。
【107 年經濟部】

(　　) **39.** 如圖所示，B 點受向下垂直力 845kN，求繩索張力 T_{AB}、T_{BC} 分別為何？

(A)315kN；775kN

(B)575kN；305kN

(C)685kN；225kN

(D)780kN；325kN。【107 年經濟部】

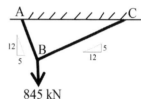

845 kN

(　　) **40.** 如圖，半徑 5m 之皮帶輪，拉力 T_1 及 T_2 對其中心點 C 所產生之力矩為何？

(A)200ton·m　　　(B)400ton·m

(C)600ton·m　　　(D)800ton·m。

【107 年經濟部】

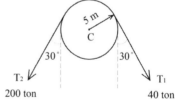

(　　) **41.** 如圖所示，重 900lbf 之球體，半徑為 6in，藉由彈簧水平支撐靜止於傾斜光滑面上，其彈簧力 F_s 為何？

(A)540 lbf　　　(B)675 lbf

(C)720 lbf　　　(D)1200 lbf。【107 年經濟部】

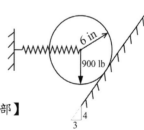

( ) **42.** 如圖所示，桁架受垂直力 P 作用，請問各桿
件受力情形為下列何者？
(A)a 桿受拉，b 桿受壓，c 桿受壓
(B)a 桿受拉，b 桿受壓，c 桿受拉
(C)a 桿受壓，b 桿受拉，c 桿受壓
(D)a 桿受壓，b 桿受壓，c 桿受拉。【107 年經濟部】

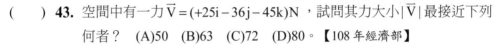

( ) **43.** 空間中有一力 $\vec{V} = (+25i - 36j - 45k)N$，試問其力大小 $|\vec{V}|$ 最接近下列
何者？ (A)50 (B)63 (C)72 (D)80。【108 年經濟部】

( ) **44.** 如圖所示，一重物 W 由細繩 AB 和細繩 BCD 懸掛，細繩 BCD 又繞過
一無摩擦滑輪 C，此系統於平衡條件下，試求重物 W 之重量最接近下
列何者？
(A)231 kN
(B)273 kN
(C)315 kN
(D)357 kN。【108 年經濟部】

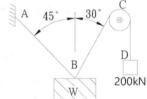

( ) **45.** 如圖所示，半徑 4 m 之皮帶輪，拉力 T_1 及 T_2 對其中心點 C 所產生之
力矩最接近下列何者？
(A)280 ton-m
(B)312 ton-m
(C)360 ton-m
(D)640 ton-m。【108 年經濟部】

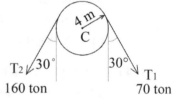

( ) **46.** 如圖所示，重 800 lbf 之球體，半徑為 3 in，藉由彈簧水平支撐靜止於
傾斜光滑面上，其彈簧力 FS 最接近下列何者？
(A)400 lbf
(B)600 lbf
(C)800 lbf
(D)1,000 lbf。【108 年經濟部】

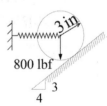

(　　) **47.** 如圖所示，有一球體重量為 W = 600 N，將其置於光滑之鉛直面及斜面上，其接觸點 B 之反力大小最接近下列何者？

(A)625 N 　　　　(B)675 N

(C)1,250 N 　　　(D)2,124 N。

【108 年經濟部】

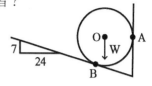

(　　) **48.** 如圖所示，圓柱重 360 N，用軟繩懸掛之，並靠於光滑斜面上，則斜面之反力為下列何者？

(A)$120\sqrt{3}$ N 　　(B)$180\sqrt{3}$ N

(C)$240\sqrt{3}$ N 　　(D)$360\sqrt{3}$ N。【108 年經濟部】

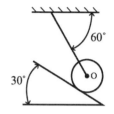

(　　) **49.** 如圖所示，圓柱重 360 kgf，則與重力垂直之最小 P 力為多少才能拉起圓柱？

(A)120 kgf 　　　(B)150 kgf

(C)120√3 kgf 　　(D)360 kgf。

【108 年經濟部】

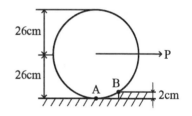

(　　) **50.** 下列敘述何者有誤？

(A)剛體內部各點的相對位置永遠是固定的

(B)僅具有大小而無方向之物理量稱為純量

(C)具有大小和方向的物理量稱為向量

(D)剛體之變形與所受外力大小成正比。【108 年經濟部】

(　　) **51.** 下列敘述何者有誤？

(A)接觸面上的總摩擦力與接觸面積大小成正比

(B)正向力方向垂直於接觸面切線方向

(C)摩擦力方向切於接觸面切線方向

(D)物體未移動前，摩擦力方向和物體欲滑動方向相反。【108 年經濟部】

(　) **52.** 下列敘述何者有誤？

(A)剛體平移時，剛體裡各點速度一致

(B)純滾動之圓形剛體，在地面上滾過的距離等於剛體圓周滾過的距離

(C)純滑動之物體，動摩擦力的方向與滑動方向相反

(D)剛體繞固定軸旋轉時，剛體的角速度為零。【108 年經濟部】

(　) **53.** 下列敘述何者有誤？

(A)力偶為大小相等，方向相反，作用線平行之一對力

(B)力偶對剛體僅有平移效應

(C)偶矩為力偶所形成之力矩，其合力為零，合力矩不為零

(D)一力 FRS 對一點 A 產生之力矩與力臂大小有關。【108 年經濟部】

解答及解析

1. (B)。 $\overrightarrow{M_B} = \overrightarrow{BA} \times \vec{F} = \begin{vmatrix} \vec{i} & \vec{j} & \vec{k} \\ 5 & -6 & 3 \\ 2 & 3 & 4 \end{vmatrix} = -33\vec{i} - 14\vec{j} + 27\vec{k}$

$\dfrac{\overrightarrow{M_B} \cdot \overrightarrow{BC}}{|\overrightarrow{BC}|} = \dfrac{-42+108}{5} = 13.2$

2. (B)。 取滑塊 A 自由體圖

$\sum F_y = 0 \, 、 \sum F_x = 0 \Rightarrow \begin{cases} 200 \times \sin 20° + N \cos 45° = 0 \\ 200 \cos 20° + N \sin 45° - W = 0 \end{cases}$

$W = 119.54(N)$，$N = -96.73(N)$　$m = \dfrac{W}{g} = 12.2(kg)$

3. (B)。 取桿自由體圖

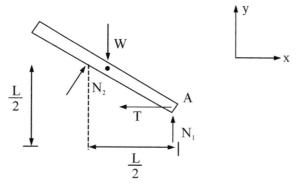

$\sum F_x = 0 \quad \Rightarrow T = N_2 \cos 45°$

$\sum F_y = 0 \Rightarrow N_2 \sin 45° - W + N_1 = 0$

$\sum M_A = 0 \Rightarrow N_2 \times \dfrac{\dfrac{L}{2}}{\cos 45°} = W \times \dfrac{L}{2} \times \cos 45°$

$N_2 = 0.5W \quad T = 0.354W$

4. (B)。 (1) 取 AB 自由體圖

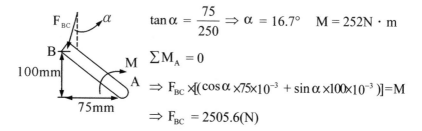

$\tan \alpha = \dfrac{75}{250} \Rightarrow \alpha = 16.7° \quad M = 252N \cdot m$

$\sum M_A = 0$

$\Rightarrow F_{BC} \times [(\cos \alpha \times 75 \times 10^{-3} + \sin \alpha \times 100 \times 10^{-3})] = M$

$\Rightarrow F_{BC} = 2505.6(N)$

(2) 取 BC 自由體圖

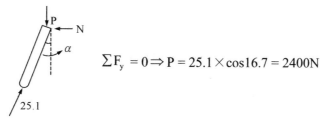

$\sum F_y = 0 \Rightarrow P = 25.1 \times \cos 16.7 = 2400N$

5 **(E)**。 $10 \times 0.5 \times 9.8 = 49(N)$

6 **(D)**。 位移、速度、加速度、動量均有方向性，均是向量

7 **(C)**。 $\vec{F} = 8\vec{i} - 16\vec{j} + 6\vec{k}$　　$\vec{r} = -5\vec{i} + 5\vec{j} + 3\vec{k}$

$$\vec{M} = \vec{r} \times \vec{F} = \begin{vmatrix} \vec{i} & \vec{j} & \vec{k} \\ -5 & 5 & 3 \\ 8 & -16 & 6 \end{vmatrix} = 78\vec{i} + 54\vec{j} + 40\vec{k}$$

8. **(D)**。 桿 BD、FG、GH、DG、IH、IJ 為零力桿，共 6 根

9. **(A)**。 $\cos\theta_x = \dfrac{42.4}{\sqrt{(42.4)^2 + (56.6)^2 + (70.7)^2}} = 0.424$　　$\theta_x = 64.91$　　$\sin\theta_x = 0.91$

10. **(C)**。 共平面的三個集中力，平衡條件為三力交於同一點或平行

11. **(B)**。

$\sum M_B = 0$

$90 \times \dfrac{4}{5} R = N_A \times \dfrac{3}{5} R$

$N_A = 120(kN)$

12. **(A)**。

$\sum F_x = 0 \Rightarrow F_1 + F_2 = 600 \times \sin 30°$

$\Rightarrow (k_1 + k_2)\delta = 600 \times \sin 30°$

$\delta = 0.0075(m)$

$F_1 = k_1\delta = 10000 \times 0.0075 = 75N$

13. **(C)**。 $\sum M_A = 0$　　$M_A = 50 \times 3 + 100 \times 4 = 550(kN\text{-}m)$

14. **(C)**。 $\sum M_A = 0$　　$12R_B = 10 \times 6 + 6 \times 6 \Rightarrow R_B = 8(kN)$

15. **(B)**。

$\sum M_d = 0$

$\Rightarrow 6R_{bc} = 150 \times 3$

$\Rightarrow R_{bc} = 75(kgf)$

觀察 bc 桿得知軸為 75kgf 受拉

16. (B)。

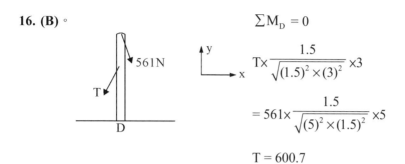

$$\sum M_D = 0$$

$$T \times \frac{1.5}{\sqrt{(1.5)^2 \times (3)^2}} \times 3$$

$$= 561 \times \frac{1.5}{\sqrt{(5)^2 \times (1.5)^2}} \times 5$$

$$T = 600.7$$

17. (B)。 取 C 自由體圖

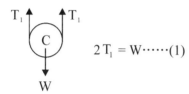

$$2T_1 = W \cdots\cdots(1)$$

取 B 自由體圖

$$2T = T_1 \cdots\cdots(2)$$

由(1)(2)可得 $T = \dfrac{W}{4}$

18. (D)。 $100 \times \dfrac{4}{5} \times 3 + 100 \times \dfrac{4}{5} \times 6 + 100 \times \dfrac{3}{5} \times 1 = 780 \text{N-m}$

19. (A)。 取 B 節點自由體圖

$$\sum F_x = 0 \Rightarrow T \sin 45° = F \sin 60° \cdots\cdots(1)$$

$$\sum F_y = 0 \Rightarrow T \cos 45° + F \cos 60° = 100P \cdots\cdots(2)$$

由(1)(2)可得 $F = 73.2P$

20. (C)。 $\vec{L} = m\vec{V} \Rightarrow$ 動量具有方向性。

21. (C)。 $\dfrac{F}{\sin 120°} = \dfrac{5}{\sin 135°} \Rightarrow F = 6.12(\text{N})$

22. (B)。 $4 \times \sin\theta \times 10 = 20 \Rightarrow \theta = 30°$

23. (C)。 取 AC 之 F.B.D，$60 \times 7 - 2T - 5 \times T \times \dfrac{4}{5} = 0$　$T = 70(N)$

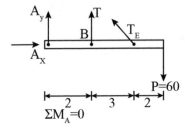

24. (A)。 承上題 $\pm\sum F_X = 0$

$A_X = 70 \times \dfrac{3}{5} = 42(N)$

同理 $+\uparrow \sum F_Y = 0 \Rightarrow A_Y = 66(N)$

25. (D)。 $\dfrac{T_{AB}}{\sin 112.5} = \dfrac{169}{\sin 90°} = \dfrac{T_{BC}}{\sin 157.38} \Rightarrow T_{AB} = 156(N)$　$T_{BC} = 65(N)$

26. (B)。 $\sqrt{(10 \times 2)^2 + (15)^2 + (20 \times 2.5)^2} = 55.9$ (N-m)。

27. (A)。 牛頓第三運動定律 $\Rightarrow$ 作用力與反作用力。

28. (B)。 取 AD 之 F、B、D

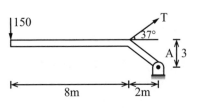

$\circlearrowleft \sum M_A = 0$

$150 \times 10 - T \times \cos 37° \times 3 - T\sin 37° \times 2 = 0$

$T = 416.72$

$\dfrac{416.72}{3} = 139$ (N)。

29. (D)。 $\sum F_X = 400 - 200 \times \cos 60° = 300$

$\sum F_y = 200 \times \sin 60° = 173.2$

$\sum F = \sqrt{(300)^2 + (173.2)^2} = 346.4$ (N)

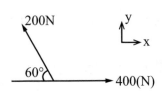

30. (B)。 $\sum M_A = 0$

$T \times (2) = 300 \times (1)$

$T = 150 \text{(kg)}$

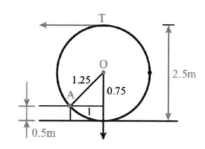

31. (D)。

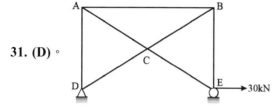

取 E 點之 F.B.D

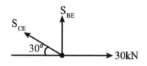

$S_{CE} \times \cos 30° = 30$

$S_{CE} = 20\sqrt{3} \text{(kN)} = S_{CD}$

32. (A)。 $\sum M_A = 0 \quad 800 \times 3 = N_B \times 8 - 0.25 N_B \times 6$

$\Rightarrow N_B = 369.23 \text{(N)}$

$+ \uparrow F_y = 0 \Rightarrow N_A - 0.25 N_B - 800 = 0$

$\Rightarrow N_A = 892.3$

P=0.35×892.3+369.23=681.54(N)

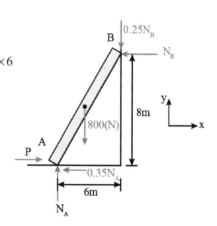

33. (A)。

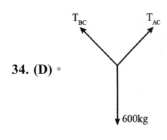

34. (D)。

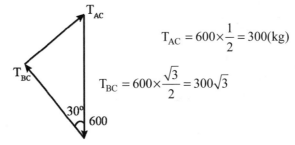

$$T_{AC} = 600 \times \frac{1}{2} = 300 \text{(kg)}$$

$$T_{BC} = 600 \times \frac{\sqrt{3}}{2} = 300\sqrt{3}$$

35. (B)。

36. (C)。

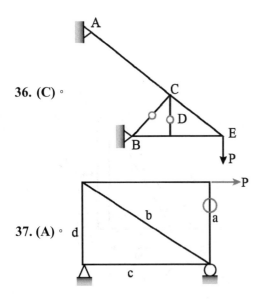

37. (A)。

38. (B)。

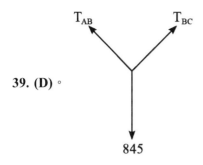

39. (D)。

$$T_{BC} = 845 \times \frac{5}{13} = 325$$

$$T_{AB} = 845 \times \frac{12}{13} = 780$$

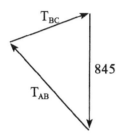

40. (D)。

$$260 \times 5 - 40 \times 5 = 800 \text{ton} - \text{m}$$

41. (D)。

$$N \times \frac{3}{5} = 900 \Rightarrow N = 1500$$

$$F_5 = N \times \frac{4}{5} = 1200(\ell\text{bf})$$

42. (D)。

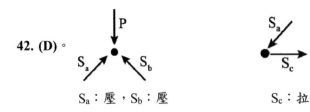

S_a：壓，S_b：壓　　　　　　　S_c：拉

43.(B)。　$V = \sqrt{(25)^2 + (-36)^2 + (-45)^2} = 63$

44. (B)。　根據拉密定理：

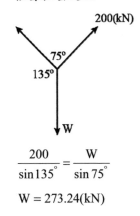

$$\frac{200}{\sin 135^\circ} = \frac{W}{\sin 75^\circ}$$

$$W = 273.24(kN)$$

45. (C)。　$\sum M_c = r \cdot \left(T_2 - T_1\right) = 4 \cdot (160 - 70) = 360(ton - m)$

46. (B)。　取斜面與球體之接觸點為支點：

$$\theta = 37^\circ$$

$$F_s \times 4 = 800 \times 3$$

$$F_s = 600\left(lbf\right)$$

47. (A)。　$\dfrac{24}{600} = \dfrac{25}{N_B}$

$$N_B = 625(N)$$

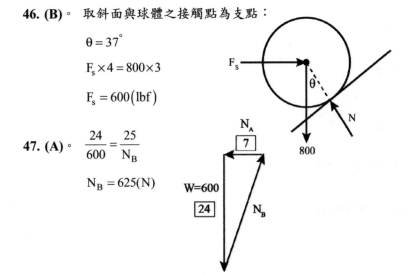

48. (A)。

$$\frac{360}{\sin 60^\circ} = \frac{N}{\sin 150^\circ}$$

$$N = 120\sqrt{3}(N)$$

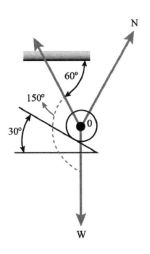

49. (B)。　以 B 為支點：

$$\sum M_B = 0$$

$$P \times (26 - 2) = 360 \times 10$$

$$P = 150(kg)$$

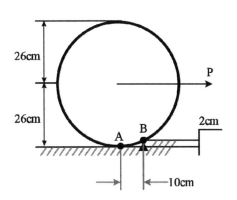

50. (D)。　剛體不產生形變

51. (A)。　摩擦力與接觸面積大小無關

52. (D)。　繞固定旋轉軸時剛體角速度不為零

53. (B)。　力偶會造成平移與旋轉效應

🖋 基礎實戰演練

1 B 球重 600N，利用繩索連接 AB 桿於 C 點，若不計滑輪 D 及 AB 桿重，試求 B 球與水準 AB 桿之接觸力，及 A 點插銷處之反作用力？

【關務四等】

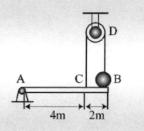

解 (1) 取球 B 自由體圖：

$$\sum F_y = 0 \Rightarrow T + N_B = 600 \cdots\cdots(1)$$

(2) 取 AB 桿自由體圖：

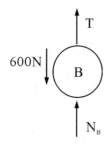

$$\sum F_x = 0 \Rightarrow A_x = 0 \quad \sum M_A = 0 \Rightarrow 4T = 6\,N_B \cdots\cdots(2)$$

由(1)(2)可得　$T = 360N(\uparrow)$、$N_B = 240N(\downarrow)$

$$\sum F_y = 0 \quad A_y = 240 - 360 = -120N(\downarrow)$$

2 如圖所示，各點座標位置 A（4.5,0.0,3.0），B
（1.5,0.0,0.0），C（0.0,2.5,3.0），D（1.5,1.5,0.0），
若桶重 200N，試求繩子 DA，DB 及 DC 之張力各
為若干？【地三】

解 $\overrightarrow{DA} = (3, -1.5, 3)$，$\overrightarrow{e_{DA}} = \dfrac{1}{\sqrt{3^2 + (-1.5)^2 + (3)^2}}(3, -1.5, 3) = (0.67, -0.33, 0.67)$

$\overrightarrow{DB} = (0, -1.5, 0)$，$\overrightarrow{e_{DB}} = \dfrac{1}{\sqrt{(0)^2 + (-1.5)^2 + (0)^2}}(0, -1.5, 0) = (0, -1, 0)$

$\overrightarrow{DC} = (-1.5, 1, 3)$，$\overrightarrow{e_{DC}} = \dfrac{1}{\sqrt{(-1.5)^2 + (1)^2 + (3)^2}}(-1.5, 1, 3) = (-0.45, 0.29, 0.86)$

$\overrightarrow{T_{DA}} = T_{DA}\overrightarrow{e_{DA}} = \left(0.67 T_{AD}\vec{i} + (-0.33)T_{AD}\vec{j} + 0.67 T_{AD}\vec{k}\right)$

$\overrightarrow{T_{DB}} = T_{DB}\overrightarrow{e_{DB}} = -T_{DB}\vec{j}$

$\overrightarrow{T_{DC}} = T_{DC}\overrightarrow{e_{DC}} = \left(-0.43 T_{DC}\vec{i} + 0.29 T_{DC}\vec{j} + 0.86 T_{DC}\vec{k}\right)$

$\sum F_x = 0 \Rightarrow 0.67 T_{DA} - 0.43 T_{DC} = 0 \cdots(1)$

$\sum F_y = 0 \Rightarrow (-0.33)T_{DA} - T_{DB} + 0.29 T_{DC} = 0 \cdots(2)$

$\sum F_Z = 0 \Rightarrow 0.67 T_{DA} + 0.86 T_{DC} = 200 \cdots(3)$

由(1)(2)(3)可得 $T_{DA} = 100\,(N)$，$T_{DB} = 11.1\,(N)$，$T_{DC} = 155.6\,(N)$

3 一重量為 150N 的均勻正方形平板由三條垂直的繩索懸吊在如圖所示之水平位置上，若重力的方向為垂直向下，試求每條繩索所受的張力。【土木普考】

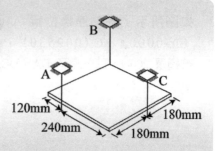

(解) $(T_A)(120)+(T_C)(360)-(150)(180)=0$

　　$\Rightarrow 120T_A+360T_C=27000$……(1)

　　$(T_A)(360)+(T_C)(180)-(150)(180)=0$

　　$\Rightarrow 360T_A+180T_C=27000$……(2)

　　聯立(1)(2)解得　$T_A=45N(拉)$　$T_C=60N(拉)$，$T_B=45N$

4 一 400N 力施於操縱桿之 A 點，此操縱桿連結於一固定軸於 OB。請用向量來表示此力作用於 O 點的等效力偶 M。【高考】

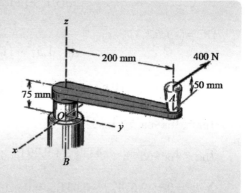

(解) $\vec{F}=-400\vec{i}$

　　$\vec{r}=200\vec{j}+(75+50)\vec{k}=200\vec{j}+125\vec{k}$

　　$\overline{M}=\vec{r}\times\vec{F}=(200\vec{j}+125\vec{k})\times(-400\vec{i})$

　　$=80000\vec{k}-50000\vec{j}$

5 試求桁架中各構件所受之力？

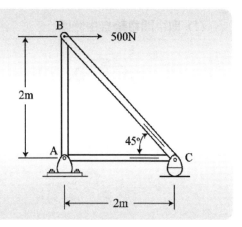

(解) 接點 B，B 點插銷的自由體圖如圖所示，應用平衡方程式，得

$$\xrightarrow{+}\sum F_x = 0 \ ; \ 500N - F_{BC} \sin 45° = 0 \quad F_{BC} = 707.1N \quad (C)$$

$$+\uparrow\sum F_y = 0 \ : \ F_{BC} \cos 45° - F_{BA} = 0 \quad F_{BA} = 500N \quad (T)$$

因構件 BC 之受力得知，可繼續分析接點 C，以求得構件 AC 之受力及支承的反作用力。

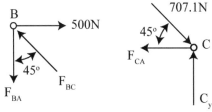

6 如圖所示為一行星齒輪系統，已知中間齒輪的半徑為 r_1，行星齒輪的半徑為 r_2，當力偶 M_1 以逆時針方向作用在中間齒輪時，恰可使行星齒輪系統保持平衡狀態。假設摩擦及重力作用皆可忽略不計，試求作用在三角架的力偶 M_2 以及作用在外部齒輪的力偶 M_3 各為若干？【機械普考】

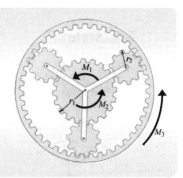

解

(1) 取中間齒輪自由體圖

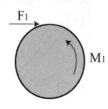

$$F_1 = \frac{M_1}{r_1}$$

取外部齒輪自由體圖

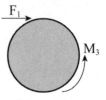

$$M_3 = F_1 \times r_3 = \frac{M_1}{r_1} \times r_3$$

$$M_3 = \frac{M_1 \times r_3}{r_1} = \frac{M_1 \times (r_1 + 2r_2)}{r_1}$$

(2) $M_2 = M_1 + M_3 = M_1 + \dfrac{M_1 \times (r_1 + 2r_2)}{r_1}$

---

7 如圖，凹槽底邊寬 45cm。大圓柱 40kg、直徑 36cm；小圓柱 10kg、直徑 24cm。若接觸面均為光滑面。試求(1)小圓柱 A、B 處受力。(2)大圓柱 C、D 處受力。【地方特考四等】

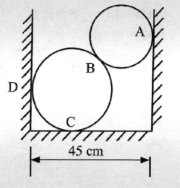

45 cm

解 (1) 取整體自由體圖

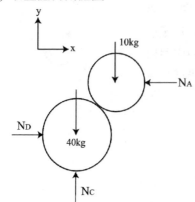

$\sum F_x = 0 \quad N_A = N_D$

$\sum F_y = 0 \quad N_C = 10 + 40 = 50(kg)$

(2) 取 A 自由體圖

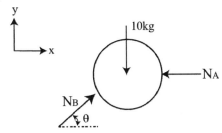

$$\cos\theta = \frac{(45-18-12)}{(18+12)} \Rightarrow \theta = 60°$$

$$\sum F_y = 0 \Rightarrow N_B \times \sin\theta = 10$$
$$\Rightarrow N_B = 11.547(\text{kg})$$

$$\sum F_x = 0 \Rightarrow N_B \times \cos\theta = N_A$$
$$\Rightarrow N_A = 5.77(\text{kg})$$

又 $N_A = N_D = 5.77(\text{kg})$

8 下圖所示為電纜線裁剪手工具，假設施力 P=150N，試計算電纜線裁剪作用力。【鐵特員級】

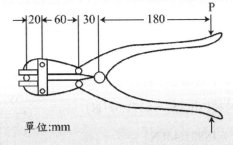

單位:mm

解 (1) 取後段自由體圖

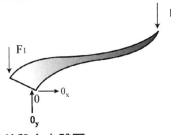

$$\sum M_O = 0 \Rightarrow F_1 = \frac{P \times 180}{30} = 900(\text{N})$$

(2) 取前段自由體圖

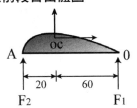

$$\sum M_O = 0 \Rightarrow F_2 = \frac{F_1 \times 60}{20} = 2700(\text{N})$$

9 一懸臂式起重機表示如下，請計算支撐纜繩的張力 T 與支承 A 點所承受的力量。此梁為標準 0.5m 之 I 型梁，每公尺重 95kg。【高考】

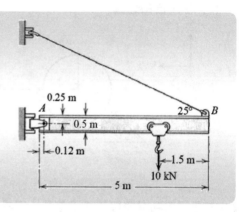

解 $w = 95 \times 5 \times 9.81 = 4659.75 \,(N)$

$\sum M_A = 0$

$w \times 2.38 + 10 \times 10^3 \times (1 + 2.38) = T \times \sin 25° \times (2.5 + 2.38) + T \times \cos 25° \times 0.25$

$\Rightarrow T = 19611.27 \,(N)$

$\sum F_x = 0 \Rightarrow A_X = T \times \cos 25° = 17773.85 \,(N)$

$A_y = w + 10 \times 10^3 - T \sin 25° = 6371.67 \,(N)$

$A = \sqrt{A_x^2 + A_y^2} = 18881.42 \,(N)$

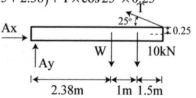

進階試題演練

1 80Kg 重的人試圖利用如右圖所示之方法將自己舉起。試求出他所需施在棒 AB 上的總力，以及他作用在平臺 C 點的正向反力。平臺重量不計。【機械高考】

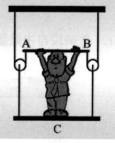

解 (1) 取 AB 自由體圖：

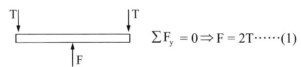

$\sum F_y = 0 \Rightarrow F = 2T \cdots\cdots(1)$

(2) 取 C 自由體圖：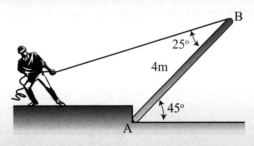

$\sum F_y = 0 \Rightarrow N_C = 4T = F + mg \cdots\cdots(2)$

$\Rightarrow 4T - F = 80 \times 9.81 = 784.8(N)$

由(1)(2)可得 $T = 392.4(N)$

$F = 2T = 784.8(N)$

$N_C = 4T = 1569.6(N)$

2 某人利用一繩索拉起一長 4m 質量 10kg 之桿子，如圖所示。試求繩索之張力及 A 點之反作用力。【交通郵政升資】

解 (1) 取 AB 自由體圖：

$\sum M_A = 0$

$\Rightarrow mg \times (2\cos 45°) - (T\sin 25°) \times 4 = 0$

$\Rightarrow T = 82.07N$

(2) $\sum F_x = 0$

$\Rightarrow A_x - T\cos 20° = 0$

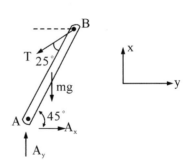

$\Rightarrow A_x = 77.12N(\rightarrow)$

$\Sigma F_y = 0$

$\Rightarrow A_y = mg + T\sin 20° = 126.17(N)\uparrow$

$R_A = \sqrt{A_x^2 + A_y^2} = 147.87(N)$

3 如圖所示之圓形桁架，內接三根構件，在 C 處承受 P 力，試求構件 DE 所承受之力，圓弧構件可視為二力構件(two-force members)。【96 年機械三等地特】

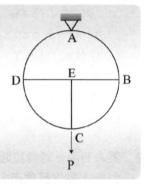

(解) 在構件兩端的作用力必沿著作用線作用，二作用力方向相反，大小相等，稱之為二力構件，其圓弧構件受力情況如右所示。

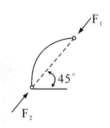

(1) 取整體自由體圖：

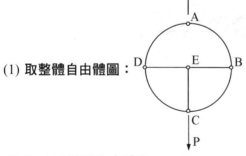

(2) 取 A 點節點自由體圖：

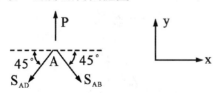

$$\sum F_x = 0$$

$$\Rightarrow S_{AD} \cos 45° = S_{AB} \cos 45°$$

$$\Rightarrow S_{AD} = S_{AB}$$

$$\sum F_y = 0 \quad \Rightarrow S_{AD} \sin 45° + S_{AB} \sin 45° = P \quad S_{AD} = S_{AB} = 0.707P$$

(3) 取 D 點自由體圖：

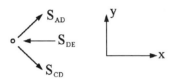

$$\sum F_y = 0 \Rightarrow S_{AD} = S_{CD}$$

$$\sum F_x = 0 \Rightarrow S_{AD} \cos 45° + S_{CD} \cos 45° = S_{DE}$$

$$\Rightarrow 2S_{AD} \cos 45° = S_{DE} \Rightarrow S_{DE} = P \,(\text{拉})$$

4 右圖顯示一吊掛 2400 kg 重物之吊車，假設該吊車車身重心在圖示 G 點，而質量則為 1000 kg，吊車於 A 點以銷(pin)、於 B 點以搖桿座(rocker)與牆壁連接。請問支撐點 A、B 的反力(reaction)各為何？【機械三等地特第二次、專利特考】

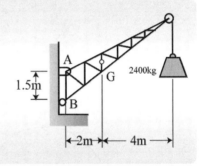

解 取整體自由體圖：

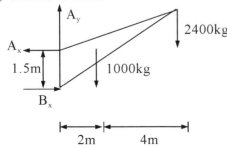

$$\sum m_A = 0 \Rightarrow B_x \times 1.5 - 1000 \times 2 - 2400 \times 6 = 0$$

$$\Rightarrow B_x = 10933.33(kg) = 107256(N)$$

$$\sum F_x = 0 \Rightarrow A_x = B_x = 107256(N)$$

$$\sum F_y = 0 \Rightarrow A_y = 2400 + 1000 = 3400(kg) = 33354(N)$$

合力：$R_A = \sqrt{(A_x)^2 + (A_y)^2} = 112322.48(N)$ ⬈17.3°

合力：$R_B = 107256(N)$

5 二個圓形拱件利用絞鏈樞接如圖所示，求樞接點 A 與 C 的地面反作用力及 AB 圓拱在 B 點對 BC 圓拱的作用力。【機械技師】

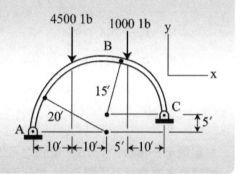

解 (1) 取整體自由體圖：

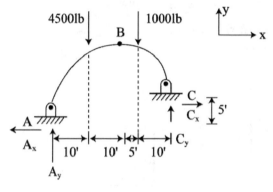

$$\sum M_A = 0 \Rightarrow 35 \times C_y = 1000 \times 25 + 4500 \times 10 + C_x \times 5$$

$$\Rightarrow 7C_y - C_x = 14000\cdots\cdots(1)$$

$$\Sigma F_y = 0 \quad \Rightarrow A_y + C_y = 4500 + 1000 = 5500$$

$$\Sigma F_x = 0 \Rightarrow A_x = C_x$$

(2) 取 AB 自由體圖：

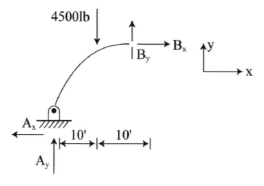

$$\Sigma F_y = 0 \quad \Rightarrow B_y + A_y = 4500$$

$$\Sigma M_B = 0 \Rightarrow 4500 \times 10 = A_y \times 20 + A_x \times 20$$

$$\Rightarrow A_y + A_x = 2250$$

$$\Rightarrow 5500 - C_y + C_x = 2250 \cdots\cdots(2)$$

由(1)(2)得 $C_y = 1791.67\,\ell b \uparrow$ 　 $A_y = 3708.33\,\ell b \uparrow$ 　 $B_y = 791.67\,\ell b \uparrow$

(3) $B_x = A_x = C_x = -1458.33\,\ell b$

(4) A. 其整體受力圖如下：

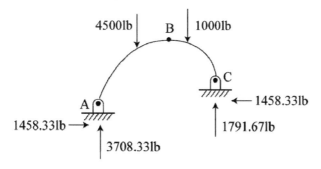

B. BC 受力圖如下所示

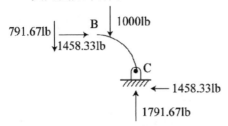

---

6 如圖所示的桁架受一垂直力 P 作用，試求桿件 JN 及 JD 的內力。【土木高考】

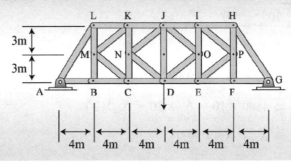

✔ **破題分析**

本題為 K 桁架不受三個以下之限制，可將整個桁架自某一區段切開同時取截面，取截面後可分別將各部分隔離出來取自由體圖分析，並利用平衡方程式 $\sum F_x = 0$、$\sum F_y = 0$、$\sum M_O = 0$ 來計算構件之內力。

解 (1) 取整體自由體圖求支承反力：

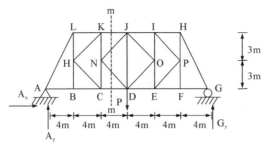

$$\sum M_G = 0 \Rightarrow 24A_y = 12P \Rightarrow A_y = \frac{P}{2}(\uparrow) \quad \sum F_y = 0 \Rightarrow G_y = \frac{P}{2}(\uparrow)$$

(2) 利用截面法取 m−m 剖面：

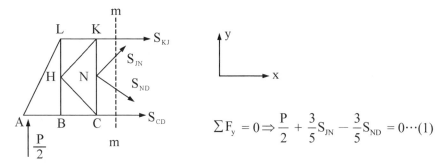

$$\sum F_y = 0 \Rightarrow \frac{P}{2} + \frac{3}{5}S_{JN} - \frac{3}{5}S_{ND} = 0 \cdots (1)$$

(3) 利用節點法取 N 節點自由體圖：

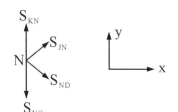

$$\sum F_x = 0 \Rightarrow S_{JN} + S_{ND} = 0 \cdots (2)$$

由(1)(2)可得 $S_{JN} = \frac{-5}{12}P(壓)$

$$S_{ND} = \frac{5}{12}P(拉)$$

(4) 取 J 節點自由體圖：

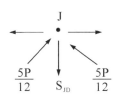

由於桁架受力對稱

所以 $S_{JO} = S_{JN} = -\frac{5P}{12}$ (壓)

$$\sum F_y = 0$$

$$S_{JD} = (\frac{5}{12}P \times \frac{3}{5}) \times 2 = \frac{P}{2} (拉)$$

7　一物塊重 W＝500 N，由繞經直徑為
150mm 無摩擦滑輪之繩子所支撐，
此滑輪又固定於構架之 C 點上，試
繪出並求出作用於桿件 BCD 上之
力。【土木地特三等】

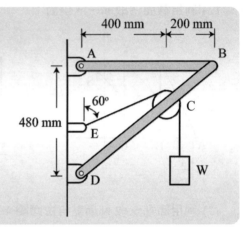

解 (1) 取 AB 自由體圖：

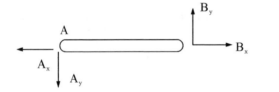

$$\sum M_A = 0 \Rightarrow B_y = 0$$

$$\sum F_y = 0 \Rightarrow A_y = B_y = 0$$

$$\sum F_x = 0 \Rightarrow A_x = B_x$$

(2) 取 C 滑輪自由體圖：

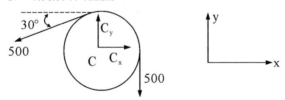

$$\sum F_x = 0 \Rightarrow C_x = 500 \times \cos 30° = 433.01(N)$$

$$\sum F_y = 0 \Rightarrow C_y = 500 \times \sin 30° + 500 = 750(N)$$

(3) 取 BCD 自由體圖：

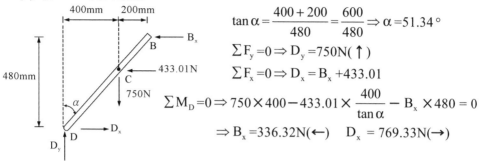

$$\tan\alpha = \frac{400+200}{480} = \frac{600}{480} \Rightarrow \alpha = 51.34°$$

$$\sum F_y = 0 \Rightarrow D_y = 750N(\uparrow)$$

$$\sum F_x = 0 \Rightarrow D_x = B_x + 433.01$$

$$\sum M_D = 0 \Rightarrow 750 \times 400 - 433.01 \times \frac{400}{\tan\alpha} - B_x \times 480 = 0$$

$$\Rightarrow B_x = 336.32N(\leftarrow) \quad D_x = 769.33N(\rightarrow)$$

8 某平面桁架(truss)結構及受力情形如右圖所示。試分析桿件 AB，AC，AD，CD，CE，BC，BE 的桿力。【土木高考三等】

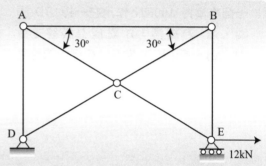

(解)(1) 取整體自由體圖：

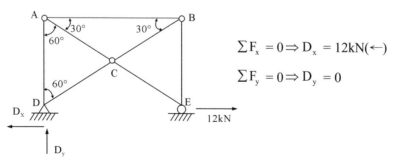

$$\sum F_x = 0 \Rightarrow D_x = 12kN(\leftarrow)$$

$$\sum F_y = 0 \Rightarrow D_y = 0$$

(2) 取 D 節點自由體圖：

$$\sum F_x = 0 \Rightarrow S_{DC} \sin 60° = 12 \Rightarrow S_{DC} = 13.856kN(拉)$$

$$\sum F_y = 0 \Rightarrow S_{DC} \cos 60° = S_{AD} \Rightarrow S_{AD} = 6.928kN(壓)$$

(3) **由於結構受力之對稱性：**

$S_{DC} = S_{CE} = 13.856\text{kN}(拉)$ $S_{AD} = S_{BE} = 6.928\text{kN}(壓)$

又由節點 C 可知

$S_{AC} = S_{CE} = 13.856\text{kN}(拉)$ $S_{BC} = S_{DC} = 13.856\text{kN}(拉)$

(4) **取 A 節點自由體圖：**

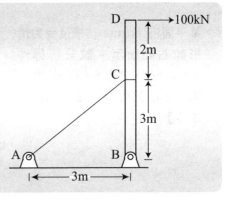

$S_{AB} = S_{AC}\cos 30° \Rightarrow S_{AB} = 12\text{kN}(壓)$

9 一個水準力 100KN 作用在一桿 BD 頂端，AC 為繩索，B 點處為鉸鍊支撐 (Hinge)。請求出 B 點及 AC 繩索的受力各為何？【關務三等】

解 取 BCD 自由體圖

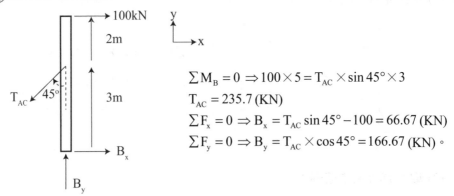

$\sum M_B = 0 \Rightarrow 100 \times 5 = T_{AC} \times \sin 45° \times 3$

$T_{AC} = 235.7 \text{ (KN)}$

$\sum F_x = 0 \Rightarrow B_x = T_{AC}\sin 45° - 100 = 66.67 \text{ (KN)}$

$\sum F_y = 0 \Rightarrow B_y = T_{AC} \times \cos 45° = 166.67 \text{ (KN)}$。

10 一樑結構如右圖，其中 A 是鉸支承，D 是無摩擦滑輪，W 是重物，若假設除 W=160N 外其他無重量，試求鉸支承 A 之反力，及滑輪上繩索之張力。【103 高員】

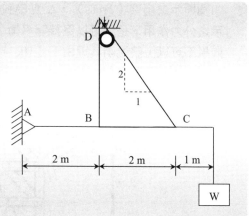

(解) 取 ABC 之 F、B、D

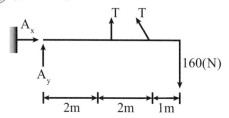

$\curvearrowright \sum M_A = 0$

$$-T \times 2 - T \times \frac{2}{\sqrt{2^2 + 1^2}} \times 4 + 160 \times 5 = 0 \Rightarrow T = 143.43 \text{(N)}$$

$\overset{+}{\rightarrow} \sum F_x = 0$

$$A_x - 143.43 \times \frac{1}{\sqrt{5}} = 0 \Rightarrow A_x = 64.14 \text{(N)} \rightarrow$$

$+ \uparrow \sum F_y = 0$

$$A_y + 143.43 + 143.43 \times \frac{2}{\sqrt{5}} - 160 = 0 \Rightarrow A_y = -111.71 \text{(N)}$$

11 如圖所示之桁架（Truss），A 點為鉸接，B 點利用滾子支承。該桁架在圖示之外力作用下是否可以保持靜平衡？如果可以，請求出桿件 JC 的內力；如果不可以，請說明其理由。【106 年鐵路高員】

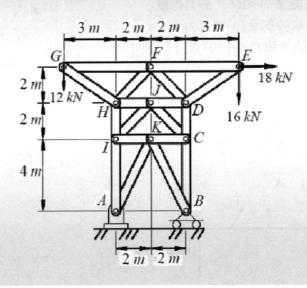

解 (1) 桿件數：m＝18、接點數 n＝11、反力數＝3

m+3＝21<2n 故為不當拘束 ⇒ 此桁架為不穩定結構，無法保持平衡，

若將 B 滾接換成鉸接則為完全拘束之靜不定結構

(2) 試將 B 改為鉸接可求 JC 桿之桿力

取 mm 剖面上半面之 F、B、D

$\pm\sum F_x = 0$

$-2S_{JC} \times \cos45° + 18 = 0$

$\Rightarrow S_{JC} = 12.728(kN)$

12 試求桁架中 AB、AD、BD、DE 所受之力？

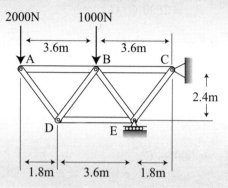

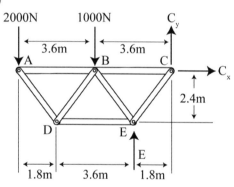

$$\sum M_C = 0 = (2000N)(7.2m) + (1000N)(3.6m) - E(6m)$$

$$E = 10,000N \uparrow$$

$$\sum F_x = 0 = C_x \quad C_x = 0$$

$$\sum F_y = 0 = -2000N - 1000N + 10,000N + C_y$$

$$C_y = 7000N \downarrow$$

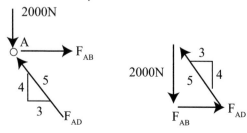

$$\frac{2000\text{N}}{4} = \frac{F_{AB}}{3} = \frac{F_{AD}}{5} \qquad F_{AB} = 1500\text{N} \quad T$$
$$F_{AD} = 2500\text{N} \quad C$$

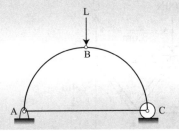

$F_{DA} = 2500\text{N}$ F_{DB}

$F_{DB} = F_{DA} \qquad F_{DB} = 2500\text{N} \quad T$

$$F_{DE} = 2\left(\frac{3}{5}\right)F_{DA} \qquad F_{DE} = 3000\text{N} \quad C$$

13 試求桁架中桿件所受之力？

L

B

A ◯ ◯ C

解 (1) B 點：

L

45° 45°

AB BC

$\sum F_x = 0 \Rightarrow AB = BC$

$\sum F_y = 0 \Rightarrow 2AB\frac{\sqrt{2}}{2} - L = 0$

$AB = \frac{\sqrt{2}}{2}L = BC$

(2) C 點：

$\frac{\sqrt{2}}{2}L$

45°

AC

C

$\sum F_x = 0 \Rightarrow \frac{\sqrt{2}}{2}L\left(\frac{\sqrt{2}}{2}\right) - AC = 0$

$AC = \frac{L}{2} \quad T$

14 試求桁架中桿件所受之力？

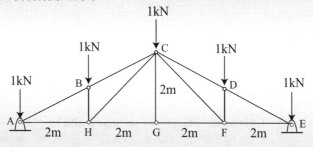

(解) $A=E=2.5kN$; $\alpha = \tan^{-1}\left(\dfrac{2}{4}\right)=26.6°$

(1) 取 A 點自由體圖：

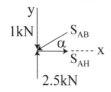

$$\sum F_y = 0 : 2.5-1-S_{AB}\sin\alpha = 0 \Rightarrow S_{AB}=3.35kN(C)$$

$$\sum F_x = 0 : -3.35\cos\alpha + S_{AH} = 0 \Rightarrow S_{AH}=3kN(T)$$

(2) 取 B 點自由體圖：

$$\sum F_x = 0 : 3.35\cos\alpha - S_{BC}\cos\alpha = 0 \qquad\qquad \Rightarrow S_{BC}=3.35kN(C)$$

$$\sum F_y = 0 : -1+(3.35-3.35)\sin\alpha + S_{BH} = 0 \Rightarrow S_{BH}=1kN(C)$$

(3) 取 H 點自由體圖：

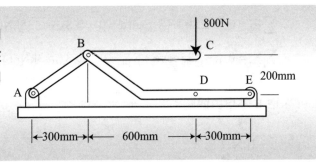

$$\sum F_y = 0 : -1 + S_{CH}\sin 45° = 0 \qquad \Rightarrow S_{CH}=1.414kN(T)$$

$$\sum F_x = 0 : -3 + 1.41\cos 45° + S_{GH} = 0 \quad \Rightarrow S_{GH}=2\ kN(T)$$

(4) 取 G 點自由體圖 and $\sum F_y = 0$, CG=0

$$桿件 \begin{cases} DE = AB = 3.35 & kN & C \\ CD = BC = 3.35 & kN & C \\ EF = AH = 3.0 & kN & T \\ DF = BH = 1.0 & kN & C \\ CF = CH = 1.414 & kN & T \\ FG = GH = 2.0 & kN & T \end{cases}$$

15 若有一 800N 的負載用於圖中 C 點上，求在 A 與 E 點處之反作用力的分量。【高三】

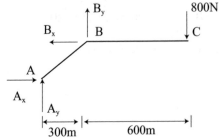

解 (1) 取 ABC 自由體圖

$$\sum F_y = 0 \quad \Rightarrow A_y + B_y = 800 \cdots (1)$$
$$\sum M_A = 0 \quad \Rightarrow B_x \times 200 + B_y \times 300 = 800 \times 900 \cdots (2)$$
$$\sum F_x = 0 \quad \Rightarrow A_x = B_x \cdots (3)$$

(2) 取 BDE 自由體圖

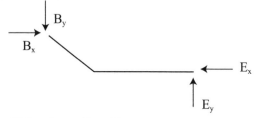

$$\sum F_y = 0 \quad \Rightarrow B_y = E_y \cdots (4)$$
$$\sum F_x = 0 \quad \Rightarrow B_x = E_x \cdots (5)$$
$$\sum M_E = 0 \quad \Rightarrow B_y \times 900 = B_x \times 200 \cdots (6)$$

由(1)代入(2)得

$$B_y = 600 \,(N) \,,\ B_x = 2700 \,(N)$$
$$A_x = 2700 \,(N) \,,\ A_y = 200 \,(N) \,,\ E_y = 600 \,(N) \,,\ E_x = 2700 \,(N)$$

16 均勻的板子重 540N 承受負載作用如圖示。試求球窩軸承 A 之反作用力分量及繩索 BD 和 EC 的張力。

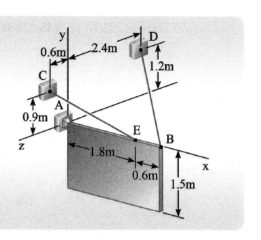

解 $\vec{T}_{BD} = T_{BD}\dfrac{\vec{r}_D - \vec{r}_B}{|\vec{r}_D - \vec{r}_B|} = T_{BD}\dfrac{-8\vec{i} + 4\vec{j} - 8\vec{k}}{12} = T_{BD}\left(-\dfrac{2}{3}\vec{i} + \dfrac{1}{3}\vec{j} - \dfrac{2}{3}\vec{k}\right)$

$\vec{T}_{EC} = T_{EC}\dfrac{\vec{r}_C - \vec{r}_E}{|\vec{r}_C - \vec{r}_E|} = T_{EC}\dfrac{-6\vec{i} + 3\vec{j} + 2\vec{k}}{7} = T_{EC}\left(-\dfrac{6}{7}\vec{i} + \dfrac{3}{7}\vec{j} + \dfrac{2}{7}\vec{k}\right)$ 。

$\sum \vec{F} = \vec{A} + \vec{T}_{BD} + \vec{T}_{EC} - (540\text{N})\vec{j} = 0$

$\vec{i} : A_x - \dfrac{2}{3}T_{BD} - \dfrac{6}{7}T_{EC} = 0$

$\vec{j} : A_y + \dfrac{1}{3}T_{BD} + \dfrac{3}{7}T_{EC} - 540\text{N} = 0$

$\vec{k} : A_z - \dfrac{2}{3}T_{BD} + \dfrac{2}{7}T_{EC} = 0$

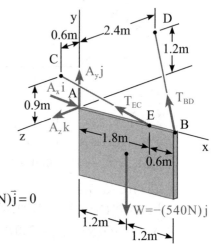

$\sum \vec{M}_A = \vec{r}_B \times \vec{T}_{BD} + \vec{r}_E \times \vec{T}_{EC} + (1.2\text{m})\vec{i} \times (-540\text{N})\vec{j} = 0$

$\vec{j} : 1.6T_{BD} - 0.5143T_{EC} = 0$

$\vec{k} : 0.8T_{BD} + 0.771T_{EC} - 648\text{N} = 0$

$T_{BD} = 202.6\text{N} \quad T_{EC} = 630.3\text{N}$

$\vec{A} = (675.3\text{N})\vec{i} + (202.3\text{N})\vec{j} - (45.02\text{N})k$

17

如圖所示，一彎曲桿 ABEF 是由在 C 點及 D 點的兩頸軸承（Journal Bearing）和一金屬線（Wire）AH 所支撐。已知彎曲桿的 AB 段長度為 250 mm。假設在 D 點的軸承不會施加軸向推力（Axial Thrust）。

(一) 畫出解題所需的自由體圖（Free-Body Diagram）。

(二) 決定金屬線 AH 中之張力和在 C 點及 D 點的反作用力。

【109 關務三等】

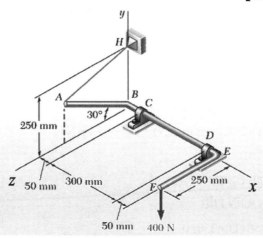

解 （一）

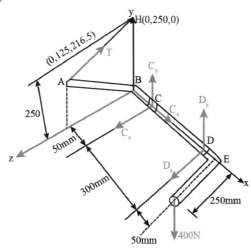

(二) A 點座標$(0,250×\sin30°,250×\cos30°)⇒(0,125,216.5)$

$\overline{AH}=125\,\vec{j}-216.5\,\vec{k}$　$\vec{e}_{AH}=0.5\,\vec{j}-0.866\,\vec{k}$

$\vec{T}=0.5T\,\vec{j}-0.866T\,\vec{k}$

$\overline{BH}=250\,\vec{j}$

作用力對 BE 軸取力矩

$\overline{M_{BE}}=(\overline{BH}×\vec{T})\cdot\overline{e_{BE}}+400×250\,\vec{i}=0$

$⇒-216.5T\,\vec{i}+400×250\,\vec{i}=0⇒T=461.89(N)$

(三) $\vec{T}=230.945\,\vec{j}-400\,\vec{k}⇒\Sigma F_x=0⇒C_x=0$

$\Sigma F_y=0⇒C_y+D_y+230.945-400=0$—(1)

對 Z 軸取力矩

$C_y×50+D_y×350=400×400$—(2)

由(1)(2) $C_y=-336.1(N)$，$D_y=505.16(N)$

(四) $\Sigma F_z=0$

$-400+C_z+D_z=0$—(3)

對 y 軸取力矩

$C_z×50+D_z×350=0$—(4)

由(3)(4)　$C_z=466.67(N)$，$D_z=-66.67(N)$

18 如右圖所示，施加 120N 之力於剪線鉗把手處，試求在 A 點之電線所受之力。【高考】

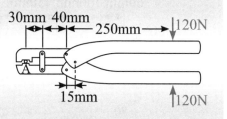

解

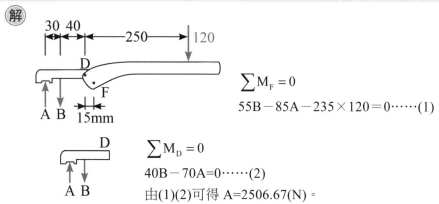

$$\sum M_F = 0$$

$$55B - 85A - 235 \times 120 = 0 \cdots\cdots(1)$$

$$\sum M_D = 0$$

$$40B - 70A = 0 \cdots\cdots(2)$$

由(1)(2)可得 A=2506.67(N)。

19 一梁架結構如圖所示，試求(一)若試求銷 A 之水平與垂直反作用力。(二)B 之反力。(三)銷 A 之水平與垂直反作用力。(四)桿件 DE 之桿力。

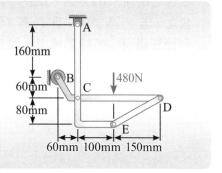

解 (1) 取整體自由體圖

$$\sum F_y = 0 = A_y - 480N \Rightarrow A_y = 480N \uparrow$$

$$\sum M_A = 0 = -(480N)(100mm) + B(160mm) \Rightarrow B = 300N \rightarrow$$

$$\sum F_x = 0 = B + A_x \Rightarrow A_x = -300N \leftarrow$$

(2) 取 BCD 自由體圖

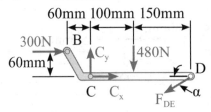

$$\alpha = \tan^{-1}\frac{80}{150} = 28.07°$$

$$\sum M_C = 0 = (F_{DE}\sin\alpha)(250mm) + (300N)(60mm) + (480N)(100mm)$$

$$F_{DE} = -561N \ , \ F_{DE} = 561N \ C$$

$$\sum F_X = 0 = C_X - F_{DE}\cos\alpha + 300N \ , \ 0 = C_X - (-561N)\cos\alpha + 300N$$

$$\sum F_y = 0 = C_y - F_{DE}\sin\alpha - 480N \ , \ 0 = C_y - (-561N)\sin\alpha - 480N$$

$C_x = -795$ N，$C_y = 216$ N

---

20 試將右圖所示的力系，以一等效單力取代之，若 F_1 為 70N，且 F_2 為 84N，請詳列計算過程，並繪圖標出此等效單力的作用位置。【102 關三】

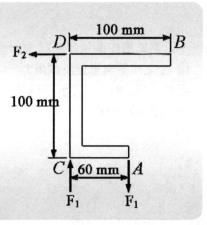

解

84(N)　70×60=4200(N-mm)

100mm 　=　 50mm

84(N)

21 如圖所示所支撐的圓柱體重 400kg，試求作用於各插銷上之水平與垂直分力。

【關務四等】

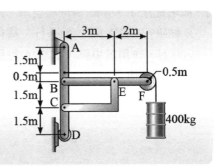

解 (1) 取整體自由體圖

$$\left[\sum M_A = 0\right] \quad 5.5(0.4)(9.81) - 5D = 0 \quad D = 4.32\text{kN}$$

$$\left[\sum F_x = 0\right] \quad A_x - 4.32 = 0 \quad A_x = 4.32\text{kN}$$

$$\left[\sum F_y = 0\right] \quad A_y - 3.92 = 0 \quad A_y = 3.92\text{kN}。$$

(2) 取 BE 自由體圖

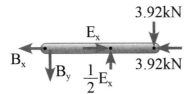

$$\left[\sum M_B = 0\right] \quad 3.92(5) - \frac{1}{2}E_X(3) = 0 \quad E_X = 13.08\text{kN}$$

$$\left[\sum F_y = 0\right] \quad B_y + 3.92 - 13.08/2 = 0 \quad B_y = 2.62\text{kN}$$

$$\left[\sum F_x = 0\right] \quad B_x + 3.92 - 13.08 = 0 \quad B_x = 9.15\text{kN}。$$

(3) 取 AD 自由體圖

$$\left[\sum M_C = 0\right] \quad 4.32(3.5) + 4.32(1.5) - 3.92(2) - 9.15(1.5) = 0$$

$$\left[\sum F_x = 0\right] \quad 4.32 - 13.08 + 9.15 + 3.92 + 4.32 = 0$$

$$\left[\sum F_y = 0\right] \quad -13.08/2 + 2.62 + 3.92 = 0。$$

$A_y = 3.92\text{kN}$

$A_x = 4.32\text{kN}$ $\quad$ 3.92kN

B_y $\quad B_x$

$\frac{1}{2}C_x \leftarrow C_x$

D=4.32kN

22 如右圖所示，A 點為球窩支承，繩索 BC 與 z 軸平行，BD 與 x 軸平行，桿件之重量為 200 N，作用於中點，試求 A 點反力及各繩子張力為何？

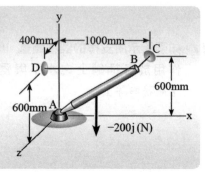

解 $r_{BD} = [(0-1000)i + (600-600)j + (600-400)k] mm = (-1000i + 200j) mm$

$$T_{BD} \frac{r_{BD}}{|r_{BD}|} = T_{BD}(-0.981i + 0.196k) \text{ 。}$$

$$\sum F_x : A_x - 0.981 T_{BD} = 0$$

$$\sum F_y : A_y - 200N = 0$$

$$\sum F_z : A_z + 0.196 T_{BD} - T_{BC} = 0$$

$$\sum M_A : \begin{vmatrix} i & j & k \\ 1 & 0.6 & 0.4 \\ -0.981 T_{BD} & 0 & 0.196 T_{BD} - T_{BC} \end{vmatrix} + \begin{vmatrix} i & j & k \\ 0.5 & 0.3 & 0.2 \\ 0 & -200 & 0 \end{vmatrix} = 0$$

A_x=166.7N，A_y=200N，A_z=66.7N，T_{BC}=100N，T_{BD}=170N

第二章 摩擦、虛功原理與慣性矩

2-1 摩擦力問題

一、摩擦力概述

(一) 摩擦力：實際上物體的表面均是粗糙的，二物體互相接觸時，我們考慮接觸面之作用力，除了垂直的正向力以外，還有因摩擦沿著接觸面方向所引起的切線力，稱之為摩擦力。

(二) 摩擦力定律

1. 摩擦力的大小與接觸面之性質有關，但與接觸面積大小無關。
2. 摩擦力 F 與正向力 N 互相垂直且成正比，亦即 $F = \mu N$，即表示正向力與接觸面垂直，摩擦力與接觸面平行，其中 μ 稱之為摩擦係數，不隨正向力之增減而變化。
3. 靜摩擦係數 > 動摩擦係數 > 滾動摩擦係數。
4. 物體運動速度愈快，則動摩擦係數越小。

(三) 摩擦力形式

1. 最大靜摩擦力的大小與兩物體間的正壓力(法向反力)成正比，即 $F_{max} = \mu N$。
2. 在一般靜定平衡狀態下，若是外力合力 F 在臨界最大合力 F_{max} 以內，亦即滿足 $F \leq F_{max}$ 關係式，靜摩擦力可由平衡條件計算出，並滿足 $F = F_{max} = \mu_s N$ 關係式。
3. **摩擦角**：物體受的反作用力 N 和切向摩擦力 F，合成為一個合力 F_P，此合力與接觸面法線間的夾角稱之為摩擦角 β，可得與摩擦係數之關係：

$$\tan\beta = \frac{F}{N} = \frac{\mu N}{N} = \mu$$

二、摩擦力應用

(一) 傾斜面之摩擦力：如圖 2.1(a)與 2.1(b)所示，一重為 W 的滑塊放在傾角為α的固定斜面上，已知滑塊與斜面間的靜摩擦因數 μ，維持滑塊平衡的水平推力 F 的範圍可由以下分析求得：

1. **滑塊處於即將下滑的臨界水平力 F_{min}**：假設靜摩擦力 F_1 的方向應沿斜面向上，故其受力自由體圖如圖 2.1(a)所示，由平衡方程式

   $\sum F_x = 0 \Rightarrow F_{min} \cos\alpha + F_1 = W \sin\alpha$

   $\sum F_y = 0 \Rightarrow -F_{min} \sin\alpha - W \cos\alpha + N_1 = 0$

   又因為 $\tan\beta = \mu$ (其中 β 表示摩擦角)

   $\Rightarrow F_1 = \mu N_1 = N_1 \tan\beta$

   $\Rightarrow$ 解得 $F_{min} = W \dfrac{\sin\alpha - \mu\cos\alpha}{\cos\alpha + \mu\sin\alpha} = W\tan(\alpha - \beta)$

2. **滑塊處於即將上行的臨界水平力 F_{max}**：假設靜摩擦力 F_2 的方向應沿斜面向下，故其受力自由體圖如圖 2.1(b)所示，由平衡方程式

   $\sum F_x = 0 \Rightarrow F_{max} \cos\alpha - W \sin\alpha - F_2 = 0$

   $\sum F_y = 0 \Rightarrow -F_{max} \sin\alpha - W \cos\alpha + N_2 = 0$

   又因為 $\tan\beta = \mu$ (其中 β 表示摩擦角)

   $\Rightarrow F_2 = \mu N_2 = N_2 \tan\beta$

   $\Rightarrow$ 解得 $F_{max} = W \dfrac{\sin\alpha + \mu\cos\alpha}{\cos\alpha - \mu\sin\alpha} = W\tan(\alpha + \beta)$

   由以上分析得知：欲使物塊保持平衡

   $F_{min} \leq F \leq F_{max} \Rightarrow W\tan(\alpha - \beta) \leq F \leq W\tan(\alpha + \beta)$

觀念說明　由以上分析，我們可將摩擦力視為抵抗物體運動時滑動的阻力，將來可運用在動力學中。

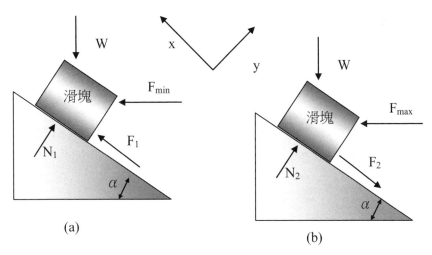

圖 2.1　傾斜面之摩擦力

(二) **靜止平衡或即將滑動：**如圖 2.2 長 L 重為 W 之梯子斜靠在一光滑牆上，重心離光滑牆、地板與梯腳之靜摩擦係數 μ 為多少時，梯子才不會滑下。

$\sum F_x = 0 \;\Rightarrow\; N_1 - \mu N_2 = 0$

$\sum F_y = 0 \;\Rightarrow\; W - N_2 = 0$

$\sum M_A = 0 \;\Rightarrow\; W \times (\dfrac{L}{2}\cos 45^\circ) + (\mu N_2) \times (L\sin 45^\circ) - N_2 \times L\cos 45^\circ$

$\mu = 1 - \dfrac{W}{2N_2} = \dfrac{1}{2} \Rightarrow \mu \geqq \dfrac{1}{2}$ 時梯子才不會滑下

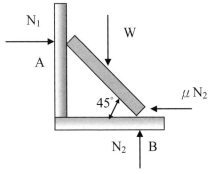

圖 2.2　梯腳之靜摩擦

(三) 皮帶摩擦：

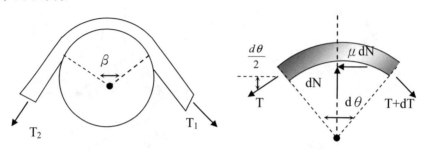

圖 2.3 皮帶摩擦

如圖 2.3 所示，考慮通過固定圓筒的平皮帶，皮帶兩邊之拉力為 T_1(緊邊張力)及 T_2(鬆邊張力)，可求得拉力值的關係：

$$\sum F_x = 0 \Rightarrow -T\cos\frac{d\theta}{2} + (T + dT)\cos\frac{d\theta}{2} - \mu dN = 0$$

$$\sum F_y = 0 \Rightarrow -2T\sin\frac{d\theta}{2} - dT\sin\frac{d\theta}{2} + dN = 0$$

若是 $d\theta$ 角度非常小則

$$\Rightarrow \sin\frac{d\theta}{2} \approx \frac{d\theta}{2} \quad 且 \cos\frac{d\theta}{2} \approx 1$$

$$\Rightarrow dT = \mu dN \Rightarrow -Td\theta - dT \times \frac{d\theta}{2} + dN = 0$$

可求得 $Td\theta = dN$ 且 $dT = \mu Td\theta$ $\quad \Rightarrow \frac{dT}{T} = \mu d\theta$

兩邊取積分得到 $\int_{T_2}^{T_1} \frac{dT}{T} = \int_0^\beta \mu \ d\theta \Rightarrow \ln\frac{T_1}{T_2} = \mu\beta$

$$\Rightarrow \frac{T_1(緊邊張力)}{T_2(鬆邊張力)} = e^{\mu\beta}$$

同理若平皮帶為 V 字形三角帶，其角度為 α，則拉力 T_1 與 T_2 之關係為：

$$\frac{T_1}{T_2} = e^{\frac{\mu\beta}{\sin\left(\frac{\alpha}{2}\right)}}$$

範例 *2-1*

如圖所示為三方塊 $W_1 = 100$ 公斤、$W_2 = 150$ 公斤、$W_3 = 200$ 公斤，W_1 受一牆阻擋其向左運動，已知所有接觸面之最大靜摩擦係數 $\mu = 0.3$，試求水平力 P 需多大才能拉動 W_2 向左運動。【機械關務四等】

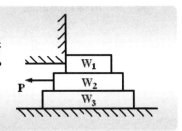

(解) 1. 取 W_2 W_3 自由體圖，若 W_2 W_3 一起向左移動：

$P = f_1 + f_2$

$f_1 = \mu(W_1 g) = 0.3 \times 100 \times 9.81 = 294.3(N)$

$f_2 = \mu[(W_1 + W_2 + W_3)g] = 0.3 \times 450 \times 9.81$

$\quad = 1324.35(N)$

$P = f_1 + f_2 = 1618.65$

2. 取 W_2 自由體圖，若 W_2 向左移動：

$P = f_3 + f_4$

$f_3 = \mu(W_1 g) = 294.3(N)$

$f_4 = \mu[(W_2 + W_1)g] = 0.3 \times 250 \times 9.81 = 735.75(N)$

$P = f_3 + f_4 = 1030.05(N) < 1618.65$

所以需 $P = 1030.05(N)$ 之力才可拉動 W_2

範例 *2-2*

如圖所示，長度為 5m，重量不計之梯子，斜置於牆面與地面之間，假設牆面完全光滑，地面與梯子間之靜摩擦係數為 $\mu = 0.3$。質量 50kg 之人站立於梯子中點而不滑倒，則梯子與牆面最大之夾角 θ 為何？此時牆面與地面之反力為何？（假設重力加速度為 $g = 9.81$ m/s^2)【土木地特四等】

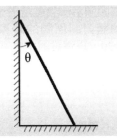

解 1. 取桿自由體圖：

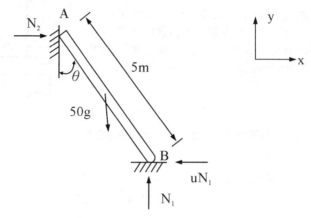

$$\sum F_y = 0 \ \Rightarrow N_1 = 50 \times 9.81 = 490.5N(\uparrow)$$

$$\sum M_A = 0 \ \Rightarrow -50 \times 9.81 \times \frac{5}{2} \times \sin\theta + 490.5 \times 5\sin\theta \le 0.3 \times 490.5 \times 5\cos\theta$$

$$\Rightarrow 1.67 \le \cot\theta$$

$$\theta \le 30.96° \Rightarrow 最大夾角為 30.96°$$

2. $\sum F_x = 0 \Rightarrow N_2 = 0.3 \times 490.5 = 147.15N$

地面反力 $\sum F = \sqrt{(490.5)^2 + (147.15)^2} = 512.1(N)$

範例 *2-3*

右圖顯示一物體置於一斜面連同其所受到的兩個外力，物體與斜面間的靜摩擦係數為 0.30、動摩擦係數為 0.20，現假設圖中之 $P = 200N$ 而 $\theta = 30°$ ，請問物體與斜面間摩擦力的大小及方向為何？而物體是否會向何方移動？【機械三等地特第二次】

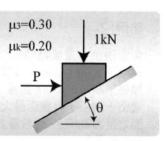

破題分析

$\tan\beta = \mu = 0.3 \Rightarrow \beta = 16.7$

欲使物塊保持平衡

$F_{min} \le F \le F_{max} \Rightarrow W\tan(\alpha - \beta) \le P \le W\tan(\alpha + \beta)$

$\Rightarrow W\tan(\alpha - \beta) = 236.39 (N) > P = 200(N)$

$\Rightarrow$ 故滑塊會向左下滑動

解 1. 取物體自由體圖，假設物體向上移動：

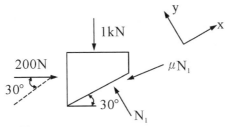

(1) $\sum F_y = 0$

$-200 \times \sin 30° + N_1 - 1000 \times \cos 30° = 0$

$\Rightarrow N_1 = 966.025(\text{N})$

(2) $\sum F_x = 0$

$200 \times \cos 30° - 1000 \times \sin 30° - \mu \times 966.02 = 0$

$\mu = -0.34(\text{不合})$，表示物體向下移動

2. 假設物體向下移動：

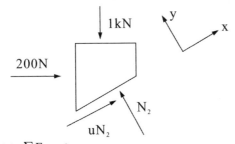

(1) $\sum F_y = 0$

$-200 \sin 30° + N_2 - 1000 \times \cos 30° = 0$

$\Rightarrow N_2 = 966.025\text{N}$

(2) $\sum F_x = 0$

$200 \times \cos 30° - 1000 \times \sin 30° + 966.02 \mu = 0$

$\Rightarrow \mu = 0.34 > 0.3$

要防止物體下滑斜面摩擦力至少要大於 0.34，所以物體會向下滑動。

3. 取 $\mu = \mu_k = 0.2$：

則物體與斜面間的摩擦力

$f = \mu N_2 = \mu_k N_2 = 0.2 \times 966.025 = 193.205(\text{N})$

範例 *2-4*

一繩索環繞於固定圓柱 A 一圈餘,且支持重 50 N 之荷重,如圖所示,設圓柱與繩索之間靜摩擦係數為 0.25,試求:(1)支持荷重所需之最小張力為何?(2)將荷重拉上所需最小張力為何?【機械高考】

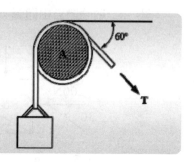

破題分析

繩索兩邊之拉力為 T_1(緊邊張力)及 T_2(鬆邊張力) $\Rightarrow \dfrac{T_1(緊邊張力)}{T_2(鬆邊張力)} = e^{\mu\beta}$

取整體自由體圖

接觸角 $\beta = 2\pi + \dfrac{\pi}{2} + \dfrac{\pi}{3} = 8.901\,(\text{rad})$

解

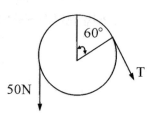

1. 支持荷重所需最小張力,可視為荷重邊為緊邊張力:

$$\frac{50}{T} = e^{\mu\beta} \Rightarrow \frac{50}{T} = e^{0.25 \times 8.901}$$

$$T = 5.402\,(\text{N})$$

2. 將荷重拉上,可視施力邊為緊邊張力:

$$\frac{T}{50} = e^{0.25 \times 8.901}$$

$$T = 462.79\,(\text{N})$$

2-2 ｜ 虛功原理

一、虛功原理的觀念

若一個剛體系統處於平衡狀態時，具有一假想之虛位移，則各種作用於剛體的作用力(包括內力、外力與力偶)，對此剛體之任何虛位移所作的虛功之總和為零，此即為虛功原理。換言之，若各作用力作用於剛體系統的總虛功為零時，即表示此剛體系統處於平衡狀態且外力所作之虛外功將等於內力所做的虛內功。

二、虛功原理的方程式

(一) 虛位移可以為直線位移，也可以是角位移，虛直線位移一般用 x 表示，而微分符號 δx 表示非常小的實位移，虛角位移一般用 θ 表示，而微分符號 $\delta \theta$ 表示非常小的實角位移。

(二) 力在虛位移中作的功稱為虛功，可表示為：$\delta W = \vec{F} \cdot \delta \vec{r}$ ，若是力偶作功則可表示為 $\delta W = \vec{M} \cdot \delta \vec{\theta}$。

(三) 剛體系統處於平衡狀態，我們可視為靜止的系統，此系統不會有實位移，也不會有實功，但可以有虛位移，可以有虛功，任何虛位移所作的虛功之總和為零，所以又可表示為：

$$\delta W = \sum (\vec{F} \cdot \delta \vec{r}) + (\vec{M} \cdot \delta \vec{\theta}) = 0$$

(四) 因此剛體系統若是要保持平衡，其充分必要條件是，作用於剛體系統上的所有作用力在任何虛位移中所作虛功的和等於零。

三、虛功原理的分析

如圖 2.4 所示，我們可利用虛功原理求出使圖中之機構維持平衡所需力偶 M 之大小，用虛功原理分析之步驟：

(一) 如圖 2.4 右圖所示，畫出自由體圖，並假設虛位移 δx 為一個微小的位移，則虛角位移 $\delta\theta$，計算 x 與構件的幾何關係，並求出 δx，可表示為：
$x = 3L\sin\theta \Rightarrow \delta x = 3L\cos\theta\delta\theta$

(二) 由虛功原理：
$\delta W = \sum (\vec{F} \cdot \delta \vec{r}) + (\vec{M} \cdot \delta \vec{\theta}) = 0 \Rightarrow \delta W = F \cdot \delta x + M \cdot (-\delta\theta) = 0$

由於 M 作用的方向與虛角位移方向相反，故虛角位移取負號
$\Rightarrow F \cdot 3L \cos\theta\delta\theta + M \cdot (-\delta\theta) = 0 \quad \Rightarrow M = 3L\cos\theta$

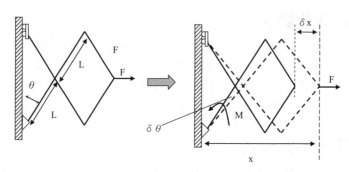

圖 2.4　虛功原理

範例 *2-5*

如圖所示，構架係由 AB, CD, DF, BF 四根桿件及彈簧 EF 所組成，各接合點均屬拼接(pin connection)，A 點為鉸接端，C 點為滾接端，各接點間距均為 1，且 θ = 45°時，彈簧為原始長度。不計桿件及彈簧重量，求拉力 P = 0.25kl 作用時，θ 角為何該構架方能平衡？平衡時，A、C 兩端點之反力為何？【土木地特四等】

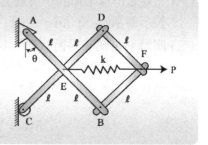

破題分析

1.本題可用虛功原理 $\delta W = \sum(\vec{F} \cdot \vec{r}) = 0$ 求解。

2.本題也可最小功能原理 $\dfrac{dV}{d\theta} = 0$ 求解。

（解） **1. 虛功原理：**

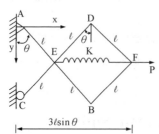

(1)假設 F 點水平座標為 x：
$x = 3\ell\sin\theta \Rightarrow \delta x = 3\ell\cos\theta\delta\theta$ (虛位移)
假設 $\overline{EF} = x_1 = 2\ell\sin\theta$
$\Rightarrow \delta x_1 = 2\ell\cos\theta\delta\theta$ (虛位移)

(2)根據虛功原理：
$\delta W = \sum(\vec{F} \cdot \vec{r}) = 0$

當 $\theta = 45°$ 時，彈簧為原始長度 $\sqrt{2}\,\ell$，因此

$$\Rightarrow P \cdot \delta x - k(2\ell\sin\theta - \sqrt{2}\,\ell)\,\delta x_1 = 0$$

作用力虛功　彈簧虛功負 x 方向

$$\Rightarrow P \cdot 3\ell\cos\theta\delta\theta - k(2\ell\sin\theta - \sqrt{2}\,\ell)\,2\ell\cos\theta\delta\theta = 0$$

同除 $\delta\theta$

$$\Rightarrow \cos\theta\,[3P\ell - 2k\ell(2\ell\sin\theta - \sqrt{2}\,\ell)] = 0$$

$$\cos\theta = 0 \text{ 或 } 3P\ell - 2k\ell(2\ell\sin\theta - \sqrt{2}\,\ell) = 0$$

$$\Rightarrow \theta = 90° \text{ 或 } \theta = \sin^{-1}[\frac{1}{\sqrt{2}} + \frac{3P}{4k\ell^2}] \quad P = 0.25\,k\ell \text{ 代入}$$

得 $\theta = 90°$ 或 $63.458°$

(3) $\sum F_x = 0 \Rightarrow R_A = R_C = \dfrac{P}{2}\,(\leftarrow)$。

2. 利用最小功能原理求解：

(1) 總勢能 V = 彈性位能 V_E + 外力位能 V_P：

取 $\theta = 45°$ 時之下點為參考座標

$$V_E = \frac{1}{2}k\delta^2 = \frac{1}{2}k(2\ell\sin\theta - \sqrt{2}\,\ell)^2$$

$$V_P = -P(3\ell\sin\theta - 3\ell\sin 45°)$$

$$V = V_E + V_P = \frac{1}{2}k(2\ell\sin\theta - \sqrt{2}\,\ell)^2 - P(3\ell\sin\theta - 3\ell\sin 45°)$$

系統平衡時 $\dfrac{dV}{d\theta} = 0$

$$\frac{dV}{d\theta} = k\ell^2(2\sin\theta - \sqrt{2})(2\cos\theta) - 3P\ell\cos\theta = 0$$

$$\Rightarrow \cos\theta[2k\ell^2(2\sin\theta - \sqrt{2}) - 3P\ell] = 0$$

$$\Rightarrow \cos\theta = 0 \text{ 或 } 2k\ell(2\sin\theta - \sqrt{2}) - 3P = 0$$

$P = 0.25k\ell$ 可求得

$\theta = 90°$ 或 $63.458°$

與虛功原理答案相同

2-3 │ 最小位能原理

一、位能函數

若一物體僅受彈簧的彈力作用與重力作用時，並無受到其它外力(如摩擦力)，物體在任何一個位置之位能可用位能函數 V 表示，其表示力與功所走的路徑無關，只與物體的初始位置與最終位置有關，稱之為保守力，其位能可表示為：

$V = V_g + V_e$

$U_{12} = -\Delta V = V(q_1) - V(q_2)$

其中 V_g：重力位能、V_e：彈性位能 $= \dfrac{1}{2}kx^2$、q：系統之廣義座標

二、虛功原理之位能與平衡

(一) 一個自由度之剛體系統由功能原理可知

$\delta W = -\delta V \Rightarrow dW = V(q) - V(q+dq)$

當系統平衡時由虛功原理可知：$\delta W = 0 = -\delta V$

$\delta V = \dfrac{dV}{dq}\delta q = 0$

因 $\delta q \neq 0$，故 $\dfrac{dV}{dq} = 0$

(二) n 個自由度之剛體系統

$V = V(q_1, q_2, \cdots q_n)$

因 $\delta W = 0 = \delta V$

$\Rightarrow \delta V = \dfrac{\partial V}{\partial q_1}\delta q_1 + \dfrac{\partial V}{\partial q_2}\delta q_2 + \cdots + \dfrac{\partial V}{\partial q_n}\delta q_n = 0$

由於虛位移 $\delta q_1, \delta q_2, \cdots\cdots, \delta q_n$ 彼此獨立，故得

$\dfrac{\partial V}{\partial q_1} = 0$, $\dfrac{\partial V}{\partial q_2} = 0$, $\cdots\cdots$, $\dfrac{\partial V}{\partial q_n} = 0$

三、穩定分析

平衡方式	平衡條件	圖式	說明
穩定平衡 (stable equilibrium)	$\dfrac{d^2V}{dq^2} > 0$		作用在系統上的力,可以促使系統回到原來之位置,稱為穩定平衡;在此情況,系統平衡位置之位能為最小。
不穩定平衡 (unstable equilibrium)	$\dfrac{d^2V}{dq^2} < 0$		作用在系統上的力,促使系統更偏離原來之位置,稱為不穩定平衡;在此情況,系統平衡位置之位能為最大。
中性平衡	$\dfrac{d^2V}{dq^2} = 0$		作用在系統上的力,可以促使系統在任意位置維持平衡,稱為中性平衡;在此情況,系統平衡位置之位能為常數。

範例 2-6

有一連桿系統如圖所示,一端以銷連結於 A,另一端連結於可在平面上滾動之輪,並藉由一彈簧保持平衡,每一連桿重量均為 W,長度均為 L。若 α = 0° 時彈簧伸長量為 0,當系統達到平衡時 α = 60°,求彈簧常數 k,並驗證該平衡位置是否穩定。假設每一連桿之重心均位於連桿的中點。【機械技師】

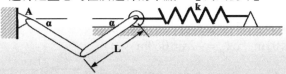

解
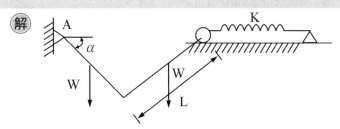

1. α＝0 **時彈簧伸長量為 0，取 A 點水平面為：**

參考位能高程　總勢能 $V = V_P$ (動位能) $+ V_E$ (彈性位能)

$$V_P = -2W\frac{L}{2}\sin\alpha \qquad V_E = \frac{1}{2}k(2L-2L\cos\alpha)^2$$

$$\frac{dV}{d\alpha} = -2W\frac{L}{2}\cos\alpha + k(2L-2L\cos\alpha)(2L\sin\alpha) = 0$$

$$\Rightarrow -2W\frac{L}{2}\cos\alpha + 4kL^2\sin\alpha - 4kL^2\cos\alpha\sin\alpha = 0$$

當 α＝60° 時系統達到平衡

$$\frac{-1}{2}WL + 3.464kL^2 - 1.732kL^2 = 0 \quad \Rightarrow k = 0.289\frac{W}{L}$$

2. $\dfrac{d^2V}{d\alpha^2} = 2W\dfrac{L}{2}\sin\alpha + 2kL(\cos\alpha)(2L-2L\cos\alpha) + (2kL\sin\alpha)(2L\sin\alpha)$

α＝60°，$k = 0.289\dfrac{W}{L}$ 代入，故 $\dfrac{d^2V}{d\alpha^2} > 0$ 表示平衡位置為穩定狀態

範例 *2-7*

試求圖所示二連桿處於平衡時的角度 θ。各構件的質量均為 10kg。

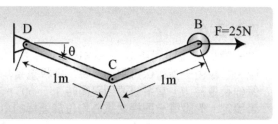

解 將位置座標以獨立座標 θ 表示，並微分得

$$x_B = 2(1\cos\theta)\,\mathrm{m} \qquad \delta x_B = -2\sin\theta\delta\theta\,\mathrm{m} \cdots(1)$$

$$y_w = \frac{1}{2}(1\sin\theta)\,\mathrm{m} \qquad \delta y_w = 0.5\cos\theta\delta\theta\,\mathrm{m} \cdots(2)$$

$$\delta U = 0\;;\; W\delta y_w + W\delta y_w + F\delta x_B = 0 \cdots(3)$$

將(1)及(2)式代入(3)式，以虛位移 δθ 表示，則

$$98.1(0.5\cos\theta\delta\theta) + 98.1(0.5\cos\theta\delta\theta) + 25(-2\sin\theta\delta\theta) = 0$$

$$(98.1\cos\theta - 50\sin\theta)\delta\theta = 0$$

$$\theta = \tan^{-1}\frac{98.1}{50} = 63.0°$$

2-4 形心與慣性矩

一、重心與形心

(一) 根據合力矩定理可推導出任一物體重心位置座標公式為

$$x_c = \frac{\sum \Delta W_i x_i}{W}, \quad y_c = \frac{\sum \Delta W_i y_i}{W}, \quad z_c = \frac{\sum \Delta W_i z_i}{W}$$

其中 ΔW_i 為物體內微小部分的重量、W 是整個物體的重量、x_c，y_c，z_c 是物體重心座標，x_i、y_i、z_i 是物體內微小部分 ΔW_i 的重心座標。

(二) 若物體是均質材料所組成，則物體內各微小部分的重量 ΔW_i 與物體內各微小部分的體積 ΔV_i 成正比，則體積形心座標為

$$x_c = \frac{\sum \Delta V_i x_i}{V}, \quad y_c = \frac{\sum \Delta V_i y_i}{V}, \quad z_c = \frac{\sum \Delta V_i z_i}{V}$$

由此可知若是物體為均質材料，物體的重心位置完全取決於物體的幾何形狀，即均質物體的重心與體積形心重合。

(三) 若物體不僅是均質材料且是等厚平板所組成，忽略板厚不計，則得其平面圖形的形心座標公式為

$$x_c = \frac{\sum \Delta A_i x_i}{A}, \quad y_c = \frac{\sum \Delta A_i y_i}{A}, \quad z_c = \frac{\sum \Delta A_i z_i}{A}$$

(四) 同理可得到組合線段之形心為

$$x_c = \frac{\sum \Delta L_i x_i}{L}, \quad y_c = \frac{\sum \Delta L_i y_i}{L}, \quad z_c = \frac{\sum \Delta L_i z_i}{L}$$

(五) 在求基本規則形體的形心時，可將形體分割成無限多塊微小的形體。在此極限情況下，(一)至(四)點所寫之式子均可寫成定積分形式

$$x_c = \frac{\int_c x dG}{G}, \quad y_c = \frac{\int_c y dG}{G}, \quad z_c = \frac{\int_c z dG}{G}$$

其中 G 表示為體積 V 時，求出之座標為體積之形心；G 表示為面積 A 時，求出之座標為面積之形心；G 表示為線段 L 時，求出之座標為線段之形心。

二、常見之形心位置

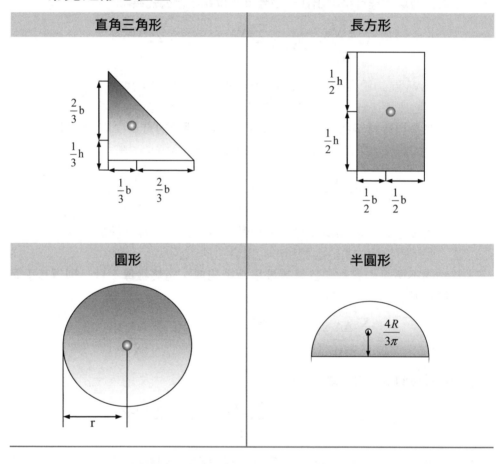

三、慣性矩

(一) 面積慣性矩

1. 面積 A 對 x 軸之面積慣性矩 $I_x = \int y^2 dA$

2. 面積 A 對 y 軸之面積慣性矩 $I_y = \int x^2 dA$

3. 面積 A 對 Z 軸之極慣性矩 $J_z = \int r^2 dA$

$$\Rightarrow J_z = \int (x^2 + y^2)dA = \int x^2 dA + \int y^2 dA = I_x + I_y$$

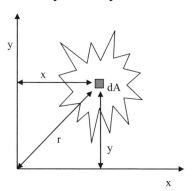

圖 2.5　面積慣性矩

(二) 平行軸定理

1. 如圖 2.6 所示,物體的形心位於 C 點,則: $I_x = \bar{I}_x + Adx^2$

2. 同理 $I_y = \bar{I}_y + Ady^2$　　　3. 同理 $I_z = \bar{I}_z + Adz^2$

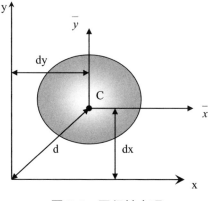

圖 2.6　平行軸定理

(三) 組合面積慣性矩

形狀	圖式	面積矩
矩形	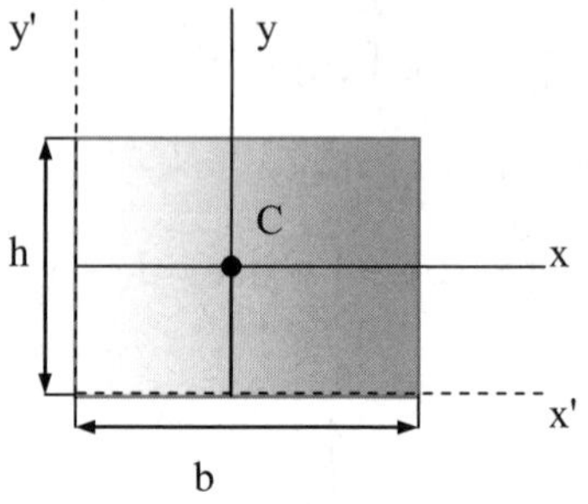	$I_x = \dfrac{1}{12}bh^3$ $I_y = \dfrac{1}{12}hb^3$ $I_{x'} = \dfrac{1}{3}bh^3$ $I_{y'} = \dfrac{1}{3}hb^3$ $J_C = \dfrac{1}{12}bh(b^2+h^2)$
三角形	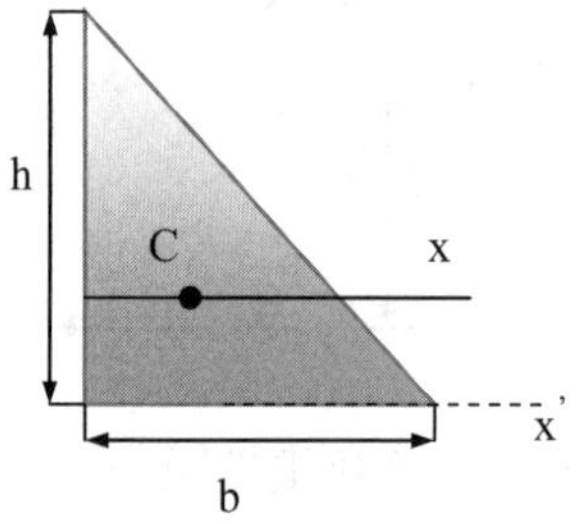	$I_x = \dfrac{1}{36}bh^3$ $I_{x'} = \dfrac{1}{12}bh^3$
圓形	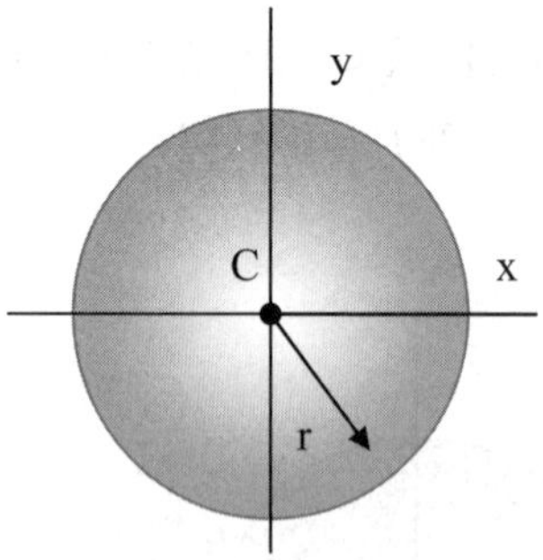	$I_x = I_y = \dfrac{1}{4}\pi r^4$ $J_C = \dfrac{1}{2}\pi r^4$

(四) 面積慣性積

1. 質量元素與至各平面的垂直(或最短)距離的乘積，稱之為慣性積 I_{xy} 即可表示為：$I_{xy} = \int xy\,dA$
2. 如圖 2.6 所示，依據平行軸定理 $I_{xy} = I_{\overline{xy}} + Ad_x d_y$

範例 *2-8*

右圖灰色區域顯示一長方形挖走一半圓形所組成
的平面,請依據所設定的座標系統,求出此平面
的形心位置。【關三】

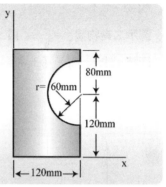

(解)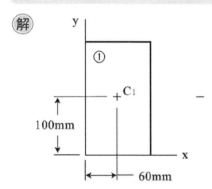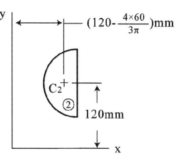

	A, mm^2	$\bar{x}, mm$	$\bar{y}, mm$	$\bar{x}A, mm^3$	$\bar{y}A, mm^3$
1	$120 \times 200 = 24000$	60	120	1440000	2880000
2	$-\dfrac{\pi(60)^2}{2} = -5654.9$	94.5	120	-534600	-678600
Σ	18345			905400	2201400

$$\overline{X} = \frac{\sum \overline{x}A}{\sum A} = \frac{905400mm^3}{18345mm^2}$$

$$\overline{Y} = \frac{\sum \overline{y}A}{\sum A} = \frac{2201400mm^3}{18345mm^2}$$

$$\overline{X} = 49.4mm$$

$$\overline{Y} = 93.8mm$$

範例 *2-9*

圖示之拋物線 $y = \dfrac{b}{a^2}x^2$ 與 x 座標軸間之陰影

面積，求 I_x、I_y。【土木普考第一試】

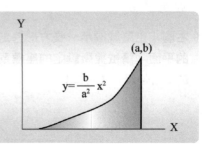

解

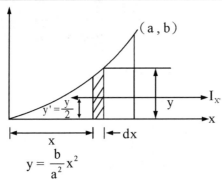

$$y = \frac{b}{a^2}x^2$$

1. $I_y = \displaystyle\int x^2 dA = \int x^2 y\,dx$

   $\Rightarrow I_y = \displaystyle\int_0^a x^2 \cdot (\frac{b}{a^2}x^2)dx = \frac{b}{a^2}\frac{x^5}{5}\Big|_0^a = \frac{a^3 b}{5}$　$\Rightarrow I_y = \dfrac{a^3 b}{5}$

2. $dI_x = dI_{x'} + dA(y')^2 = \dfrac{1}{12}dx\,y^3 + y\,dx(\dfrac{y}{2})^2 = \dfrac{1}{3}y^3 dx$

   $dI_x = \dfrac{1}{3}y^3 dx = \dfrac{1}{3}\dfrac{b^3}{a^6}x^6 dx$　$I_x = \displaystyle\int dI_x = \int_0^a \frac{1}{3}\frac{b^3}{a^6}x^6 dx$

   $\Rightarrow I_x = \dfrac{ab^3}{21}$

另解：

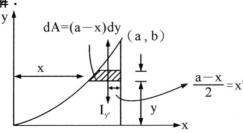

1. $I_x = \int y^2 dA = \int y^2(a-x)dy$

$I_x = \int_0^b y^2 \left[a - (\dfrac{a^2}{b}y)^{\frac{1}{2}} \right] dy = \dfrac{a}{3}y^3 - \dfrac{a}{(b)^{\frac{1}{2}}} \times \dfrac{2}{7}y^{\frac{7}{2}} \Big|_0^b = \dfrac{ab^3}{21}$

2. $dI_y = dI_{y'} + dA(x')^2 = \dfrac{1}{12}dy \cdot (a-x)^3 + (a-x)dy(\dfrac{a-x}{2})^2$

$= \dfrac{1}{3}(a-x)^3 dy$

$I_y = \int_0^b (a-x)^3 dy = \int_0^b \left[a - (\dfrac{a^2 y}{b})^{\frac{1}{2}} \right]^3 dy = \dfrac{a^3 b}{5}$

範例 *2-10*

如右圖所示，一圓弧半徑為 *r*，圓心角為 2β，試求其形心位置。【機械地特四等、土木高考】

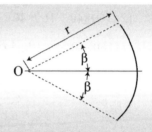

（解）　圓弧對稱 x 軸，故 $\overline{y} = 0$，以積分方式先求弧長

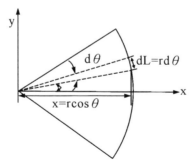

$L = \int dL = \int_{-\beta}^{\beta} r d\theta = 2r\beta$

圓弧對 y 軸一次矩為

$Q_y = \int x dL = \int_{-\beta}^{\beta} r\cos\theta(r d\theta) = r^2 \int_{-\alpha}^{\alpha} \cos\theta d\theta = 2r^2 \sin\beta$

由於 $Q_y = \overline{x} L \Rightarrow \overline{x}(2r\beta) = 2r^2 \sin\beta \quad \Rightarrow \overline{x} = \dfrac{r\sin\alpha}{\alpha}$

範例 *2-11*

考慮斷面如圖一所示（圖內長度單位為 mm）。
(1)試求斷面之形心坐標。
(2)試求斷面對 x 軸之慣性矩。【104 年高考三級】

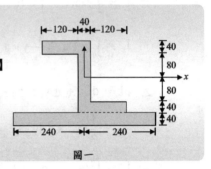

圖一

(解)(1) 形心 x 座標

$$(2 \times 160 \times 40 + 160 \times 40 + 480 \times 40)x_c$$

$$=(160 \times 40) \times (-35) + (40 \times 160) \times (35) + (480 \times 40) \times 0$$

$$\Rightarrow x_c = 0$$

y 座標

$$(2 \times 160 \times 40 + 160 \times 40 + 480 \times 40)y_c$$

$$=(160 \times 40) \times (100) + (160 \times 40) \times (-100) + (480 \times 40) \times 140$$

$$\Rightarrow y_c = -70(mm)。$$

(2) $I_x = \dfrac{1}{3} \times 40 \times 120^3 + \dfrac{1}{3} \times 280 \times 120^3 - \dfrac{1}{3} \times 240 \times 80^3 + \dfrac{1}{12} \times (480) \times 40^3 + (480 \times 40) \times 140^2$

$$=522240000(mm^4)。$$

經典試題

選擇題型

( )　**1.** 已知 A,B,C 三點，有一作用於 A 點之力向量為 $\vec{F} = 2i + 3j + 4k$ ，若 $\overline{BA} = 5i - 6j + 3k$ ， $\overline{BC} = 3j + 4k$ ，則 F 對 B 點之力矩在 BC 方向之分量為： (A)66.0　(B)13.2　(C) -13.2 　(D) -66.0 。【機械高考第一試】

( )　**2.** 如下圖所示，滑塊 A 與軸之間為平滑，且處於平衡狀態，則 A 之質量為： (A)10.4 kg　(B)12.2 kg　(C)13.5 kg　(D)14.4 kg。【機械高考第一試】

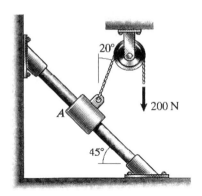

( )　**3.** 如右圖，A 重 100N，B 重 50N，各接觸面間之摩擦係數皆為 0.3，A、B 皆為靜止，則 P 應施力多大，始可將 A 推動？ (A)15 N　(B)30 N　(C)45 N　(D)60 N。【機械高考第一試】

( )　**4.** 右圖中間為正三角形，則斜線區域之形心座標 y 之值為多少 mm？ (A)102　(B)102.5　(C)102.6　(D)102.8。【機械高考第一試】

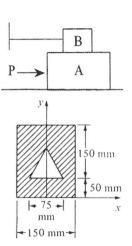

( ) **5.** 下圖斷面中，若 x 軸位於其底邊，而面積慣性矩 $I_x = a \times 10^{-6} m^4$，則 a 為
多少？　(A)0.288　(B)3.376　(C)5.146　(D)7.593。【機械高考第一試】

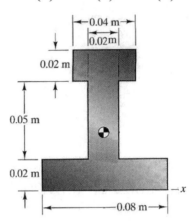

( ) **6.** 有一 100 lb 的力作用在 300 lb 的塊狀物
(block)上，如圖所示。該物與接觸面間
的靜摩擦係數(coefficient of static friction)
fs=0.25 ， 動 摩 擦 係 數 (coefficient of
kinetic friction)fk = 0.20。試問：該塊狀
物體的情況？
(A)本題目之已知條件不足　　(B)該塊狀物體在平衡位置
(C)該塊狀物體沿著斜面上升　(D)該塊狀物體沿著斜面下滑。
【機械高考第一試】

( ) **7.** 如圖所示，某一煞車桿
固定於 A 處，當用 1000
N 的力作用時，摩擦力 f
處的摩擦係數是 0.2。試
問：作用力 N？
(A)567 N　(B)654 N
(C)456 N　(D)678 N。【機械高考第一試】。

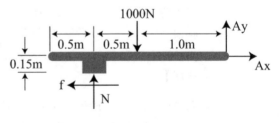

（　　）**8.** 如圖示，一重量為 w 之均質桿件，當 θ=90º 時彈簧不受力，假設所有
接觸面為光滑，若桿件底部向左偏移，試求系統平衡時之 θ 值為：

(A) $\sin^{-1}\dfrac{w}{kl}$　　　　　　　　(B) $\sin^{-1}\dfrac{w}{2k\ell}$

(C) $\tan^{-1}\dfrac{w}{2kl}$　　　　　　　　(D) $\tan^{-1}\dfrac{w}{kl}$

(E) $\cos^{-1}\dfrac{w}{2kl}$　。【台電中油】

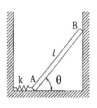

（　　）**9.** 螺旋起重機，若螺旋之導程角為 θ，節圓直徑為 d (d = 2r)，螺紋間的
摩擦角為 ϕ，欲舉起之重物為 w，則所需之起重力矩為：

(A) w・r・tan $(\phi+\theta)$　　　　(B) w・d・tan $(\phi+\theta)$

(C) w・r・tan $(\phi-\theta)$　　　　(D) w・d・tan $(\phi-\theta)$

(E) w・d・sin $(\phi-\theta)$。【台電中油】

（　　）**10.** 如圖示，兩物體以繩索相連，平面與斜
面的摩擦係數分別為 μ_A = 0.3，滾輪摩
擦力不計，A 物體重 100kgw，若欲使
兩物體移動，則 B 的重量至少為若
干？(kgw)　(A)62.9　(B)53.1　(C)49.8
(D)37.5　(E)26.5。【台電中油】

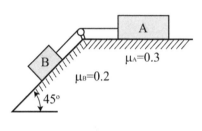

（　　）**11.** 凡物體皆由無數小質點所組成，每一質點均受地心引力之作用產生重
力，此重力之合力作用點稱為該物體之：　(A)質心　(B)形心　(C)中
心　(D)圓心　(E)重心。【台電中油】

（　　）**12.** 如圖所示桁架中 A 點之垂直反力
絕對值大約為：

(A)600KN

(B)750KN

(C)900KN

(D)1000KN。【經濟部】

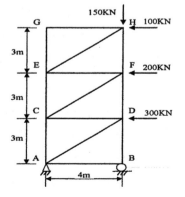

(　　) **13.** 如圖所示，已知 A 之質量 60kg，則 B 之
質量需小於多少公斤才不致於引起滑動？
(A)12kg　(B)15kg　(C)18kg　(D)21kg。
【經濟部】

(　　) **14.** 如圖所示 T 型樑斷面對通過形心之 A-A 軸
的面積慣性矩為何？　(A)8　(B)8.5　(C)9
(D)9.5。【96 年經濟部】

(　　) **15.** 如圖所示試估算斜線部分之形心位置 y：
(A)0.16　(B)0.19　(C)0.22　(D)0.25。【96 年經濟部】

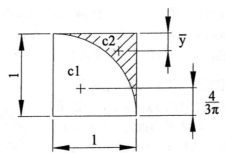

(　　) **16.** 試問下列何者為迴轉半徑 k(radius of gyration)之單位？　(A)kg · m^2
(B)m　(C)m^2　(D)N · m^2/s^2。【經濟部】

(　　) **17.** 關於質心、重心與形心之敘述，下列何者有誤？
(A)當重力加速度為常數時，質心與重心重合
(B)形心為物體的幾何中心
(C)密度為常數之材料，其形心與質心重合
(D)物體的形心一定在物體上。【102 年經濟部】

(　　) **18.** 金屬線彎曲成右圖之形狀，其形
心位置之座標（$\bar{x}$, $\bar{y}$, $\bar{z}$）為何？

(A)（265mm，323mm，-61.5mm）

(B)（265mm，277mm，-61.5mm）

(C)（265mm，-323mm，61.5mm）

(D)（-265mm，323mm，-61.5mm）。【102 年經濟部】

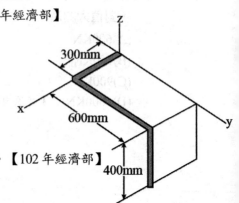

( ) **19.** 如右圖所示，槽的截面積對 x′軸
的慣性矩為何？

(A)$17.4 \times 10^4 mm^4$

(B)$26.2 \times 10^4 mm^4$

(C)$52.3 \times 10^4 mm^4$

(D)$78.5 \times 10^4 mm^4$。【102 年經濟部】

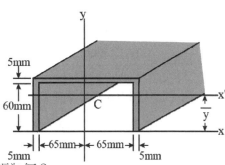

( ) **20.** 承上題，槽的截面積對 x 軸的慣性矩為何？

(A)$92.2 \times 10^4 mm^4$

(B)$184.2 \times 10^4 mm^4$

(C)$273.6 \times 10^4 mm^4$

(D)$345.6 \times 10^4 mm^4$。【102 年經濟部】

( ) **21.** 如下圖所示，兩圓柱體質量均為 50kg，若各接觸點之靜摩擦力係數分
別為 $\mu_A = 0.5$、$\mu_B = 0.5$、$\mu_C = 0.5$、$\mu_D = 0.6$，欲使圓柱體 E 旋轉所
需的最小力矩 M 為何？

(A)54.4N-m

(B)70.5N-m

(C)90.6 N-m

(D)135.9 N-m。【102 年經濟部】

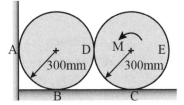

( ) **22.** 承上題，A 點與 B 點之靜摩擦力分別為何？

(A)339.6N、75.5N　　　(B)75.5N、339.6N

(C)679.2N、150.9N　　　(D)150.9 N-m、679.2 N-m。【102 年經濟部】

( ) **23.** 如右圖所示，組合面積對 x 軸之慣性矩為何？

(A)$81 \times 10^6 mm^4$

(B) $91 \times 10^6 mm^4$

(C)$101 \times 10^6 mm^4$

(D)$111 \times 10^6 mm^4$。【102 年經濟部】

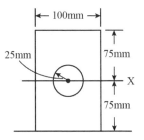

( ) **24.** 如右圖所示，A 點為該圖形的形心位置，
則 a+b 為何？
(A)5.36cm　　　(B)5.55cm
(C)5.68cm　　　(D)5.94cm。
【103 年經濟部】

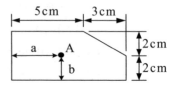

( ) **25.** 對於虛功原理（principle of virture work），下列敘述何者有誤？
(A)當 F_1、F_2、…、F_n 為一質點所承受之力，δS 為假設該質點之虛位
移，則該質點所作之虛功 δU 其方程式可表示成

$$\delta U = F_1 \cdot \delta S + F_2 \cdot \delta S + \cdots + F_n \cdot \delta S$$

(B)當質點在平衡狀態下，因其所假設之虛位移實際為零，故該質點所
作虛功之總和為零
(C)由虛功原理可進一步推導出卡氏第一定理
(D)虛功原理最適用於求解剛體系統之平衡問題。【103 年經濟部】

( ) **26.** 如右圖所示，T 形面積其對形心軸 A-A 之慣性矩
為何？
(A)112cm⁴　　　(B)124cm⁴
(C)136cm⁴　　　(D)158cm⁴。【103 年經濟部】

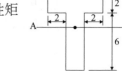

( ) **27.** 如右圖所示之桁架，各桿件皆以鉸接連接，則下
列敘述何者有誤？
(A)DE 桿受 20 N 之張力
(B)IK 桿和 KL 桿之應力相同
(C)BC 桿、BE 桿、IJ 桿和 JK 桿皆為
零力桿（桿件不受力）
(D)AB 桿和 BD 桿之應力相同；AC 桿和 EG 桿之應力相同。
【103 年經濟部】

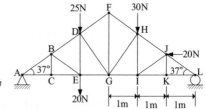

（　）**28.**如右圖所示，有一 5kgf 的物體放置於一與水平面夾
45 度角的斜面上，斜面與物體間之摩擦係數為 0.6，
今施一與斜面平行之推力 P 於物體上，則 P 之大小
為下列何者時可維持物體靜止於斜面上？

　　　(A)9.5N　　　　　(B)11.8N

　　　(C)27.7N　　　　　(D)58.4N。【103 年經濟部】

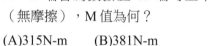

（　）**29.**如右圖所示之構架，在水平力 P 及力偶
M 之作用下維持平衡，已知 P=220N，
A、E 端皆為鉸接且 A 端可上下滑動
（無摩擦），M 值為何？

　　　(A)315N-m　　　(B)381N-m

　　　(C)476N-m　　　(D)572N-m。【103 年經濟部】

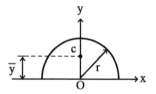

（　）**30.**在具有相同面積的條件下，下列何者對形心軸的慣性矩最大？（多邊
形取平行最長邊者）

　　　(A)圓形　　　　　(B)正方形

　　　(C)正三角形　　　(D)寬：高=2：1 之矩形。【103 年經濟部】

（　）**31.**如圖所示，求形心 c 與 x 軸之距離 $\bar{y}$ 值為何？(註：$\bar{y} = \dfrac{\int Y dA}{A}$，A 為面積)

　　　(A)$\dfrac{r}{2\pi}$　　　　(B)$\dfrac{2r}{3\pi}$

　　　(C)$\dfrac{4r}{3\pi}$　　　　(D)$\dfrac{3r}{4\pi}$。【107 經濟部】

（　）**32.**試求圖對 y 軸之斷面慣性矩 I_y 為何？(單位：cm)

　　　(A)6624cm²

　　　(B)6736cm²

　　　(C)6751cm²

　　　(D)6859cm²。【107 經濟部】

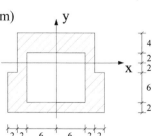

( ) **33.** 兩粗糙物體相互接觸時,其摩擦力作用的方向與接觸面呈下列何種
狀態?

(A)平行   (B)垂直

(C)傾斜 30 度   (D)傾斜 45 度。【107 經濟部】

( ) **34.** 如圖所示,形心至上緣距離最接近下列何者?

(A)2.89 in

(B)3.26 in

(C)4.16 in

(D)4.53 in。【108 經濟部】

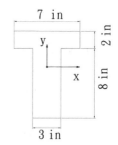

( ) **35.** 如圖所示,有一梯形斷面,內部圓形開孔直徑為 20 cm,該斷面對底
邊之慣性矩 I_x 最接近下列何者?

(A)5.70×10^5 cm^4

(B)2.19×10^6 cm^4

(C)2.69×10^6 cm^4

(D)2.73×10^6 cm^4。【108 經濟部】

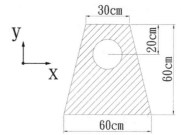

( ) **36.** 如圖所示,繩索與滑輪之摩擦不計,其餘接觸面之摩擦係數皆為 0.3,
則欲拉動重 800kN 之物體(其上有一物體重 300kN),F 至少應為何?

(A)180 kN

(B)330 kN

(C)420 kN

(D)510 kN。【108 經濟部】

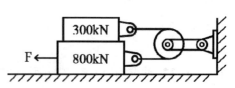

解答及解析

1. (B)。 $\vec{M}_B = \vec{r}_{BA} \times \vec{F} = \begin{vmatrix} \vec{i} & \vec{J} & \vec{k} \\ 5 & -6 & 3 \\ 2 & 3 & 4 \end{vmatrix} = -24\vec{i} + 15\vec{k} + 6\vec{j} + 12\vec{k} - 9\vec{i} - 20\vec{j}$

$= -33\vec{i} - 14\vec{j} + 27\vec{k}$

$\vec{M}_B$ 在 $\overline{BC}$ 的投影量為 $\dfrac{\vec{M}_B \cdot \overline{BC}}{|\overline{BC}|} = \dfrac{-42 + 108}{\sqrt{(3)^2 + (4)^2}} = 13.2$

2. (B)。 取 A 自由體圖

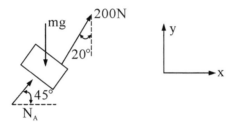

$\sum F_x = 0 \Rightarrow 200\sin 20° + N_A \cos 45° = 0 - (1)$

$\sum F_y = 0 \Rightarrow 200\cos 20° + N_A \sin 45° = m \times 9.81 - (2)$

由(1)(2)求得 m = 12.2kg

3. (D)。 取 A 自由體圖

其中 $N_B = 50$，$N_A = 100 + 50 = 150$

$\sum F_x = 0$

$P = 0.3\,N_B + 0.3\,N_A = 60N$

4. **(B)**。 $y_c = \dfrac{(200 \times 150 \times \frac{200}{2}) - [\frac{1}{2} \times 75^2 \times \frac{\sqrt{3}}{2} \times (\frac{1}{3} \times 75 \times \frac{\sqrt{3}}{2} + 50)]}{(200 \times 150) - (\frac{1}{2} \times 75 \times 75 \times \frac{\sqrt{3}}{2})} = 102.5 \text{(mm)}$

5. **(D)**。 $I_x = \dfrac{1}{12} \times 0.08 \times (0.02)^3 + (0.01)^2 \times (0.02 \times 0.08)$

$\qquad + \dfrac{1}{12} \times 0.02 \times (0.05)^3 + (0.02 \times 0.05) \times (0.025 + 0.02)^2$

$\qquad + \dfrac{1}{12} \times 0.04 \times (0.02)^3 + (0.02 \times 0.04) \times (0.07 + 0.01)^2$

$\qquad = 7.593 \times 10^{-6} \text{m}^4$

$\quad$ a $= 7.593$

6. **(D)**。 (1)取滑塊自由體圖，假設滑塊向下滑

$\quad \sum F_y = 0 \Rightarrow N = 300 \times \dfrac{4}{5} = 240\ \ell b$

$\quad \sum F_x = 0 \Rightarrow 100 + \mu \times 240 = 300 \times \dfrac{3}{5}$

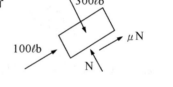

$\qquad\quad \Rightarrow \mu = 0.33 > 0.25 (靜摩擦係數)$

$\quad$ 要防止下滑至少 $\mu \geq 0.33$，所以滑塊向下滑動

7. **(B)**。 如圖所示

$\quad \sum M_A = 0$

$\quad 1000 \times 1 - 1.5 \times N - 0.2 \times N \times 0.15 = 0 \Rightarrow N = 653.6 \text{(N)}$

8. **(B)**。 利用最小位能原理

$\quad V = V_P + V_E$

$\quad V_P = W \dfrac{\ell}{2} \sin\theta$， $V_E = \dfrac{-1}{2} k(\ell \cos\theta)^2$

$\quad V = \dfrac{W\ell}{2} \sin\theta + \dfrac{1}{2} k(\ell \cos\theta)^2$

$$\frac{dV}{d\theta} = \frac{W\ell}{2}\cos\theta + k\ell\cos\theta \cdot (-\ell\sin\theta) = 0$$

$$\Rightarrow \sin\theta = \frac{W}{2k\ell} \text{ 或 } \cos\theta = 0(\text{不合})$$

$$\theta = \sin^{-1}\frac{W}{2k\ell}$$

9. **(A)**。

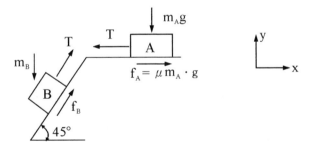

$$\sum F_x = 0 \Rightarrow S - R\sin(\theta+\phi) = 0$$

$$\sum F_y = 0 \Rightarrow R\cos(\theta+\phi) - W = 0$$

$$\text{又 } M = Sr \Rightarrow M = Wr\tan(\theta+\phi)$$

10. **(B)**。取 A 自由體圖與 B 自由體圖

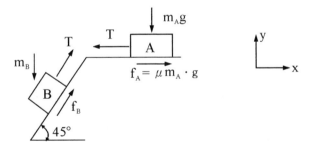

若是物體 B 向下滑動，如上圖所示

(1) 由 A 自由體圖：$\sum F_x = 0 \Rightarrow T = f_A = \mu m_A g = 0.3 \times 100 = 30(\text{kgw})$

(2) 由 B 自由體圖：$T + f_B - m_B \times \sin45° = 0$

$\Rightarrow 30 + 0.2 \times \cos45° \times m_B - m_B \times \sin45° = 0$

$m_B = 53.1(\text{kgw})$

11. **(E)**。重力之合力作用點稱之為該物理之重心。

12. **(B)**。 先求 B 支承反力

$$\sum M_A = 0 \quad 4R_B = 150 \times 4 - 100 \times 9 - 200 \times 6 - 300 \times 3 = -2400(kN)$$

$$R_B = 600kN(\downarrow)$$

$$\sum F_y = 0 \quad R_A = 150 + 600 = 750(kN)$$

13. **(A)**。 取 A 自由體圖

$$\sum F_x = 0 \Rightarrow m_B \cdot g = 0.2 N_A \Rightarrow m_B = 12(kg)$$

B 之質量最小需小於 12kg

14. **(B)**。 $I = \dfrac{1}{3} \times 3 \times (1.5)^3 - \dfrac{1}{3} \times (2) \times (0.5)^3 + \dfrac{1}{3} \times 1 \times 2.5^3 = 8.5$

15. **(C)**。 $\bar{y} = \dfrac{1 \times 1 \times \dfrac{1}{2} - 1 \times 1 \times \dfrac{\pi}{4} \times (1 - \dfrac{4}{3\pi})}{1 \times 1 - 1 \times 1 \times \dfrac{\pi}{4}} = 0.22$

16. **(B)**。

17. **(D)**。 物體形心不一定在物體上，如圓環之形心不在物體上。

18. **(A)**。 $\bar{y} = \dfrac{300 \times 0 + 600 \times 300 + 400 \times 600}{300 + 600 + 400} = 323(mm)$

$$\bar{Z} = \dfrac{400 \times (-200)}{300 + 600 + 400} = -61.5(mm)$$

19. **(C)**。 $\bar{y} = \dfrac{60 \times 5 \times 2 \times 30 + 5 \times 140 \times 62.5}{60 \times 5 \times 2 + 5 \times 140} = 47.5$

$$I_{x'} = \dfrac{1}{3} \times (140 \times 17.5^3 - 130 \times 12.5^3) + \dfrac{1}{3} \times (140 \times 47.5^3 - 130 \times 47.5^3)$$

$$= 522708.33(mm^4) \text{，故選(C)}$$

20. (D)。 $I_X = \dfrac{1}{3} \times 140 \times 65^3 - \dfrac{1}{3} \times 130 \times 60^3$

$\quad\quad = 3455833.33(mm^4)$，故選(D)

21. (C)。

22. (B)。 取 CE 之 F.B.D，假設 CE 球先滑

$\xrightarrow{+} \sum F_X = 0 \Rightarrow N_D - 0.5 N_C = 0 \dots\dots\dots\dots\dots\dots\dots (1)$

$+\uparrow \sum F_Y = 0 \Rightarrow N_C - 0.6 N_D - 490.5 = 0 \ (2)$

$\overset{+}{\curvearrowright} M_O = 0 \Rightarrow M - 0.5 N_C \times 0.3 - 0.6 N_D \times 0.3 = 0 \dots (3)$

由(1)(2)(3)可得

$N_C = 377.31(KN)$，$N_D = 188.65(KN)$，$M = 90.55(N\text{-}m)$

23. (#)。 選項無正確答案，公布一律給分。

24. (B)。 $8 \times 4 \times 4 = (8 \times 4 - 2 \times 3 \times \dfrac{1}{2}) \times a + 2 \times 3 \times \dfrac{1}{2} \times (\dfrac{2}{3} \times 3 + 5)$

$\quad\quad \Rightarrow a = 3.62$

$\quad\quad 8 \times 4 \times 2 = (8 \times 4 - 2 \times 3 \times \dfrac{1}{2}) \times b + 2 \times 3 \times \dfrac{1}{2} \times (\dfrac{1}{3} \times 2 + 2)$

$\quad\quad \Rightarrow b = 1.93$

$\quad\quad$ 故 $a + b = 5.55$。

25. (B)。 虛位移不為 0。

26. (C)。 $I_{AA} = \dfrac{1}{3} \times 6 \times 3^3 - \dfrac{1}{3} \times 4 \times 1^3 + \dfrac{1}{3} \times 2 \times 5^3 = 136\,(cm^4)$。

27. (C)。IJ 不是 0 力桿，故選(C)。

28. (C)。

    (1) 假設物體正要向上

$$N = 5 \times 9.81 \times \cos 45° = 34.68(N)$$

$$P = 5 \times 9.81 \times \sin 45° + 0.6 \times 34.68(N) \Rightarrow P = 55.49$$

故 $P \leq 55.49(N)$

    (2) 假設物體正要向下

$$P = 5 \times 9.81 \times \sin 45° - 0.6 \times 34.68 = 13.88(N)$$

故 $13.88(N) \leq P \leq 55.49(N)$

故選(C)27.7(N)。

29. (D)。由虛功原理

$$\left[P \times (-\ell \times 3\sin\theta) + M \right] = 0$$

$\ell = 1$，$\theta = 60°$，$P = 220(N)$ 代入

$M = 572$ (N-m)。

30. (C)

31. (C)。$y = \dfrac{4r}{3\pi}$

32. (#)。依公告，本題送分。

33. (A)。

34. (C) 。

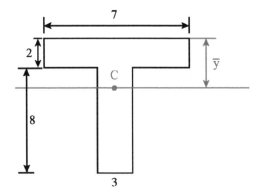

$$7×2×1+3×8×6=[7×2+3×8]\overline{y}$$

$$\overline{y}=4.16$$

35. (B) 。

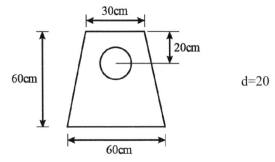

d=20

$$I_x=\frac{1}{3}×30×60^3+\frac{1}{12}×30×60^3-[\frac{\pi}{64}×20^4+\frac{\pi}{4}×20^2×40^2]$$

$$=2.19×10^6(cm^4)$$

36. (D) 。 $T=f_1=300×0.3=90(kN)$

$$f_2=(300+800)×0.3=330(kN)$$

$$F=T+f_1+f_2=510(kN)$$

基礎實戰演練

1 一質量 m、寬度 b、高度 H 之均勻長方塊放置於水平面上，受到一水平力 P 推動以一等速度前進，若此長方塊與水平面之動摩擦力係數為 μk，請計算：

(1) 最大的高度 h 使得此長方塊滑動而不產生傾斜。

(2) 當 h = H/2 時，摩擦力與重力的合力通過方塊的底部位置為何？【100 高考】

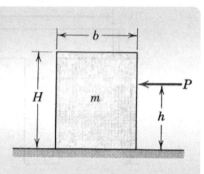

解 (1) N−mg=0　　N=mg

$F_k - P = 0$　　$P = F_k = \mu_k N = \mu_k mg$

$Ph - mg\dfrac{b}{2} = 0$　　$h = \dfrac{mgb}{2P} = \dfrac{mgb}{2\mu_k mg} = \dfrac{b}{2\mu_k}$

(2) $\dfrac{x}{H/2} = \tan\theta = \mu_k \Rightarrow x = \mu_k H/2$

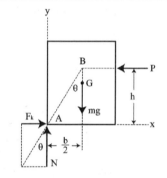

2 一機構如下，兩連結桿件原為垂直，當施予一力矩 M 時，一個質量為 m 的質量塊被移動至平衡位置，若忽略連結桿件的質量與摩擦力，請計算此平衡位置之 θ 為何？【100 高考三級】

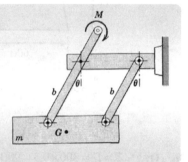

解 $+mg\delta h = mg\delta(b\cos\theta + c)$

$$= mg(-b\sin\theta\,\delta\theta + 0)$$

$$= -mgb\sin\theta\,\delta\theta$$

$$M\delta\theta \quad = mgb\,\sin\theta\delta\theta$$

$$\theta \quad = \sin\text{-}1\,\frac{M}{mgb}$$

3 如圖所示，已知一工作人員和地板之間的靜摩擦係數 $\mu_p = 0.5$，條板箱和地板之間的靜摩擦係數為 $\mu_c = 0.25$。設若工作人員的質量 $m = 70\,kg$，試求工作人員可以利用拉繩所移動的條板箱，其最大質量為若干？【關務四等】

解 (1) 取工作人員自由體圖

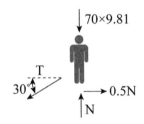

$\begin{cases} N = T \times \sin 30° + 70 \times 9.81\dots(1) \\ T\cos 30° = 0.5N\dots(2) \end{cases}$

由(1)(2)
可知 $N = 965.38\,(N)$，$T = 557.36$

(2) 取箱自由體圖

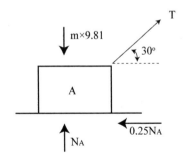

$\sum F_x = 0$

$T\cos 30° = 0.2N_A$

$\Rightarrow 557.36 \times \cos 30° = 0.25N_A$

$N_A = 1930.75\,(N)$

$\sum F_y = 0$

$T \times \sin 30° - m \times 9.81 + N_A = 0$

$m = 225.22\,(kg)$

4 **右圖所示斷面之慣性積**
(Product of inertia) I_{xy} 為？

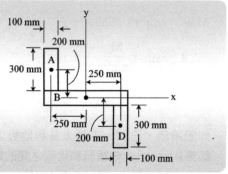

(解) (1) 矩形 A $I_{xy} = \bar{I}_{x'y'} + A d_x d_y = 0 + (300)(100)(-250)(200)$
$$= -1.50(10^9)\,mm^4$$

(2) 矩形 B $I_{xy} = \bar{I}_{x'y'} + A d_x d_y = 0 + 0 = 0$

(3) 矩形 D $I_{xy} = \bar{I}_{x'y'} + A d_x d_y = 0 + (300)(100)(250)(-200) = -1.5(10^9)\,mm^4$

故整個截面積的慣性積為 $I_{xy} = -1.50(10^9) + 0 - 1.50(10^9) = -3.00(10^9)\,mm^4$

5 下圖所示為一質量分布均勻的圓柱體，其重量為
600 kg，直牆 A 為光滑平面與圓柱體間無摩擦，
水平面 B 與圓柱體間的摩擦係數為 0.2，請決定至
少要多大的 P 值方能轉動該圓柱體。【關務四等】

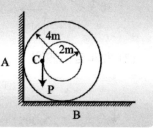

(解)

$\sum F_y = 0 \quad \Rightarrow P + 600 = N \cdots\cdots ①$

$\sum M_0 = 0 \quad \Rightarrow P \times 2 = 0.2 N \times 4$

$\Rightarrow P = 0.4 N \cdots\cdots ②$

②代回① N = 1000(kg)

P = 0.4 × 1000 = 400(kg)

進階試題演練

1 桿件 AB 其長度為 L，兩端連接滑塊，可在斜桿上滑動，一荷重 P 作用於 D 點上，其與 A 點之距離為 a，已知滑塊與斜桿之靜摩擦係數(coefficient of static friction)μ_s 為 0.3，若不考慮 AB 桿之重量，試求維持 AB 桿在平衡狀況下，a/L 之最小比值為多少？【機械專利特考】

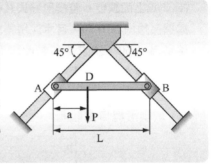

解 (1) 取整體自由體圖，桿 AB 之受力狀況如圖所示：

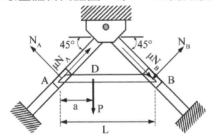

(2) $\sum M_A = 0$：

$$P \cdot a = [\, N_B \sin 45° + \mu N_B \sin 45° \,] \times L \cdots (1)$$

$$\sum M_0 = 0 \quad N_A \times \frac{L}{2}\sqrt{2} - P(\frac{L}{2}-a) - N_B \times \frac{L}{2} \times \sqrt{2} = 0 \cdots (2)$$

$$\sum M_B = 0 \quad P(L-a) = [\, N_A \sin 45° + \mu N_A \sin 45° \,] \times L \cdots (3)$$

由 $\mu = 0.3$ 且(1)(2)(3)式可得

$$N_B = \frac{2.02Pa}{L} \qquad N_A = \frac{1.09P(L-a)}{L}$$

$$\Rightarrow \frac{1.09P(L-a)}{L} \times \frac{L}{2}\sqrt{2} - P(\frac{L}{2}-a) - \frac{2.02Pa}{L} \times \frac{L}{2} \times \sqrt{2} = 0$$

$$\Rightarrow \frac{a}{L} = 0.225$$

(3) 同理若 B 處摩擦力相反則 $\frac{a}{L} = 0.225$

2 如右圖所示，一重 500 kg 之長方形水泥塊，其水平位置可藉由施力 P 於一傾斜角為 5° 之楔形物 (wedge) 上而調整。若楔形物與其兩個接觸面之靜摩擦係數均為 0.30，且水泥塊與水平面之靜摩擦係數為 0.60，試求能移動此水泥塊之最小施力 P。【機械關務三等】

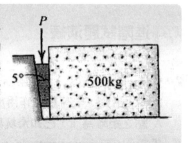

解 (1) 取楔形塊自由體圖：

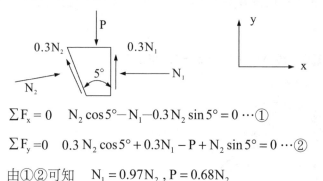

$\sum F_x = 0$　$N_2 \cos 5° - N_1 - 0.3 N_2 \sin 5° = 0 \cdots ①$

$\sum F_y = 0$　$0.3 N_2 \cos 5° + 0.3 N_1 - P + N_2 \sin 5° = 0 \cdots ②$

由①②可知　$N_1 = 0.97 N_2$, $P = 0.68 N_2$

(2) 取水泥塊自由體圖：

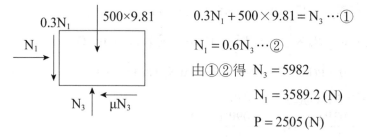

$0.3 N_1 + 500 \times 9.81 = N_3 \cdots ①$

$N_1 = 0.6 N_3 \cdots ②$

由①②得　$N_3 = 5982$

$N_1 = 3589.2 \, (N)$

$P = 2505 \, (N)$

3 如右圖所示之陰影面積，試求其相對於 x 軸之慣性矩(Moment of Inertia)及迴轉半徑(radius of gyration)【機械關務三等】

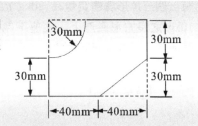

(解)(1) 如圖所示先求三角形及扇形對 x 軸之慣性矩：

A.三角形至 x 軸之慣性矩 $I_{x'}$

$$I_{x'} = \frac{1}{12} \times 40 \times 30^3 = 90000 \text{ mm}^4$$

B.扇形假設 $\bar{I}_x$ 為扇形之質心慣性矩

$$\frac{\pi r^4}{16} = \bar{I}_x + \frac{\pi r^2}{4} \times (\frac{4r}{3\pi})^2 \Rightarrow \bar{I}_x = 44451.57 \text{mm}^4$$

C.扇形至 x 軸之慣性矩 $I_{x''}$

$$I_{x''} = \bar{I}_x + \frac{\pi r^2}{4} \times (60 - \frac{4r}{3\pi})^2 = 1623733.18 \text{mm}^4$$

$$I_x = \frac{1}{3}(80) \times (60)^3 - I_{x'} - I_{x''} = 4046266.82 \text{mm}^4$$

(2) $k_x = \sqrt{\dfrac{I_x}{A}}$ ：

$$A = 80 \times 60 - \frac{1}{2} \times 40 \times 30 - \frac{1}{4} \times \pi \times 30^2 = 3493.14 \text{mm}^2$$

$$k_x = \sqrt{\frac{404626.82}{3493.14}} = 34.03 \text{mm}$$

觀念說明

A.假設面積及慣性矩已知，則迴轉半徑

$$k_x = \sqrt{\frac{I_x}{A}} \quad k_y = \sqrt{\frac{I_y}{A}} \quad k_z = \sqrt{\frac{I_z}{A}}$$

B.質量慣性矩 I_z(動力學)已知，則迴轉半徑

$$I_z = mk^2 \text{ 或 } k = \sqrt{\frac{I_z}{m}}$$

4 有一個三角形塊體質量為 20kg 放在質量為 10kg 之長方形底座上，底座下為地板，如圖所示，所有接觸面之摩擦係數皆為 0.40，求尚未運動(包含移動及轉動)時之最大水平力 P。【機械高等】

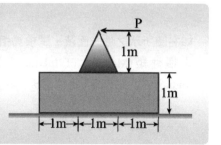

(解)(1)

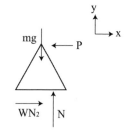

若三角形不移動之最大 P 值

取三角形自由體圖

$\sum F_y = 0$

$\Rightarrow N = mg$

$\sum F_x = 0$

$\Rightarrow P = \mu N = \mu mg = 0.4 \times 20 \times 9.81$

$\qquad = 78.48(N)$

(2)

若整體移動之最大 P 值

$\sum F_y = 0$

$\Rightarrow N_2 = (m + M)g$

$\sum F_x = 0$

$\Rightarrow P = \mu(M + m)g$

$\qquad = 0.4 \times (20 + 10) \times 9.81$

$\qquad = 117.72(N)$

(3)

若三角形翻倒之最大值 P

$\sum M_o = 0$

$\Rightarrow P = 20 \times 9.81 \times 0.5 = 98.1$

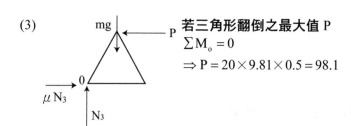

(4) 故取 $P = 78.48\,(N)$，即此系統會先發生移動，即 P 最大為 78.48(N)

5 一細長均質之圓棒其長度為 225 mm，靜止放置於一內徑為 75 mm 之圓管中，如圖所示。若圓棒與圓管間接觸面之靜摩擦係數 (coefficient of static friction) $\mu_s = 0.2$，試求在維持平衡狀態下，θ 角度之範圍 (最大及最小值) 為多少。【機械三等地特】

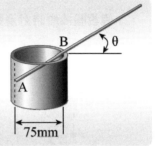

解 (1) 取圓棒之自由體圖，假設圓棒向圓管逆時針滑動：

$$\sum M_A = 0 \quad N_B \times \frac{75}{\cos\theta} = mg \times \frac{225}{2}\cos\theta \cdots ①$$

$$\sum F_x = 0 \quad N_A = N_B \sin\theta - 0.2 N_B \cos\theta \cdots ②$$

$$\sum F_y = 0 \quad N_B \cos\theta + 0.2 N_B \sin\theta + 0.2 N_A - mg = 0 \cdots ③$$

由①②可得

$$N_B = 1.5mg(\cos\theta)^2 \ , \ N_A = N_B(\sin\theta - 0.2\cos\theta)$$

代入③

$$1.5(\cos\theta)^2(0.96\cos\theta + 0.4\sin\theta) = 1 \quad 利用試誤法求得 \theta = 35.8° (最大)$$

(2) 假設圓棒順時針滑動：

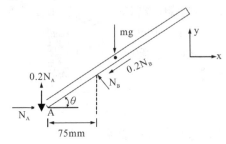

$$\sum M_A = 0 \quad N_B \times \frac{75}{\cos\theta} = mg \times \frac{225}{2} \times \cos\theta \cdots\cdots①$$

$$\sum F_x = 0 \quad N_A = N_B \sin\theta + 0.2 N_B \cos\theta \cdots\cdots②$$

$$\sum F_y = 0 \quad N_B \cos\theta - 0.2 N_B \sin\theta - 0.2 N_A - mg = 0 \cdots\cdots③$$

由①②可得　$N_B = 1.5 mg (\cos\theta)^2$，$N_A = N_B (\sin\theta + 0.2\cos\theta)$

代入③得　$1.5 (\cos\theta)^2 (0.96\cos\theta - 0.4\sin\theta) = 1$　利用試誤法求得 $\theta = 20.5°$

---

6 如圖灰色面積的重心點(Centroid)座標為
何？【關務三等】

$$\boxed{解}\ \frac{1}{2} \times (\pi \times 100^2) \times \frac{4100}{3\pi} - 80 \times 40 \times \frac{40}{2} = (\frac{1}{2} \times \pi \times 100^2 - 80 \times 40) \times y$$

$$\Rightarrow y = 48.18\,(mm)$$

x 座標為 0

故灰色面積之重心點座標為(0 , 48.18)

7 推導圖示扇形區域的形心與圓心的距離 x。

(註：x 須用 R、α 之函數式表示之)

【土木高考】

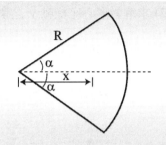

解 微面積 $dA = (ds)(dr) = (rd\theta)(dr)$

積 $A = \int dA = (2)\int_0^R \int_0^\alpha rd\theta dr = R^2\alpha$

形心公式 $\bar{x} = \dfrac{\int xdA}{A}$

$$\bar{x} = \dfrac{(2)\int_0^R \int_0^\alpha r^2\cos\theta d\theta dr}{R^2\alpha} = \dfrac{\dfrac{2}{3}R^3\sin\alpha}{R^2\alpha}$$

$$= \dfrac{2R\sin\alpha}{3\alpha}$$

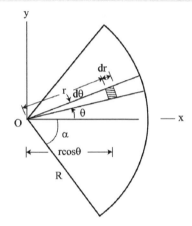

8 試計算圖中匸字形面積之形心(centroid) 座標 $\bar{x}$ 與其對形心座標軸 y' 之慣性矩 $I_{y'}$ (moment of inertia)。【土木地特三 等】

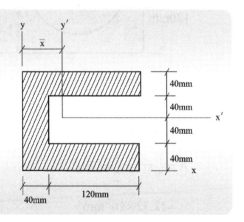

解 (1) 求解形心 $\bar{x} \Rightarrow \bar{x} = \dfrac{40 \times 160 \times 80 \times 2 + 80 \times 40 \times 20}{40 \times 160 \times 2 + 80 \times 40} = 68\text{mm}$

(2) 求解對形心座標軸 y' 之慣性矩 $I_{y'}$

$$I_{y'} = \frac{1}{3} \times 40 \times (160 - 68)^3 \times 2 + \frac{1}{3} \times 40 \times 68^3 \times 2 + \frac{1}{3} \times 80 \times 68^3 - \frac{1}{3} \times 80 \times (68 - 40)^3$$

$$= 36949333.33\text{mm}^4$$

9 試求陰影部分對 X 軸之 I_x

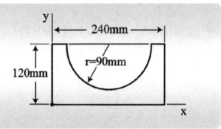

解 (1) 矩形之 $I_x \Rightarrow I_x = \dfrac{1}{3}bh^3 = \dfrac{1}{3}(240)(120) = 138.2 \times 10^6 \text{ mm}^4$

(2) 半圓之 I_x

如圖所示

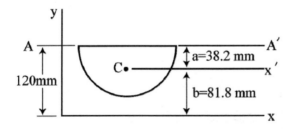

$a = \dfrac{4r}{3\pi} = \dfrac{(4)(90)}{3\pi} = 38.2 \text{ mm}$

$b = 120 - a = 81.8 \text{ mm}$

$A = \dfrac{1}{2}\pi r^2 = \dfrac{1}{2}\pi(90)^2$

$\quad = 12.72 \times 10^3 \text{ mm}^2$

$$I_{AA'} = \frac{1}{8}\pi r^4 = \frac{1}{8}\pi(90)^4 = 25.76 \times 10^6 \text{ mm}^4$$

$$\bar{I}_{x'} = I_{AA'} - Aa^2 = (25.76 \times 10^6)(12.72 \times 10^3)$$

$$= 7.20 \times 10^6 \text{ mm}^4$$

$$I_x = \bar{I}_{x'} + Ab^2 = 7.20 \times 10^6 + (12.72 \times 10^3)(81.8)^2$$

$$= 92.3 \times 10^6 \text{ mm}^4$$

(3) 陰影部分對 X 軸之 I_x

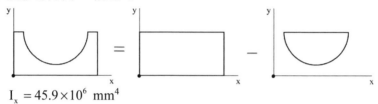

$$I_x = 45.9 \times 10^6 \text{ mm}^4$$

10 如圖半徑 150 mm 半圓少了 50×100mm 的一塊。求對 x 及 y 軸之慣性矩 I_x 及 I_y。此外也計算相對應的迴轉半徑 r_x 及 r_y。

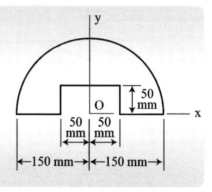

解 r=150mm, b=100m, H=50mm

$$I_x = (I_x)_{半圓} - (I_x)_{半矩形}$$

$$= \pi r^4/8 - bh^3/3$$

$$= 195 \times 10^6 \text{ mm}^4$$

$$I_y = I_x$$

$$A = \pi r^2/2 - bh = 30.34 \times 10^3 \text{ mm}^2$$

$$r_x = \sqrt{I_x/A} = 80.1 \text{ mm}$$

$$r_y = r_x$$

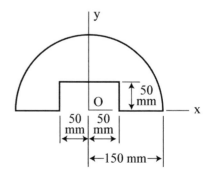

11 試求陰影部分對 X 軸之 I_x。

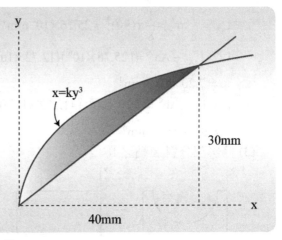

解 For x=40mm , y=30mm, $k = \dfrac{40}{27\left(10^3\right)}$

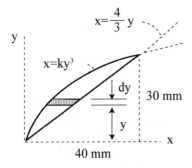

$$dI_x = y^2 dA = y^2 \left(\frac{4}{3}y - \frac{4}{2700}y^3\right)dy$$

$$I_x = \int_0^{30}\left(\frac{4}{3}y^3 - \frac{4}{2700}y^5\right)dy$$

$$= \left[\frac{y^4}{3} - \frac{y^6}{4050}\right]_0^{30} = 9\left(10^4\right)\ mm^4$$

12 無質量連桿 BC 與一質量為 45 kg 之圓碟（半徑 r = 0.125 m）用插銷方式連接於碟之邊緣 B 點處，連桿 BC 受一對力偶（P）作用，而圓碟與地板之間的靜摩擦係數為 $\mu_A = 0.2$。試求圓碟不發生運動下的最大 P 值。（P 用牛頓 N 表示；令 $g = 9.8 \ m/s^2$）【108 年地特三等】

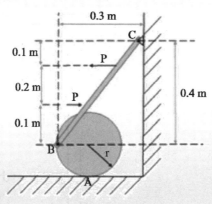

解 （一）取 BC 之 F.B.D

$\circlearrowright \Sigma M_C = 0$

$P \times 0.1 - P \times 0.3 + B_x \times 0.4 + B_y \times 0.3$

$\Rightarrow 4B_x + 3B_y = 2P$

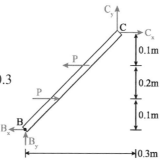

（二）取圓碟之 F.B.D

$\Sigma M_n = 0$

$B_y \times r - B_x \times r = 0$

$\Rightarrow B_x = B_y$

故 $B_x = B_y = \dfrac{2}{7}P$

$\Sigma F_y = 0 \quad N = 45 \times 9.8 + \dfrac{2}{7}P$

$\Sigma F_x = 0 \quad \dfrac{2}{7}P = 0.2 \times [45 \times 9.8 + \dfrac{2}{7}P]$

$\Rightarrow P = 385.875(N)$

13 求圖示之面積對於 x 軸與 y 軸的慣性矩與迴轉半徑。【高三】

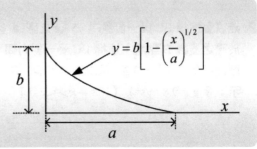

$$y = b\left[1 - \left(\frac{x}{a}\right)^{1/2}\right]$$

解 (1) $I_x = \int y^2 dA = \int_0^b y^2 \times x \times dy = \int_0^b y^2 [a(1-\frac{y}{b})^2]dy$

$$\Rightarrow I_x = \int_0^b ay^2 - \frac{2a}{b}y^3 + \frac{a}{b^2}y^4 dy$$

$$= \frac{1}{3}ay^3 - \frac{2a}{4b}y^4 + \frac{a}{5b^2}y^5 \Big|_0^b$$

$$= \frac{ab^3}{30}$$

同理

$$I_y = \int x^2 dA = \int x^2 y dx = \int_0^a x^2 b[1-(\frac{x}{a})^{\frac{1}{2}}]dx$$

$$\Rightarrow I_y = \int_0^a (x^2 b - b(\frac{1}{a})^{\frac{1}{2}}(x)^{\frac{5}{2}})dx$$

$$= \frac{1}{3}x^3 b - (\frac{1}{a})^{\frac{1}{2}} \times (x)^{\frac{7}{2}} \times \frac{2b}{7} \Big|_0^a$$

$$= \frac{1}{3}a^3 b - \frac{2}{7}a^3 b$$

$$= \frac{a^3 b}{21}$$

(2) 迴轉半徑 $k_x = \sqrt{\frac{I_x}{A}} = \sqrt{\frac{I_x}{\int x dy}} = \sqrt{\frac{I_x}{\frac{ab}{3}}} = \sqrt{\frac{b^2}{10}}$

$$k_y = \sqrt{\frac{I_y}{A}} = \sqrt{\frac{I_y}{ab}} = \sqrt{\frac{a^2}{7}}$$

14 如圖所示之作用力 P 與 B 點之距離為 L，其作用方向係與桿件垂直，AB 段與 BC 段之長度亦均為 L，試以虛功原理求在此位置時之水平力 F 以維持靜力平衡。【關三】

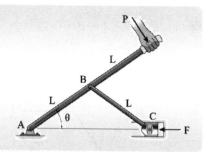

解 利用虛功法

$$x_C = 2L\cos\theta \quad \Rightarrow \delta_C = -2L\sin\theta d\theta$$

$$\delta_D = 2Ld\theta$$

$$P \times \delta_D + F \times \delta_C = 0$$

$$\Rightarrow P \times 2Ld\theta + F \times (-2L\sin\theta d\theta) = 0$$

$$F = \frac{P}{\sin\theta}$$

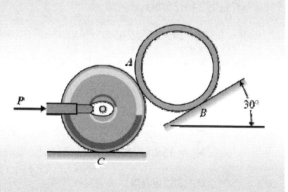

15 如圖所示有一平行於水平面之力 P，在接觸點 A，B 及 C 的靜摩擦係數(coefficient of static friction)分別為 $\mu_A = 0.2$、$\mu_B = 0.3$ 及 $\mu_C = 0.4$。100kg 的滾子(roller)和 40kg 的管子(tube)的半徑皆為 150mm。計算推管子上 30°的斜面所需最小的力 P。【107 高考三級】

解(1) 取 AC 之 F、B、D 假設 A 先滑

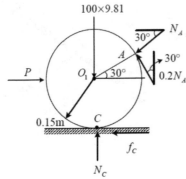

$\overset{\curvearrowright}{+} \sum M_C = 0$

$P \times 0.15 + [N_A \times \sin30° \times 0.15 \times \cos30° - N_A\cos30° \times (0.15 + 0.15\sin30°)$

$- 0.2N_A \times \cos30° \times 0.15 \times \cos30° - 0.2N_A \times \sin30° \times (0.15 + 0.15\sin30°)]$

$= 0$

$\Rightarrow P = 1.166N_A$

(2) 取管 F、B、D

$\overset{\curvearrowright}{+} \sum M_B = 0$

$N_A \times 0.15 - 0.2N_A \times 0.15 - 40 \times 9.81 \times \sin30° \times 0.15 = 0$

$\Rightarrow N_A = 245.25(N)$

$P = 1.166 \times 245.25 = 285.97(N)$

檢查：$\sum M_{O_1} = 0 \Rightarrow 0.2N_A = f_C = 49.05(N)$

$N_C = 1061.15(N) \Rightarrow f_C < 0.4 \times N_C$

$\sum M_{O_2} = 0 \Rightarrow f_B = 49.05$

$N_B = 388.88(N) \Rightarrow f_B < 0.3N_B$ 故假設正確

$P = 285.97(N)$

16 如圖所示，桿件 AB 的 A 端位於水平面上，B 端在一傾斜面上。若 A 及 B 處之摩擦係數均為 μ 且桿重不計，試求：

(1) A 端之垂直反作用力。

(2) 可以承受力量 P 的最大距離 a。

【103 高考】

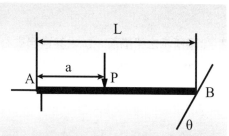

解

(1) $\sum M_B = 0$

$N_A \times L = P \times (L - a) \quad \cdots\cdots①$

$+\uparrow \sum F_y = 0$

$N_A - P + \mu N_B \times \sin\theta + N_B \times \cos\theta = 0 \quad \cdots\cdots②$

$\xrightarrow{+} \sum F_x = 0$

$\mu N_A + \mu N_B \times \cos\theta - N_B \times \sin\theta = 0 \quad \cdots\cdots③$

由①②③可得

$$N_B = \frac{P\mu}{\sin\theta(1+\mu^2)}$$

$$N_A = \frac{P \times (\sin\theta - \mu\cos\theta)}{\sin\theta(1+\mu^2)}$$

(2) $a = L - \dfrac{(\sin\theta - \mu\cos\theta) \times L}{\sin\theta(1+\mu^2)}$

17 如圖所示之梁斷面，試求其通過重心軸之二次矩 (moments of inertia)I_x，I_y。【原特三等】

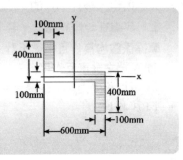

(解)(1) 矩形 A

$$I_x = \overline{I}_{x'} + Ad_y^2$$
$$= \frac{1}{12}(100)(300)^3 + (100)(300)(200)^2$$
$$= 1.425(10^9)mm^4$$

$$I_y = \overline{I}_{y'} + Ad_x^2$$
$$= \frac{1}{12}(300)(100)^3 + (100)(300)(250)^2$$
$$= 1.90(10^9)mm^4$$

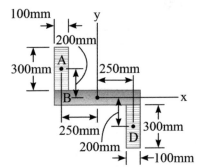

(2) 矩形 B

$$I_x = \frac{1}{12}(600)(100)^3 = 0.05(10^9)mm^4$$

$$I_y = \frac{1}{12}(100)(600)^3 = 1.80(10^9)mm^4$$

(3) 矩形 D

$$I_x = \overline{I}_{x'} + Ad_y^2$$
$$= \frac{1}{12}(100)(300)^3 + (100)(300)(200)^2$$
$$= 1.425(10^9)mm^4$$

$$I_y = \overline{I}_{y'} + Ad_x^2$$
$$= \frac{1}{12}(300)(100)^3 + (100)(300)(250)^2$$
$$= 1.90(10^9)mm^4$$

整個截面積的慣性矩為

$$I_x = 1.425(10^9) + 0.05(10^9) + 1.425(10^9)$$
$$= 2.90(10^9)mm^4$$
$$I_y = 1.90(10^9) + 1.80(10^9) + 1.90(10^9)$$
$$= 5.60(10^9)mm^4 \qquad 。$$

18 如右圖，顯示一可移動之托架(bracket)受到一 W 之荷重，因摩擦力的作用，托架得以停留於一外徑為 3cm 豎直圓管之任意高度。假設托架與管件間之摩擦係數為 0.25，且托架本身的重量可以忽略，請問 x 的距離至少應為何才能確保托架不會因荷重 W 而下滑？【機械技師、地四】

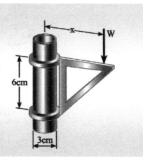

解 取自由體圖如下所示

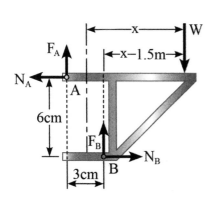

$$F_A = \mu_s N_A = 0.25N_A$$
$$F_B = \mu_s N_B = 0.25N_B$$
$$\sum F_x = 0 : N_B - N_A = 0 \qquad N_B = N_A$$
$$\sum F_y = 0 : F_A + F_B - W = 0$$
$$0.25N_A + 0.25N_B - W = 0$$
$$0.5N_A = W \qquad N_A = N_B = 2W$$
$$\sum M_B = 0 : N_A(6cm) - F_A(3cm) - W(x - 1.5cm) = 0$$
$$6N_A - 3(0.25N_A) - W(x - 1.5) = 0$$
$$6(2W) - 0.75(2W) - W(x - 1.5) = 0$$
$$x = 12cm \quad 。$$

19 一煞車桿用來停止一受到扭矩（couple moment）$M_0 = 360$ N·m 而轉動之飛輪。若煞車桿與飛輪之間的靜摩擦係數（coefficient of static friction）$\mu_s = 0.6$，試求所需施加之最小力量 P。【108 高考三級】

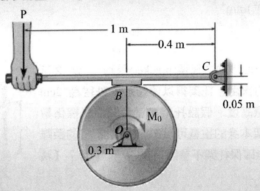

解 取自由體圖

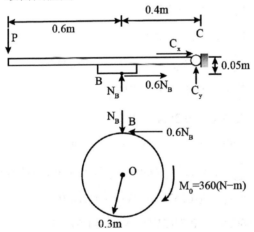

$\Sigma M_0 = 0$

$0.6 N_B \times 0.3 = 360 \Rightarrow N_B = 2000$(N)

$\Sigma M_C = 0$

$P \times 1 + 0.6 \times 2000 \times 0.05 - 2000 \times 0.4 = 0$

$\Rightarrow P = 740$(N)

20 如右圖所示，連桿 AC 及 BC 以銷鍵(pin)連
接於 C，並分別連接重量均為 W 之兩方塊
A 及 B，於 C 點施加一負載 P 其與水平之夾
角 θ = 70°，已知方塊與地面之摩擦係數
(coefficient of friction) μ = 0.3，若連桿之重
量不予考慮，試求在維持平衡狀況下負載 P
之最大值。【機械三等】

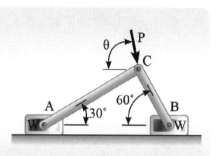

解 取 C 點自由體圖：

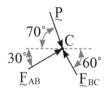

$F_{AB} = P\sin 10° = 0.173648P$
$F_{BC} = P\cos 10° = 0.98481P$

取方塊 A 自由體圖：

$$\uparrow \sum F_y = 0 : N_A - W - F_{AB}\sin 30° = 0$$

$$N_A = W + 0.173648P\sin 30° = W + 0.086824P$$

$$\rightarrow \sum F_x = 0 : F_A - F_{AB}\cos 30° = 0$$

$$F_A = 0.173648P\cos 30° = 0.150384P$$

$$F_A = \mu_s N_A$$

$$N_A = \frac{F_A}{\mu_s} : W + 0.086824P = \frac{0.150384}{0.3}P$$

$$P = 2.413W$$

$$\uparrow \sum F_y = 0 : N_B - W - F_{BC}\cos 30° = 0$$

$$N_B = W + 0.98481P\cos 30° = W + 0.85287P$$

取方塊 B 自由體圖：

$$\rightarrow \sum F_x = 0 : F_{BC}\sin 30° - F_B = 0$$

$$F_B = 0.98481P\sin 30° = 0.4924P$$

$$F_B = \mu_s N_B$$

$$N_B = \frac{F_B}{\mu_s} : W + 0.85287P = \frac{0.4924P}{0.3}$$

$$P = 1.268W \quad P_{max} = 1.268W \text{。}$$

---

21 如圖所示，桿件 AB 質量為 m，其一端以銷（pin）連接一限制在導桿上做垂直運動的軸環（collar）A。若摩擦可忽略，試採用虛功原理（the principle of virtual work）決定靜力平衡時的角度 θ。（註：本題限定採用虛功原理求解，以其他方法求解者不予計分。）

【103 關三】

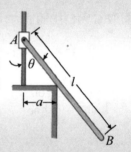

解

$$y = \left(\frac{a}{\sin\theta} - \frac{L}{2}\right) \times \cos\theta$$

$$\delta_y = \left(\frac{a}{\sin\theta} - \frac{L}{2}\right) \times (-\sin\theta) + \left(\frac{-a\cos\theta}{(\sin\theta)^2}\right) \times \cos\theta = -a + \frac{L\sin\theta}{2} + \frac{-a(\cos\theta)^2}{(\sin\theta)^2}$$

$$= \frac{L\sin\theta}{2} - \frac{a[(\sin\theta)^2 + (\cos\theta)^2]}{(\sin\theta)^2} = \frac{L\sin\theta}{2} - \frac{a}{(\sin\theta)^2}$$

$$\delta W = mg\delta_y = 0 \Rightarrow \frac{L\sin\theta}{2} - \frac{a}{(\sin\theta)^2} = 0$$

$$\Rightarrow (\sin\theta)^3 = \frac{2a}{L} \Rightarrow \sin\theta = (\frac{2a}{L})^{\frac{1}{3}} \Rightarrow \theta = \sin^{-1}(\frac{2a}{L})^{\frac{1}{3}}$$

第三章 應力與應變分析

3-1 截面應力與截面內力

一、拉伸應力與壓縮應力

垂直截面的應力稱為正應力，又稱為軸向應力，以 σ 來表示，其分別說明如下：

(一) 如圖 3.1 當作用於構件的外力，合力的作用線與構件的軸線重合，構件將產生軸向拉伸或壓縮變形，橫截面上的內力稱為軸力，軸力用 N 表示，方向與軸線重合。

(二) 欲求某一截面處 m-m 的內力時，可利用截面法沿該截面假想地把構件切開使其分為兩部分，在截面 m-m 處必定產生大小相等方向相反作用力，取一段(左段或右段)自由體圖，再利用平衡條件，$\Sigma F_x = 0$、$\Sigma F_y = 0$ 即可計算出內力 N＝P。

(三) 此時橫截面所受到的應力強度可表示為 $\sigma = \dfrac{N}{A} = \dfrac{P}{A}$，其中 A 可表示橫截面積，一般拉伸應力視為正，壓縮應力視為負。

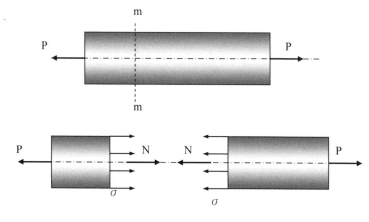

圖 3.1　軸向應力

二、剪應力

應力的分佈位於截面內的應力稱為剪應力，其說明如下所示：

斜截面上之應力

(一) 如圖 3.2 所示橫截面上的正應力：$\sigma = \dfrac{P}{A}$

(二) 斜截面上的應力：$\sigma_p = \dfrac{P}{A_a} = \dfrac{P}{A/\cos\alpha} = \sigma\cos\alpha$

(三) 斜截面上的正應力 σ_a 和剪應力 τ_a 為

$$\sigma_a = \sigma_p \cos\alpha = \sigma\cos^2\alpha$$

$$\tau_a = \sigma_p \sin\alpha = \dfrac{\sigma}{2}\sin 2\alpha$$

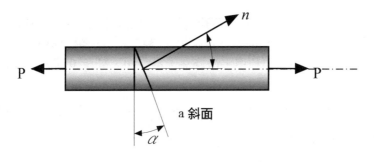

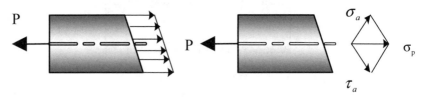

圖 3.2　斜截面上之應力

範例 *3-1*

右圖顯示一力量 P 加諸於一柱中心，已知圖中 a-a 斷面所受到之壓應力為 100MPa、剪應力為 35MPa，請問 a-a 與水平面的夾角 β 為何？而該柱所受到之最大壓應力又為何？【鐵路特考員級】

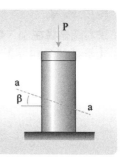

解

$$\tau_a = \frac{\sigma_x}{2}\sin 2\beta = 35 \cdots\cdots(1)$$

$$\sigma_a = \sigma_x(\cos\beta)^2 = 100 \cdots\cdots(2)$$

由(1)(2)可得 $\sigma_x = 112.2$ (MPa)

$$\beta = 19.3°$$

範例 *3-2*

右圖所示結構求 1.bc 桿件之軸力。2.cd 段中點(距 c 點 3m 處)之彎矩。3.a 點之反作用力為？【土木普考第一試】

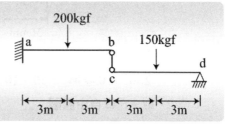

解

1. **取 cd 自由體圖：**

$$\sum M_d = 0 \quad 6\times S_{bc} = 150\times 3$$

$$S_{bc} = 75(\text{kgf}) \quad \text{bc 桿軸力} S_{bc} = 75\text{kgf}(\text{拉})$$

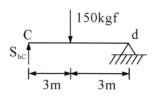

2. **取 ab 自由體圖：**

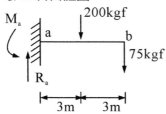

$$\sum F_y = 0 \Rightarrow R_a = 275\text{kgf}(\uparrow)$$

$$\sum M_a = 0$$

$$\Rightarrow M_a = 200\times 3 + 75\times 3$$

$$= 1050\text{kgf}-\text{m}(\circlearrowleft)$$

3. **取距 c 點 3m 處之自由體圖：**

$$\sum M_k = 0 \quad M = 75\times 3 = 225\text{kgf}-\text{m}(\circlearrowleft)$$

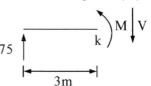

範例 *3-3*

求右圖結構在 A、B 兩點之反力。
【機械關務四等】

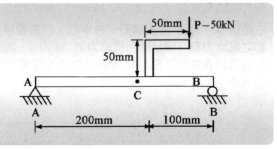

解 1. **取自由體圖：**

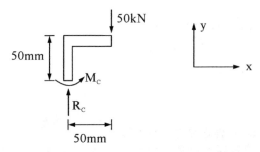

$$\sum F_y = 0 \Rightarrow R_c = 50kN (\uparrow)$$

$$\sum M_c = 0 \Rightarrow M_c = 50 \times 10^3 \times 50 \times 10^{-3} = 2500N-m (\curvearrowleft)$$

2. **取 AB 桿自由體圖：**

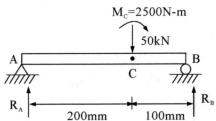

$$\sum F_y = 0 \Rightarrow R_A + R_B = 50 \times 10^3 = 50000N$$

$$\sum M_A = 0 \Rightarrow 50 \times 10^3 \times 200 \times 10^{-3} + 2500 - R_B \times 300 \times 10^{-3} = 0$$

$$R_B = 41666.67N (\uparrow) \quad R_A = 8333.33N (\uparrow)$$

範例 *3-4*

梁 AB 上有三角形分佈之荷重，其兩端分別由一鉸與一短柱 BC 支撐。短柱 BC 之質量為 50kg，於圖一所示之位置有一施力 P=150N 時，短柱之 B 與 C 二點同時滑動，試求此二點之靜摩擦係數為若干？【土木地特三等】

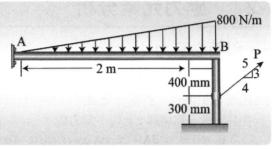

解　1. 取 AB 自由體圖：

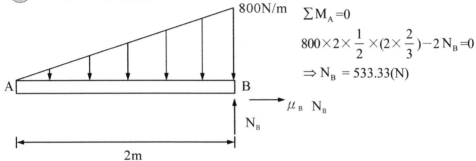

$\sum M_A = 0$

$800 \times 2 \times \dfrac{1}{2} \times (2 \times \dfrac{2}{3}) - 2N_B = 0$

$\Rightarrow N_B = 533.33(N)$

2. 取 BC 自由體圖：

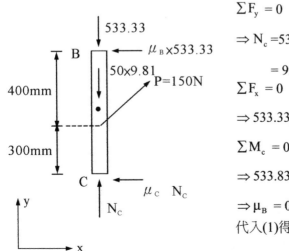

$\sum F_y = 0$

$\Rightarrow N_c = 533.33 - 150 \times \dfrac{3}{5} + 50 \times 9.81$

$= 933.83$

$\sum F_x = 0$

$\Rightarrow 533.33\mu_B + 933.83\mu_c = 150 \times \dfrac{4}{5} \cdots(1)$

$\sum M_c = 0$

$\Rightarrow 533.83\mu_B \times 700 = 150 \times \dfrac{4}{5} \times 300$

$\Rightarrow \mu_B = 0.0963$

代入(1)得 $\mu_c = 0.0735$

3-2　應力元素分析

一、斜面之應力

(一) 任意斜截面上的應力

如圖 3.3 所示，於應力元素上取任一截面位置，針對斜線部分的應力元素面在外法線 n 和切線 t 上列平衡方程，

$$\sum F_n = 0 \Rightarrow \sigma_\alpha dA - (\tau_{xy} dA \cos\alpha)\sin\alpha - (\sigma_x dA \cos\alpha)\cos\alpha$$
$$- (\tau_{yx} dA \sin\alpha)\cos\alpha - (\sigma_y dA \sin\alpha)\sin\alpha = 0$$

$$\sum F_t = 0 \Rightarrow \tau_\alpha dA - (\tau_{xy} dA \cos\alpha)\cos\alpha - (\sigma_x dA \cos\alpha)\sin\alpha$$
$$- (\sigma_y dA \sin\alpha)\cos\alpha + (\tau_{yx} dA \sin\alpha)\sin\alpha = 0$$

根據剪應力 $\tau_{xy} = \tau_{yx}$ 且

$$\cos^2\alpha = \frac{1 + \cos 2\alpha}{2} \quad , \sin^2\alpha = \frac{1 - \sin 2\alpha}{2} \quad , \quad 2\sin\alpha\cos\alpha = \sin 2\alpha$$

$$得 \sigma_\alpha = \frac{\sigma_x + \sigma_y}{2} + \frac{\sigma_x - \sigma_y}{2}\cos 2\alpha + \tau_{xy}\sin 2\alpha$$

$$\tau_\alpha = -\frac{\sigma_x - \sigma_y}{2}\sin 2\alpha + \tau_{xy}\cos 2\alpha$$

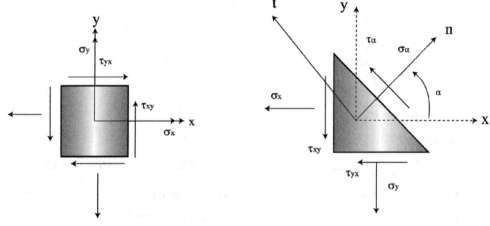

圖 3.3　平面應力分析

(二) 主應力及角度

將正應力公式對 α 取導數，得

$$\frac{d\sigma_\alpha}{d\alpha} = 2\left[-(\frac{\sigma_x - \sigma_y}{2})\sin 2\alpha + \tau_{xy}\cos 2\alpha\right]$$

若 $\alpha = \alpha_0$ 時，能使導數 $\frac{d\sigma_\alpha}{d\alpha} = 0$ ，則

$$-\frac{\sigma_x - \sigma_y}{2}\sin 2\alpha_0 + \tau_{xy}\cos 2\alpha_0 = 0$$

$$\tan(2\alpha_0) = \frac{2\tau_{xy}}{\sigma_x - \sigma_y} \Rightarrow \alpha_0 = \frac{1}{2}\tan^{-1}(\frac{2\tau_{xy}}{\sigma_x - \sigma_y})$$

上式有兩個解：即 α_0 和 $\alpha_0 \pm 90°$ 表示兩個互相垂直平面上，所對應的最大正應力及最小正應力所在的平面，求得最大或最小正應力為

$$\sigma_{1,2} = \frac{\sigma_x + \sigma_y}{2} \pm \sqrt{(\frac{\sigma_x - \sigma_y}{2})^2 + \tau_{xy}^2}$$

α_0 代入剪力公式 $\Rightarrow \tau_{\alpha 0} = 0$ 稱之為主平面，亦即表示正應力為最大或最小所在的平面，因此最大或最小的正應力亦可稱為主應力。

(三) 最大剪應力及角度

將剪應力公式對 α 求導，令 $\frac{d\tau_\alpha}{d\alpha} = -(\sigma_x - \sigma_y)\cos 2\alpha - 2\tau_{xy}\sin 2\alpha = 0$

若 $\alpha = \alpha_1$ 時，能使導數 $\frac{d\tau_\alpha}{d\alpha} = 0$ ，則在 α_1 所確定的截面上，剪應力取得極值。

通過求導可得

$$-(\sigma_x - \sigma_y)\cos 2\alpha_1 - 2\tau_{xy}\sin 2\alpha_1 = 0$$

$$\tan(2\alpha_1) = -\frac{\sigma_x - \sigma_y}{2\tau_{xy}} \Rightarrow \alpha_1 = \frac{1}{2}\tan^{-1}(\frac{\sigma_y - \sigma_x}{2\tau_{xy}})$$

求得剪應力的最大值和最小值是：

$$\tau_{max} = \sqrt{(\frac{\sigma_x - \sigma_y}{2})^2 + \tau_{xy}^2} = \frac{\sigma_1 - \sigma_2}{2}$$

且 $\sigma_1 + \sigma_2 = \sigma_x + \sigma_y$

因此主平面與最大剪應力平面夾角為 $45° \Rightarrow \alpha_1 = \alpha_0 \pm 45°$

二、莫爾圓求斜面之應力

(一) 莫爾圓方程式

將公式 $\begin{cases} \sigma_\alpha = \dfrac{\sigma_x + \sigma_y}{2} + \dfrac{\sigma_x - \sigma_y}{2}\cos 2\alpha - \tau_{xy}\sin 2\alpha \\ \tau_\alpha = \dfrac{\sigma_x - \sigma_y}{2}\sin 2\alpha + \tau_{xy}\cos 2\alpha \end{cases}$ 中的 α 消掉，

得 $\left(\sigma_\alpha - \dfrac{\sigma_x + \sigma_y}{2}\right)^2 + \tau_\alpha{}^2 = \left(\dfrac{\sigma_x - \sigma_y}{2}\right)^2 + \tau_{xy}{}^2$

由上式確定的以 σ_α 和 τ_α 為變數的圓，這個圓稱作應力圓。圓心的橫坐標為 $\dfrac{1}{2}(\sigma_x + \sigma_y)$，縱坐標為零，圓的半徑為 $\sqrt{\left(\dfrac{\sigma_x + \sigma_y}{2}\right)^2 + \tau_{xy}^2}$ 。

(二) 應力圓的畫法

1. 建立 $\sigma - \tau$ 應力坐標系在坐標系內畫出點 (σ_x, τ_{xy}) 和 (σ_y, τ_{yx})，如圖 3.4(b) 所示。

2. 此兩點的連線與軸的交點 O 便是圓心，以 O 為圓心，(σ_x, τ_{xy}) 到 O 點距離為半徑畫一應力圓。

3. 如圖 3.4(a)所示，若應力元素逆時針旋轉 α 角，則表現在莫爾圓上為以 (σ_x, τ_{xy})、(σ_y, τ_{yx}) 座標點逆時針旋轉 2α，得到 $(\sigma_{x1}, \tau_{x1y1})$、$(\sigma_{y1}, \tau_{y1x1})$ 兩座標點，此為 α 平面上之正向應力與剪應力 $(\sigma_\alpha, \tau_\alpha)$。

4. 圓心為 $(\dfrac{\sigma_x + \sigma_y}{2}, 0)$，半徑為 $\dfrac{\sigma_1 - \sigma_2}{2} = R$

5. 最大剪應力=莫爾圓半徑 (R)，最大剪應力面與主平面夾 45°

(三) 在應力圓上標出極值應力

$$\begin{cases} \sigma_1 \\ \sigma_2 \end{cases} = \frac{\sigma_x + \sigma_y}{2} \pm \sqrt{\left(\frac{\sigma_x - \sigma_y}{2}\right)^2 + \tau_{xy}^2}$$

$$\begin{cases} \tau_{max} \\ \tau_{min} \end{cases} = \pm R = \pm \frac{\sigma_1 - \sigma_2}{2} = \pm \sqrt{\left(\frac{\sigma_x - \sigma_y}{2}\right)^2 + \tau_{xy}^2}$$

(四) 公式法與莫爾圓法方向

1. 本書公式解中剪應力 τ_{xy} 向上為正、τ_{yx} 向右為正、σ_x 向右為正、σ_y 向上為正。

2. 本書莫爾圓中 τ_{xy} 以向下為正，角度 α 以逆時針方向為正。

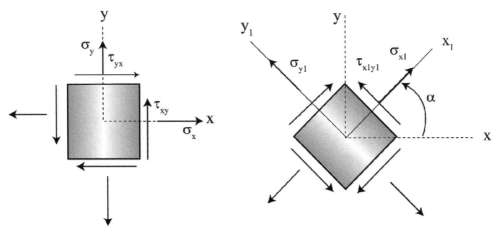

圖 3.4(a)　應力元素

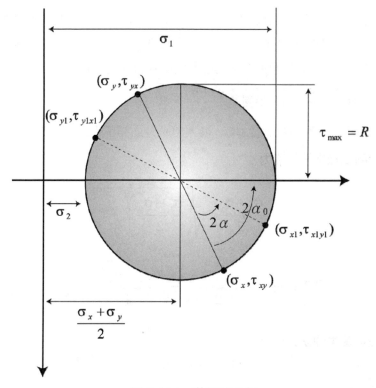

圖 3.4(b)　莫爾圓分析

三、三向應力狀態

(一) 三個主應力

$$\sigma_1 \geq \sigma_2 \geq \sigma_3$$

(二) 三向應力圓的畫法

由 σ_1, σ_2 作應力圓，決定了平行於 σ_3 平面上的應力

由 σ_3, σ_1 作應力圓，決定了平行於 σ_2 平面上的應力

由 σ_2, σ_3 作應力圓，決定了平行於 σ_1 平面上的應力

(三) 單元體正應力的極值

$$\sigma_{max} = \sigma_1 \text{ , } \sigma_{min} = \sigma_3$$

最大的剪應力極值為 $\tau_{max} = \dfrac{\sigma_1 - \sigma_3}{2}$

範例 *3-5*

材料上某點之平面應力狀態為 $\sigma_x = -20$MPa、$\sigma_y = 90$MPa 及 $\tau_{xy} = 60$MPa，如圖所示。試利用莫耳圓求該點之主應力大小及方向，並以應力元素圖表示其最大剪應力狀態。

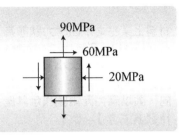

解 1. $\sigma_x = -20\,\text{MPa}$ 　　 $\sigma_y = 90\,\text{MPa}$ 　　 $\tau_{xy} = 60\,\text{MPa}$

σ 與 τ 軸建立在圖中。

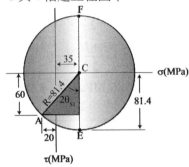

圓心 C 位於 σ 軸上，在點 $\sigma_{avg} = \dfrac{-20 + 90}{2} = 35\,\text{MPa}$

繪出 C 點及參考點 A(−20,60)。

利用畢氏定理於陰影三角形求出圓之半徑 CA，

得 $R = \sqrt{(60)^2 + (55)^2} = 81.4\,\text{MPa}$

2. $\tau_{max} = 81.4\,\text{MPa}$ 　　 $\sigma_{avg} = 35\,\text{MPa}$

由圓上 $2\theta_{s1}$ 可得逆時鐘角度 θ_{s1}，

得 $2\theta_{s1} = \tan^{-1}\left(\dfrac{20 + 35}{60}\right) = 42.5° \qquad \theta_{s1} = 21.3°$

則平均正向應力及最大

平面剪應力均皆作用在正 x'與 y'方向上，如圖示。

範例 *3-6*

材料上某點之平面應力狀態為 $\sigma_x = 71$MPa、$\sigma_y = 16$ MPa 及 $\sigma_{xy} = 24$ MPa，如圖所示。試求該點之主應力大小及方向，並以應力元素圖表示其應力狀態。最大剪應力之大小及方向，並以應力元素圖表示其應力狀態。【機械關務三等】

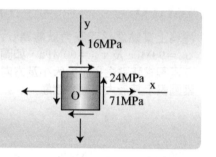

解 1. 求主應力大小及方向：

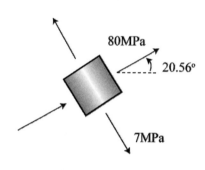

$$\sigma_{1,2} = \frac{\sigma_x + \sigma_y}{2} \pm \sqrt{(\frac{\sigma_x - \sigma_y}{2})^2 + (\sigma_{xy})^2}$$

$$= \frac{71 + 16}{2} \pm \sqrt{(\frac{71 - 16}{2})^2 + (24)^2}$$

$$\sigma_1 = 80(\text{MPa}) \, , \, \sigma_2 = 7(\text{MPa})$$

$$\tan 2\theta_P = \frac{\sigma_{xy}}{(\frac{\sigma_x - \sigma_y}{2})} = \frac{24}{(\frac{71 - 16}{2})}$$

$$\theta_P = 20.56°$$

2. 求最大剪應力之大小及方向：

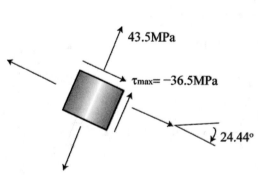

$$\tau_{max} = \sqrt{(\frac{\sigma_x - \sigma_y}{2})^2 + (\sigma_{xy})^2}$$

$$= \sqrt{(\frac{71 - 16}{2})^2 + (24)^2}$$

$$= 36.5(\text{MPa})$$

$$\tan 2\theta = -\frac{(\sigma_x - \sigma_y)}{2\sigma_{xy}}$$

$$= -\frac{(71 - 16)}{2 \times 24}$$

$$\theta = -24.44°$$

$$\sigma_{aver} = \frac{\sigma_x + \sigma_y}{2} = 43.5(\text{MPa})$$

3-3 應變分析

一、應變定義

(一) 軸向應變

1. 如圖 3.5 所示當桿件軸向拉伸(或壓縮)時,桿件會產生變形,其變形主要表現在沿軸向的伸長(或縮短),假設一等截面直桿原長為 L,橫截面面積為 A,在軸向拉力 F 的作用下,長度由 L 變為 L_1,桿件沿軸線方向的伸長為 $\Delta L = L_1 - L$(拉伸時 ΔL 為正,壓縮時 ΔL 為負)。

2. 桿件的伸長量與桿的原長有關,將 ΔL 除以 L,即以單位長度的伸長量來表徵桿件變形的程度,稱為線應變,用ε表示:$\varepsilon = \dfrac{\Delta L}{L}$。

(二) 徑向應變

在軸向力作用下,桿件沿軸向的伸長(縮短)的同時,徑向尺寸也將縮小(增大),假設設橫向尺寸由 b 變為 $b_1 \Rightarrow \Delta b = b_1 - b$ 則徑向線應變為 $\varepsilon' = \dfrac{\Delta b}{b}$

(三) 蒲松比

當桿件為同一種材料,其所受應力不超過比例極限時,徑向線應變與縱向線應變之比的絕對值為常數,比值 ν 稱為蒲松比,即$\nu = \left| \dfrac{\varepsilon'}{\varepsilon} \right|$,由於這兩個應變的符號恆相反,故有$\varepsilon' = -\nu \cdot \varepsilon$。

(四) 剪應變

物體在受力後,其本體除可能有長度變化外,還可能發生角度之間的改變,其改變量 γ 稱為剪應變,常用徑度來表示。

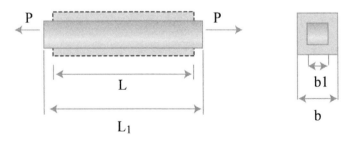

圖 3.5　桿件軸向拉伸

二、平面應變轉換

平面應變公式與平面應力公式相似，其要訣為將平面應力公式中 σ 轉換成 ε，τ 轉換成 $\dfrac{\gamma}{2}$，其相關公式如下所示：

任意斜截面上的應變：

$$\varepsilon_\theta = \frac{\varepsilon_x + \varepsilon_y}{2} + \frac{\varepsilon_x - \varepsilon_y}{2}\cos 2\theta + \frac{\gamma_{xy}}{2}\sin 2\theta$$

$$\frac{\gamma_\theta}{2} = -\frac{\varepsilon_x - \varepsilon_y}{2}\sin 2\theta + \frac{\gamma_{xy}}{2}\cos 2\theta$$

證明一： 正向應變

考慮一邊長原為 dx 和 dy 的微小材料元素發生正向應變 ε_x、ε_y（如圖(a)及圖(b)所示），與剪應變 γ_{xy}（如圖(c)），當三個應變（ε_x、ε_y、γ_{xy}）同時發生時，則變形（$\varepsilon_x dx$、$\varepsilon_y dy$、$\gamma_{xy}dy$）將分量投影到 x_1 軸可得累加變形為：

$$\left(\varepsilon_x dx + \gamma_{xy}dy\right)\cos\theta + \varepsilon_y dy \sin\theta$$

將變形除以原對角線之原長可得 x_1 方向之應變 ε_{x1}：

$$\varepsilon_{x1} = \frac{\varepsilon_x dx \cos\theta}{ds} + \frac{\gamma_{xy}dy\cos\theta}{ds} + \frac{\varepsilon_y dy \sin\theta}{ds}$$

由圖(a)可知 $\dfrac{dx}{ds} = \cos\theta$、$\dfrac{dy}{ds} = \sin\theta$

$$\varepsilon_{x1} = \varepsilon_x \cos^2\theta + \gamma_{xy}\sin\theta\cos\theta + \varepsilon_y \sin^2\theta$$

$$\Rightarrow \varepsilon_{x_1} = \frac{\varepsilon_x + \varepsilon_y}{2} + \frac{\varepsilon_x - \varepsilon_y}{2}\cos 2\theta + \frac{\gamma_{xy}}{2}\sin 2\theta$$

若將上式 θ 以 $\theta+90°$ 代入可得

$$\varepsilon_{y1} = \frac{\varepsilon_x + \varepsilon_y}{2} - \frac{\varepsilon_x - \varepsilon_y}{2}\cos 2\theta - \frac{\gamma_{xy}}{2}\sin 2\theta$$

證明二：剪應變

考慮圖(d)線段 $\overline{A'B} = \overline{A'C}\cos\theta - \overline{AC}\sin\theta$

$$\overline{A'B} = \varepsilon_y dy\cos\theta - (\varepsilon_x dx + \gamma_{xy} dy)\sin\theta$$

其中 $\beta = \dfrac{\overline{A'B}}{ds} = \dfrac{\varepsilon_y dx\cos\theta}{ds} - \dfrac{\gamma_{xy} dy\sin\theta}{ds} - \dfrac{\varepsilon_x dy\sin\theta}{ds}$

由圖(a)可知 $\dfrac{dx}{ds} = \cos\theta$ 、 $\dfrac{dy}{ds} = \sin\theta$

$$\beta = \varepsilon_y \sin\theta\cos\theta - \varepsilon_x \sin\theta\cos\theta - \gamma_{xy}\sin^2\theta$$

若將上式 θ 以 $\theta+90°$ 代入可得

$$\beta' = -\varepsilon_y \sin\theta\cos\theta + \varepsilon_x \sin\theta\cos\theta - \gamma_{xy}\cos^2\theta$$

$$\gamma_{x1y1} = \beta - \beta' = -2(\varepsilon_x - \varepsilon_y)\sin\theta\cos\theta + \gamma_{xy}(\cos^2\theta + \sin^2\theta)$$

$$\frac{\gamma_{x1y1}}{2} = -\frac{\varepsilon_x - \varepsilon_y}{2}\sin 2\theta + \frac{\gamma_{xy}}{2}\cos 2\theta$$

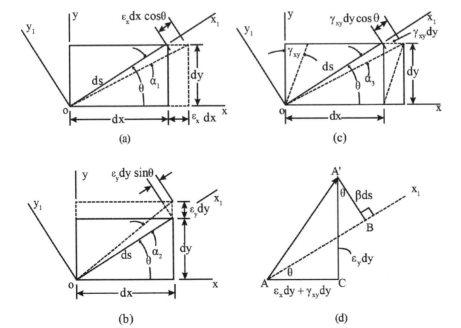

(a)

(c)

(b)

(d)

三、最大平面應變及最大剪應變

最大主應變及方向

(一) 最大主應變：$\varepsilon_{1,2} = \dfrac{\varepsilon_x + \varepsilon_y}{2} \pm \sqrt{\left(\dfrac{\varepsilon_x - \varepsilon_y}{2}\right)^2 + \left(\dfrac{\gamma_{xy}}{2}\right)^2}$

(二) 主軸方向的角度：$\tan(2\theta_p) = \dfrac{\gamma_{xy}}{\varepsilon_x - \varepsilon_y}$

四、平面應變之莫爾圓

(一) 因平面應變轉換方程式數學上相似於平面應力轉換方程式，亦可利用莫爾圓求解應變轉換之問題，此法具有以圖解方式瞭解在某一點上之正向及剪應變分量如何從一元素方位變化至下一個方位。

$$(\varepsilon_x - \varepsilon_{avg}) + (\frac{\gamma_{xy}}{2})^2 = R^2$$

(二) 建立一座標統使得橫座標表示正向應變 ε，向右為正，而縱座標表示剪應變值之一半，$\dfrac{\gamma}{2}$，向下為正。

(三) 利用 ε_x、ε_y、γ_{xy} 之正的慣用符號，如圖所示，定出圓心，其位於 x 軸上距原點 $\varepsilon_{avg} = \dfrac{\varepsilon_x + \varepsilon_y}{2}$。

(四) 標上參考點 A 其具座標 $A(\varepsilon_x, \dfrac{\gamma_{xy}}{2})$，連接點 A 及圓心 C，此距離為此圓之半徑 $R = \sqrt{\left(\dfrac{\varepsilon_x - \varepsilon_y}{2}\right)^2 + \left(\dfrac{\gamma_{xy}}{2}\right)^2}$，而 CA 稱為徑向參考線，一旦定出 R，則可描繪此圓。

(五) 應變元素轉 θ 角，則莫爾圓需轉 2θ 角。

(六) 將莫爾圓轉至主應變狀態可以順時針或逆時針，實際上以所需轉角小者為佳。

(七) 如圖所示，若需轉到主應變狀態，應該將 A 點(面)逆時針轉 $2\theta_p$；而若需轉到最大剪應力狀態，則將 A 點(面)逆時針轉 $2\theta_p + 90°$，在最大主應變平面上，只有正交應變而無剪應變，然而在最大剪應變平面，通常有正交應變，且正交應變值相同。

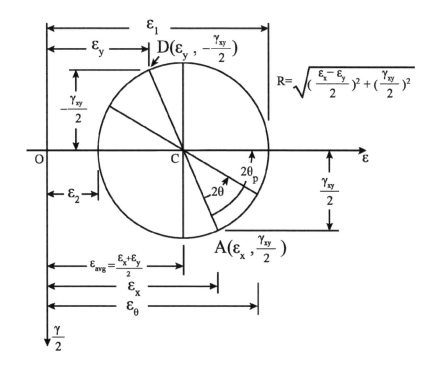

範例 3-7

實驗時在鋼材表面某點貼如圖所示 a,b,c 三組
應變計。分別測得各應變值為 $\varepsilon_a = 0.0008$，
$\varepsilon_b = 0.00096$，$\varepsilon_c = 0.0006$。求該點之主應變
與最大剪應變。【土木高考】

(解)　如圖所示：$\varepsilon_x = \varepsilon_a = 0.0008$　$\varepsilon_y = \varepsilon_c = 0.0006$

$$\varepsilon_b = \frac{\varepsilon_x + \varepsilon_y}{2} + \frac{\varepsilon_x - \varepsilon_y}{2}\cos(2\times 45°) + \frac{\gamma_{xy}}{2}\sin(2\times 45°) \Rightarrow \gamma_{xy} = 2\varepsilon_b - \varepsilon_x - \varepsilon_y$$

將 $\varepsilon_b = 0.00096$，$\varepsilon_x = \varepsilon_a = 0.0008$，$\varepsilon_y = \varepsilon_b = 0.0006$ 代入可得 $\gamma_{xy} = 5.2\times 10^{-4}$

$$\varepsilon_{1,2} = \frac{\varepsilon_x + \varepsilon_y}{2} \pm \sqrt{(\frac{\varepsilon_x - \varepsilon_y}{2})^2 + (\frac{\gamma_{xy}}{2})^2} \Rightarrow \varepsilon_1 = 9.786\times 10^{-4}，\varepsilon_2 = 4.214\times 10^{-4}$$

$$\frac{\gamma_{max}}{2} = 2.786\times 10^{-4} \Rightarrow \gamma_{max} = 5.572\times 10^{-4}$$

3-4 │ 材料組成律

一、材料的機械性質

使用標準試片,材料在拉伸作用力下,所表現出來的變形和破壞等方面的機械特性,可表現在應力－應變圖中,如圖 3.10 所示,曲線 1 為低碳鋼拉伸結果,曲線 2 為非鐵金屬(銅或鋁)拉伸結果,分析如下所示:

(一) 比例限與彈性限

1. 在拉伸(或壓縮)的初始階段應力 σ 與應變 ε 為直線關係直至 P 點,亦即 P 點以下之應力值與應變成正比,其 P 點所對應的應力值稱為比例極限,表示為 $\sigma = E\varepsilon$。

2. 應力－應變曲線上當應力增加到 E 點時,再將應力降為零,則應變隨之消失;一旦應力超過 E 點,卸載後,有一部分應變不能消除,則 E 點的應力定義為彈性限。

(二) 降伏現象(yielding)

1. 當受力超過 P 點時,應力與應變不再成正比,超過 Y_1 點時,在應力增加很少或不增加時,應變會很快增加,這種現象叫降伏,開始發生降伏的點 Y_1 所對應的應力叫降伏極限。到達降伏階段時,在磨光試件表面會出現沿 45 度方向的條紋,這是由於該方向有最大剪應力,材料內部晶格相對滑移形成的。

2. 材料經過降伏階段以後,因塑性變形使其組織結構得到調整,若需要增加應變則需要增加應力,曲線又開始上升($Y_3 \rightarrow M$),此過程稱為材料硬化過程,到最高點 M 點的強度是材料能承受的極限強度 σ_u。

3. 當低碳鋼拉伸到強度極限時,在試件的某一局部範圍內橫截面急劇縮小,曲線開始下降($M \rightarrow Z$),此過程稱為材料縮頸過程,形成縮頸現象。

4. 斷面收縮率和伸長率

$$斷面收縮率:\psi = \frac{A_0 - A_1}{A_0} \times 100\%$$

$$伸長率:\delta = \frac{l_1 - l_0}{l_0} \times 100\%$$

(三) 非鐵金屬(銅或鋁)拉伸分析

1. 銅或鋁合金由於延性相當大,在拉伸時並無明確的降伏點,如圖 3.6 中所示之曲線 2。
2. 利用偏位法決定一任意降伏應力,畫出與 A 線平行之平行線 B,其平行之位移為 0.2%應變,則會與曲線 2 交於 C 點,C 點對應之應力值稱之為偏位降伏應力(offset yield method)。

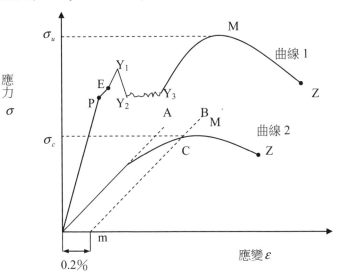

圖 3.6　材料拉伸分析

二、虎克定律

(一) 當桿件受力,橫截面上的正應力不超過比例極限時,桿件的伸長量 ΔL 與軸力 P 及桿原長 L 成正比,與橫截面面積 A 成反比,即 $\Delta L \propto \dfrac{PL}{A}$,引入比例常數 E,則可寫為 $\Delta L = \dfrac{PL}{EA}$ ⇒ 虎克定律。

(二) 當應力不超過比例極限時,則正應力與縱向線應變成正比 ⇒ $\sigma = E \cdot \varepsilon$,式中的 E 為材料的彈性模數,與材料的性質有關,其單位與應力相同,常用單位為 GPa。

(三) 材料的彈性模數是經由實驗測定出來的，彈性模數表示在受拉(壓)時，材料抵抗彈性變形的能力，EA 越大，桿件的變形就越小，故稱 EA 為桿件抗拉(壓)剛度。

三、廣義虎克定律

(一) 單拉下的應力─應變關係

$$\varepsilon = \frac{\sigma}{E} \ , \ \varepsilon' = -v\varepsilon = -v\frac{\sigma}{E} \ (v \text{表示為蒲松比})$$

(二) 複雜狀態下的應力─應變關係

三軸向應力狀態的組合，對於應變可求出單向應力引起的應變，然後疊加可得：

$$\begin{cases} \varepsilon_x = \dfrac{1}{E}\Big[\sigma_x - v(\sigma_y + \sigma_z)\Big] \\[2mm] \varepsilon_y = \dfrac{1}{E}\Big[\sigma_y - v(\sigma_x + \sigma_z)\Big] \\[2mm] \varepsilon_z = \dfrac{1}{E}\Big[\sigma_z - v(\sigma_x + \sigma_y)\Big] \end{cases}$$

同理

$$\begin{cases} \sigma_x = \dfrac{E}{(1+v)(1\text{-}2v)}\Big[(1-v)\varepsilon_x + v(\varepsilon_y + \varepsilon_z)\Big] \\[2mm] \sigma_y = \dfrac{E}{(1+v)(1-2v)}\Big[(1-v)\varepsilon_y + v(\varepsilon_x + \varepsilon_z)\Big] \\[2mm] \sigma_z = \dfrac{E}{(1+v)(1-2v)}\Big[(1-v)\varepsilon_z + v(\varepsilon_x + \varepsilon_y)\Big] \end{cases}$$

(三) 體積虎克定律

單元體變形後的體積為：$\forall = dx \cdot dy \cdot dz$

單位體積變形後的體積為：$\forall_1 = \big(dx + \varepsilon_x dx\big) \cdot \big(dy + \varepsilon_y dy\big) \cdot \big(dz + \varepsilon_z dz\big)$

體積改變為

$$\epsilon_\forall = \frac{\forall_1 - \forall}{\forall} = \left(1+\epsilon_x\right)\left(1+\epsilon_y\right)\left(1+\epsilon_z\right) - 1 \approx \epsilon_x + \epsilon_y + \epsilon_z$$

$$= \frac{1-2\nu}{E}\left(\sigma_x + \sigma_y + \sigma_z\right) = \frac{3(1-2\nu)}{E}\left(\frac{\sigma_x + \sigma_y + \sigma_z}{3}\right) = \frac{\sigma_m}{K}$$

其中 $K = \dfrac{E}{3(1-2\nu)}$ 為體積彈性模數，$\sigma_m = \dfrac{\sigma_x + \sigma_y + \sigma_z}{3}$ 是三個應力的平均值。

(四) 剪應力與剪應變的虎克定律

1. 在剪應力不超過材料的降伏剪應力 τ_y 時，剪應力與剪應變成正比，即當 $\tau \leq \tau_y$ 時，$\tau = G\gamma$。

2. G—剪力彈性模數，對各向同性材料，三個彈性常數 E、ν (蒲松比)、G 之間的關係為：$G = \dfrac{E}{2(1+\nu)}$

四、溫度效應

(一) 總應變＝應力應變＋熱應變

$$\begin{cases} \epsilon_x = \dfrac{1}{E}\left[\sigma_x - \nu(\sigma_y + \sigma_z)\right] + \alpha\Delta T \\[2mm] \epsilon_y = \dfrac{1}{E}\left[\sigma_y - \nu(\sigma_x + \sigma_z)\right] + \alpha\Delta T \\[2mm] \epsilon_z = \dfrac{1}{E}\left[\sigma_z - \nu(\sigma_x + \sigma_y)\right] + \alpha\Delta T \end{cases}$$

其中 α 為熱膨脹係數、ΔT 為升高之溫度

(二) 應變能密度＝$\dfrac{1}{2}$ 應力×應力應變＝$\dfrac{1}{2}\sigma(\epsilon_x - \alpha\Delta T)$。

範例 *3-8*

如圖所示，物體置於兩平行的光滑剛性壁之間，材料在 z 方向不受拘束，若頂部施加壓力 P_0 且材料彈性模數為 E、蒲松比 v，試以 P_0、E、v 求出：(1)此物體與光滑剛性壁之間的側向壓力。(2)若應變很小，求出體積應變。

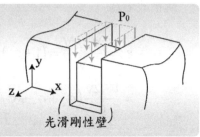

光滑剛性壁

(解) 1. 如圖所示：

在 z 方向之應力 = 0 且 x 方向之應變 = 0

$$\Rightarrow \sigma_z = 0 \,,\ \varepsilon_x = 0 \,,\ \sigma_y = -P_o \qquad \varepsilon_x = \frac{1}{E}\left[\sigma_x - v(\sigma_y + \sigma_z)\right] = 0$$

$$\Rightarrow \sigma_x = v\,\sigma_y = -P_o v$$

2. $\varepsilon_\forall = \varepsilon_x + \varepsilon_y + \varepsilon_z$ ：

$$= \frac{\sigma_y}{E} - \frac{v}{E}(\sigma_x + \sigma_z) + \frac{\sigma_z}{E} - \frac{v}{E}(\sigma_x + \sigma_y) = \frac{1}{E}(-P_o + v^2 P_o + v^2 P_o + vP_o)$$

$$= \frac{-P_o}{E}(1+v)(1-2v)$$

範例 *3-9*

邊長為 0.1m 的銅立方塊，無間隙地放入變形可略去不計的剛性凹槽中，已知銅的彈性模量 E=100GPa，蒲松比 v=0.34。當銅塊受到了 F=300kN 的均佈壓力作用時，試求銅塊的三個主應力的大小。

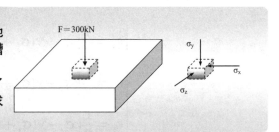

F=300kN

(解) 1. 銅塊 y 方向的壓應力為 $\sigma_y = -\dfrac{F}{A} = -\dfrac{300 \times 10^3}{0.1^2} = -30\text{MPa}$ (壓為負)

2. 銅塊受到 y 方向壓縮將產生三軸向的變形，但由於剛性凹槽壁的約束，使得銅塊在 x，z 方向的應變等於零。於是，在銅塊與凹槽壁接觸面將產生均勻的壓應力 σ_x，σ_z，按廣義虎克定律公式，可得

$$\varepsilon_x = \frac{1}{E}\left[\sigma_x - \nu\left(\sigma_y + \sigma_z\right)\right] = 0$$

$$\varepsilon_z = \frac{1}{E}\left[\sigma_z - \nu\left(\sigma_x + \sigma_y\right)\right] = 0$$

聯解兩式，可得 $\sigma_x = \sigma_z = \dfrac{\nu}{1-\nu}\sigma_y = \dfrac{0.34}{1-0.34}(-30) = -15.5\text{MPa}$

3. 按主應力的代數值順序排列，該銅塊的主應力為：

$$\sigma_1 = \sigma_2 = -15.5\text{MPa}, \qquad \sigma_3 = -30\text{MPa}$$

3-5 ｜ 內壓薄壁容器之應力分析

一、內壓薄壁圓筒的應力分析

(一) 薄壁圓筒在內壓 P 作用下，圓筒壁上任一點將產生兩個方向的應力，如圖所示，一個由內壓作用在封頭上的軸向拉應力而引起的軸向應力稱之為徑向應力 σ_x；另一個是由於內壓作用使圓筒均勻向外膨脹，在圓周切線方向產生的應力，稱為環向應力 σ_y 表示。

(二) 根據截面法，作一垂直於圓筒軸線的橫截面，將圓筒分成兩部分，根據平衡條件，內壓作用於焊接處的軸向外力必須與軸向應力作用於壁厚上的合力相等，即：

$$\pi R^2 P = \pi 2Rt\sigma_x$$

其中 R：等於內半徑、P：內壓力、t：薄壁厚度

上式簡化後得：

$\sigma_x = \dfrac{PR}{2t}$ 同理可計算出 $\sigma_y = \dfrac{PR}{t}$

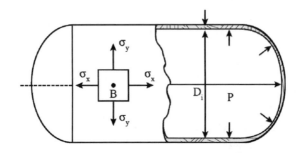

證明：

如圖所示考慮環向應力之自由體圖由力平衡方程式可得

$$\sum F_y = 0 \Rightarrow \sigma_y dA - P(2RL) = 0 \Rightarrow \sigma_y(2Lt) - P(2RL) = 0$$

$$\sigma_y = \frac{PR}{t}$$

同理考慮軸向應力之自由體圖由力平衡方程式可得

$$\sum F_x = 0 \Rightarrow \sigma_x dA - P(\pi R^2) = 0 \Rightarrow \sigma_y(2\pi Rt) - P(R^2\pi) = 0$$

$$\sigma_x = \frac{PR}{2t}$$

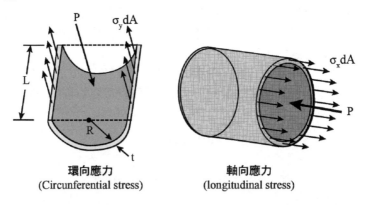

環向應力
(Circunferential stress)

軸向應力
(longitudinal stress)

二、內壓薄壁球形容器的應力分析

以同樣的分析方法可以求得承受內壓作用下球形容器的應力，因球形容器是中心對稱，故殼體上各處的應力均相等，並且徑向應力 σ_x 與環向應力 σ_y 也相等，根據截面法可推出應力計算公式為：

$$\sigma_x = \sigma_y = \frac{PR}{2t} \text{ (球形容器)}$$

證明：

如圖所示考慮環向應力之自由體圖由力平衡方程式可得

$$\sum F_y = 0 \Rightarrow \sigma_y dA - P\left(\pi R^2\right) = 0 \Rightarrow \sigma_y (2\pi Rt) - P\left(R^2 \pi\right) = 0$$

$$\sigma_y = \frac{PR}{2t}$$

同理考慮軸向應力之自由體圖由力平衡方程式可得

$$\sum F_x = 0 \Rightarrow \sigma_x dA - P\left(\pi R^2\right) = 0 \Rightarrow \sigma_y (2\pi Rt) - P\left(R^2 \pi\right) = 0$$

$$\sigma_x = \frac{PR}{2t}$$

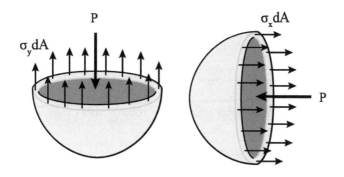

範例 3-10

圓筒型壓力容器如圖所示，容器內半徑 1.25m，承受壓力 8MPa，壁厚 15mm，其中鋼板沿與水平成 45°焊縫，求接縫所受正向應力及剪應力。

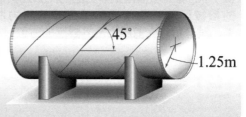

解 1. $\sigma_x = \dfrac{Pr}{2t} = \dfrac{8 \times (1.25)}{2(0.015)} = 333.33 (MPa)$

$\sigma_y = \dfrac{Pr}{t} = \dfrac{8 \times (1.25)}{0.015} = 666.67 (MPa)$

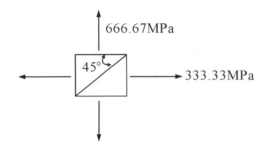

2. 焊縫與水平呈 45°：

$$\sigma_{45°} = \frac{\sigma_x + \sigma_y}{2} + \frac{\sigma_x - \sigma_y}{2}\cos(2 \times 45°) + \tau_{xy}\sin(2 \times 45°)$$

$$= \frac{333.33 + 666.67}{2} = 500(\text{MPa})$$

$$\tau_{45°} = -(\frac{\sigma_x - \sigma_y}{2})\sin(2 \times 45°) + \tau_{xy}\cos(2 \times 45°)$$

$$= -(\frac{333.33 - 666.67}{2}) = 166.67(\text{MPa})$$

正向應力 = 500(MPa)　剪應力 = 166.67(MPa)

範例 *3-11*

薄管壓力容器如圖所示，內部之蒸汽壓力 P=500psi，其中容器之內徑 D=4in，容器厚度 t=0.08in，容器兩端是封閉的。如此典型的機械元件，所承受的是三維的應力狀態，試分析最大剪應力及其對應的方位。

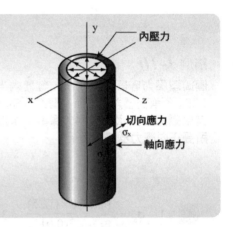

1. 取三維應力元素：

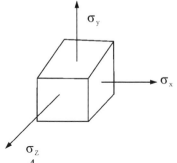

$$\sigma_x = \frac{PR}{t} = \frac{500 \times \dfrac{4}{2}}{0.08} = 12500(\text{psi}) \qquad \sigma_y = \frac{PR}{2t} = \frac{500 \times 2}{2 \times 0.08} = 6250(\text{psi})$$

因此主平面應力 $\begin{cases} \sigma_1 = \sigma_x = 12500\text{psi} \\ \sigma_2 = \sigma_y = 6250\text{psi} \end{cases}$

2. **最大平面上剪應力：**

$$\left(\tau_{\max}\right)_{xy} = \frac{\sigma_1 - \sigma_2}{2} = \frac{12500 - 6250}{2} = 3150$$

平面應力元素圖如下所示

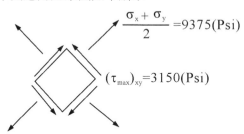

$$\frac{\sigma_x + \sigma_y}{2} = 9375(\text{Psi})$$

$$\left(\tau_{\max}\right)_{xy} = 3150(\text{Psi})$$

3. **絕對最大剪應力：**

$\sigma_1 > \sigma_2 > \sigma_3$ 其中 $\sigma_3 = \sigma_z = 0$

$$\tau_{\max} = \frac{\sigma_1 - \sigma_3}{2} = \frac{12500 - 0}{2} = 6250\text{psi}$$

3-6 | 破壞理論

一、最大拉應力理論

(一) 材料發生破壞的主要因素是最大拉應力 σ_1，只要最大拉應力 σ_1 達到材料在軸向拉伸時發生斷裂破壞的極限應力值 σ_b，材料就發生斷裂破壞，將極限應力 σ_b 除以安全因數，得到許用應力 σ，表示材料在安全範圍之內。

$$\frac{\sigma_b}{n} = \sigma \geq \sigma_1$$

(二) 此理論是用於脆性材料在二向或三向拉伸斷裂時，但對於單向壓縮、三向壓縮等沒有拉應力的應力狀態，或是延性材料此理論不適用。

二、最大剪應力理論

(一) 材料塑性降伏破壞的主要因素是最大剪應力 τ_{max}，只要最大切應力 τ_{max} 達到材料在軸向拉伸時發生塑性降伏破壞的極限剪應力值 τ_y，材料就發生塑性降伏破壞。

(二) 在材料受到雙軸以上之應力狀態下的 $\tau_{max} = \dfrac{\sigma_1 - \sigma_3}{2}$，$0.5\tau_y$ 除以安全因數，得到許用應力 τ，表示材料在安全範圍，所以最大剪應力理論建立的強度條件：

$$\tau_{max} \leq \frac{0.5\tau_y}{n} = \tau$$

三、畸變能密度理論

(一) 材料降伏破壞的主要因素是畸變能密度 v_d 達到材料軸向拉伸時發生塑性降伏的畸變能密度 v_y，構件就發生塑性降伏破壞，塑性降伏破壞的條件是

$$\sigma_d = \sqrt{\frac{1}{2}\left[(\sigma_1 - \sigma_2)^2 + (\sigma_2 - \sigma_3)^2 + (\sigma_3 - \sigma_1)^2\right]} \leq \frac{\sigma_y}{n}$$

範例 3-12

如右圖之應力狀態，若材料降伏應力為
$S_y=650$ MPa，利用(1)最大剪應力理論、(2)最大畸變能理論求材料之安全系數。

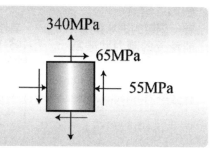

解 1. 最大剪應力理論：

$\sigma_x = -55\text{MPa}, \sigma_y = 340\text{MPa}, \tau_{xy} = 65\,\text{MPa}$

$\sigma_{1,2} = \dfrac{\sigma_x+\sigma_y}{2} \pm \sqrt{(\dfrac{\sigma_x-\sigma_y}{2})^2+\tau_{xy}^2} = \dfrac{-55+340}{2} \pm \sqrt{(\dfrac{-55-340}{2})^2+65^2}$

$\sigma_1 = 350.42\,(\text{MPa}), \sigma_2 = -65.42\,(\text{MPa})$

$\tau_{max} = \dfrac{\sigma_1-\sigma_2}{2} = \dfrac{350.42-(-65.42)}{2} = 207.92 \quad n = \dfrac{0.5S_y}{\tau_{max}} = 1.56$

2. 最大畸變能理論：

$\sigma_d = \sqrt{\dfrac{1}{2}[(\sigma_1-\sigma_2)^2+(\sigma_2-\sigma_3)^2+(\sigma_3-\sigma_1)^2]} = \sqrt{\sigma_1^2-\sigma_1\sigma_2+\sigma_2^2}$

$= \sqrt{350.42^2-350.42\times(-65.42)+(-65.42)^2} = 387.3$

$n = \dfrac{S_y}{\sigma_d} = 1.678$

觀念說明

最大剪應力理論較最大畸變能保守，所以安全係數會較小，反之若材料通過最大剪應力理論檢驗，必能通過最大畸變能檢驗。

範例 *3-13*

有一鋼製的掘冰鑽(ice auger)，其降伏強度(yield strength)是 276 MPa。若此冰鑽能承受的應力狀態為 σ_x = -105 MPa 及 τ_{xy} = 105 MPa，以最大剪應力理論 (maximum shear stress theory)判定此冰鑽是否發生降伏失敗(failure)？以最大畸變能理論(maximum distortion energy theory)判定此冰鑽是否發生降伏失敗？提示：有效應力(effective stress)或 Von Mises 應力為

$$\sigma_\theta = \sqrt{\left[(\sigma_1)^2 + (\sigma_2)^2 - (\sigma_2\sigma_1)\right]}$$ 。【土木高考】

解

1. **最大剪應力理論：**

三維應力元素分析，需先找出 $\sigma_1, \sigma_2, \sigma_3$ 三個主應力

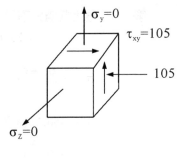

$$\sigma_{1,3} = \frac{\sigma_x + \sigma_y}{2} \pm \sqrt{(\frac{\sigma_x - \sigma_y}{2})^2 + \tau_{xy}^2}$$

$$= \frac{-150 + 0}{2} \pm \sqrt{(\frac{-105-0}{2})^2 + 105^2}$$

$\sigma_1 = 64.89$ (MPa) , $\sigma_3 = -169.89$ (MPa)　$\sigma_2 = 0$　$\sigma_1 > \sigma_2 > \sigma_3$

$$\tau_{max} = \frac{\sigma_1 - \sigma_3}{2} = \frac{64.89 - (-169.89)}{2} = 117.39$$

$$n = \frac{S_y \times 0.5}{\tau_{max}} = \frac{276 \times 0.5}{117.39} = 1.18 > 1 (安全)$$

2. **最大畸變能理論：**

$$\sigma_d = \sqrt{\sigma_1^2 - \sigma_1\sigma_3 + \sigma_3^2}\quad (\sigma_2 = 0)$$

$$= \sqrt{(64.89)^2 - (64.89) \times (-169.89) + (-169.89)^2}$$

$$= 210 (MPa)$$

$$n = \frac{S_y}{\sigma_d} = \frac{276}{210} = 1.31 > 1 (安全)$$

經典試題

選擇題型

(　　) **1.** 一物承受負載，其應力為平面應力狀態(plane stress state)，其中之兩主應力為 40 MPa 和 10 MPa，則最大剪應力應為多少 MPa？：
(A)10　　(B)15
(C)20　　(D)40。【機械高考第一試】

(　　) **2.** 計算右圖中之正向應力 σ 等於：
(A) 177.2MPa
(B) 192.5MPa
(C) 237.3MPa
(D) 312.2MPa。【機械高考第一試】

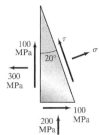

(　　) **3.** 右圖所示三軸花瓣應變計所量取之應變分別為 $\varepsilon_a = 0.004, \varepsilon_b = -0.003, \varepsilon_c = 0.002$，則 ε_y 等於：
(A) -0.001
(B) -0.002
(C) -0.0058
(D) -0.007。

【機械高考第一試】

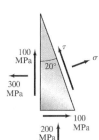

(　　) **4.** 在平面應力狀況下 $\sigma_x = 34psi$，$\sigma_y = 41psi$，若已知最小主應力為 25psi，則最大主應力為：
(A)45psi　　　　　　　(B)50psi
(C)55psi　　　　　　　(D)60psi
(E)65psi。【台電中油】

( ) **5.** 如圖示，元素受力後，若 μ 為蒲松比 (Poisson's ratio)，其在 X 方向的應變為：

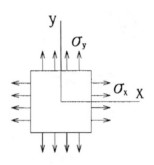

(A)$\dfrac{\sigma_x}{E}+\mu\dfrac{\sigma_y}{E}$　　(B)$\dfrac{\sigma_y}{E}+\mu\dfrac{\sigma_x}{E}$

(C)$\dfrac{\sigma_x}{E}-\mu\dfrac{\sigma_y}{E}$　　(D)$\dfrac{\sigma_y}{E}-\mu\dfrac{\sigma_x}{E}$

(E)$\mu\dfrac{\sigma_x}{E}+\mu\dfrac{\sigma_y}{E}$。【台電中油】

( ) **6.** 彈性係數 E，剛性係數 G 及體積彈性係數 K，三者間之關係為：

(A)$\dfrac{1}{E}=\dfrac{9}{G}+\dfrac{3}{K}$　　(B)$\dfrac{3}{E}=\dfrac{6}{G}+\dfrac{1}{K}$　　(C)$\dfrac{9}{E}=\dfrac{3}{G}+\dfrac{1}{K}$　　(D)$\dfrac{1}{E}=\dfrac{3}{G}+\dfrac{9}{K}$

(E)$\dfrac{1}{E}=\dfrac{3}{G}+\dfrac{2}{K}$。【台電中油】

( ) **7.** 已知平面應力 σ_x、σ_y 與 τ_{xy}，則此平面最大剪應力值為：

(A)$\sqrt{\sigma_x^2+\sigma_y^2+\tau_{xy}^2}$　　(B)$\sqrt{(\dfrac{\sigma_x-\sigma_y}{2})^2+\tau_{xy}^2}$　　(C)$\sqrt{(\sigma_x^2-\sigma_y^2)-\tau_{xy}^2}$

(D)$\sqrt{(\dfrac{\sigma_x+\sigma_y}{2})^2+\tau_{xy}^2}$　　(E)$\sqrt{\sigma_x+\sigma_y+\tau_{xy}^2}$。【台電中油】

( ) **8.** 以下何者為無因次量（dimensionless quantity）？

(A)應力　　　　　　　　　　(B)彈性模數

(C)變形量　　　　　　　　　(D)應變。【102 年經濟部】

( ) **9.** 一物體在某一點之平面應力狀態如右圖所示，最大同平面主應力值為何？

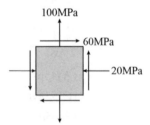

(A)124.9MPa　　　　　　　(B)84.9MPa

(C)44.9MPa　　　　　　　　(D)40MPa。

【102 年經濟部】

( ) **10.** 承上題，最大同平面剪應力值為何？

(A)124.9MPa　　　　　　　(B)84.9MPa

(C)44.9MPa　　　　　　　　(D)40MPa。【102 年經濟部】

(　) **11.** 如右圖所示之立方體（E=6MPa，ν=0.45），各面承受均勻拉力 0.2MPa，此立方體體積應變（volumetric strain）為何？

(A)0.005m³/m³　(B)0.01m³/m³
(C)0.015m³/m³　(D)0.02m³/m³。【102 年經濟部】

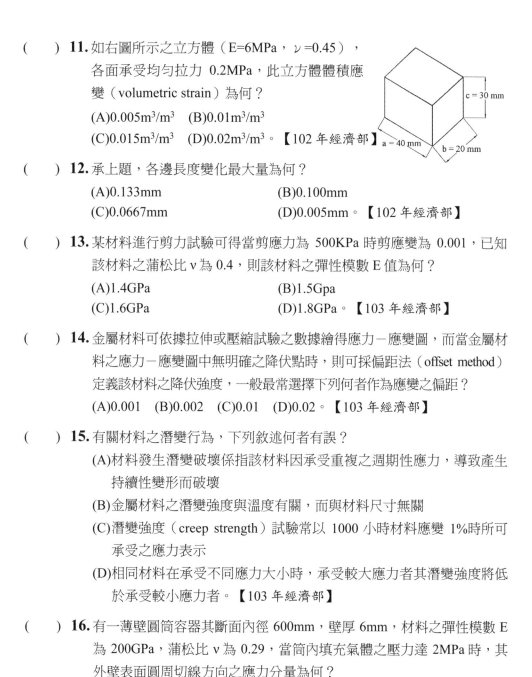

c = 30 mm
a = 40 mm
b = 20 mm

(　) **12.** 承上題，各邊長度變化最大量為何？

(A)0.133mm　　　　　　(B)0.100mm
(C)0.0667mm　　　　　(D)0.005mm。【102 年經濟部】

(　) **13.** 某材料進行剪力試驗可得當剪應力為 500KPa 時剪應變為 0.001，已知該材料之蒲松比 ν 為 0.4，則該材料之彈性模數 E 值為何？

(A)1.4GPa　　　　　　(B)1.5Gpa
(C)1.6GPa　　　　　　(D)1.8GPa。【103 年經濟部】

(　) **14.** 金屬材料可依據拉伸或壓縮試驗之數據繪得應力－應變圖，而當金屬材料之應力－應變圖中無明確之降伏點時，則可採偏距法（offset method）定義該材料之降伏強度，一般最常選擇下列何者作為應變之偏距？

(A)0.001　(B)0.002　(C)0.01　(D)0.02。【103 年經濟部】

(　) **15.** 有關材料之潛變行為，下列敘述何者有誤？

(A)材料發生潛變破壞係指該材料因承受重複之週期性應力，導致產生持續性變形而破壞

(B)金屬材料之潛變強度與溫度有關，而與材料尺寸無關

(C)潛變強度（creep strength）試驗常以 1000 小時材料應變 1%時所可承受之應力表示

(D)相同材料在承受不同應力大小時，承受較大應力者其潛變強度將低於承受較小應力者。【103 年經濟部】

(　) **16.** 有一薄壁圓筒容器其斷面內徑 600mm，壁厚 6mm，材料之彈性模數 E 為 200GPa，蒲松比 ν 為 0.29，當筒內填充氣體之壓力達 2MPa 時，其外壁表面圓周切線方向之應力分量為何？

(A)50MPa　(B)100MPa　(C)150MPa　(D)200MPa。【103 年經濟部】

(　　) **17.** 有一長 40cm 直徑 10cm 之實心鋼柱，兩端受 30tf 之中心拉力，圓周表面則受 150kgf/cm² 之均佈壓力，彈性模數 E 為 2.1×106kgf/cm²，蒲松比 ν 為 0.3，則此鋼柱的體積變化量約為何？

(A)−0.12cm³ 　　　　　　　　　　(B)−0.07cm³

(C)0.05cm³ 　　　　　　　　　　 (D)0.15cm³。 【103 年經濟部】

(　　) **18.** 某材料點之應力狀態 σ_{xx}=80MPa，σ_{yy}=−60MPa，τ_{xy}=−20MPa，材料之彈性模數 E 為 200GPa，剪力模數 G 為 70GPa，則其應變能密度為何？

(A)1.1×10⁴m-N/m² 　　　　　　 (B)1.9×10⁴m-N/m²

(C)2.5×10⁴m-N/m² 　　　　　　 (D)3.8×10⁴m-N/m²。 【103 年經濟部】

(　　) **19.** 若彈性體之位移場（displacement field）為

$$\vec{R} = (x^3 \cdot \vec{e_x} + 2xy \cdot \vec{e_y} + 5y^2 \cdot \vec{e_z}) \cdot 10^{-2} m$$，則在位置(4,1,7)之材料點 P 之各應變分量之和$(\varepsilon_{xx} + \varepsilon_{yy} + \varepsilon_{zz} + \varepsilon_{xy} + \varepsilon_{yz} + \varepsilon_{zx})$為何？

(A)0.31 　　　　　　　　　　　　(B)0.44

(C)0.62 　　　　　　　　　　　　(D)0.88。 【103 年經濟部】

(　　) **20.** 如圖所示，一鋼板緊密置於柔性材料上，今施一剪力 3V 於鋼板上，其水平位移 δ 為何？(G 為柔性材料之剪力彈性模數)

(A)$\dfrac{6Vh}{abG}$ 　　　　　　　　　 (B)$\dfrac{4Vh}{abG}$

(C)$\dfrac{9Vh}{abG}$ 　　　　　　　　　 (D)$\dfrac{3Vh}{abG}$。 【107 年經濟部】

（　）**21.** 長方體桿件如圖所示，尺寸 a=2000mm，b=60mm，c=120mm，柏松比 v=0.33，若桿件於 y 向受軸力作用後伸長 0.15mm，求 z 向尺寸變化為何？

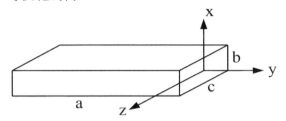

(A)$1.49×10^{-3}$mm 縮短

(B)$2.97×10^{-3}$mm 縮短

(C)$1.49×10^{-3}$mm 伸長

(D)$2.97×10^{-3}$mm 伸長。【107 年經濟部】

（　）**22.** 如圖所示，求最大主應力σ_1及σ_2各為何？

(A)σ_1=24544psi；σ_2=7456psi

(B)σ_1=24246psi；σ_2=7754psi

(C)σ_1=24944psi；σ_2=7056psi

(D)σ_1=25433psi；σ_2=6567psi。【107 年經濟部】

（　）**23.** 如圖所示，求最大剪應力之值為何？

(A)30MPa

(B)40MPa

(C)50MPa

(D)60MPa。【107 年經濟部】

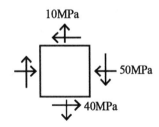

（　）**24.** 如圖所示，求 θ=30°之$\sigma_{30°}$為何？

(A)5041.38psi

(B)5127.98psi

(C)5214.58psi

(D)5301.18psi。【107 年經濟部】

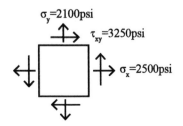

（　　）**25.** 已知$\varepsilon_x=0.002$，$\varepsilon_y=-0.005$，$\gamma_{xy}=0.004$，求ε_z為何？(柏松比 $v=0.3$，彈性模數 $E=1.5\times10^6 kg/cm^2$)

(A)0.0034 　　　　　　　　　　　(B)0.0022

(C)0.0013 　　　　　　　　　　　(D)0.0003。【107 年經濟部】

（　　）**26.** 如圖所示，以應變計測量表面某點的應變，得到應變讀數 $\varepsilon_a = 400\mu$ ，$\varepsilon_b = 240\mu$ ，$\varepsilon_c = -120\mu$ ，最大剪應變值最接近下列何者？

(A)100μ

(B)200μ

(C)279μ

(D)557μ。【108 年經濟部】

（　　）**27.** 如圖所示，最大剪應力值最接近下列何者？

(A)36.1 Mpa

(B)44.7 MPa

(C)50.0 Mpa

(D)56.8 MPa。【108 年經濟部】

（　　）**28.** 如圖所示，最大主應力 σ_1 值最接近下列何者？

(A)$\sigma_1 = 13,211$ psi

(B)$\sigma_1 = 18,000$ psi

(C)$\sigma_1 = 18,403$ psi

(D)$\sigma_1 = 19,211$ psi。【108 年經濟部】

（　　）**29.** 已知彈性模數 $E = 78$ GPa，波松比 $v= 0.3$，剪力彈性模數 G 值最接近下列何者？

(A)30 Gpa 　　　　　　　　　　　(B)37.14 GPa

(C)55.71 Gpa 　　　　　　　　　　(D)65 GPa。【108 年經濟部】

(　) **30.** 已知彈性模數 E = 60 GPa，波松比 v= 0.25，體積彈性模數 K 值最接近下列何者？

(A)13.33 Gpa   (B)24 Gpa

(C)26.67 Gpa   (D)40 GPa。【108 年經濟部】

(　) **31.** 封閉薄壁的圓筒壓力容器，管壁厚度 t，內半徑 r，承受均勻內壓力

p，其環向應力 σ_1 為何？

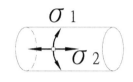

(A)$\dfrac{pr}{t}$ (B)$\dfrac{pr}{2t}$

(C)$\dfrac{2pr}{t}$ (D)$\dfrac{pr^2}{t}$ 。【108 年經濟部】

(　) **32.** 下列敘述何者有誤？

(A)波松比 v= $\left|\dfrac{側向應變}{軸向應變}\right|$

(B)波松比 v = 0 時，表示軸向伸縮不影響橫向變形

(C)波松比 v 在線彈性範圍內保持不變

(D)波松比 v 上限值為 1。【108 年經濟部】

解答及解析

1. **(B)**。 $\tau_{max} = \dfrac{\sigma_1 - \sigma_2}{2} = \dfrac{40 - 10}{2} = 15(MPa)$

2. **(A)**。 $\sigma_x = 300(MPa)$, $\sigma_y = -200(MPa)$, $\tau_{xy} = 100(MPa)$

$\sigma = \dfrac{\sigma_x + \sigma_y}{2} + \dfrac{\sigma_x - \sigma_y}{2}\cos(2 \times 20°) - \tau_{xy}\sin(2 \times 20°)$

$= 50 + 250 \times \cos 40° - 100\sin 40° = 177.23(MPa)$

3. **(B)**。 $\varepsilon_x = \varepsilon_a = 0.004$

$\varepsilon_b = \varepsilon_{60°} = \dfrac{\varepsilon_x + \varepsilon_y}{2} + \dfrac{\varepsilon_x - \varepsilon_y}{2}\cos(2 \times 60°) + (\dfrac{r_{xy}}{2})\sin(2 \times 60°)$

$\Rightarrow -0.003 = \dfrac{0.004 + \varepsilon_y}{2} + \dfrac{0.004 - \varepsilon_y}{2}\cos(120°) + (\dfrac{r_{xy}}{2})\sin 120°$

$\varepsilon_c = \varepsilon_{120°} = \dfrac{\varepsilon_x + \varepsilon_y}{2} + \dfrac{\varepsilon_x - \varepsilon_y}{2}\cos(2 \times 120°) + (\dfrac{r_{xy}}{2})\sin(2 \times 120°)$

$\Rightarrow 0.002 = \dfrac{0.004 + \varepsilon_y}{2} + \dfrac{0.004 - \varepsilon_y}{2}\cos(240°) + (\dfrac{r_{xy}}{2})\sin(240°)$

求得 $\varepsilon_y = -0.002$ $r_{xy} = -5.77 \times 10^{-3}$

4. **(B)**。 $\sigma_x + \sigma_y = \sigma_1 + \sigma_2$

$\Rightarrow 34 + 41 = \sigma_1 + 25$

$\Rightarrow \sigma_1 = 50(Psi)$

5. **(C)**。 $\varepsilon_x = \dfrac{\sigma_x}{E} + \dfrac{\mu(-\sigma_y)}{E} + \dfrac{\mu(-\sigma_z)}{E}$

其中 $\sigma_z = 0$ $\varepsilon_x = \dfrac{\sigma_x}{E} - \mu\dfrac{\sigma_y}{E}$

6. **(C)**。 $G = \dfrac{E}{2(1+v)}$, $k = \dfrac{E}{3(1-2v)}$

$\Rightarrow \dfrac{3}{G} + \dfrac{1}{k} = \dfrac{3 \times 2(1+v)}{E} + \dfrac{3(1-2v)}{E} = \dfrac{9}{E}$

7. **(B)**。 $\tau_{max} = \sqrt{(\dfrac{\sigma_x - \sigma_y}{2})^2 + \tau_{xy}^2}$

8. (D)。$\varepsilon = \dfrac{\Delta L}{L}$ 為無因次量

9. (A)。$\sigma_1 = \dfrac{-20+100}{2} + \sqrt{(\dfrac{-20-100}{2})^2 + 60^2} = 124.9(\text{MPa})$

10. (B)。$\sqrt{(\dfrac{-20-100}{2})^2 + 60^2} = 84.9(\text{MPa})$

11. (B)。$\sigma_X = \sigma_Y = \sigma_Z = 20\text{kpa}$

$$e = \dfrac{1-2V}{E}(\sigma_X + \sigma_Y + \sigma_Z) = \dfrac{1-2\times0.45}{600} \times [3\times20] = 0.01$$

12. (A)。$\varepsilon = \dfrac{1}{600}[20-(0.45)\times(20+20)] = 0.00333$

$\delta_a = 0.00333\times40 = 0.133(\text{mm})$

13. (A)。$G = \dfrac{E}{2(1+\nu)} = \dfrac{\tau}{\gamma} \Rightarrow \dfrac{E}{2(1+0.4)} = \dfrac{500\times10^{-6}}{0.001} \Rightarrow E = 1.4\text{GPa}$。

14. (B)。0.002 偏距。

15. (A)。承受重複之週期性應力 ⇒ 疲勞破壞。

16. (B)。$\sigma = \dfrac{PR}{t} = \dfrac{2\times600\times\dfrac{1}{2}}{6} = 100(\text{MPa})$。

17. (C)。$\varepsilon_\forall = \dfrac{1-2\nu}{E}(\sigma_x + \sigma_y + \sigma_z)$

其中 $\nu = 0.3$，$E = 2.1\times10^6(\text{kgf}/\text{cm}^2)$

$\sigma_x = \dfrac{30\times10^3}{\dfrac{\pi}{4}\times10^2}$，$\sigma_y = -150(\text{kgf}/\text{cm}^2)$

代入 $\varepsilon_\forall = 0.05\text{cm}^3$

18. (D)

19. (C)

20. (D)。 $r=\dfrac{8}{h}$　　$A=a \cdot b$

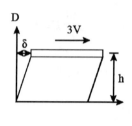

$$\tau=\dfrac{3v}{a \cdot b}$$

$$\tau=Gr \Rightarrow \dfrac{3v}{ab}=G \cdot \dfrac{\delta}{h}$$

$$\Rightarrow \delta=\dfrac{3vh}{Gab}$$ ，故選(D)

21. (B)。 $\upsilon=0.33$

$\delta=0.15=7.5 \times 10^{-5}$

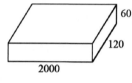

$$\Rightarrow \dfrac{\sigma_y}{E}=\dfrac{0.15}{2000}=7.5 \times 10^{-5}$$

$$\varepsilon_z=\upsilon \dfrac{\sigma_y}{E}=-0.33 \times 7.5 \times 10^{-3}=-2.475 \times 10^{-5}$$

$$\delta_z=\varepsilon_z \times 120=-2.97 \times 10^{-3}(mm)$$

22. (A)。 $=\dfrac{24000+8000}{2} \pm \sqrt{(\dfrac{24000-8000}{2})^2+3000^2}$

$=16000 \pm 8544$

$=24544,7456(psi)$

23. (C)。 $\tau_{max}=\sqrt{(\dfrac{10-(-50)}{2})^2+(40)^2}=50(MPa)$

24. (C)。 $\sigma_{30°}=\dfrac{2500+2100}{2}+\dfrac{2500-2100}{2}\cos60°+3250 \times \sin60°=5214.58(psi)$

25. (C)。 $\varepsilon_z=-\dfrac{\upsilon}{1-\upsilon}(\varepsilon_x+\varepsilon_y)=-\dfrac{0.3}{0.7}(-0.03)=0.0013$

26. (D)。 $\varepsilon_x = \varepsilon_a = 400$，$\varepsilon_y = -120$

$$\varepsilon_b = 240 = \frac{\varepsilon_x + \varepsilon_y}{2} + \frac{\varepsilon_x + \varepsilon_y}{2}\cos 90° + (\frac{r_{xy}}{2})\sin 90°$$

$$= \frac{400 - 120}{2} + \frac{r_{xy}}{2} \times 1$$

$$\Rightarrow r_{xy} = 200$$

$$\frac{r_{max}}{2} = \sqrt{(\frac{400 - (-120)}{2})^2 + (\frac{200}{2})^2}$$

$$r_{max} = 557\mu$$

27. (C)。 $\sigma_x = -60$，$\sigma_y = 20$，$\sigma_{xy} = -30$

$$\tau_{max} = \sqrt{(\frac{-60 - 20)}{2})^2 + (-30)^2}$$

$$= 50$$

28. (D)。 $\sigma_x = 18000$，$\sigma_y = 6000$

$\tau_{xy} = 4000$

$$\sigma_1 = \frac{18000 + 6000}{2} + \sqrt{(\frac{18000 - 6000}{2})^2 + 4000^2}$$

$$= 19211$$

29. (A)。 $G = \dfrac{E}{2(1+\upsilon)} = \dfrac{78}{2(1+0.3)} = 30$

30. (D)。 $k = \dfrac{E}{3(1-2\upsilon)} = \dfrac{60}{3(1 - 2 \times 0.25)}$

$$= 40$$

31. (A)。 $\sigma_1 = \dfrac{Pr}{t}$

32. (D)。 υ 上限值 0.5

基礎實戰演練

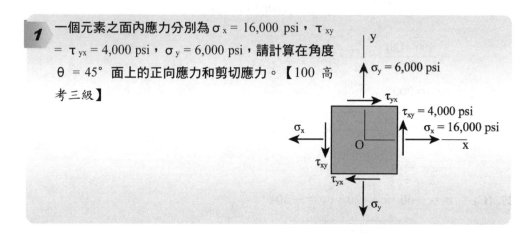

1 一個元素之面內應力分別為 $\sigma_x = 16{,}000$ psi，$\tau_{xy} = \tau_{yx} = 4{,}000$ psi，$\sigma_y = 6{,}000$ psi，請計算在角度 $\theta = 45°$ 面上的正向應力和剪切應力。【100 高考三級】

解
$$\sigma_{45°} = \frac{\sigma_x + \sigma_y}{2} + \frac{\sigma_x - \sigma_y}{2}\cos(2\times45°) + \tau_{xy}\sin(2\times45°)$$

$$= \frac{16000 + 6000}{2} + \left(\frac{16000 - 6000}{2}\right)\cos90° + 4000\sin90°$$

$$= 11000 + 4000$$

$$= 15000(\text{PSi})$$

$$\tau_{45°} = -\frac{\sigma_x - \sigma_y}{2}\sin(2\times45°) + \tau_{xy}\cos(2\times45°)$$

$$= -11000(\text{psi})$$

$$\sigma_{135°} = \frac{\sigma_x + \sigma_y}{2} + \frac{\sigma_x - \sigma_y}{2} + \cos(2\times135°) + \tau_{xy}\times\sin(2\times135°)$$

$$= 11000 - 4000$$

$$= 7000$$

2 有一材料試體之拉力強度為 160 MPa，剪力強度為 60 MPa，此試體之受力狀態如右圖所示，若 σ_y 與 τ_{xy} 保持不變，而 σ_x 逐漸增加，試問 σ_x 達何值時產生破壞？【土木普考】

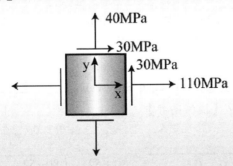

(解) (1) 當材料之拉力強度為 160MPa 時：

$$\sigma_1 = 160 = \frac{\sigma_x + 40}{2} + \sqrt{(\frac{\sigma_x - 40}{2})^2 + 30^2} \quad \Rightarrow \sigma_x = 152.5 (MPa)$$

(2) 當材料之剪力強度為 60MPa 時：

$$\tau_{max} = \sqrt{(\frac{\sigma_x - 40}{2})^2 + 30^2} \quad \Rightarrow 60 = \sqrt{(\frac{\sigma_x - 40}{2})^2 + 30^2} \quad \sigma_x = 143.923 (MPa)$$

所以 σ_x 達到 143.923(MPa)時材料產生破壞

進階試題演練

1 如圖所示，有一受平面應力(Plane Stress)作用之平板元素，其在 x 軸與 y 軸方向之應力分別為＋80MPa 及＋52MPa，剪應力為＋48MPa，試求出其主應力(Principal Stresses)之大小與方向為何？【機械高考】

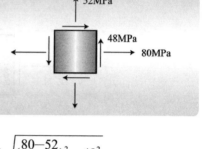

解 $\sigma_{1,2} = \dfrac{\sigma_x + \sigma_y}{2} \pm \sqrt{(\dfrac{\sigma_x - \sigma_y}{2})^2 + \tau_{xy}^2} = \dfrac{80 + 52}{2} \pm \sqrt{(\dfrac{80 - 52}{2})^2 + 48^2}$

$\sigma_1 = 116 (\text{MPa})$, $\sigma_2 = 16 (\text{MPa})$

$\tan 2\alpha_0 = \dfrac{\tau_{xy}}{\dfrac{1}{2}(\sigma_x - \sigma_y)} = \dfrac{48}{\dfrac{1}{2}(80 - 52)} = 3.43$

$\alpha_0 = 36.87°$

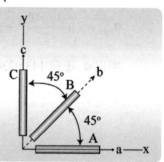

2 一菊花型應變規含三枚電阻式應變規，安排如右圖所示。A、B 及 C 規對 O_a、O_b 及 O_c 軸所測得之正向應變分別為 ε_a、ε_b 及 ε_c，試求對 xy 軸的應變 ε_x、ε_y 及 γ_{xy}。【機械高考】

解 $\varepsilon_a = \varepsilon_x$, $\varepsilon_c = \varepsilon_y$, $\varepsilon_b = \varepsilon_{45°}$

$= \dfrac{\varepsilon_x + \varepsilon_y}{2} + \dfrac{\varepsilon_x - \varepsilon_y}{2}\cos(2 \times 45°) + (\dfrac{r_{xy}}{2})\sin(2 \times 45°)$

$\Rightarrow \varepsilon_b = \dfrac{\varepsilon_a + \varepsilon_c}{2} + (\dfrac{r_{xy}}{2})$

$\Rightarrow r_{xy} = 2\varepsilon_b - \varepsilon_a - \varepsilon_c$

3 機械元件如圖示為半圓樑桿(beam)
設計，其半徑 r = 0.2 m，若該元件
所受外力 P = 1000 N 分別作用於兩
端點，試分別計算在 45°角(α = 45°)
之斷面上所承受之軸心力(axial
force)、剪力(shear force)及對應之
力矩(bending moment)。【機械專
利特考】

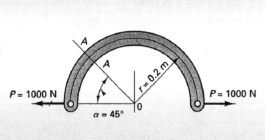

(解) 取 A－A 截面左半邊自由體圖

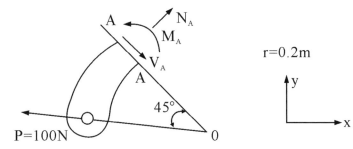

r=0.2m

(1) $\sum M_A = 0 \Rightarrow 1000 \times 0.2 \sin 45° = M_A$ ：

$M_A = 141.42(N-m)$ $\sum M_0 = 0$

$N_A = \dfrac{M_A}{0.2} = 707.11(N)$

(2) $\sum F_x = 0$ ：

$-1000 + V_A \cos 45° + N_A \cos 45° = 0$

$\Rightarrow V_A = 707.11(N)$

4 如圖所示，一厚度為 t 的薄板受一均勻
應力作用，若已知 $\tau_{xy} = 500\text{MPa}$、$\sigma_a = 200\text{MPa}$、$\tau_a = 300\text{MPa}$，試求 σ_b、τ_b、σ_x、σ_y 的大小。【土木高考】

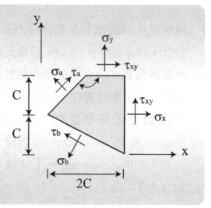

解 (1) $\sigma_a = \sigma_{-45°} = \dfrac{\sigma_x + \sigma_y}{2} + \dfrac{\sigma_x - \sigma_y}{2}\cos[2\times(-45°)] + \tau_{xy}\sin[2\times(-45°)]$

$\Rightarrow 200 = \dfrac{\sigma_x + \sigma_y}{2} + (500)\times\sin(-90°)$

$\Rightarrow \sigma_x + \sigma_y = 1400\cdots\cdots①$

同理

$\tau_{-45°} = \tau_a = \dfrac{\sigma_x - \sigma_y}{2}\sin(-90°) - \tau_{xy}\cos(-90°)$

$\Rightarrow 300 = \dfrac{\sigma_x - \sigma_y}{2}\sin(-90°) - 500\cos(-90°)$　$\Rightarrow 600 = -\sigma_x + \sigma_y\cdots\cdots②$

由①②得 $\sigma_x = 400\text{MPa}$，$\sigma_y = 1000\text{MPa}$

(2)

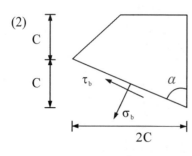

$\alpha = 90° - \tan^{-1}\dfrac{c}{2c} = 63.435°$　：

$$\sigma_b = \sigma_{63.435°} = \frac{\sigma_x + \sigma_y}{2} + \frac{\sigma_x - \sigma_y}{2}\cos(2\times63.435°) + \tau_{xy}\sin(2\times63.435°)$$

$$= \frac{400+1000}{2} + \frac{400-1000}{2}\cos(126.87°) + 500\sin(126.87°) = 1280(\text{MPa})$$

同理

$$\tau_b = \frac{400-1000}{2}\sin(126.87°) - 500\cos(126.87°) = 60(\text{MPa})$$

5 如圖所示，一實心球體直徑為 10cm，承受均勻壓力 P＝10,000Pa，假設此球體楊氏係數 E＝30×10⁶ Pa，蒲松比 ν＝0.3。試求此球體之體積減少量。【機械高考】

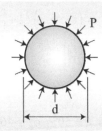

解 由體積虎克定律

$$\varepsilon_\forall = \frac{\Delta\forall}{\forall} = \varepsilon_x + \varepsilon_y + \varepsilon_z = \frac{3(1-2\nu)}{E}\left[\frac{\sigma_x + \sigma_y + \sigma_z}{3}\right] = \frac{\sigma_m}{k}$$

其中 $k = \dfrac{E}{3(1-2\nu)} = \dfrac{30\times10^6}{3(1-2\times0.3)} = 25\times10^6 \ (\text{Pa})$

球體積 $\forall = \dfrac{\pi}{6}d^3 = \dfrac{\pi}{6}\times(10\times10^{-2})^3 = 5.236\times10^{-4}$

又圓球承受均勻壓力 $P = 10^4\,\text{Pa} = \sigma_m$ (壓)

$$\varepsilon_\forall = \frac{\Delta\forall}{\forall} = \frac{\Delta\forall}{5.236\times10^{-6}} = \frac{(-10^4)}{25\times10^6}$$

$$\Rightarrow \Delta\forall = -2.09\times10^{-7}(\text{m}^3)$$

體積減少量為 $2.09\times10^{-7}\,\text{m}^3$

6 一材料元素受平面應變(見圖)有應變如下：$\varepsilon_x = 220 \times 10^{-6}$, $\varepsilon_y = 480 \times 10^{-6}$，及 $\gamma_{xy} = 180 \times 10^{-6}$。求指向 $\theta = 50°$ 角之元素的應變，並且在正確指向的元素上圖示這些應力。

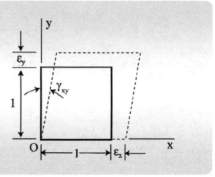

(解) $\varepsilon_x = 220 \times 10^{-6}$, $\varepsilon_y = 480 \times 10^{-6}$, $\gamma_{xy} = 180 \times 10^{-6}$

$$\varepsilon_{x_1} = (\varepsilon_x + \varepsilon_y)/2 + \left[(\varepsilon_x - \varepsilon_y)/2\right]\cos 2\theta + (\gamma_{xy}/2)\sin 2\theta$$

$$\gamma_{x_1 y_1} = -\left[(\varepsilon_x - \varepsilon_y)/2\right]\cos 2\theta + (\gamma_{xy}/2)\sin 2\theta$$

$$\varepsilon_{y_1} = \varepsilon_x + \varepsilon_y + \varepsilon_z$$

for $\theta = 50°$: $\varepsilon_x = 461 \times 10^{-6}$, $\gamma_{x_1 y_1} = 225 \times 10^{-6}$

$$\varepsilon_{y_1} = 239 \times 10^{-6}$$

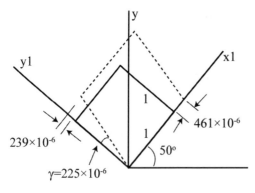

7 在結構中有一點之應力如圖，試求此應力之主軸的方向及應力。（103 高員）

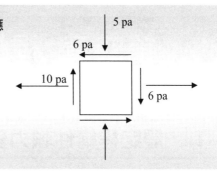

解

$$\sigma_{1,2} = \frac{10-5}{-2} L \pm \sqrt{\frac{10+5}{2} + (-6)^2} \text{，故 } \sigma_1 = 12.1(pa) \text{，} \sigma_2 = -7.1(Pa)$$

$$\tan 2\theta = \frac{2\tau_{xy}}{\sigma_x - \sigma_y} = \frac{2(-6)}{10-(-5)} = -0.8$$

$$\theta = 19.33° \text{ 及 } \theta = 199.33°$$

8 如圖所示之平面應力狀態，試求其主應力及最大剪應力之值。（102 關三）

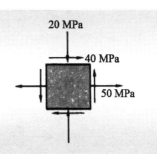

解 $\sigma_x=50$，$\sigma_y=-20$，$\tau_{xy}=40$

$$\sigma_{1,2} = \frac{\sigma_x + \sigma_y}{2} \pm \sqrt{\left(\frac{\sigma_x - \sigma_y}{2}\right)^2 + \left(\tau_{xy}\right)^2} = \frac{50-20}{2} \pm \sqrt{\left(\frac{50-(-20)}{2}\right)^2 + (40)^2} = 15 \pm 53.15$$

故 $\sigma_1=68.15(MPa)$，$\sigma_2=-38.15(MPa)$，$\tau_{max}=53.15(MPa)$

第四章 桿構件軸力分析

4-1 │ 靜定桿構件軸力變形分析

一、桿構件受力軸力圖

(一) 桿件受拉，軸力為正；桿件受壓，軸力為負。

(二) 用折線方式表示桿件沿軸線方向之軸力變化情況稱之為軸力圖，該圖一般以桿件軸線為橫軸，表示截面位置，縱軸表示軸力大小，它能確切表現出桿件受力狀況，及其所在橫截面的位置。

(三) 桿件受力如圖 4.1 所示，將桿件分成橫 1-1 截面、2-2 截面、3-3 截面，畫出自由體圖，截面按比例可得軸力圖。

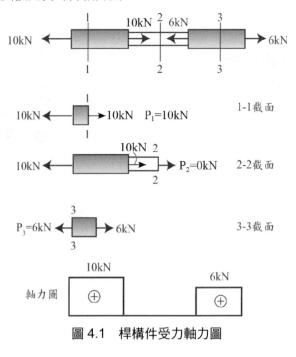

圖 4.1 桿構件受力軸力圖

二、靜定桿構件之受力分析

(一) 靜定桿構件：在彈性範圍內，軸向拉伸或壓縮桿件受力 P 且伸長量為 ΔL，

由虎克定律可得 $\Delta L = \delta = \dfrac{PL}{EA}$，通常用 δ 表示桿件伸長量，如圖 4.2(a)　4.2(b)

所示一階梯形截面桿，其彈性模數 E，截面面積 A_1、A_2、A_3，分析每段桿的
內力、應力、伸長量及全桿的總伸長量，如下所示：

1. 取 3-3 截面之自由體圖可求得 cd 段截面上的內力 $P_{cd} = -P$(壓)；取 2-2 截
   面之自由體圖可求得 bc 段截面上的內力 $P_{bc} = 2P - P = P$(拉)；取 1-1 截面
   之自由體圖可求得 ab 段截面上的內力 $P_{ab} = 5P - P = 4P$(拉)。

2. 計算各段應力：

$$\text{ab 段 } \sigma_{ab} = \frac{P_{ab}}{A_1} = \frac{4P}{A_1} \text{ (拉應力)} \text{、bc 段 } \sigma_{bc} = \frac{P_{bc}}{A_2} = \frac{P}{A_2} \text{ (拉應力)}$$

$$\text{cd 段 } \sigma_{cd} = \frac{P_{cd}}{A_3} = \frac{-P}{A_3} \text{ (壓應力)}$$

3. 計算各段伸長量：

$$\text{ab 段 } \delta_{ab} = \frac{4PL_1}{EA_1} \text{ 、bc 段 } \delta_{bc} = \frac{P L_2}{EA_2} \text{ 、cd 段 } \delta_{cd} = \frac{-PL_3}{EA_3} \text{ 。}$$

4. 全桿總伸長量：$\delta = \dfrac{4PL_1}{EA_1} + \dfrac{P L_2}{EA_2} + \dfrac{-PL_3}{EA_3}$ 。

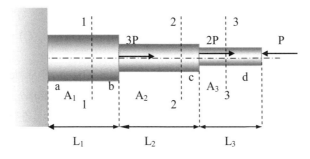

圖 4.2(a)　階梯形截面桿

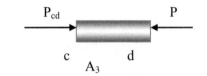

3-3 截面自由體圖

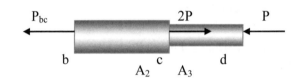

2-2 截面自由體圖

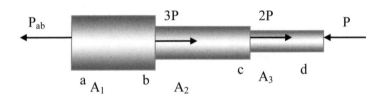

1-1 截面自由體圖

圖 4.2(b)　階梯形截面桿自由體圖

(二) 靜定桿構件結構分析：桁架結構之每一構件均為兩端點受力的構件，可稱之
為二力構件，若所有的受力狀況均在同一平面上，我們稱之為平面桁架
(planar trusses)，無論是空間或平面上，均可將構件視為二力構件，在分析時
構件僅在兩端點受力，作用力方向為沿著構件軸線傳遞，若兩端點受拉伸
力，可視為張力(T)，若兩端點受到壓縮力，可視為為壓力(C)，一般計算以拉
力(T)為正，壓力(C)為負。

如圖 4.3 所示，桿構件係由兩根端點鉸接鋼桿所組成，兩桿與垂直線成 α 角
度，長度均為 L，直徑均為 d，鋼的彈性模數為 E，假設節點 A 處受力 P，節
點 A 的位移 δ_A 是由於兩桿受力後伸長引起的，故應先求出各桿的軸力後再利
用變位諧和條件求得伸長量，可由以下方式求得：

1. 列平衡方程：

$$\sum F_x = 0 \Rightarrow N_{AC}\sin\alpha - N_{AB}\sin\alpha = 0$$

$$\sum F_y = 0 \Rightarrow N_{AB}\cos\alpha + N_{AC}\cos\alpha - P = 0$$

解上兩式得 $N_{AB} = N_{AC} = \dfrac{P}{2\cos\alpha}$ (拉力為正)

2. 求兩桿的伸長由題意可知：

$$\delta_{AB} = \delta_{AC} = \frac{N_{AB}L}{EA} = \frac{PL}{2EA\cos\alpha}$$ 式中 $A = \pi d^2 / 4$ 為桿的橫截面面積。

3. 求節點的位移：如圖所示兩桿在點 A 為鉸接，變形後仍應鉸結在一起，即應滿足變形的幾何諧和條件可得

$$\delta_A = \frac{\delta_{AB}}{\cos\alpha} = \frac{\delta_{AC}}{\cos\alpha} = \frac{PL}{2EA\cos^2\alpha}$$

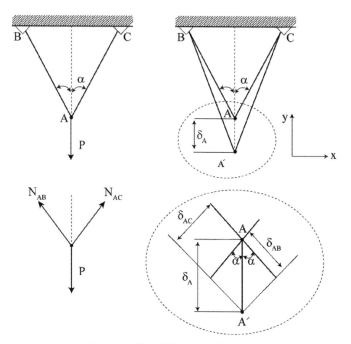

圖 4.3　靜定桿構件結構分析

範例 *4-1*

如圖顯示一長度為 $2L$ 之水平剛性桿件藉三條繩索分別於 A、B、C 三處懸掛著，三條繩索之材料性質相同，但中間繩索之斷面積僅為兩邊繩索斷面積之一半，令桿件在 A 點右邊 $0.75L$ 處 D 受到一大小為 P 之向下外力，假設繩索之變形在線彈性範圍內，請問各繩索所受到之拉力為何？ 【鐵路特考員級】

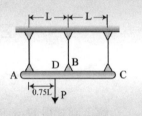

解 1. 取剛性桿之自由體圖

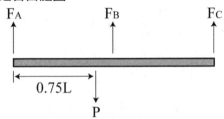

$$\sum M_A = 0 \quad F_B \times L + F_C \times 2L - P \times 0.75L = 0$$

$$\Rightarrow F_B + 2F_C = 0.75P \cdots\cdots ①$$

$$\sum F_y = 0 \quad \Rightarrow F_A + F_B + F_C = P \cdots\cdots ②$$

2.

$$\frac{\delta_B - \delta_C}{L} = \frac{\delta_A - \delta_C}{2L} \quad \Rightarrow 2\delta_B = \delta_A + \delta_C$$

$$\Rightarrow \frac{2F_B \times h}{(\frac{A}{2}) \times E} = \frac{F_A \times h}{E \times A} + \frac{F_C \times h}{E \times A}$$

$$\Rightarrow 4F_B = F_A + F_C \cdots\cdots ③$$

由①②③得

$$F_B = \frac{P}{5}, \quad F_C = 0.275P, \quad F_A = 0.525P$$

範例 *4-2*

如圖所示，有一鋼螺栓其直徑 7mm，在
其外部套上一鋁襯套，鋁襯套之內徑為
8mm，外徑為 10mm，螺帽 A 輕觸及鋁
襯套；剛開始時溫度 T_1=20°C，逐漸將

其增溫至 T_2=100°C，鋼材及鋁材之材料楊氏係數（Young's modulus）各為
E_{steel}=200Gpa 及 E_{al}=70Gpa，熱膨脹係數各為 α_{steel}=14×10⁻⁶/°C，α_{al}=23×10⁻⁶/°C，
試求溫度加高後，螺栓及襯套之軸向應力各為何？【地特】

(解)
$$23\times10^{-6}\times(100-20)\times L - \frac{F_a\times L}{70\times10^9\times\frac{\pi}{4}\left[(0.01)^2-(0.008)^2\right]}$$

$$=14\times10^{-6}\times(100-20)\times L + \frac{F_s\times L}{200\times10^9\times\frac{\pi}{4}\times(0.007)^2} \quad\cdots\cdots(1)$$

$$F_a=F_s\cdots\cdots(2)$$

由(1)(2)可得 $F_a=F_s=1133.58(N)$

$$\sigma_a=\frac{1133.58}{\frac{\pi}{4}\times(10^2-8^2)}=40(MP_a)$$

$$\sigma_s=\frac{1133.58}{\frac{\pi}{4}\times(7)^2}=29.46(MP_a)$$

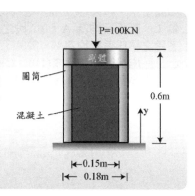

範例 *4-3*

如圖所示之圓柱體，係由一銅材製成的圓筒，於
其內部填充混凝土所構成。設若作用於圓柱體中
心之荷重 P＝100KN，試求圓筒和混凝土的軸向應
力，以及圓柱體的壓縮量。已知鋼材的楊氏係數
為 200GPa，混凝土的楊氏係數為 24GPa。【關務
四等】

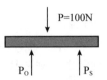

解 取剛體自由體圖，下標 S 為混凝土，O 為圓筒

$$P_o + P_s = 100\,(N)\cdots\cdots(1)$$

$$\delta_o = \frac{P_o \times L}{E_o \times A_o} = \frac{P_o \times 0.6}{200 \times 10^9 \times \dfrac{\pi}{4} \times (0.18^2 - 0.15^2)} = 3.8583 \times 10^{-10}\,P_o$$

$$\delta_s = \frac{P_s \times L}{E_s \triangle A_s} = \frac{P_s \times 0.6}{24 \times 10^9 \times \dfrac{\pi}{4} \times (0.15)^2} = 1.4147 \times 10^{-9}\,P_s$$

$$\delta_o = \delta_s \quad \Rightarrow P_s = 0.2727 P_o$$

代回(1) $P_o = 78.57\,(KN)$，$P_s = 21.47\,(KN)$

$$\sigma_o = \frac{P_o}{A_o} = \frac{78.57}{\dfrac{\pi}{4} \times (0.18^2 - 0.15^2)} = 10104.89\,(kpa)$$

$$\sigma_s = \frac{P_s}{A_s} = \frac{21.47}{\dfrac{\pi}{4} \times 0.15^2} = 1214.95\,(kpa)$$

$$\delta_o = \delta_s = \frac{21.47 \times 10^3 \times 0.6}{24 \times 10^9 \times \dfrac{\pi}{4} \times (0.15)^2} = 3.037 \times 10^{-5}\,(m)$$

範例 4-4

如圖所示，桿件 AD 為片段均勻，AB 段與 CD 段之長度均為 L、斷面積均為 A，BC 段之長度為 2L、斷面積為 2A。各段之楊氏係數均為 E，於 A、D 二點施加拉力 2P，於 B、C 二點施加壓力 P。求(1)B、C 二點之相對位移量，(2)整段桿件之伸長量。【土木普考】

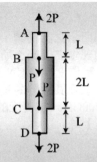

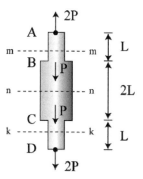

1. 取 m–m 截面上半部之自由體圖：

$$\delta_{AB} = \frac{2P \times L}{EA} = \frac{2PL}{EA}$$

2. 取 n–n 截面上半部之自由體圖：

$$P_{BC} = 2P - P = P \qquad \delta_{BC} = \frac{P_{BC} \times 2L}{E2A} = \frac{PL}{EA}$$

B、C 二點相對位移量 $\delta_{BC} = \dfrac{PL}{EA}$

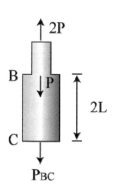

3. 取 k–k 截面下半部自由體圖：

$$\delta_{CD} = \frac{2P \times L}{EA} = \frac{2PL}{EA}$$

$$\delta = \delta_{AB} + \delta_{BC} + \delta_{CD} = \frac{(2+1+2)PL}{EA} = \frac{5PL}{EA}$$

4-2 靜不定結構體分析

一、靜不定問題的概念

(一) 對於桿構件結構分析時，當未知力數目多於平衡方程的數目，若僅利用靜力平衡方程 $\sum F_Y=0$、$\sum F_x=0$、$\sum M=0$ 無法解出全部未知力，這類問題稱為靜不定問題。

(二) 求解靜不定問題的關鍵在於使未知力數目和方程式數目相等，本章節只介紹常考之一度靜不定問題。

(三) 一度靜不定之桿構件結構，可先假設一贅力，再將結構釋放成靜定結構，利用靜力平衡方程及桿件的受力或位移之變位諧和條件，建立平衡方程求解。

(四) 桿構件結構之靜不定判定

$$n\,度靜不定數＝桿件數\,b＋反力數\,r－2×節點數\,j$$

(五) 靜不定問題解法

1. **柔性法**(flexibility method)：
   (1) 如圖 4.4 桿構結構中間受 P 力作用，因一個靜力平衡方程式無法解二個未知數，故選擇未知桿內力之一作為贅力，將該桿分解使贅力除去，使結構為靜定和穩定的，後將真正負荷和贅力加上去，計算由此所產生的位移量，再合併成為位移諧和方程式(equation of compatibility of displacements)。
   (2) 將位移以力的函數方式代入上述位移諧和方程式中，即能解得贅力，再利用靜力學平衡方程式解得其餘未知數。
   (3) 此法又稱為力法(force method)，僅材料特性在彈性範圍內有效。

2. **剛性法**(stiffness method)：
   (1) 將桿中力作用點的位移設為一未知數，並將桿內力利用此位移量來表示，利用靜力平衡方程式可解得此未知位移量，代入可得桿內力值。
   (2) 此法取位移為未知量，又稱位移法(displacement)，亦需材料特性在彈性範圍內。

二、靜不定問題的應用

如圖 4.4 所示桿的上、下兩端都有固定約束，若抗拉剛度 EA 已知，試求兩端反力：

(一) **桿的平衡方程**：如圖 4.4 所示桿為一度靜不定，需假設 1 個贅力 X，假設 A 端受力為 X，靜定釋放結構後：

AC 段軸力 $N_{AC} = X$ (拉)，對 BC 段軸力 $N_{BC} = X - P$

(二) **變形幾何關係**：由於桿的上、下兩端均已固定，故桿的總變形為零，即 $\delta_{AB} = \delta_{AC} + \delta_{CB} = 0$，$\delta_{AC}$ 等於 AC 段變形，δ_{BC} 等於 BC 段變形

(三) **力與變形的關係**：AC 段其軸力 $N_{AC} = X$ (拉)，對 BC 段軸力 $N_{BC} = X - P$

由虎克定律

$$\delta_{AC} = \frac{N_{AC}a}{EA} = \frac{Xa}{EA} \ 、\ \delta_{BC} = \frac{N_{BC}b}{EA} = \frac{(X-P)b}{EA}$$

代入變形幾何關係

$$\delta_{AB} = \frac{Xa}{EA} + \frac{(X-P)b}{EA} = 0$$

(四) **聯立方程和平衡方程求解未知力**

解得：$X = N_{AC} = \dfrac{b}{a+b}P \ 、\ N_{BC} = \dfrac{a}{a+b}P$

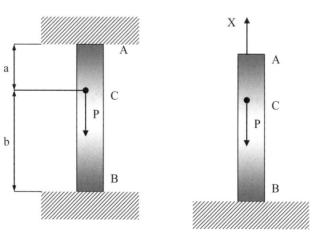

圖 4.4　靜不定桿

三、熱效應

(一) 一具有均勻斷面之均質桿件，若桿中溫度升高 ΔT，則桿件伸長量為 δ，膨脹為正，收縮為負，其中 δ 與溫度變化 ΔT 及長度 L 成正比；$\delta = \alpha\Delta TL$，α 與溫度變化的倒數相同，稱之為熱膨脹係數(coefficient of thermal expansion)。

(二) 對一均質具等向性且無拘束之線彈性物體，溫度升高，物體會膨脹但無拘束力拘束，所以有熱應變而無熱應力，因熱應變在等向性線彈性物體係正應變，故會使物體體積改變。

(三) 當桿構件受到均勻溫度變化作用時，在靜定結構中不會造成應力；靜不定結構由於約束限制了溫度變化，引起的物體的膨脹和收縮，產生桿件的應力，稱之為熱應力。但是若元件受到非均勻狀態的熱時，無論結構為靜定或靜不定，都會產生應力。

四、衝擊載重

(一) 如圖 4.5 所示，假設有重量為 W 的重物自高度 h 處自由下落撞擊樑上一點，則重物與樑接觸時的動能與重力勢能的關係：

$$T_0 = \frac{mV^2}{2} = Wh$$

(二) 重物至最低點時，位能減少 $W\delta_d$，失去總能量 $E = \frac{mV_0{}^2}{2} = W\left(h + \delta_d\right)$

(三) 假設重物靜置在樑上的靜變形為 δ_{st}，樑的彈性剛度係數為 $K = \dfrac{W}{\delta_{st}} = \dfrac{P_d}{\delta_d}$

(四) 樑獲得的彎曲應變能為 $U = \dfrac{P_d\delta_d}{2} = \dfrac{K\delta_d{}^2}{2} = \dfrac{W\delta_d{}^2}{2\delta_{st}}$

(五) 利用 U=E，得 $\delta_d{}^2 - 2\delta_{st}\delta_d - 2\delta_{st}h = 0$

$$\delta_d = \delta_{st}\left(1 + \sqrt{1 + (\frac{2h}{\delta_{st}})}\right) = k_d\delta_{st}$$

k_d 為撞擊係數，其值為 $1 + \sqrt{1 + \dfrac{2h}{\delta_{st}}} = k_d$

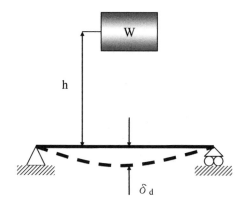

圖 4.5　衝擊效應

範例 *4-5*

一滑動軸環質量 $m = 80\,kg$，從高度 h 自由落下到一垂直桿底部凸緣的上方，使垂直桿產生一最大的軸向應力 $350MPa$，假設垂直桿與凸緣的質量可以忽略不計，試求高度 h 為多少？已知垂直桿長度 $L = 2m$，截面積 $A = 250\,mm^2$，楊氏係數 $E = 105\,GPa$。【關務特考四等】

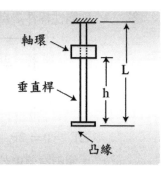

軸環

L

垂直桿

h

凸緣

(解) 1. 將軸環靜置於底部凸緣上之桿伸長量：

$$\delta_{st} = \frac{P \times L}{EA} = \frac{80 \times 9.81 \times 2}{105 \times 10^9 \times 250 \times 10^{-6}} = 5.98 \times 10^{-5}\,(m)$$

2. 軸環從高 h 自由落下之桿伸長量：

$$\delta_{max} = \delta_{st} + \sqrt{\delta_{st}^2 + 2\delta_{st}h} = \frac{\sigma_{max} \times L}{E}$$

$$\Rightarrow \frac{350 \times 10^6 \times 2}{105 \times 10^9} = 5.98 \times 10^{-5} + \sqrt{(5.98 \times 10^{-5}) + 2 \times 5.98 \times 10^{-5} \times h}$$

$$h = 0.365\,(m)$$

範例 *4-6*

如圖所示，鋼短柱的 E= 200GPa 且 $\alpha = 12 \times 10^{-6}/℃$、鋁短柱的 E = 73.1GPa 且 $\alpha = 23 \times 10^{-6}/℃$，當剛性桿件無負載作用且溫度為 $T_1 = 20℃$ 時，短柱長度為 250mm，若剛性桿件承受一均布負載 150kN/m 且溫度上升至 $T_2 = 80℃$ 時，求各桿短柱所支承之力。

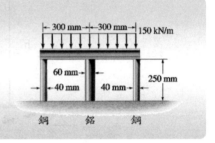

鋼　鋁　鋼

破題分析

短柱桿中溫度升高 ΔT，則桿件伸長量為 $\delta = \alpha\Delta TL$，但短柱受到壓縮力，使桿件壓縮量為 $-\delta_2$，因此短柱位移量 $\delta = \delta_1 - \delta_2$(若以桿件伸長量為正)

解 1. 取剛性桿件之自由體圖：

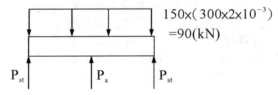

$$\sum F_y = 0 \Rightarrow 2P_{st} + P_a = 90 \cdots\cdots(1)$$

2. 本題因有溫度效應，取鋼短柱自由體圖：

P_{st}

$(\delta_{st})_P$　$(\delta_{st})_T$　δ_{st}（最後位移量）

$(\delta_{st})_P$(作用力壓縮量)$-(\delta_{st})_T$(溫度效應伸長量)$=\delta_{st}$(最後位移量)$\cdots\cdots(2)$

同理銅短柱之位移變化量可由下式表示

$(\delta_a)_P - (\delta_a)_T = \delta_a \cdots\cdots(3)$

其中 $\delta_{st} = \delta_a$(銅柱與鋼柱最後變形量相同)$\cdots\cdots(4)$

3. $(\delta_{st})_P = \dfrac{P_{st} \times (0.25)}{\pi(0.02)^2 \times 200 \times 10^9}$，

$$(\delta_{st})_T = \alpha \Delta T \times L = 12 \times 10^{-6} \times (80 - 20) \times 0.25$$
$$= 1.8 \times 10^{-4} = 9.947 \times 10^{-10} P_{st} \ ,$$
$$(\delta_a)_P = \frac{P_a \times (0.25)}{\pi \times (0.03)^2 \times 73.1 \times 10^9} = 1.21 \times 10^{-9} P_a \ ,$$
$$(\delta_a)_T = \alpha \times \Delta T \times L$$
$$= 23 \times 10^{-6} \times (80 - 20) \times 0.25 = 3.45 \times 10^{-4}$$

代入(2)(3)(4)可得

$$9.947 \times 10^{-10} P_{st} - 1.8 \times 10^{-4} = 1.21 \times 10^{-9} P_a - 3.45 \times 10^{-4} \cdots\cdots(5)$$

由(1)(5)計算可得　　$P_{st} = -16.4(kN)$, $P_a = 123kN$

範例 *4-7*

三根桿子，楊氏模數 E＝200GPa，熱膨脹係數 $\alpha = 12.5 \times 10^{-6}/℃$，斷面積 $250mm^2$，配置如圖所示。設在溫度 10℃，且未懸吊荷重前，三根桿子均未受到任何應力。已知桿子的容許應力為 120MPa，試求在溫度 35℃，所能懸吊之最大荷重 W 為何。【機械台鐵特考三等】

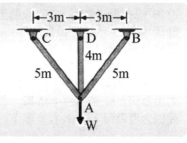

（解）1. 假設桿件受力後由 A 點位移至 A′ 點，取 A 節點之位移及受力自由體圖：

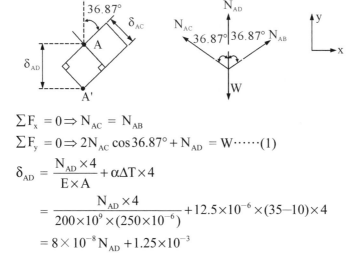

$$\sum F_x = 0 \Rightarrow N_{AC} = N_{AB}$$
$$\sum F_y = 0 \Rightarrow 2N_{AC} \cos 36.87° + N_{AD} = W \cdots\cdots(1)$$
$$\delta_{AD} = \frac{N_{AD} \times 4}{E \times A} + \alpha \Delta T \times 4$$
$$= \frac{N_{AD} \times 4}{200 \times 10^9 \times (250 \times 10^{-6})} + 12.5 \times 10^{-6} \times (35-10) \times 4$$
$$= 8 \times 10^{-8} N_{AD} + 1.25 \times 10^{-3}$$

$$\delta_{AC} = \frac{N_{AC} \times 5}{200 \times 10^9 \times (250 \times 10^{-6})} + 12.5 \times 10^{-6} \times (35-10) \times 5$$

$$= 1 \times 10^{-7} N_{AC} + 1.5625 \times 10^{-3}$$

$$\delta_{AD} \times \cos 36.87° = \delta_{AC} \quad \Rightarrow N_{AC} = 0.64\,N_{AD} - 5642.06 \cdots\cdots (2)$$

由(1)(2)可得 $\quad N_{AD} = \dfrac{9011+W}{2.02}$

2. **由於桿件 AD 變形量最大，因此最易降伏：**

$$\sigma = 120 \times 10^6 = \frac{N_{AD}}{A} = \frac{W+9011}{2.022 \times (250 \times 10^{-6})} \quad \Rightarrow W = 51649(N)$$

範例 *4-8*

ACB 桿有兩個截面，AC 段截面積為 10mm²，CB 段截面積為 30mm²，長度 AC=200mm，BC=300mm，兩者為同材質 E =10⁹ N/mm² ，溫度膨脹係數 α =10⁻⁴ ／℃，如圖所示，A 端有一段縫隙 Δ，此桿溫度上升 30℃後：(1)若 Δ=0 時，試求 A、B 兩端點所承受的力量為何？ (2)若 Δ=1 mm 時，試求 A、B 兩端點所承受的力量為何？ 【土木普考】

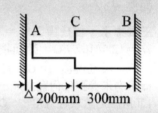

解 1. Δ = 0 時假設 A 端之贅力為 x，

結構靜定釋放後，如圖所示：

A   m   C   n   B
x → [   ]

200mm   300mm

(1) 取 m−m 截面左半部之自由體圖

A   C   x

x → [   ] ←

200mm

$$\delta_{AC} = \frac{-x \times (0.2)}{EA} + \alpha\Delta T \times (0.2)$$

$$= \frac{-x \times (0.2)}{10^9 \times (10 \times 10^{-6}) \times 10^{-6}} + 10^{-4} \times 30 \times 0.2$$

(2) 取 n－n 截面之左半面自由體圖

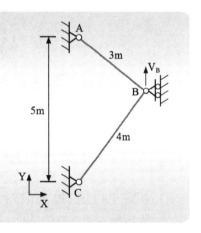

$$\delta_{BC} = \frac{-x \times (0.3)}{EA} + \alpha \triangle T \times (0.3)$$

$$= \frac{-x \times (0.3)}{10^9 \times (30 \times 10^{-6}) \times 10^{-6}} + 10^{-4} \times 30 \times 0.3$$

2. 當 $\triangle = 0$ 時：$\delta_{AC} + \delta_{BC} = 0$　可求得 $x = 5 \times 10^7$ N (壓)

3. 當 $\triangle = 1mm$：$\delta_{AC} + \delta_{BC} = 1 \times 10^{-3}$(m)　可求得 $x = 16666666.67$N(壓)

範例 *4-9*

如圖所示之桁架（Truss）A 及 C 點為鉸接，B 點利用滾子支承，AB 及 BC 桿件的長度分別為 3m 及 4m。已知所有桿件的軸向剛度皆為 AE＝10^8N，熱膨脹係數皆為 $\alpha = 10^{-5}$/℃。當 AB 及 BC 桿件的溫度都上升 $\triangle T = 70$℃時，試求 B 點的垂直位移 V_B、B 點的反作用力及各桿件的內力。【106 鐵三】

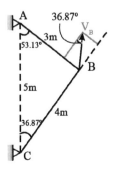

(解) (一) 靜力分析

$\sum F_y = 0$

$F_{AB} \times \sin 36.87° = F_{BC} \times \sin 53.13°$

$\Rightarrow F_{BC} = 0.75 F_{AB}$

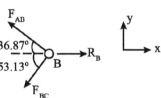

(二) 變形分析

$\begin{cases} \delta_{AB} = V_B \times \sin 36.87° \\ \delta_{BC} = V_B \times \cos 36.87° \end{cases} \Rightarrow \frac{\delta_{AB}}{\delta_{BC}} = \frac{3}{4}$

$4\delta_{AB} = 3\delta_{BC}$

$$-4\left[\frac{F_{AB} \times 3}{10^8} + 10^{-5} \times 3 \times 70\right] = 3\left[\frac{F_{BC}^{\,0.75 F_{AB}} \times 4}{10^8} + 10^{-5} \times 4 \times 70\right]$$

$\Rightarrow F_{AB} = -80000$(N)，　$F_{BC} = 0.75 F_{AB} = -60000$(N)

　　　　壓　　　　　　　　　　　壓

4-3 | 扭轉

一、圓軸扭轉時的變形與內力

(一) 扭轉：—直桿在力偶作用下(作用面垂直於桿軸)，任意兩橫截面將發生繞著軸心的相對轉動，這種形式的變形稱爲扭轉變形。

(二) 圓軸扭轉應力公式推導

1. 如圖 4.6 由虎克定律橫截面上任意一點的扭轉剪應力，與該點到圓心的距離成正比，即表示同半徑圓周上各點處的剪應力都相等

$$\gamma_\rho = r\frac{d\phi}{dx} \Rightarrow \tau_\rho = G\gamma_\rho = Gr\frac{d\phi}{dx}$$

2. 發生扭轉變形時，橫截面上分佈內力的合力偶矩，稱爲扭矩，用 T 表示、r 表示離圓心之距離、J 表極慣性矩，根據定義：

$$T = \int_A r\tau\ dA = \int_A r^2 G\frac{d\phi}{dx} = G\frac{d\phi}{dx}\int_A r^2 dA \Rightarrow \boxed{\tau = \frac{Tr}{J}}$$

3. 扭矩 T 的方向規定：按右手螺旋法則把 T 表爲向量，向量的方向與截面的外法線方向一致時爲正，反之爲負。

4. 當 r＝R 時有最大剪應力 $\tau_{max} = \dfrac{TR}{J} = \dfrac{T}{W_t}$

其中圓軸極慣性矩 $J = \int_A \rho^2 dA = 2\pi\int_0^R \rho^2 d\rho = \dfrac{\pi R^4}{2} = \dfrac{\pi D^4}{32}$

實心圓軸的極慣性矩 $J = \dfrac{\pi D^4}{32}$ ，空心圓軸 $J = \dfrac{\pi}{32}\left(D^4 - d^4\right)$

$W_t = \dfrac{J}{R}$ 稱爲抗扭斷面模數

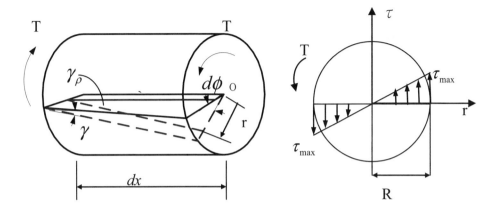

圖 4.6　圓軸扭轉

(三) 圓軸桿件扭轉時的變形

1. 直桿構件：圓軸扭轉時扭矩所造成的扭轉角：$\varphi = \int \dfrac{T}{GJ}dx \Rightarrow$

   $$\varphi = \frac{TL}{GJ} \text{(其中 L 表圓軸桿長)}$$

2. 對於階梯軸(各段的極慣性矩不同)或軸上有幾個外力偶作用時，應分段計算每段的扭轉角，然後求代數和，即為兩端面間的扭轉角：

$$\varphi = \varphi_1 + \varphi_2 + \cdots\cdots = \sum_{i=1}^{n} \frac{T_i L_i}{GJ_i}$$

二、薄壁容器扭轉

(一) 薄壁圓管的扭轉

1. **薄壁圓管的扭轉剪應力：** 厚度為 t、半徑為 R 之薄壁圓管、L 為薄壁桿長、T 為扭矩，由於管壁薄，可以認為扭轉剪應力圓壁厚均勻分佈，因此可直接利用剪應力與扭矩間的靜力學關係求解，可得 $\tau = \dfrac{T}{2\pi R^2 t}$

2. **薄壁圓管的扭轉變形：**

   薄壁圓管：扭矩所造成的扭轉角 $\varphi = \dfrac{TL}{2G\pi R^3 t}$

(二) 薄壁桿的扭轉

1. 薄壁桿的扭轉剪應力：$\tau = \dfrac{T}{2A_m t}$ 其中 A_m 表示管壁厚度中心線所包圍的面積。

2. 薄壁桿的扭轉變形：扭矩所造成的扭轉角 $\varphi = \dfrac{TL}{GJ'}$，其中 J' 稱之為扭轉常數、L 為薄壁桿長、厚度為 t，其中 $J' = \dfrac{4A_m^{\,2}}{\oint \dfrac{ds}{t}}$（$\oint \dfrac{ds}{t}$ 表示長厚比）

3. 如圖 4.7 以薄壁矩形為例，$A_m = bh$、$J' = \dfrac{4A_m^{\,2}}{\oint \dfrac{ds}{t}} = \dfrac{4(bh)^2}{\dfrac{b}{t_2} \times 2 + \dfrac{h}{t_1} \times 2}$、

$\tau_{max} = \dfrac{T}{2A_m t_{min}}$、$\varphi = \dfrac{TL}{GJ'}$

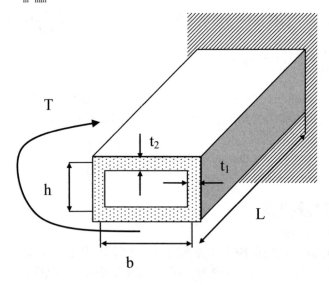

圖 4.7　薄壁矩形

範例 *4-10*

如圖所示，二端固定之圓形桿件
受 T_1 和 T_2 扭矩(Torque)作用，試
求端點之反應扭矩 T_a 和 T_b？【93
機械地方特考三等】

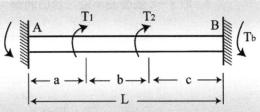

破題分析

桿構結構中間受扭力作用，為一度靜不定結構，因一個靜力平衡方程式無法解
二個未知數，故選擇未知桿內力之一作為贅力，將該桿分解使贅力除去，使結
構為靜定和穩定的，後將真正負荷和贅力加上去，計算由此所產生的位移量，
再合併成為位移諧和方程式(equation of compatibility of displacements)。

解　1. 如題目圖示之靜不定結構，假設 A 端受扭矩為贅力 x，靜定釋放結構
　　後如下所示：

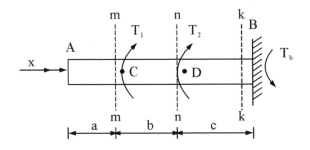

2.取 m－m 截面左半邊之自由體圖：

$$\theta_{AC} = \frac{-xa}{GJ}$$

3. 取 n－n 截面左半邊之自由體圖：

$$\theta_{CD} = \frac{T_{CD} \times b}{GJ} = \frac{(T_1-x)b}{GJ}$$

4. 取 k－k 截面左半邊之自由體圖：

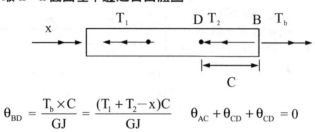

$$\theta_{BD} = \frac{T_b \times C}{GJ} = \frac{(T_1 + T_2 - x)C}{GJ} \qquad \theta_{AC} + \theta_{CD} + \theta_{CD} = 0$$

$$\Rightarrow (-xa) + (T_1 - x)b + (T_1 + T_2 - x)C = 0$$

$$T_a = x = \frac{T_1 b + (T_1 + T_2)C}{a + b + c} = \frac{T_1 b + (T_1 + T_2)C}{L}$$

(5) 又因為：

$$T_a + T_b = T_1 + T_2 \quad \Rightarrow T_b = T_1 + T_2 - T_a = \frac{(T_1 + T_2)a + T_2 b}{L}$$

範例 *4-11*

有一齒輪變速系統，如圖所示。左端之驅動力矩(driving moment)為 M_0，右端之"阻力矩"(resisting moment)為 M。各齒輪之半徑如圖所示。試求"阻力矩"M 之大小。【機械地特四等】

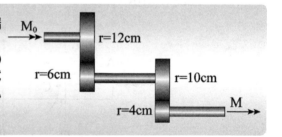

(解) 1. 取左端齒輪自由體圖：

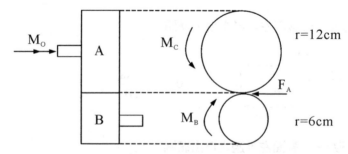

(1) 對齒輪 A 而言：$F_A = \dfrac{M_0}{0.12}$

(2) 對齒輪 B 而言：$M_B = F_A \times 0.06 = \dfrac{M_0 \times 0.06}{0.12} = \dfrac{M_0}{2}$

2. 取右端齒輪自由體圖：

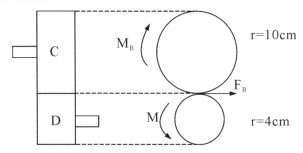

(1) 對齒輪 C 而言：$F_B = \dfrac{M_B}{0.1}$

(2) 對齒輪 D 而言：$M = F_B \times 0.04 = \dfrac{M_B \times 0.04}{0.1} = \dfrac{2M_B}{5} = \dfrac{M_0}{5}$

$\Rightarrow M = \dfrac{M_0}{5}$

範例 *4-12*

一中空鋼管 ACB 其外徑(outside diameter)do=50mm 及內徑(inside diameter)di = 40mm，兩端 A 及 B 均為固定端。兩水平力 P 分別作用於垂直臂之兩端如圖所示，若鋼管之容許剪應力(allowable shear stress)為 45MPa，試求水平力 P 之最大值為多少？【機械專利特考】

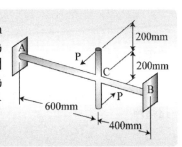

解   1. $T_{max} = \dfrac{\tau_{max} \times J}{r} = \dfrac{45 \times 10^6 \times \dfrac{\pi}{32} \times [(0.05^4 - 0.04^4)]}{(\dfrac{0.05}{2})} = 652.077(\mathrm{N \cdot m})$

2. 如圖所示：

$T_C = [(200+200) \times 10^{-3} \times P] = 0.4P$

假設 B 端為贅力 x，靜定釋放後如圖所示

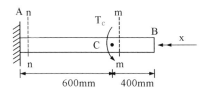

(1) 取 m－m 截面右半邊之自由體圖

$$\theta_{BC} = \frac{-x \times (0.4)}{GJ}$$

(2) 取 n－n 截面右半邊之自由體圖

$$\theta_{AC} = \frac{T_A \times 0.6}{GJ} = \frac{(T_C - x) \times 0.6}{GJ} = \frac{(0.4P - x) \times 0.6}{GJ}$$

$$\theta_{AC} + \theta_{BC} = 0 \Rightarrow x = 0.24P \quad T_A = 0.4P - 0.24P = 0.16P$$

故 B 處受力最大

$$T_{max} = T_B = 0.24P = 652.077，P = 2716.99(N)$$

範例 *4-13*

如圖所示有一矩形管厚度為 5mm
且 G=28GPa，求其最大剪應力與
扭轉角。

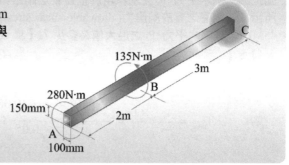

破題分析

薄壁矩形：$A_m = bh$、$J' = \dfrac{4A_m^{\,2}}{\displaystyle\oint \frac{ds}{t}} = \dfrac{4(bh)^2}{\dfrac{b}{t_2} \times 2 + \dfrac{h}{t_1} \times 2}$、$\tau_{max} = \dfrac{T}{2A_m t_{min}}$、$\varphi = \dfrac{TL}{GJ'}$

解 1. **取 AB 段自由體圖：**

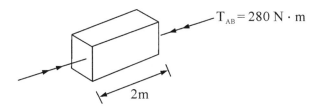

$$A_m = (0.145) \times (0.095) = 0.013775 \, m^2$$

$$\tau_{AB} = \frac{T_{AB}}{2A_m t} = \frac{-280}{2 \times 0.013775 \times 0.005} = 2032667.88 \, (Pa)$$

$$\theta_{AB} = \frac{T_{AB} L}{GJ'} \text{ 其中 } J' = \frac{4Am^2}{\oint \frac{ds}{t}} = \frac{\frac{4 \times (0.013775)^2}{2 \times (0.095) + 2 \times 0.145}}{0.05} = 7.906 \times 10^{-5}$$

$$\theta_{AB} = \frac{280 \times 2}{28 \times 10^9 \times 7.906 \times 10^{-5}} = 2.53 \times 10^{-4} \, (rad)$$

2. **取 BC 段自由體圖：**

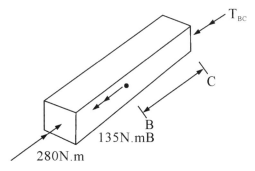

$$\tau_{BC} = \frac{T_{BC}}{2A_m t} = \frac{(280-135)}{2 \times 0.013775 \times 0.005} = 1052631.58 < \tau_{AB}$$

故最大剪應力 $\tau_{max} = \tau_{AB} = 2032667.88 \, Pa$

3. $\theta_{BC} = \dfrac{T_{BC} L}{GJ'} = \dfrac{(280-135) \times 3}{28 \times 10^9 \times 7.906 \times 10^{-5}} = 1.965 \times 10^{-4}$

　　$\theta = \theta_{AB} + \theta_{BC} = 4.495 \times 10^{-4} \, (rad)$

範例 *4-14*

如圖所示，一圓管與一方管均用同一材料製成。兩支管的長度、厚度與橫斷面積均相同，且兩者均承受同一轉矩。問兩管的剪應力與扭角的比值各為何？（註：位在方管角隅的應力集中影響可略去不計。）

【94 機械高考、101 高考】

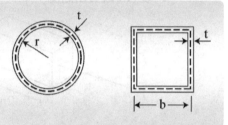

解 1. **圓管：**

(1) 橫剖面的中位線所圍之面積：$A_{m1} = \pi r^2$

(2) 橫剖面面積：$A_1 = 2\pi r t$

(3) 扭轉常數：$J_1 = 2\pi r^3 t$

2. **正方形管：**

(1) 橫剖面的中位線所圍之面積：$A_{m2} = b^2$

(2) 橫剖面面積：$A_2 = 4bt$

(3) 扭轉常數：$J_2 = b^3 t$

3. **因為圓管與正方形管之橫剖面積相同：**

$A_1 = 2\pi r t = A_2 = 4bt \implies b = \frac{\pi}{2} r$　則 $A_{m2} = (\frac{\pi}{2}r)^2$，$J_2 = (\frac{\pi}{2}r)^3 t$

4. **圓管與正方形管之剪應力比：**

$$\frac{\tau_1}{\tau_2} = \frac{A_{m2}}{A_{m1}} = \frac{(\frac{\pi}{2}r)^2}{\pi r^2} = \frac{\pi}{4}$$

5. **扭轉角比：** $\frac{\theta_1}{\theta_2} = \frac{J_2}{J_1} = \frac{(\frac{\pi}{2}r)^3 t}{2\pi r^3 t} = \frac{\pi^2}{16}$

經典試題

選擇題型

( )　**1.** 如右圖所示，一上端固定的均勻柱子長 L，截面積 A，重量
為 W，彈性模數為 E。則此柱由自重所造成之伸長量為：

(A)$\dfrac{WL}{2AE}$　　　　　　　　　(B)$\dfrac{WL}{3AE}$

(C)$\dfrac{WL}{4AE}$　　　　　　　　　(D)$\dfrac{3WL}{5AE}$。【經濟部】

( )　**2.** 如圖所示之水平桿件結構，A 端為固定端，E 端為自由端，以下所列
各點斷面內力 N_B，N_C，N_D 和反力 R_A，何者正確？(本題複選)

(A)$R_A = 2P$(向右)

(B)$N_B = -2P$

(C)$N_C = -2P$

(D)$N_D = -P$。

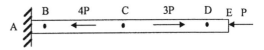

( )　**3.** 當一力 P 被施加在剛性槓桿臂 ABC 上，
如右圖所示，導致桿臂對銷 A 點以逆時
針旋轉了 0.03° 角，線 BD 上所產生的正
應變為何？

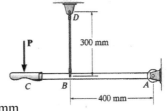

(A)$5.98×10^{-4}$mm/mm　　　　(B)$6.98×10^{-4}$mm/mm

(C)$7.98×10^{-4}$mm/mm　　　　(D)$8.98×10^{-4}$mm/mm。【102 年經濟部】

( )　**4.** 如右圖所示，三根鋼桿銷接在剛性構件
上，若作用在構件上的負載為 30kN，AB
及 EF 桿的截面積為 50mm²，CD 桿的截面
積為 30mm²，AB 桿之受力為何？

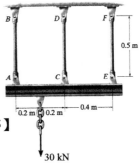

(A)7.14kN　　　(B)9.52kN

(C)14.28kN　　　(D)19.04kN。【102 年經濟部】

(　　) **5.** 承上題，CD 桿之受力為何？

　　　(A)3.46kN　(B)6.92kN　(C)7.14kN　(D)9.52kN。【102 年經濟部】

(　　) **6.** 承上題，EF 桿之受力為何？

　　　(A)2.02kN　(B)3.46kN　(C)4.04kN　(D)14.28kN。【102 年經濟部】

(　　) **7.** 如右圖所示的管子內直徑 80mm、外直徑
100mm，如果在 B 處使用一扭力扳手將
管端鎖固在 A 處。當作用在扳手的力量
為 40N 時，管子中央部分之扭矩為何？

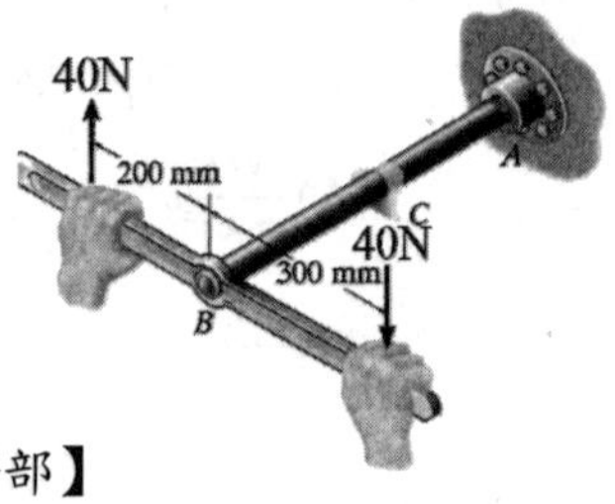

　　　(A)10N-m　　　　　(B)20N-m

　　　(C)40N-m　　　　　(D)60N-m。【102 年經濟部】

(　　) **8.** 承上題，管子中央部分內壁上的剪應力為何？

　　　(A)0.138Mpa　　　　　　(B)0.153Mpa

　　　(C)0.183Mpa　　　　　　(D)0.213MPa。【102 年經濟部】

(　　) **9.** 承上題，管子中央部分外壁上的剪應力為何？

　　　(A)0.183Mpa　　　　　　(B)0.173Mpa

　　　(C)0.153Mpa　　　　　　(D)0.138MPa。【102 年經濟部】

(　　) **10.** 矩形空心斷面管如右圖
所示，E 端為固定端，
若其受到兩扭矩作用，
管子 A 點之平均剪應力
為何？

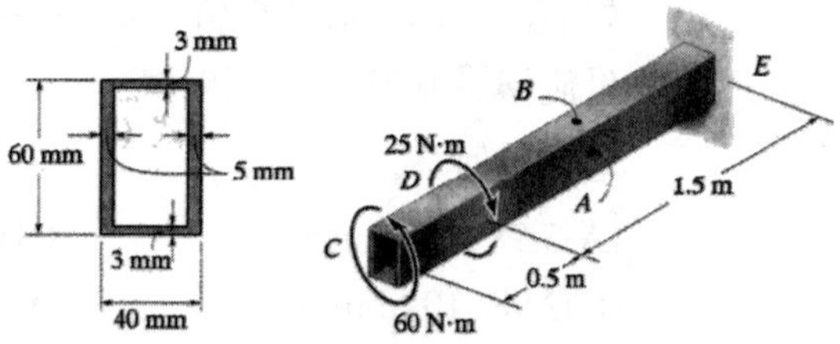

　　　(A)1.25MPa　　　　　　(B)1.75MPa

　　　(C)2.09MPa　　　　　　(D)2.92MPa。【102 年經濟部】

(　　) **11.** 承上題，管子 B 點之平均剪應力為何？

　　　(A)1.25MPa　　　　　　(B)1.75MPa

　　　(C)2.09MPa　　　　　　(D)2.92MPa。【102 年經濟部】

（　） **12.** 如右圖所示，一由梢子（直徑 16mm）固定之鋼條（寬 45mm、厚 12mm）承受拉力 P，已知鋼條受拉及受壓之容許應力皆為 100MPa，梢子之容許剪應力為 70MPa，則拉力 P 之最大容許值為何？

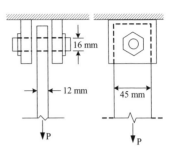

(A)19KN　　　　　　(B)28KN
(C)35KN　　　　　　(D)54KN。【103 年經濟部】

（　） **13.** 當一均質之延性材料進行扭力試驗至破壞時，其破壞面趨近於下列何種情形？
(A)與軸向成 45 度角之平面斷裂
(B)與軸向成 45 度角之錐面斷裂
(C)與軸向垂直之平面斷裂
(D)不規則狀之爆裂斷裂。【103 年經濟部】

（　） **14.** 圓形斷面之薄壁管，長度 60cm，斷面外徑 16cm，管壁厚 2.5mm，剪力模數 G 為 80GPa，今施加一大小為 20N-m 之扭矩，則此薄壁管之扭轉角為何？
(A)2×10^{-6} rad　　　　　　(B)4×10^{-6} rad
(C)2×10^{-5} rad　　　　　　(D)4×10^{-5} rad。【103 年經濟部】

（　） **15.** 一長度為 35cm 之中空傳動軸，軸斷面外徑 5cm，軸管壁厚 2.5mm，剪力模數 G 為 80GPa，在轉速 10000rpm 下傳送 200KW 之功率，則此傳動軸內之最大剪應力為何？
(A)18.5MPa　　　　　　(B)22.6MPa
(C)30.3MPa　　　　　　(D)36.5MPa。【103 年經濟部】

（　） **16.** 有一兩端鉸接的實心圓柱，柱斷面直徑為 5cm，柱長 4m，若材料降伏強度 σ_y 為 200MPa，彈性模數 E 為 200GPa，則該柱所能承受之極限荷重 Pu 為何？
(A)38KN　　　　　　(B)42KN
(C)45KN　　　　　　(D)49KN。【103 年經濟部】

（　）**17.** 如圖桿件中，若截面積 $A_1 = 2A_2 = 0.8A_3 = A$，力量 $P_1 = P_2 = 2P_3 = P$，
彈性模數 E，求桿件應變能(Strain energy)為何？

(A) $\dfrac{3.6P^2L}{EA}$　　(B) $\dfrac{3.6PL^2}{EA}$

(C) $\dfrac{3.6PL}{E^2A}$　　(D) $\dfrac{3.6PL}{EA^2}$。

【107 年經濟部】

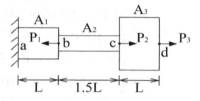

（　）**18.** 如圖所示，於組合桿件之自由端施一水平力 700kN，截面積
$A_A=15cm^2$，$A_B=5cm^2$，$A_C=10cm^2$ 且 $E_A=200GPa$，$E_B=100GPa$，
$E_C=350GPa$，求總變形量為何？

(A)0.001m

(B)0.004m

(C)0.018m

(D)0.038m。【107 年經濟部】

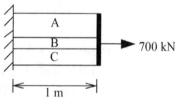

（　）**19.** 如圖所示，於組合桿件之自由端施一水平力 700kN，截面積
$A_A=15cm^2$，$A_B=5cm^2$，$A_C=10cm^2$ 且 $E_A=200GPa$，$E_B=100GPa$，
$E_C=350GPa$，求總變形量為何？

(A)0.001m

(B)0.004m

(C)0.018m

(D)0.0038m。【107 年經濟部】

（　）**20.** 圖中，桿件 ab 為剛體，由兩條材質相同之繩索固定，今於桿件 b 端施
一垂直力 2P，造成繩索降伏，若繩索之降伏應力為 σ_y，求降伏載重 P_y
為何？

(A) $\dfrac{5}{6}\sigma_y A$　　(B) $\dfrac{5}{12}\sigma_y A$

(C) $\dfrac{5}{18}\sigma_y A$　　(D) $\dfrac{5}{24}\sigma_y A$。

【107 年經濟部】

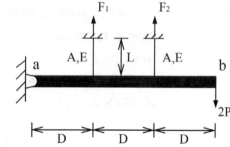

(　) **21.** 材料內任兩點在同方向上的彈性模數值 E 均相同，係屬下列何種性質？
　　　(A)等向性　　　　　　　　(B)均質性
　　　(C)線彈性　　　　　　　　(D)雙線性。【107 年經濟部】

(　) **22.** 圖中，長 2L 之桿件，剪力彈性模數 G，極慣性矩 J，受均佈扭力 q 作用下，求桿件 B 點之應變能為何？

　　　(A)$\dfrac{3q^2L^3}{2GJ}$　　(B)$\dfrac{3q^2L^3}{4GJ}$

　　　(C)$\dfrac{2q^2L^3}{3GJ}$　　(D)$\dfrac{4q^2L^3}{3GJ}$。【107 年經濟部】

(　) **23.** 圖中，懸臂空心圓桿受均佈扭力 $q=2000N\cdot m/m$，長度 L=5m，直徑 $d_1=10cm$，$d_2=20cm$，剪力彈性模數$G=60GPA$，求 B 點之扭轉角為何？

　　　(A)0.76×10^{-3}rad
　　　(B)1.38×10^{-3}rad
　　　(C)2.04×10^{-3}rad
　　　(D)2.83×10^{-3}rad。【107 年經濟部】

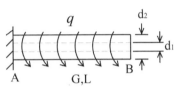

(　) **24.** 如圖所示，桿件 AB 之極慣性矩為 J_1，桿件 BC 之極慣性矩為 J_2，今施一扭矩 T_0 於桿件上，求固定端 A 之反力為何？

　　　(A)$\dfrac{T_0J_1}{J_1+J_2}$　　(B)$\dfrac{T_0J_2}{J_1+J_2}$

　　　(C)$\dfrac{T_0J_1}{2J_1+J_2}$　　(D)$\dfrac{T_0J_2}{J_1+2J_2}$。

　　　【107 年經濟部】

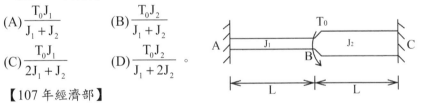

(　) **25.** 如圖所示，若薄壁斷面之容許剪應力為 $\tau_{allow}=50\ kg/cm^2$，求其能承受之最大扭矩為何？
　　　(A)1382.6kg·cm
　　　(B)1497.6kg·cm
　　　(C)1573.6kg·cm
　　　(D)1662.6kg·cm。【107 年經濟部】

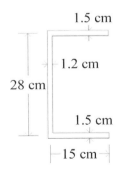

(　) **26.** 如圖所示，彈性模數為 E，單位重為 γ，剖面積為 A，桿件長度為 L，自重及外力 P 所造成的軸向變形為何？

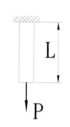

(A) $\dfrac{\gamma L^2}{E} + \dfrac{PL}{EA}$ 　　 (B) $\dfrac{\gamma L^2}{2E} + \dfrac{PL}{EA}$

(C) $\dfrac{\gamma L}{E} + \dfrac{PL}{EA}$ 　　 (D) $\dfrac{\gamma L}{2E} + \dfrac{PL}{EA}$。【108 年經濟部】

(　) **27.** 如圖所示，熱膨脹係數為 α，其溫度沿桿件軸向呈線性變化，由 ΔT_0 變化至 $3\Delta T_0$，其中 ΔT_0 為常數，此桿件的軸向變形為何？

(A) $2\alpha(\Delta T_0)L$

(B) $\alpha(\Delta T_0)L$

(C) $\dfrac{3}{2}\alpha(\Delta T_0)L$

(D) $\dfrac{1}{2}\alpha(\Delta T_0)L$。【108 年經濟部】

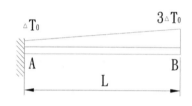

(　) **28.** 如圖所示，AB 桿件之彈性模數 E = 2.0×10^4 kgf/cm²，剖面積 A_1 = 300 cm²，長度 L = 90 cm，於 B 點施加 3 ton 之軸向載重，B 點的變位最接近下列何者？

(A) 0.045cm

(B) 0.090cm

(C) 0.135cm

(D) 0.180cm。【108 年經濟部】

(　) **29.** 如圖所示，桿件 AB 為剛性棒，桿件 BC 彈性模數 E = 2.0×10^6 kgf/cm²，剖面積 A^1 = 6 cm²，B 點的垂直變位最接近下列何者？

(A) 0.333 cm

(B) 0.555 cm

(C) 0.694 cm

(D) 0.926 cm。【108 年經濟部】

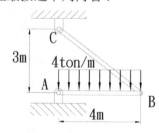

(　) **30.** 若材料受拉後，將其兩端固定不動，但隨時間增加，其應力會逐漸減少，此種現象稱之為下列何者？　(A)鬆弛(relaxation)　(B)疲勞(fatigue)　(C)等向性(isotropic)　(D)降伏(yield)。

(　) **31.** 如圖所示，有一個剛性板由 3 支相同材料的桿件所支承，彈性模數 E = 45 GPa，各桿件之剖面積 A = 4,000mm^2，其桿件之原設計長度 L = 2.0 m，但中間柱短少了 Δ_1 = 1.0 mm，在 P = 500 kN 作用下，剛性板的變位最接近下列何者？

(A)1.58 mm

(B)1.67 mm

(C)2.19 mm

(D)2.52 mm。【108 年經濟部】

(　) **32.** 圖為鋼管的橫剖面圖，剪力彈性模數 G = 76 GPa，長度 L = 2 m，承受扭矩 T = 20 kN-m，剪應力 τ 最接近下列何者？

(A)17.1 Mpa

(B)34.1 MPa

(C)68.2 Mpa

(D)136 MPa。【108 年經濟部】

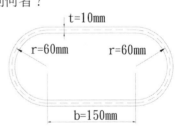

(　) **33.** 以下何者為無因次量(dimensionless quantity)？　(A)扭矩　(B)彈性模數　(C)應變　(D)曲率。【108 年經濟部】

(　) **34.** 有一空心圓形管，長度 60 cm，斷面外徑 16 cm，管壁厚 1 cm，剪力模數 G 為 80 MPa，於一端施加 20 N-m 之扭矩，另一端固定，此空心圓形管之最大扭轉角最接近下列何者？

(A)5.63×10^{-5} rad　　　　　(B)1.02×10^{-4} rad

(C)5.63×10^{-3} rad　　　　　(D)1.02×10^{-2} rad。【108 年經濟部】

( ) **35.** 如圖所示，軸向受力之圓桿，求 P 力作用下，總應變能最接近下列何
者？(已知 E = 200 GPa、d = 0.2 m、L = 2 m、P = 50 kN)

(A)0.398 kN-mm

(B)0.498 kN-mm

(C)0.798 kN-mm

(D)0.996 kN-mm。【108 年經濟部】

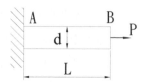

( ) **36.** 若材料受力維持不變，但隨時間增加，其變形也持續增加，此種現象
稱之為何？

(A)疲勞(fatigue)　　　　(B)潛變(creep)

(C)鬆弛(relaxation)　　　(D)熱效應(thermal effect)。【108 年經濟部】

解答及解析

1. (A)。 $\delta = \int_0^L \frac{\gamma x dx}{EA} = \frac{\gamma L^2}{2EA}$

其中 r 為單位體積之重量 $\gamma L = W$

$\delta = \frac{WL}{2EA}$

2. (ABD)。 $N_D = -P$，$N_C = 2P$，$N_B = -2P$

$R_A = 2P$(向右)，故選 ABD。

3. (B)。 $400 \times \frac{0.03}{360} \times 2\pi = 0.21$，$\varepsilon = \frac{0.21}{300} = 7 \times 10^{-4}$，故選(B)。

4. (D)。 $F_A + F_C + F_E - 30 = 0$

$\sum M_C = 0$

$-F_A \times 0.4 + 30 \times 0.2 + F_E \times 0.4 = 0$

$\delta_C = \frac{1}{2} \delta_C + \frac{1}{2} \delta_E$

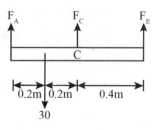

$$\Rightarrow \frac{F_C \times L}{30E} = \frac{1}{2} \times \frac{F_A \times L}{50E} + \frac{1}{2}\left[\frac{F_E \times L}{50E}\right]$$

$$\Rightarrow F_C = 0.3F_A + 0.3F_E$$

故 $F_A = 19.04(KN)$，$F_C = 6.92(KN)$，$F_E = 4.04(KN)$

5. (B)。參見第 12 題解析。

6. (C)。參見第 12 題解析。

7. (B)。$40 \times 0.2 + 40 \times 0.3 = 20(N-m)$

8. (A)。$\tau = \dfrac{T \times C}{J} = \dfrac{20 \times 10^3 \times (\frac{80}{2})}{\frac{\pi}{2} \times \left[(\frac{100}{2})^4 - (\frac{80}{2})^4\right]} = 0.138(MPa)$

9. (B)。$\tau = \dfrac{T \times C}{J} = \dfrac{20 \times 10^3 \times (\frac{100}{2})}{\frac{\pi}{2} \times \left[(\frac{100}{2})^4 - (\frac{80}{2})^4\right]} = 0.173(MPa)$

10. (B)。$A_m = 0.035 \times 0.057 = 0.002$

$$\tau A = \frac{T}{2tA_m} = \frac{35}{2(0.005)(0.002)} = 1.75(MPa)$$

$$\tau B = \frac{T}{2tA_m} = \frac{35}{2 \times 0.003 \times 0.002} = 2.92(MPa)$$

11. (D)。參見第 18 題解析。

12. (A)。$70 = \dfrac{P}{\left(\frac{\pi}{4} \times 16^2\right) \times 2} \Rightarrow P = 28148(N)$

$$100 = \frac{P}{16 \times 12} \Rightarrow P = 192000(N) = 19.2(kN)。$$

13. (C)

14. **(C)**。 $\theta = \dfrac{TL}{GJ} = \dfrac{20 \times 0.6}{80 \times 10^9 \times \dfrac{\pi}{2} \times \left[(\dfrac{0.16}{2})^4 - (0.775)^4 \right]} = 2 \times 10^{-5} (\text{rad})$

15. **(B)**。 $200 = \dfrac{T \times 10000}{9550} \Rightarrow T = 191 (\text{N-m})$

$\tau = \dfrac{TC}{J} = \dfrac{191 \times 10^3 \times 25}{\dfrac{\pi}{2} \times \left[25^4 - 22.5^4 \right]} = 22.6(\text{MPa})$

16. **(A)**。 D＝50mm　　　　　　　$L = 4 \times 10^3 (\text{mm})$

$\sigma_y = 200(\text{MPa})$　　　　　$E = 200 \times 10^3 (\text{MPa})$

$I = \dfrac{\pi}{64} d^4 = 306640.6$

零界載重（極限荷重） $Pe = \dfrac{\pi^2 EI}{L^2} = \dfrac{\pi^2 \times 200 \times 10^3 \times I}{(4 \times 10^3)} = 37791(\text{N})$

故極限拘重 Pu 約為 38(kN)。

17. **(A)**。 $U_{cd} = \dfrac{P_3^2 \times L}{2EA_3} = \dfrac{(\dfrac{P}{2})^2 \times L}{2E \dfrac{A}{0.8}}$

$U_{bc} = \dfrac{(P_2 + P_3)^2 \times 1.5L}{2EA_2} = \dfrac{(1.5P)^2 \times 1.5L}{2E(0.5A)}$

$U_{ab} = \dfrac{(\dfrac{P}{2})^2 \times L}{2E \times A}$

$U_{ab} + U_{bc} + U_{cd} = \dfrac{3.6P^2L}{EA}$

18. **(A)**。 $K_A = 15 \times 10^2 \times 200 \times 10^3 = 3 \times 10^8 = 30 \times 10^7$

$K_B = 5 \times 10^2 \times 100 \times 10^3 = 5 \times 10^7$

$K_C = 10 \times 10^2 \times 350 \times 10^3 = 35 \times 10^7$

$$\delta=\frac{700\times10^3\times10^3}{30\times10^7+5\times10^7+35\times10^7}=1(\text{mm})$$

$$=0.001(\text{m})$$

19. **(C)**。 $\delta=\dfrac{700\times10^3\times10^3}{200\times10^3\times1500}+\dfrac{700\times10^3\times10^3}{100\times10^3\times5\times10^2}+\dfrac{700\times10^3\times10^3}{350\times10^3\times10\times10^2}$

$$=18.33(\text{mm})=0.018(\text{m})$$

故選(C)

20. **(B)**。 (1) $F_1\times D+F_2\times2D=2P\times3D$

$\Rightarrow F_1+2F_2=6P$——(1)

(2) 變形分析

$$2\times\frac{F_1\times L}{EA}=\frac{F_2\times L}{EA}$$

$\Rightarrow 2F_1=F_2=\sigma_yA$——(2)

$$F_1=\frac{\sigma_yA}{2}\text{ ——(3)}$$

由(1)(2)(3)

$$\frac{\sigma_yA}{2}+2\times\sigma_yA=6P\Rightarrow P_y=\frac{5}{12}\sigma_yA$$

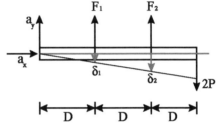

21. **(B)**。

22. **(D)**。 $\displaystyle\int\frac{T^2dx}{2GJ}=\int_0^{2L}\frac{(qx)^2dx}{2GJ}=\frac{q^2}{2GJ}\int_0^{2L}x^2dx=\frac{q^2(2L)^3}{6GJ}=\frac{4q^2L^3}{3GJ}$

23. **(D)**。 $\displaystyle\phi=\int\frac{Tdx}{GJ}=\frac{1}{GJ}\int_0^L qxdx=\frac{qL^2}{2GJ}=\frac{2000\times(5000)^2}{2\times60\times10^3\times\frac{\pi}{2}[100^4-50^4]}=2.83\times10^{-3}$

24. **(A)**。 $T_0\times\dfrac{J_1}{J_1+J_2}$

25. **(D)**。 開口薄壁 $J=\dfrac{1}{3}bt^3$

$$J=\dfrac{1}{3}\times28\times1.2^3+\dfrac{1}{3}\times15\times1.5^3\times2=49.878$$

$$\tau=\dfrac{Tt}{J}\Rightarrow T=50\times49.878\times\dfrac{1}{1.5}=1662.6(kg\text{—}cm)$$

26. **(B)**。 $N(x)=P+\gamma xA$

$$\delta=\int_0^L\dfrac{L(P+\gamma xA)dx}{EA}$$

$$=\dfrac{PL}{EA}+\dfrac{\gamma L^2}{2E}$$

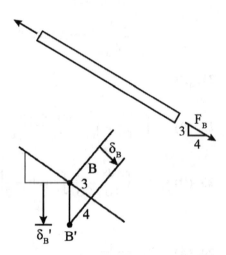

27. **(A)**。 $\delta=\alpha\times\dfrac{1}{2}\times L\times[\triangle T_0+3\triangle T_0]$

$$=2\alpha L\triangle T_0$$

28. **(A)**。 $\delta=\dfrac{3\times10^3\times90}{2\times10^4\times300}=0.045$

29. **(D)**。 取 BC 之 F.B.D

$$F_B\times\dfrac{3}{5}=\dfrac{1}{2}\times4\times4 \Rightarrow F_B=\dfrac{40}{3}(ton)$$

$$\delta_B=\dfrac{\dfrac{40}{3}\times10^3\times500}{2\times10^6\times6}=0.555cm$$

$$\delta_B'\times\dfrac{3}{5}=0.555$$

$$\delta_B'=0.925(cm)$$

30. **(A)**。

31. (C)。　$1 = \dfrac{P_1 \times 2 \times 10^3}{45 \times 10^3 \times 4000 \times 2}$

$\Rightarrow P_1 = 180000(N)$

剩下 $P_2 = 500000 - 180000 = 320000(N)$

$\triangle_2 = \dfrac{320000 \times 2 \times 10^3}{45 \times 10^3 \times 4000 \times 3} = 1.185$

故 $\triangle = \triangle_1 + \triangle_2 = 2.185(mm)$

32. (B)。　$\tau = \dfrac{T}{2Amt}$

$= \dfrac{20 \times 10^6}{2 \times [120 \times 150 + \pi \times 60^2] \times 10}$

$= 34.1(MPa)$

33. (C)。

34. (C)。　$\phi = \dfrac{TL}{GJ}$

$= \dfrac{20 \times 10^3 \times 600}{80 \times \dfrac{\pi}{2}[80^4 - 70^4]}$

$= 5.63 \times 10^{-3}(rad)$

35. (A)。　$U = \dfrac{P^2L}{2EA}$

$= \dfrac{(50 \times 10^3)^2 \times 2000}{2 \times 200 \times 10^3 \times \dfrac{\pi}{4} \times 200^2}$

$= 397.88(N\text{-}mm)$

$= 0.398(kN\text{-}mm)$

36. (B)。

基礎實戰演練

1 一力矩 T＝4.0kN－m 施於外徑 80mm，內徑 60mm 之圓管，圓管的材料為鋁（E＝72GPa,G＝27GPa）。

(1) 請計算圓管內最大剪切、拉伸與壓縮應力分別為何。

(2) 承上，此時圓管內最大剪切、拉伸與壓縮應變分別為何。【高考】

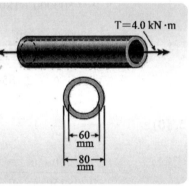

解 (1) $J = \dfrac{\pi}{2}\left[\left(\dfrac{80}{2}\right)^4 - \left(\dfrac{60}{2}\right)^4\right] = 2748893.57\,\text{mm}^4$

$\tau_{xy} = \tau_{max} = \dfrac{4\times10^3\times10^3\times\dfrac{80}{2}}{2748893.57} = 58.2\,(\text{MPa})$

$\sigma_1 = 58.2\,(\text{MPa})$拉 ， $\sigma_2 = 58.2\,(\text{MPa})$壓

(2) $\sigma_{max} = \dfrac{\tau_{max}}{G} = \dfrac{58.2}{27\times10^3} = 2.15\times10^3$

最大拉應變 $\varepsilon_{max1} = \dfrac{\sigma_1}{E} = \dfrac{58.2}{72\times10^3} = 8.08\times10^{-4}$

最大壓應變 $\varepsilon_{max2} = \dfrac{\sigma_2}{E} = -8.08\times10^{-4}$

2 如圖之結構剛性樑（rigid beam）ABCD 由中間兩支銷接（pinned）柱（column）等所支撐，兩支柱之材質與截面皆為相同之 E（彈性模數）、I（面積慣性矩）、A（截面積）：

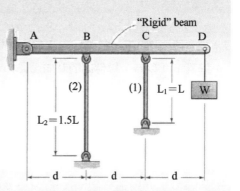

(1) 試計算那一支柱，(1)柱或(2)柱，在結構受負載 W 之增加下，會首先產生挫曲（buckling）。

(2) 試計算整體結構在產生不穩定（unstable）變形而無法繼續增加負載 W 時，所能容許之最大負載 W。

【100 年地三】

解(1) 先計算 B 桿及 C 桿的變形量 $\delta_C = 2\delta_B \Rightarrow \dfrac{F_C \times L}{EA} = \dfrac{2F_B \times 1.5L}{EA} \Rightarrow F_C = 3F_B$

假設(1)柱先挫曲(1)柱 $P_{cr1} = \dfrac{\pi^2 EI}{L^2} = F_B$，此時(2)柱受力 $\dfrac{\pi^2 EI}{3L^2}$

又(2)柱 $P_{cr2} = \dfrac{\pi^2 EI}{(1.5L)^2} > \dfrac{\pi^2 EI}{3L^2}$，故(1)柱先挫曲

(2) $\Sigma M_A = 0 \Rightarrow W \times 3d = \dfrac{\pi^2 EI}{L^2} \times 2d + \dfrac{\pi^2 EI}{(1.5L)^2} \times d$

$W = \dfrac{\pi^2 EI}{L^2} \times \dfrac{2}{3} + \dfrac{\pi^2 EI}{(1.5L)^2} \times \dfrac{1}{3}$

3 於室溫(20°C)下，於牆壁與桿件右端間存在一間隙 Δ 如圖所示。試求(1)當溫度達到 140°C 時，桿件間的軸向壓縮力。(2)鋁製桿件長度之相對改變量。

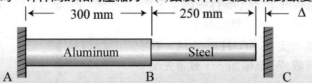

解 因溫度上升所造成之伸長量為(不受限制下)：

$$\delta_t = \sum \alpha(\Delta T)L = (12\times10^{-6})(120°)(250) + (23\times10^{-6})(120°)(300) = 1.188 \text{ mm}$$

(1) 軸向壓縮力 P

$$\delta_P = \delta_t - 1 = 1.188 - 1 = 0.188 \text{mm} \cdots\cdots(1)$$

$$\text{又 } \delta_P = \sum \frac{PL}{AE} = \frac{P(0.25)}{500(10^{-6})(210\times10^9)} + \frac{P(0.3)}{1000(10^{-6})(70\times10^9)} \cdots\cdots(2)$$

將方程式(1)與(2)聯立，則可得：

$$0.188(10^{-3}) = 2.38(10^{-9})P + 4.286(10^{-9})P$$

或 P=28.2kN

(2) 鋁桿之長度改變量

$$\delta_a = (\delta_t)_a - (\delta_P)_a = \alpha_a(\Delta T)L_a - 4.286(10^{-9})P$$

$$= (23\times10^{-6})(120°)(0.3) - 4.28(10^{-9})(28.2\times10^3) = 0.707 \text{ mm}$$

4 一實心圓軸兩端皆固定於牆上，並承受一均勻分布且密度為 $T(x) = T_1$ 之力矩，如圖所示，試求牆上之反作用力。

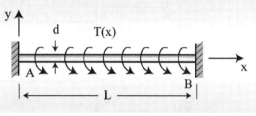

解 假設 TA 為贅力，則可得 $T_x = T_A - \int_0^x T_1 dx = T_A - T_1 x$

形變分析：$\varphi_A = \int \dfrac{T_x dx}{GJ} = \dfrac{T_A}{GJ}\int_0^L dx - \dfrac{T_1}{GJ}\int_0^L x dx = \dfrac{T_A L}{GJ} - \dfrac{T_1 L^2}{GJ}$

幾何分析：$\varphi_A = 0, \quad T_A = \dfrac{1}{2}T_1 L$

靜力分析：$T_A + T_B = T_1 L, \quad T_B = \dfrac{1}{2}T_1 L$

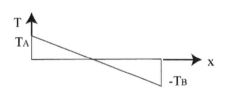

進階試題演練

1 如圖所示，鋁軸 AB 緊密地結合至黃銅軸 BD，而黃銅軸中的 CD 部分是中空的且中空部分內部直徑為 40mm，計算在 A 端的扭角(angle of twist)。黃銅的剛性模數(modulus of rigidity) G = 39GPa，鋁的 G = 27GPa。【107 高考】

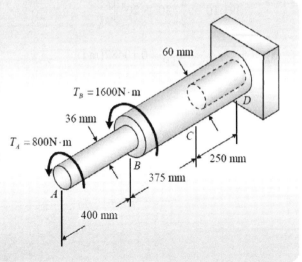

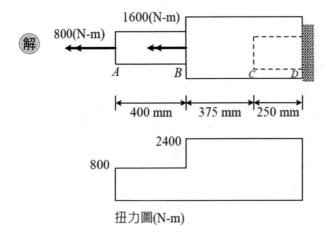

扭力圖(N-m)

扭力圖（N-m）

$$\phi_{AB} = \frac{800 \times 10^3 \times 400}{27 \times 10^3 \times \frac{\pi}{2} \times 18^4} = 0.07187(rad)$$

$$\phi_{BC} = \frac{2400 \times 10^3 \times 375}{39 \times 10^3 \times \frac{\pi}{2} \times 30^4} = 0.018(rad)$$

$$\phi_{CD} = \frac{2400 \times 10^3 \times 250}{39 \times 10^3 \times \frac{\pi}{2} \left[30^4 - 20^4 \right]} = 0.015(rad)$$

$$\phi_A = \phi_{AB} + \phi_{BC} + \phi_{CD} = 0.10487(rad)$$

2 如圖所示之桁架由桿件 FD、BD 及 CD 所組成，並於節點 D 受一垂直力 P，桿件 FD、BD 及 CD 之截面積均為 A，楊氏模數則均為 E。桿重不計，試求節點 D 之位移。【機械高考】

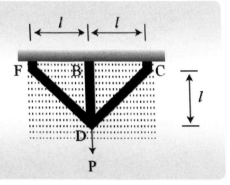

解(1) 取桁架之位移圖：

由位移幾何關係 $\delta_D \cos 45° = \delta_{FD}$

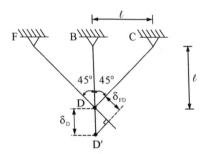

(2) 取 D 點自由體圖：

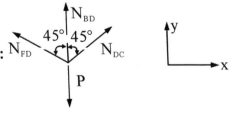

$$\sum F_x = 0 \Rightarrow N_{FD} = N_{DC}$$

$$\sum F_y = 0 \Rightarrow N_{FD} \cos 45° + N_{BD} + N_{DC} \times \cos 45° = P$$

$$\Rightarrow 2N_{FD} \cos 45° + N_{BD} = P \cdots\cdots(1)$$

又因為 $\delta_D \cos 45° = \delta_{FD}$

$$\Rightarrow \frac{N_{BD} \times \ell}{EA} \times \cos 45° = \frac{N_{FD} \times \sqrt{2}\,\ell}{EA}$$

$$\Rightarrow N_{BD} = 2N_{FD} \cdots\cdots(2)$$

由(1)(2)可得 $N_{FD} = 0.293P$

$$N_{BD} = 0.586P \quad \delta_D = \frac{N_{BD} \times \ell}{EA} = \frac{0.586P\ell}{EA}$$

3 一兩端均為固定端之均勻實心圓桿 AD，在其 B 點施加如圖所示之集中扭矩 T_B 時，C 點的扭轉角 $\phi_C = 0.1\,rad$。已知該圓桿的半徑 $r = 0.01m$，剪力模數 $G = 10^{10}\,N/m^2$，$L_{AB} = 0.2m$、$L_{BC} = 0.3m$、$L_{CD} = 0.5m$，試求扭矩 T_B 的大小及通過 C 點斷面之最大剪應變。【106 鐵三】

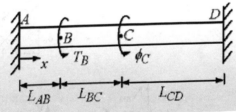

解 (一) 內力分析

$T_D + T_A = T_B$

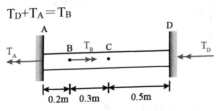

(二) 取 CD 之 F、B、D

$$\phi_C = \frac{T_D \times L_{CD}}{GJ} = 0.1 \Rightarrow 0.1 = \frac{T_D \times 0.5}{10^{10} \times \dfrac{\pi}{2} \times (0.01)^4} \Rightarrow T_D = 10\pi (N-m)$$

$$\tau = \frac{T_D r}{J} = \frac{10\pi \times 0.01}{\dfrac{\pi}{2} \times (0.01)^4} = 20 \times 10^6 (\text{Pa}) = 20 (\text{MPa})$$

$$r_{max} = \frac{\tau}{G} = 2 \times 10^{-3}$$

(三) 變形分析

$$\phi_{AB} = \phi_{BD}$$

$$\frac{(T_B - 10\pi) \times 0.2}{10^{10} \times \dfrac{\pi}{2} \times (0.01)^4} = \frac{10\pi \times 0.8}{10^{10} \times \dfrac{\pi}{2} \times (0.01)^4} \Rightarrow T_B = 50\pi (N-m)$$

4 如圖所示，一桿件 AB 長度為 L，其軸向剛度(axial rigidity)為 EA，固定於 A 端，B 端與一固定表面間存在一空隙 s，如圖所示。一負載 P 作用於桿件 C 點上，若 A、B 兩端產生之反作用力大小相等，試求空隙 s 之大小。【機械關務特考三等】

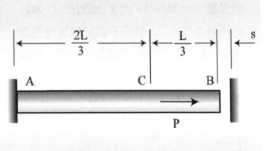

解 AB 端產生作用力大小相等：

$$P_A = P_B \quad 又 P_A + P_B = P \Rightarrow P_A = \frac{P}{2}, P_B = \frac{P}{2}$$

取 BC 段自由體圖

$$\delta_{BC} = \frac{(-P_B) \times \dfrac{L}{3}}{EA} = \frac{\left(-\dfrac{P}{2}\right) \times \dfrac{L}{3}}{EA} = \frac{-PL}{6EA}$$

取 AC 之自由體圖

$$\delta_{AC} = \frac{P_A \times (\frac{2L}{3})}{EA} = \frac{\frac{P}{2}(\frac{2L}{3})}{EA} = \frac{PL}{3EA}$$

$$\delta_{AC} + \delta_{BC} = S \quad \Rightarrow S = \frac{PL}{3EA} - \frac{PL}{6EA} = \frac{PL}{6EA}$$

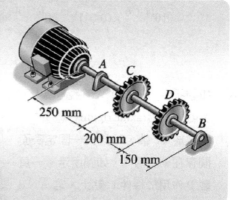

5 以 20Hz 頻率旋轉的不銹鋼軸，在 A 和 B 處由平滑軸承支持，並可自由旋轉。已知不銹鋼的容許剪應力 τallow＝56MPa，剪模數 G＝76GPa，而 C 相對於 D 容許的扭轉角為 0.2°，試求不銹鋼軸直徑應為多少？設若馬達輸出功率為 30kW，齒輪 C 和 D 分別使用 18kW 和 12kW，且摩擦損失可以忽略。【106 高考】

解

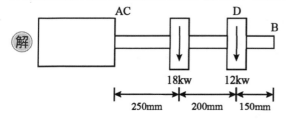

20Hz＝20×60＝1200rpm

N＝1200rpm

(一)內力分析

　　取 CD 之 F、B、D

7 如圖所顯示的兩根軸 AB 與 BC 是由兩種不同的材質製成，且焊接在 B 點處。兩個端點 A 與 C 固定住無法轉動。圖中亦顯示在 B 點處有一個外力扭矩 M_0 作用於軸上。如果我們希望能設計讓在 A 與 C 處有一樣的扭矩，請問兩根軸的直徑、長度、與剪力模數(shear modulus)應該有什麼樣的關係？【機械地方特考三等】

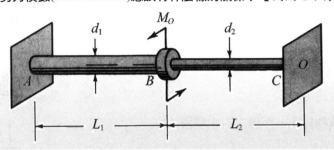

解 假設 C 端贅力為 x，靜定釋放後之自由體圖

又 $T_A = T_C = x \Rightarrow x = \dfrac{M_0}{2}$，$T_A = \dfrac{M_0}{2}$

$$\theta_{BC} = \frac{-xL_2}{G_{BC}J_{BC}} = -\frac{(\frac{M_0}{2}) \times L_2}{G_{BC} \times \frac{\pi}{32} \times d_2^4}$$

$$\theta_{AC} = \frac{T_A L_1}{G_{AB}J_{AB}} = \frac{(\frac{M_0}{2}) \times L_1}{G_{AB} \times \frac{\pi}{32} \times d_1^4}$$

$$\theta_{AC} + \theta_{BC} = 0 \Rightarrow \frac{(\frac{M_0}{2}) \times L_2}{G_{BC} \times \frac{\pi}{32} \times d_2^4} = \frac{(\frac{M_0}{2}) \times L_1}{G_{AB} \times \frac{\pi}{32} \times d_1^4}$$

$$\Rightarrow \frac{L_2}{G_{BC} d_2^4} = \frac{L_1}{G_{AB} \times d_1^4}$$

8 有一圓鋼棒其下端掛一重物 W，若鋼棒之單位重為 r，直徑為 d，長度為 L，考慮鋼棒自重之影響，推導鋼棒內各點位置所受之應力；若棒材之楊氏模數為 E，則此時鋼棒下端之伸長量 δ 為何？【土木地方特考三等】

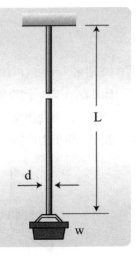

解 (1) 取自重物往上 x 距離之自由體圖：

$$N(x) = W + r\forall = W + r \cdot x \cdot A$$

$$\sigma_x = \frac{N(x)}{A} = \frac{W}{A} + rx = \frac{W}{\frac{\pi}{4} \times d^2} + rx$$

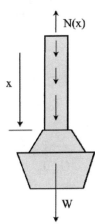

(2) $\delta = \int d\delta = \int_0^L (\frac{N(x)dx}{EA}) = \int_0^L (\frac{W + r \cdot x \cdot A}{EA})dx$

$$= \frac{Wx}{EA} + \frac{rx^2}{2E}\Big|_0^L = \frac{WL}{EA} + \frac{rL^2}{2E} = \frac{4WL}{\pi d^2 E} + \frac{rL^2}{2E} \ (\downarrow)$$

9 有一圓形斷面之桿件兩端為固定支承，此桿件斷面在 A 點之半徑為 r_0，在 B 點斷面為 $2r_0$，A、B 兩點間之半徑為線性變化，如圖，若在中點 C 受一扭力 T，試求兩支承 A 及 B 之扭反力為何。【103 高員】

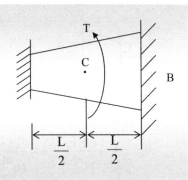

解 (1) 取 AC 之 FBD

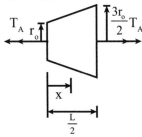

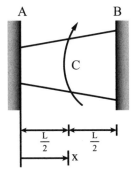

$$r = r_0 + \frac{\frac{1}{2}r_0}{\frac{L}{2}}X \Rightarrow r = r_0 + \frac{r_0}{L}X$$

$$I(x) = \frac{\pi r^4}{2} = \frac{\pi}{2}(r_0 + \frac{r_0}{L}X)^4$$

$$\theta_{AC} = \int_0^{\frac{L}{2}} \frac{T_A dX}{G \cdot I(X)} = \int_{\theta}^{\frac{L}{2}} \frac{T_A dX}{G(\frac{\pi}{2})(r_0 + \frac{r_0}{L}X)^4}$$

(2) 取 BC 之 FBD

$$\theta_{AC} + \theta_{BC} = 0$$

$$\theta_{BC} = \int_{\frac{L}{2}}^{L} \frac{(T+T_A)dX}{G \cdot I(X)} = \frac{(T+T_A)dX}{G(\frac{\pi}{2})(r_0 + \frac{r_0}{L}X)^4}$$

其中，$\displaystyle\int_0^{\frac{1}{2}} \frac{T_A dX}{G(\frac{\pi}{2})(r_0 + \frac{r_0}{L}X)^4} + \int_{\frac{L}{2}}^{L} \frac{(T+T_A)dX}{G(\frac{\pi}{2})(r_0 + \frac{r_0}{L}X)^4} = 0$

$$= \left(\frac{T_A}{G(\frac{\pi}{2})}\right)\left[-\frac{1}{\frac{3r_0}{L}(r_0 + \frac{r_0}{L}X)^3}\Bigg|_0^{\frac{L}{2}}\right] + \left(\frac{T+T_A}{G(\frac{\pi}{2})}\right)\left[-\frac{1}{\frac{3r_0}{L}(r_0 + \frac{r_0}{L}X)^3}\Bigg|_{\frac{L}{2}}^{L}\right] = 0$$

$$\Rightarrow \frac{T_A}{G(\frac{\pi}{2})}\left[\frac{-19L}{81r_0^4}\right] + \frac{T+T_A}{G(\frac{\pi}{2})}\left[\frac{37L}{648r_0^4}\right] = 0$$

$$\Rightarrow \frac{19}{81}T_A + (T+T_A)\times\frac{37}{648} = 0$$

$$\Rightarrow T_A = \frac{-37}{189}T \quad (\text{與假設方向相反})$$

又 $T_A + T_B + T = 0$

故 $T_B = \frac{-152}{189}T$

10 如圖所示，斷面為正方形的複合實心桿 ABC，A 端為固定端。AB 段由內外兩種材料緊密套合而成，分別為內材料截面積 A_i = 2,000 mm²、楊氏模數 E_i = 150 GPa，外材料截面積 A_o = 4,000 mm²、楊氏模數 E_o = 100 GPa。BC 段截面積 A_s = 6,000 mm²、楊氏模數 E_s = 150 GPa。若 B 及 C 兩點分別承受集中軸力 P 及 Q 作用，同時 BC 段承受均布軸力 q。設 L= 0.3 m，Q = 210 kN，q = 500 kN/m 時，C 點的位移正好為零。【不考慮挫曲（buckling）】試求此時：

(一) 作用力 P。

(二) B 點的位移。【109 年地特三等】

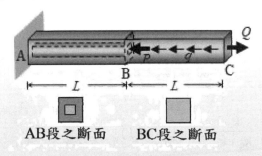

AB段之斷面　　　BC段之斷面

解 (一) 內力分析

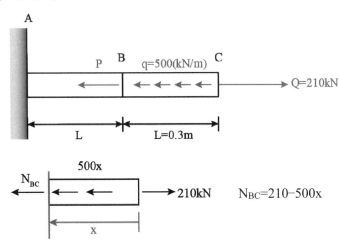

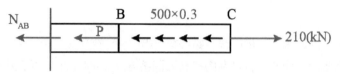

$N_{AB} = 210 - P - 500 \times 0.3 = 60 - P$

(二) 變形分析

$$\delta_{BC} = \int \frac{N_{BC}dx}{E_S A_S} = \int_0^{0.3} \frac{(210 - 500x) \times 10^6 \, dx}{150 \times 10^3 \times 6000} = 0.045 \, (mm)$$

AB 段中

$$k_0 = \frac{E_0 A_0}{L} = \frac{100 \times 4000}{L} = \frac{400000}{L}$$

$$k_i = \frac{E_i A_i}{L} = \frac{2000 \times 150}{L} = \frac{300000}{L}$$

$$F_0 = \frac{k_0}{k_0 + k_i} \times N_{AB} = \frac{4}{7}(60 - P)$$

$$\delta_{AB} = \delta_0 = \frac{\frac{4}{7}(60 - P) \times 10^3 \times 0.3 \times 10^3}{100 \times 10^3 \times 4000} = \frac{3}{7000}(60 - P)$$

$$\delta_{BC} + \delta_{AB} = 0 \Rightarrow 0.045 + \frac{3}{7000}(60 - P) = 0$$

$$\Rightarrow P = 165 \, (kN)$$

$$\delta_B = \delta_{AD} = \frac{3}{7000}(60 - P) = 0.045 \, (mm) \leftarrow$$

11 直徑 5mm 之圓桿 ST 受軸向力 P 作用如下圖(a)。圓桿材料的楊氏係數為 $2×10^5$MPa，其應力(σ)-應變(ε)曲線如下圖(b)。

(1) 圖(b)的 σ-ε 曲線可透過何種試驗獲得？曲線上相應於 A 點的應力在力學上的名稱為何？

(2) ST 可反抗的最大施力 P_{max} 為多少？如控制 P 使其自零慢慢增加至 P_{max}，試述 ST 變形的過程及其最終的狀態。

(3) 如施加適當負載將圓桿材料的應力-應變狀態帶到 B 點，則圓桿中此時的應變能密度為多少？

(4) 如到 B 點後，將負載完全撤去，則圓桿最後的伸長量為多少？

【105 年高考三級】

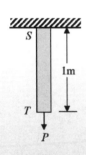

圖(a)

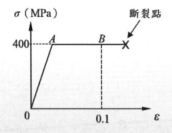

圖(b)（本圖為示意圖，未按比例繪畫）

解 (1) 拉伸試驗（tensile test）、降伏應力。

(2) $P_{max} = \sigma_y \times \dfrac{\pi d^2}{4} = 400 \times \dfrac{\pi \times 5^2}{4} = 7854(N)$

OA 過程：隨著附載增加桿件長度伸長

AB 過程：過 A 點進入降伏區，降伏區負載保持定值，桿件長度持續伸長至斷裂。

(3) 應變能密度即 OAB 線下面積

$$A\text{點位置}\varepsilon_y = \frac{\sigma_y}{E} = \frac{400}{2\times10^5} = 0.002$$

$$u = \frac{1}{2}(0.1+0.098)\times400 = 39.6\left(\frac{MJ}{m^3}\right)。$$

(4)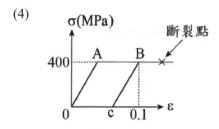

考慮 B 點卸載至 C 點（且 CB 與 OA 相同斜率）

$$\varepsilon_b = 0.1 \qquad \varepsilon_y = 0.002$$

$$\varepsilon_c = \varepsilon_b - \varepsilon_y = 0.1 - 0.002 = 0.098$$

得最後伸長量 $\delta_C = L\times\varepsilon_c = 1000\times0.098 = 98\text{(mm)}$。

第五章 樑之受力分析

5-1 樑之剪力與彎矩圖

一、樑之內力

(一) 樑定義：凡能承受與軸方向垂直之橫向載重之桿構件均可稱之。

(二) 樑之內力：如圖 5.1 所示樑之任一點切開，其斷面所包含之內力有

    1. **軸力**(N)：與樑斷面軸向平行之力。

    2. **彎矩**(M)：使樑產生彎曲或旋轉之力。

    3. **剪力**(V)：與樑斷面相垂直之力。

(三) 在靜定梁結構之分析，其最主要目的乃求其支承反力，並繪製成剪力圖及彎矩圖，而剪力及彎矩之計算常見之分析法有：(1)切面法；(2)面積法。

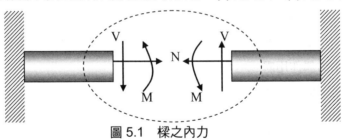

圖 5.1 樑之內力

二、剪力與彎矩圖

(一) 剪力方程式和彎矩方程式

    1. 樑受力時，橫截面上的剪力和彎矩是隨截面的位置不同而變化的，如果沿樑軸線方向選取座標 x 表示橫截面的位置，則樑的各截面上的剪力和彎矩都可表示為 x 的函數，即

        $V=V(x)$：樑的剪力方程式，$M=M(x)$：樑的彎矩方程式。

2. 如果以 x 爲橫座標軸，以 V 或 M 爲縱座標軸，分別繪製 V= V(x)，M= M(x)的函數曲線，則分別稱爲剪力圖和彎矩圖。

3. 從剪力圖與彎矩圖上可以很容易確定樑的受力狀況，且能了解樑受力之最大剪力和最大彎矩位置。

(二) 剪力圖(V-dia)與彎矩圖(M-dia)繪製步驟

1. 先求樑的支承反力，由左邊畫至右邊。

2. 樑受外力無載重部分：

(1) 剪力圖為一水平直線 ⇒ 彎矩圖為一次線性曲線。

(2) 若剪力圖作用力為零 ⇒ 彎矩圖為一水平直線。

3. 集中負載：剪力圖為垂直跳躍線 ⇒ 彎矩圖為一折線轉點。

4. 均布載重：剪力圖為一次曲線 ⇒ 彎矩圖為二次拋物線。

5. 一次均佈載重：剪力圖為二次拋物線 ⇒ 彎矩圖為三次曲線。

6. 偶矩載重：剪力圖為水平點 ⇒ 彎矩圖為垂直跳躍線。

7. 彎矩值的大小為剪力圖的面積，彎矩圖為剪力圖之高一次函數。

8. 若遇樑上有外加順時針力矩作用時，彎矩圖為向上跳躍；反之逆時針力矩，彎矩圖為向下跳躍。

9. 絕對值最大的彎矩總是出現在：(1)剪力爲零的截面上(2)集中力作用處(3)集中力偶作用處。

10. 荷重、剪力及彎矩之關係表：

負載 圖形	沒有負載	集中負載	均布載重	力偶矩	均變負載
剪力圖	水平直線	鉛直直線	一次直線	水平直線	N 次曲線
彎矩圖	一次直線	轉點折線	二次拋物線	鉛直直線	(N+1)次曲線

三、剪力圖與彎矩圖應用

基本常見的剪力圖與彎矩圖

懸臂梁：

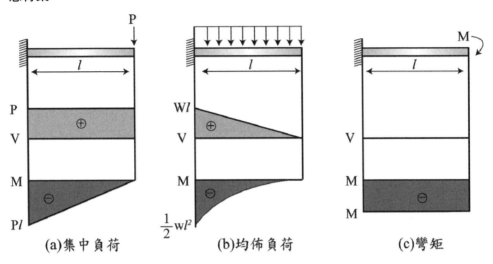

(a)集中負荷　　(b)均佈負荷　　(c)彎矩

簡支梁：

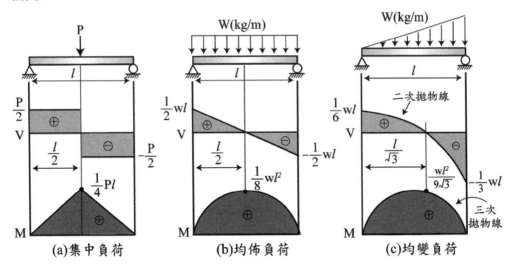

(a)集中負荷　　(b)均佈負荷　　(c)均變負荷

範例 *5-1*

如圖所示之 OA 簡支梁受線性分布負載(最右端之最大負載強度為 10 kN/m)，其中梁之左端為鉸支撐，右端之下端以一 AB 物塊作為簡支撐，其中 A 端與 B 端之靜摩擦係數分別為 $\mu_A = 0.6$、$\mu_B = 0.4$，若不考慮各構件之重量與厚度，重力加速度 $g = 9.81\,m/s^2$；(1)試繪出 OA 簡支梁之剪力圖與彎矩圖，並標明剪力為 0 之位置、彎矩出現最大值之處與其值；(2)若將梁下之 AB 柱推開，試求出推開之最小力 F 為多少？【機械普考】

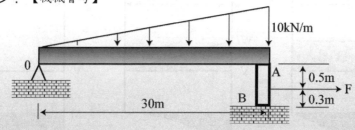

解 1.　**取 OA 自由體圖：**

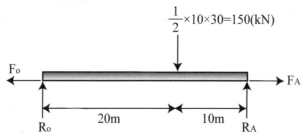

(1)　$\sum M_o = 0 \quad \Rightarrow R_A = 150 \times 20 \times \dfrac{1}{30} = 100 \ (kN)$

　　$\sum F_y = 0 \quad \Rightarrow R_o = 50 \ (kN)$

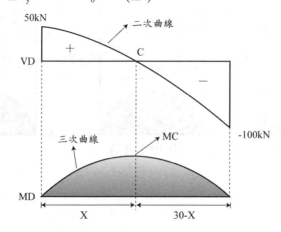

(2) C 點為剪力＝0 之處，取 $\overline{OC}$ 自由體圖

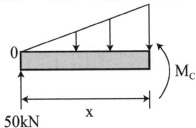

$$\sum F_y = 0 \quad \Rightarrow (\frac{x}{30})^2 \times 150 = 50 \quad \Rightarrow x = 17.32 \,(m)$$

$$\sum M_o = 0 \quad \Rightarrow M_c = (\frac{17.32}{30})^2 \times 150 \times 17.32 \times \frac{2}{3} = 577.3 \,(kN\text{-}m)$$

2. (1) **取 AB 自由體圖**

$$\sum F_x = 0 \quad \Rightarrow F - F_A - F_B = 0 \text{——(1)}$$

$$\sum F_y = 0 \quad \Rightarrow N_B = 100 \,(kN) \text{——(2)}$$

$$\sum M_c = 0 \quad \Rightarrow 0.3F = 0.8F_A \text{——(3)}$$

(2) 若支柱僅在 A 處滑動 $F_B \le \mu_B N_B$

$$F_A = 0.6 \times 100 = 60 \,(kN)，代入(1)(2)(3)$$

$$F = 160 \,(kN)，\; F_B = 100 \,(kN)$$

故需考慮另一種滑動

(3) 若支柱僅在 B 處滑動 $F_A \le \mu_A N_A$

$$F_B = \mu_B N_B = 0.4 \times 100 = 40 \text{ 代回}(1)(2)(3)$$

$$\Rightarrow F_A = 24 \,(kN)，\; F = 64 \,(kN)$$

$$F_A = 24 \le \mu_A N_A = 0.6 \times 100 = 60$$

故支柱僅在 B 處滑動之情況先發生

$$F = 64 \,(kN)$$

範例 *5-2*

試求下圖中樑上之剪力圖、彎矩圖,並求出在 A 與 B 處的反作用力大小。【機械普考】

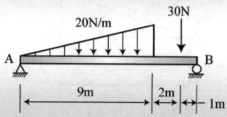

解 1. 如圖所示:

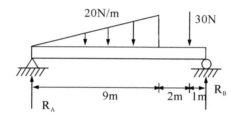

$$\sum M_A = 0 \Rightarrow 20 \times 9 \times \frac{1}{2} \times (9 \times \frac{2}{3}) + 30 \times (9+2) = 12\,R_B$$

$$R_B = 72.5(N) \uparrow$$

$$\sum M_B = 0 \Rightarrow 12\,R_A = 20 \times 9 \times \frac{1}{2} \times (3 + 9 \times \frac{1}{3}) + 30 \times 1$$

$$\Rightarrow R_A = 47.5(N) \uparrow$$

2. 剪力圖:

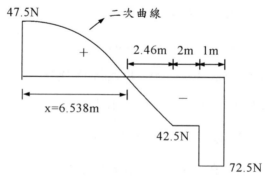

取左半端剪力為零之自由體圖

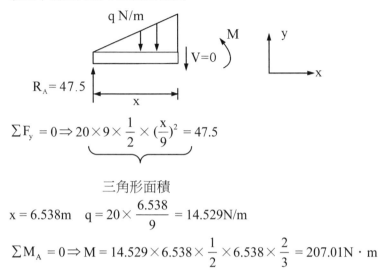

$$\sum F_y = 0 \Rightarrow \underbrace{20 \times 9 \times \frac{1}{2} \times (\frac{x}{9})^2}_{} = 47.5$$

三角形面積

$$x = 6.538m \quad q = 20 \times \frac{6.538}{9} = 14.529 N/m$$

$$\sum M_A = 0 \Rightarrow M = 14.529 \times 6.538 \times \frac{1}{2} \times 6.538 \times \frac{2}{3} = 207.01 N \cdot m$$

3. **畫彎矩圖：**

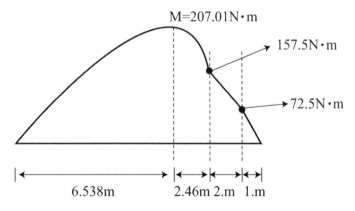

範例 5-3

如圖所示，試繪出樑(Beam)之剪力圖與彎矩圖，並標示最大剪力與最大彎矩為何？【機械高考】

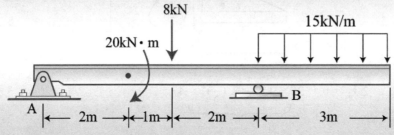

解 1. 先求支承反力：

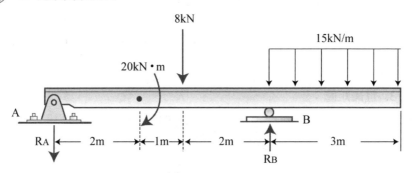

$$\sum M_B = 0 \Rightarrow 5R_A = 20 \times 10^3 + 15 \times 10^3 \times 3 \times 1.5 - 8 \times 10^3 \times 2$$

$$R_A = 14300N = 14.3kN(\downarrow)$$

$$\sum F_y = 0 \Rightarrow R_B = 67300N = 67.3kN(\uparrow)$$

2. **畫剪力圖與彎矩圖：**

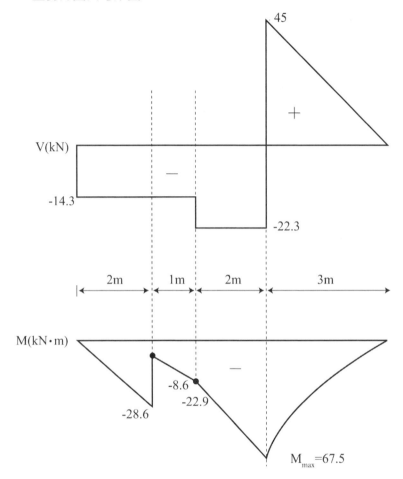

3. **|M_max|值為剪力圖正面積之值或負面積和：**

$$M_{max} = \frac{1}{2} \times 45 \times 3 = 67.5 \text{kN} \cdot \text{m}$$

範例 *5-4*

如圖所示之連續樑 ACB，左側為固定端、
右側為簡支端、中間 C 為銷接（pinned）且
無摩擦。

(1) 試求連接銷 C 處之反力（reaction）。

(2) 繪出整體 ACB 樑之剪力圖（shear diagram）。

(3) 繪出整體 ACB 樑之彎矩圖（bending moment diagram）。【100 地三】

解 (1) 取 BC 自由體圖

$M_B = 0 \Rightarrow R_c = 200(N)$

(2)

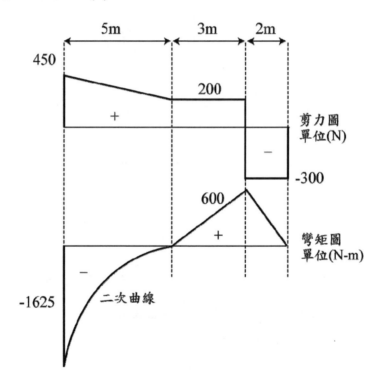

5-2 | 樑之彎曲正應力

一、彎曲應變

如圖 5.2 樑受彎曲應力後，橫截面選用如圖所示的 y-z 坐標系，圖中 y 軸爲橫截面的對稱軸，z 軸爲中性軸，如圖 5.3(a)(b)可以看到，從中截取出長爲 dx 的一個微段，橫截面間相對轉過的角度爲 dθ，中性面 $\overline{O'O'}$ 曲率半徑爲 ρ，距中性面 y 處的任一縱線爲 $\overline{bb}$，其受力後變爲 $\overline{b'b'}$ 的圓弧曲線，因此縱線 $\overline{bb}$ 的伸長爲

$$\Delta L = (\rho + y)d\theta - dx = (\rho + y)d\theta - \rho d\theta = yd\theta$$

線應變：$\varepsilon = \dfrac{\Delta L}{\overline{bb}} = \dfrac{yd\theta}{\rho d\theta} = \dfrac{y}{\rho}$

二、彎曲應力

(一) 如圖 5.3(c)所示樑的 x 方向只是發生簡單拉伸或壓縮。當橫截面上的正應力不超過材料的比例極限時，可由虎克定律得到橫截面上座標爲 y 處各點的正應力爲 $\sigma = E\varepsilon = \dfrac{E}{\rho}y$，該式表明，橫截面上各點的正應力 σ 與點的座標 y 成正比。

(二) 中性軸 z 上各點的正應力均爲零，中性軸上部橫截面的各點均爲壓應力，而下部各點則均爲拉應力。

(三) 彎曲應力推導：

1. 如圖 5.2 橫截面上座標爲(y,z)的點的正應力爲 σ，截面上各點的微內力 σdA 組成與橫截面垂直的空間平行力系。

2. $\sum F_x = 0 \Rightarrow N = \int_A \sigma dA = 0$ (平行 x 軸的軸力)

   $\sum M_y = 0 \Rightarrow M_y = \int_A z\sigma dA = 0$ (y 軸的力偶矩)

   $M_z = \int_A y\sigma dA = \dfrac{E}{\rho}\int_A y^2 dA = M$ (其中慣性矩 $I_z = \int_A y^2 dA$)

   $\Rightarrow \dfrac{1}{\rho} = \dfrac{M}{EI_z}$ 代入 $\sigma = E\varepsilon = \dfrac{E}{\rho}y$

   $\Rightarrow$ 正應力計算公式 $\sigma = \dfrac{My}{I_z}$

3. EI_z 稱爲樑的抗彎剛度，EI_z 越大，則曲率 $\dfrac{1}{\rho}$ 越小，變形越小。

(四) 截面圖形的斷面模數 $Z = \dfrac{I_z}{y}$ ，只與截面圖形的幾何性質有關。

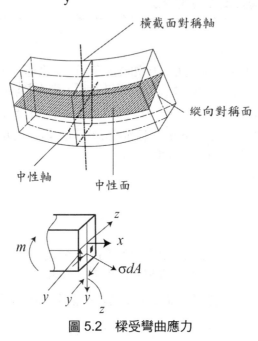

圖 5.2　樑受彎曲應力

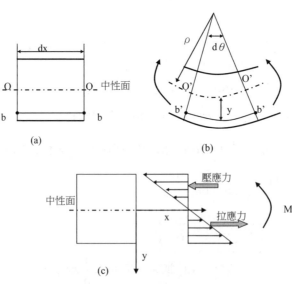

圖 5.3　樑受彎曲應變

範例 5-5

如下圖所示，一簡支樑 AB，其斷面為矩形(寬 b 高 h)，長度為 L。當負荷 P 作用在長為 a 的臂上時，試求樑的最大拉應力及最大壓應力。【96 年機械高考、101 年普考】

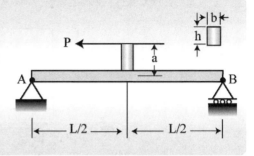

解　1. 先求支承反力：

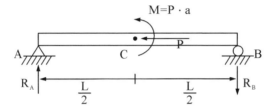

$$\sum M_A = 0 \Rightarrow R_B = \frac{p.a}{L}\,(\downarrow)$$

$$\sum M_B = 0 \Rightarrow R_A = \frac{p.a}{L}\,(\uparrow)$$

畫出彎矩圖

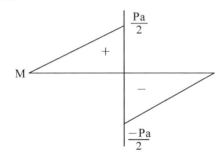

畫軸力圖

2. 梁於 C 點有最大之彎矩，取 AC 段來看：

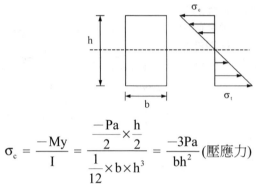

$$\sigma_c = \frac{-My}{I} = \frac{\frac{-Pa}{2} \times \frac{h}{2}}{\frac{1}{12} \times b \times h^3} = \frac{-3Pa}{bh^2} \text{(壓應力)}$$

$$\Rightarrow \text{最大壓應力} = \sigma_c + \frac{-P}{bh} = -(\frac{3Pa}{bh^2} + \frac{P}{bh})$$

$$\sigma_t = \frac{My}{I} = \frac{Pa \times \frac{n}{2}}{\frac{1}{12} \times b \times h^3} = \frac{3Pa}{bh^2} \text{(拉壓力)}$$

$$\Rightarrow \text{拉應力} = \sigma_t + \frac{-P}{bh} = \frac{3Pa}{bh^2} - \frac{P}{bh}$$

3. 取 BC 段來看，則樑底部拉應力 $\sigma_t = \frac{3Pa}{bh^2} \Rightarrow$ 故最大拉應力 $= \frac{3Pa}{bh^2}$

範例 5-6

簡支樑（simply supported beam）長 1.95m，矩形截面尺寸寬 150mm，高 300mm。試求此樑受到 22.5kN/m 均勻分佈力（uniform distributed load）時，樑內之最大剪切應力（maximum shear stress,τmax）及最大彎曲應力（maximum bending stress,σmax）。【108 年高考三級】

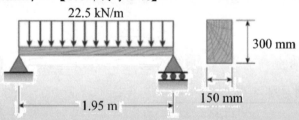

解 (一) 內力分析

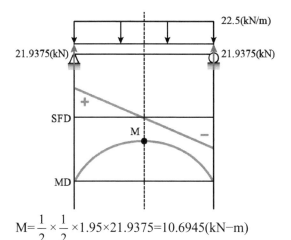

$$M=\frac{1}{2}\times\frac{1}{2}\times1.95\times21.9375=10.6945(kN-m)$$

(二) 應力分析

$$\sigma=\frac{My}{I}=\frac{10.6945\times10^{6}\times150}{\frac{1}{12}\times150\times300^{3}}=4.753(MPa)$$

$$\tau_{max}=\frac{3}{2}\times\frac{21.9375\times10^{3}}{150\times300}=0.73125(MPa)$$

5-3 樑之彎曲剪應力

樑受力彎曲時，樑內不僅有彎矩還有剪力，因而橫截面上既有彎曲正應力，又有彎曲剪應力，以下根據不同斷面分析其彎曲剪應力，由剪應力互等定理可以推導出矩形截面上距中性軸為 y 處任意點的剪應力計算公式為：

$$\tau=\frac{VQ}{I_{z}b}$$

式中　V：橫截面上的剪力、I_z：橫截面對中性軸的軸慣性矩

b：橫截面上所求剪應力點處截面的寬度(即矩形的寬度)

Q：分離面之面積對中性軸之一次矩

一、矩形斷面

(一) 如圖 5.4 所示，矩形截面上取微面積 dA＝bdy，則距中性軸為 y 的橫線以下的
面積 A^* 對中性軸 z 的一次矩為

$$Q = \int_{A^*} y_1 dA = \int_y^{\frac{b}{2}} by_1 d_{y_1} = \frac{b}{2}(\frac{h^2}{4} - y^2)$$

將此式代入剪應力公式，可得矩形截面剪應力計算公式的具體運算式為

$$\tau = \frac{V}{2I_z}(\frac{h^2}{4} - y^2)$$

當 $y = \pm\frac{1}{2}h$ 時，即矩形截面的上、下邊緣處剪應力 $\tau = 0$；當 y=0 時，截面中
性軸上的剪應力為最大值：

$$\tau_{max} = \frac{Vh^2}{8I_z} \Rightarrow \tau_{max} = \frac{3V}{2bh} = \frac{3V}{2A}$$

(二) 直接用彎曲剪應力公式：

$$\tau = \frac{VQ}{I_z b} = \frac{V(^h/_4)(^{bh}/_2)}{[\frac{1}{12}bh^3]b} = \frac{3V}{2bh} = \frac{3V}{2A} \text{ 與上面分析相同}$$

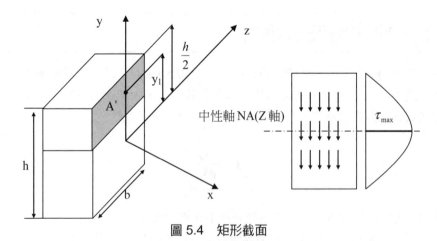

圖 5.4　矩形截面

二、圓形斷面

圓形截面上，任一平行於中性軸的橫線，剪應力的方向必切於圓周，並相交於 y 軸上，因此在中性軸上各點剪應力的方向皆平行於剪力 V，剪應力值為最大，直接用彎曲剪應力公式：

$$Q = \frac{\pi R^2}{2} \times \frac{4R}{3\pi} = \frac{2}{3}R^3 \text{、} \quad b = 2R \text{、} \quad I_z = \frac{\pi R^2}{4}$$

$$\tau_{max} = \frac{VQ}{I_z b} = \frac{4}{3}\frac{V}{\pi R^2} = \frac{4V}{3A}$$

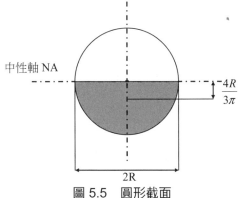

圖 5.5　圓形截面

5-4 複合樑(composite beam)之彎曲應力分析

一、轉換斷面法之彎曲應力分析

(一) 複合樑

樑由二種或兩種以上材料所組成者，稱為複合樑，如鋼筋混凝土樑。複合樑承受彎矩時，因平面保持平面，因此應變仍隨距中性軸距離直線變化，惟因材料的彈性係數不同，因此同一位置不同材料的應力不同。

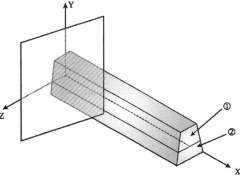

(二) 中性軸(neutral axis)位置之決定

若樑以正曲率彎曲，則應變 ε_x 將如圖所示變化，其中 ε_A 為樑頂部壓應變、ε_B 為底部之拉應變、ε_C 為接觸面之應變，可由應變得到剖面上的正應力，利用虎克定律可將距離中性軸 y 處的正應力表示為：

$$\sigma_{x1} = -E_1 ky \text{、} \quad \sigma_{x2} = -E_2 ky$$

作用在橫剖面上的合軸向力為零

$$\int \sigma_{x1} dA + \int \sigma_{x2} dA = 0 \Rightarrow -\int E_1 ky dA - \int E_2 ky dA = 0$$

橫剖面處的曲率不變

$$E_1 \int y dA + E_2 \int y dA = 0$$

上式積分式代表兩部分剖面對中性軸的一次矩

(三) 力矩-曲率關係式

彎矩應力的合力矩等於作用在剖面上的彎矩 M

$$M = -\int \sigma_{x1} y dA - \int \sigma_{x2} y dA = kE_1 \int y^2 dA + kE_2 \int y^2 dA = 0$$

$$\Rightarrow M = k\left(E_1 I_1 + E_2 I_2\right) kE_1 \int y^2 dA + kE_2 \int y^2 dA = 0$$

彎矩應力

$$\sigma_{x1} = \frac{-MyE_1}{E_1 I_1 + E_2 I_2} \text{、} \quad \sigma_{x2} = \frac{-MyE_2}{E_1 I_1 + E_2 I_2} \quad （材料 1 與材料 2 的正向應力）$$

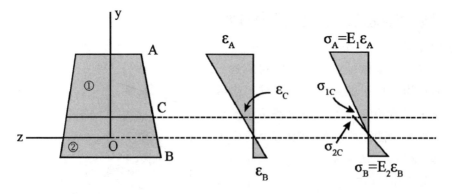

二、轉換斷面法之彎曲應力分析

分析複合樑時通常將不同材料化成同一種材料，如圖所示之樑由兩種材料構成，第二種材料的彈性係數 E_2 較大，為第一種材料彈性係數 E_1 的 n 倍，將第二種材料視為第一種，但寬度變成原寬度之 n 倍，模數比(modular ratio)：$n = \dfrac{E_2}{E_1}$，然後視為第一種材料分析之，此稱為轉換斷面法。

材料 1 的彎曲應力：$\sigma = -\dfrac{My}{I_z}$

材料 2 的彎曲應力：$\sigma = -\dfrac{My}{I_z} \times n$

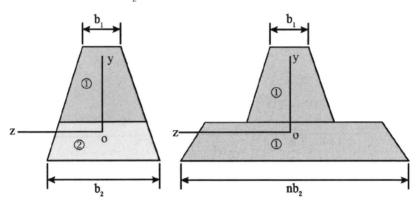

5-5 | 樑的剪力流及剪力中心

一、剪力流

(一) 剪力流

剪力流是指當梁內彎矩有變化時（即非純彎曲），斷面內將出現剪力，同時，在梁內沿軸線方向也會有相應的剪力存在。此種在梁內沿軸線方向單位長度的剪力稱為剪力流（shear flow）：剪力流為單位長度的剪力，單位 N/m。

剪力流公式：$q = \dfrac{VQ}{I}$

(二) 接合面的剪應力

剪力流為沿樑中縱軸方向之每單位長度所量測的力，其值可由剪力公式求得，且是用來獲知樑中將不同區段組合用之連接件與膠合面中，所產生的剪力大小，如下圖所示，上部橫元件接縫的剪力流為：

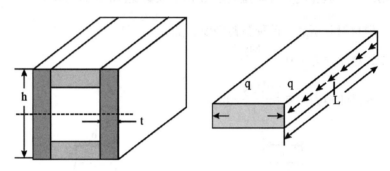

斷面慣性矩：

$$I = \frac{1}{12}\left(bh^3 - (b-2t)(h-2t)^3 \right)$$

$$Q = (b-2t)t\left(\frac{1}{2}\left(\frac{h}{2} + \left(\frac{h}{2} - t \right) \right) \right) = \frac{1}{2}t(b-2t)(h-t)$$

接縫有兩邊：每一邊的剪力流為

$$q = \frac{1}{2}\frac{VQ}{I}$$

若為膠合面，膠合面的剪力：

$$V_G = qL$$

(三) 薄壁構件內剪力流

1. 剪力流起於流源(source)，集於流匯(sink)。在流源與流匯上為零。

2. 合流為各合成支流的代數和。

3. 總向量和的方向為斷面剪力的方向。

4. 薄壁構件內剪力流如下圖所示：

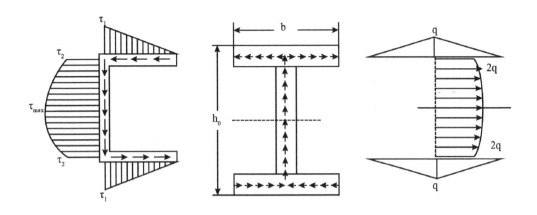

二、剪力中心(shear center)

剪力彎曲時，梁的橫截面上不僅有正應力還有剪應力，對於有對稱截面的梁，當外力作用在形心主慣性平面內時，剪應力的合力，即剪力作用線通過形心，梁發生平面彎曲，對於非對稱截面（特別是薄壁截面）梁，橫向外力即使作用在形心主慣性平面內，剪應力的合力作用線並不一定通過截面形心，當剪應力的合力作用線不通過截面形心時，梁不僅發生彎曲變形，而且還將產生扭轉，如圖所示，只有當橫向力作用在某一特定點 S 並和形心主慣性平面平行時，該梁才只產生平面彎曲而無扭轉，如圖所示，這一特定 S 稱為剪力中心（shear center）或彎曲中心（flexural center）。

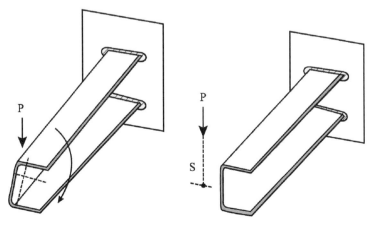

P 作用在距槽型腹板 e 之點 S 上，將此分佈對整個翼緣及腹板面積積分，則可得各翼緣內合力 F 及腹板內 V = P。若對 A 點取力矩和，由翼緣力產生之力偶或扭矩乃造成構件之扭轉，如圖所示，因平衡反力所產生之扭轉，為阻止此扭轉而形成平衡：$\sum M_A = 0 \Rightarrow F \times d = Pe$

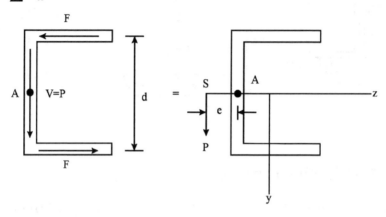

5-6 不對稱彎矩

一、不對稱彎矩描述

考慮一不對稱斷面如圖所示，其中 C 點為形心（Centroid），為使其發生對稱彎曲若彎矩方向在 y 軸上，y 軸恰為中性軸，或彎矩方向在 z 軸上時，z 軸恰為中性軸，則發生對稱彎曲，其充要條件為：y、z 軸為主軸。假設梁的彎曲會使 z 軸成為中性軸，則 xy 平面為彎曲平面，梁在此正應力 σ_x 為

$$\sigma_x = -k_y E y$$

由於整個斷面上合力為零，故 z 軸通過形心，同理若假設 y 軸為中性軸，則 y 軸亦通過形心，正應力所引起之彎矩。

$$M_y = \int_A \sigma_x z dA = -k_y E \int_A yz da = -k_y \cdot EI_{yz}$$

$$M_z = -\int_A \sigma_x \cdot y dA = k_y \cdot E \int_A y^2 dA = k_y EI_{zz}$$

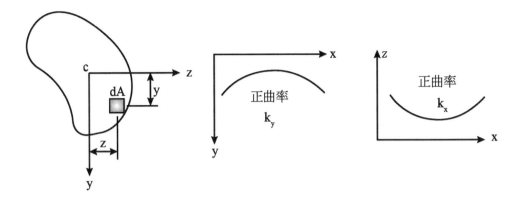

二、主軸法

無論是何種斷面，先求得主軸方向，以此二主軸為座標軸將彎矩（力偶矩）依此座標軸分解 θ 為彎矩 M 與 z 軸之夾角，斷面上任一點 A 之正應力依撓曲公式可寫為

$$\sigma_x = \frac{M_y \cdot z}{I_{yy}} - \frac{M_z \cdot y}{I_{zz}}$$

故在此彎矩 M 作用下之中性軸(Neutral axis)n-n 之方程式為

$$\sigma_x = 0 = \frac{M_y \cdot z}{I_{yy}} - \frac{M_z \cdot y}{I_{zz}}$$

可得中性軸與 z 軸夾角 β

$$\tan\beta = \frac{y}{z} = \tan\theta \left(\frac{I_{zz}}{I_{yy}}\right)$$

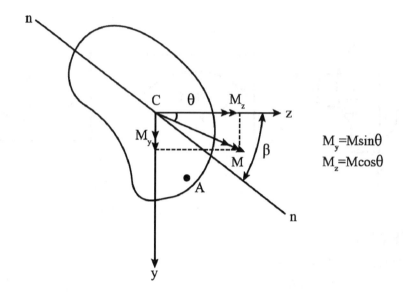

$$M_y = M\sin\theta$$
$$M_z = M\cos\theta$$

【觀念說明】

1. 對稱彎曲即 $\theta=\beta$，不對稱彎曲即 $\theta\neq\beta$。

2. 只要 $\theta=\beta$，無論何種斷面，均發生對稱彎曲，不對稱斷面只有兩種情況下可能發生對稱彎曲：

   (1) $\theta=\beta=0$，即彎矩在 xy 平面內。

   (2) $\theta=\beta=90°$，即彎矩在 xz 平面內。

三、公式法

假設 k_y 及 k_z 分別為 xy 和 xz 平面上的曲率，則圖所示微小元素上之正應力為

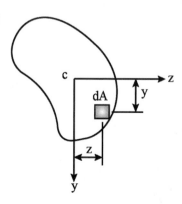

$$\sigma_x = -k_y E \cdot y - k_z E \cdot z$$

由斷面上軸力可不計的假設，可得

$$k_y \cdot E \int y da + k_z E \int z dA = 0$$

其中 k_y、k_z 僅為 x 的函數(非純彎曲)

$$\int y da = \int z dA = 0$$

即座標系統通過形心，由對兩軸的合力矩可得

$M_y = \int \sigma_x \cdot z dA = -k_y E \int yz dA - k_z \cdot E \int z^2 dA$

　$= -k_y E I_{yz} - k_z E I_{yy}$

$M_z = -\int \sigma_x \cdot z dA = k_y E \int y^2 dA + k_z \cdot E \int yz dA$

　$= k_y E I_{zz} + k_z E I_{yz}$

$ky = \dfrac{M_z I_{yy} + M_y I_{yz}}{E(I_{yy} I_{zz} - I_{yz}^2)}$　，$kz = -\dfrac{M_z I_{zz} + M_z I_{yz}}{E(I_{yy} I_{zz} - I_{yz}^2)}$

$\sigma_x = \dfrac{(M_y I_{zz} + M_z I_{yz}) z - (M_z I_{yy} + M_y I_{yz}) y}{I_{yy} - I_{zz} - I_{yz}^2}$

中性軸的方向

$(M_y I_{zz} + M_z I_{yz}) z - (M_z I_{yy} + M_y I_{yz}) y = 0$

$\tan \phi = \dfrac{y}{z} = \dfrac{M_y I_{zz} + M_z I_{yz}}{M_z I_{yy} + M_y I_{yz}}$

其中 ϕ 為中性軸與 z 軸夾角

(一) 若 $M_y = 0$，則 $\sigma_x = \dfrac{M(I_{yz} \cdot z + I_{yy} \cdot y)}{I_{yy} I_{zz} - I_{yz}^2}$

　　$\tan \phi = \dfrac{I_{yz}}{I_{yy}}$

(二) 若 $M_z = 0$，則 $\sigma_x = \dfrac{M(I_{zz} \cdot z - I_{yz} \cdot y)}{I_{yy} I_{zz} - I_{yz}^2}$

　　$\tan \phi = \dfrac{I_{zz}}{I_{yz}}$

(三) 若 y、z 軸為主軸，則 $I_{yz}=0$

$$\sigma x = \frac{M_z \cdot z}{I_{yy}} - \frac{M_z \cdot y}{I_{zz}}$$

$$\tan\phi = \frac{M_z \cdot z}{I_{yy}} = \tan\theta \cdot (\frac{I_{zz}}{I_{yy}})$$

範例 5-7

有一簡支懸臂樑如下圖所示，其斷面高度 h = 300mm，樑之簡支段 L = 3m，懸臂段長度為 1m，分別受 3P = 12kN 之集中荷重於簡支段，及 P = 4kN 於懸臂段之自由端。如不計樑之自重，材料之容許彎曲應力 (bending stress) 為 8MPa，容許剪應力為 0.65MPa，則樑之斷面寬 b 應採用多少？【土木高考】

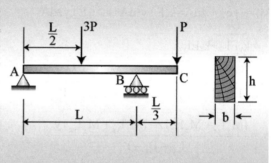

解   1. 先求支承反力：

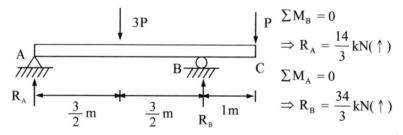

$\sum M_B = 0$

$\Rightarrow R_A = \frac{14}{3} kN(\uparrow)$

$\sum M_A = 0$

$\Rightarrow R_B = \frac{34}{3} kN(\uparrow)$

2. **畫剪力及彎矩圖：**

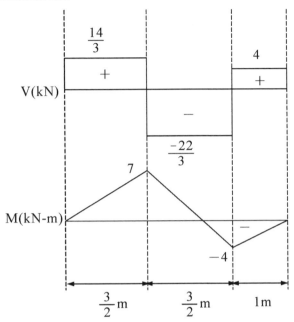

3. **如剪力圖所示，簡支樑所受之力：**

最大剪力 $V_{max} = \dfrac{22}{3}$ kN($\downarrow$)　最大彎矩 $M_{max} = 7$kN $\cdot$ m($\circlearrowright$)

$$\sigma_y = \frac{M_{max}y}{I} = \frac{M_{max} \times \dfrac{h}{2}}{\dfrac{1}{12} \times b \times h^3} \qquad \Rightarrow 8 \times 10^6 = \frac{7 \times 10^3 \times \dfrac{(0.3)}{2}}{\dfrac{1}{12} \times b \times (0.3)^3}$$

$\Rightarrow b = 0.0583$m

$$\tau_y = \frac{V_{max}Q}{I\,b} = 1.5\frac{V_{max}}{A} = 1.5\frac{V_{max}}{b \times h} \qquad \Rightarrow 0.65 \times 10^3 = 1.5 \times \frac{\dfrac{22}{3}}{0.3b}$$

$\Rightarrow b = 0.0546$m

4. **選擇較大之 b 值，可使彎曲應力及剪應力不超過容許應力：**

b = 0.0583m

範例 **5-8**

下圖顯示一簡支外伸梁(simple and overhanging beam)及其受力情形，右邊則顯示其斷面。請問在 x =0.6m 處，該梁所受到的最正向應力及最大剪應力各為何？
【機械普考】

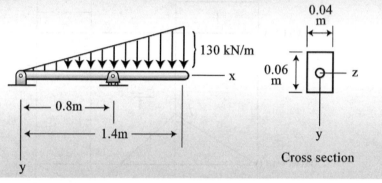

解 1. 先計算支承反力：

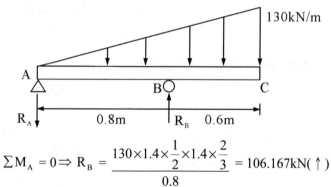

$$\sum M_A = 0 \Rightarrow R_B = \frac{130 \times 1.4 \times \frac{1}{2} \times 1.4 \times \frac{2}{3}}{0.8} = 106.167\text{kN}(\uparrow)$$

$$\sum F_y = 0 \Rightarrow R_A = 15.167\text{kN}(\downarrow)$$

2. **畫剪力圖及彎矩圖：**

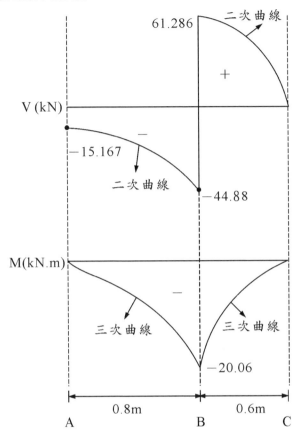

取 AB 段左端之自由體圖

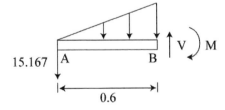

$$\sum F_y = 0 \Rightarrow V = 15.167 + 130 \times 1.4 \times \frac{1}{2} \times (\frac{0.6}{1.4})^2 = 31.88 \text{kN}(\uparrow)$$

$$\sum M_A = 0 \Rightarrow M = 12.44 \text{kN} \cdot \text{m}(\circlearrowright)$$

3. **如剪力圖及彎矩圖所示：**

$$V_{max} = 31.88kN$$

$$\tau_{max} = \frac{V_{max}Q}{Ib} = \frac{3}{2}\frac{V_{max}}{A} = \frac{3}{2} \times \frac{31.88}{0.04 \times 0.06}$$

$$= 19925(kPa)$$

$$M_{max} = 12.44kN \cdot m \quad (\sigma_c)_{max} = (\sigma_t)_{max} = \frac{M_{max} \times y}{I}$$

$$\Rightarrow \sigma_{max} = \frac{12.44 \times \dfrac{0.06}{2}}{\dfrac{1}{12} \times 0.04 \times 0.06^3} = 518333.33(kPa)$$

觀念說明

最大彎矩只會發生在：
1. 集中力作用點
2. 分佈載重區內 $V=0$ 的斷面
3. 集中力矩作用點的兩側

範例 *5-9*

如圖所示之樑長 L，斷面積為 b×h 之矩形，材料之楊氏模數為 E，在 CB 段上受一均勻分布載重 q。樑重不計，試求樑內之最大正應力及剪應力及其所在之位置。【機械高考、地特三等】

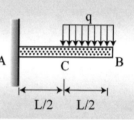

解 1. **計算支承反力：**

$$\sum F_y = 0 \Rightarrow R_A = \frac{qL}{2} \quad \sum M_A = 0 \Rightarrow M_A = \frac{qL}{2} \times (\frac{L}{2} + \frac{1}{2} \times \frac{L}{2}) = \frac{3qL^2}{8} \; (\curvearrowleft)$$

2. **畫剪力彎矩圖：**

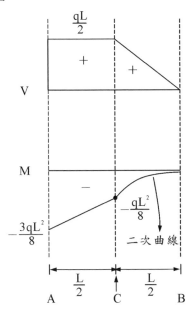

3. **如圖所示樑內受最大剪應力於 AC 段內，受最大正應力於 A 端：**

$$\tau_{max} = \frac{V_{max}Q}{Ib} = \frac{3}{2}\,\frac{V_{max}}{A} = \frac{3 \times \dfrac{qL}{2}}{2 \times b \times h} = \frac{3qL}{4b \times h}$$

$$\sigma_{max} = \frac{M_{max}y}{I} = \frac{\dfrac{3qL^2}{8} \times \dfrac{h}{2}}{\dfrac{1}{12}bh^3} = \frac{9qL^2}{4bh^2}$$

範例 5-10

求剪力中心 O 點之位置 e 值，
假設構件各段厚度均為 t。

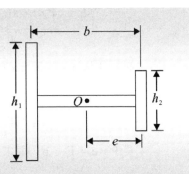

觀念說明

$$(\tau_1)_{max} = \frac{VQ}{It} = \frac{P \times (\frac{h_1}{2} \times t \times \frac{h_1}{4})}{It} = \frac{Ph_1^2}{8I}$$

同理也可求得 $(\tau_2)_{max}$

解

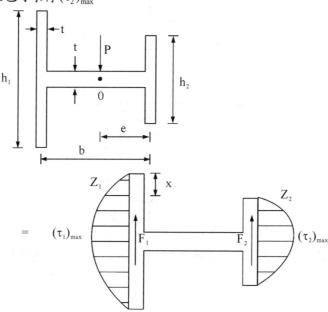

$$I = \frac{t}{12}(h_1^3 + h_2^3) \ , \ V = P$$

$$Q_1 = t \cdot x(\frac{h_1}{2} - \frac{x}{2}) \ , \ b_1 = t$$

$$\tau_1 = \frac{VQ_1}{Ib_1} = \frac{P \times t \cdot x(\frac{h_1}{2} - \frac{x}{2})}{It} = \frac{6Px(h_1 - x)}{t(h_1^3 + h_2^3)}$$

$$F_1 = \int_0^{h_1} \tau_1 dA = \int_0^{h_1} \tau_1 t \cdot dx = \frac{6P}{(h_1^3 + h_2^3)} \int_0^{h_1} (h_1 x - x^2)dx = \frac{6P}{h_1^3 + h_2^3}$$

$$\times (\frac{h_1^3}{2} - \frac{h_1^3}{3}) = \frac{Ph_1^3}{h_1^3 + h_2^3}$$

又 $P \cdot e = F_1 \cdot b$　則求得 $e = \frac{h_1^3 b}{h_1^3 + h_2^3}$

範例 *5-11*

半圓形拱樑僅由一端固定支撐，如圖沿拱樑之中心線有一均勻分佈之單位長度荷重 w0。試求 $\theta = 45°$ 位置上之拱樑點所承受之內垂直力、剪力與彎矩 (Internal normalforce, shear force and moment)。【土木地方特考三等】

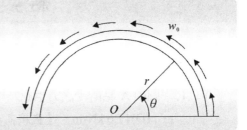

解 1. 取至 θ 之自由體圖：

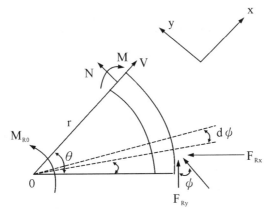

$$F_{Rx} = \int_0^\theta W_0 r \sin\phi d\phi \sin\phi = W_0 r(1 - \cos\theta)$$

$$F_{Ry} = \int_0^\theta W_0 r d\phi \cos\phi = W_0 r \sin\theta$$

$$M_{R0} = \int_0^\theta W_0 r d\phi \cdot r = r^2 W_0 \theta$$

$$\sum F_x = 0 \Rightarrow -V + F_{Rx} \cos\theta - F_{Ry} \sin\theta = 0 \Rightarrow V = W_0 r(\cos\theta - 1)$$

$$\sum F_y = 0 \Rightarrow N + F_{Ry} \cos\theta + F_{Rx} \sin\theta = 0 \Rightarrow N = -W_0 r \sin\theta$$

$$\sum M_0 = 0 \Rightarrow -M + r^2 W_0 \theta - N \cdot r \quad \Rightarrow M = W_0 r^2 \theta - W_0 r^2 \sin\theta$$

2. 當 $\theta = 45°$：

$$V = W_0 r(\cos 45° - 1) = -0.293 W_0 r \quad N = -W_0 r \sin 45° = -0.707 W_0 r$$

$$M = W_0 r^2 \times \frac{\pi}{4} - W_0 r^2 \sin\frac{\pi}{4} = 0.0783 W_0 r^2$$

經典試題

選擇題型

(   ) **1.** 下圖中 A 點所受之力矩應為：   (A)4 kNm   (B)8.2 kN-m   (C)13.6 kN-m   (D)17.6 kN-m。【機械高考第一試】

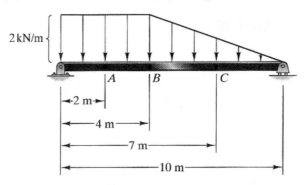

(   ) **2.** 一簡支樑受分佈力 w = 40x N/m 如右圖所示，梁內受最大力矩之處離 A 端多少 m？

(A)2.54

(B)3.00

(C)3.46

(D)4.00。【機械高考第一試】

(   ) **3.** 已知某一樑結構之 T 形截面，截面慣性矩(moment of inertia) $I = 69.66 \text{ in}^4$，如圖所示，其形狀中心的位置 c = 3.045 inch，受到 10000 lb 的剪力(shear force)，試問：該樑在截面的最大剪應力？   (A)1950 psi   (B)1870 psi   (C)1760 psi   (D)1630 psi。【機械高考第一試】

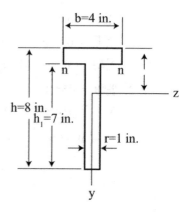

( )　**4.** 如圖示之剪力圖，樑內所產生之最大彎矩(危險斷面)是在

(A)A 斷面

(B)B 斷面

(C)C 斷面

(D)D 斷面

(E)E 斷面。【台電中油】

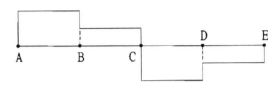

( )　**5.** 一樑受負荷，已知梁之剪力分佈如右圖，則下列何者可能為其彎矩分布圖？

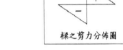

(A)

(B)

(C)

(D)

(E) 。【台電中油】

( )　**6.** 如圖所示一簡支樑承受二個相等大小之 P 力作用，樑為方形斷面(樑深 h，樑寬 b)，假設樑最大容許剪應力為 τ_C。若此樑之破壞由剪力控制，則樑可承受最大荷重 P 為(自重不計)多少？

(A) $\frac{2}{3}bh\tau_C$

(B) $\frac{3}{2}bh\tau_C$

(C) $\frac{1}{2}bh\tau_C$

(D) $\frac{4}{3}bh\tau_C$。【經濟部】

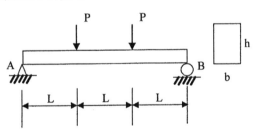

( )　**7.** 如圖所示試求樑中點 B 之彎矩值為多少？

(A)15KN-m

(B)18KN-m

(C)21KN-m

(D)24KN-m。【經濟部】

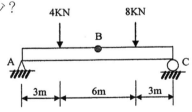

( ) **8.** 如圖所示承受三角形分佈載重之簡支樑，最大彎矩發生的位置距 A 端約多少？

(A)1.55m

(B)2.34m

(C)3.46m

(D)4.45m。【經濟部】

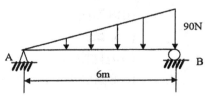

( ) **9.** 圖示 A，C，D 點均為鉸接，試求 B 點之彎矩值為多少？

(A)180kg-m

(B)270kg-m

(C)540kg-m

(D)720kg-m。

【經濟部】

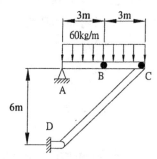

( ) **10.** 如圖所示之二次曲線分布力量，求合力之大小為多少 N？

(A)80N　　　　　　　　　(B)120N

(C)160N　　　　　　　　　(D)200N。

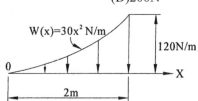

( ) **11.** 右圖中兩端固定梁 ABC 受一作用於 B 點之力，大小為 P。此時固定端力矩為：(本題複選)

(A) $M_A = -\dfrac{Pab^2}{L^2}$　　　(B) $M_A = -\dfrac{Pa^2b}{L^2}$

(C) $M_C = \dfrac{Pab^2}{L^2}$　　　(D) $M_C = \dfrac{Pa^2b}{L^2}$。

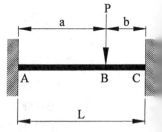

(　) **12.** 如圖所示，AB 樑與 BC 樑在 B 點鉸接在一起，下列敘述何者正確？(本題複選)(A) $V_B = \frac{3}{2}qL$　(B) $R_A = qL$　(C) $R_C = \frac{1}{2}qL$　(D) $M_A = \frac{3}{8}qL^2$。

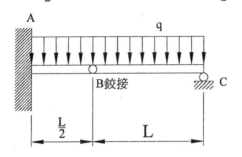

(　) **13.** 如圖所示承受二力作用之簡支樑，
下列敘述何者正確？(本題複選)
(A) $R_A = 6N$
(B) $R_D = 7N$
(C)點 B 有最大剪力
(D)點 C 有最大彎矩。

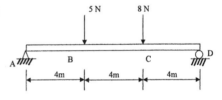

(　) **14.** 如圖所示，由均質、等向性、線彈性材料所組成之矩形斷面樑受純彎矩 M 作用，則以下有關樑曲率之敘述何者正確？(本題複選)
(A)曲率大小與 M 成正比　　　(B)曲率大小與樑寬 b 成反比
(C)曲率大小與楊氏係數 E 無關　(D)曲率大小與樑深有關。

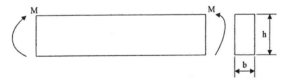

(　) **15.** 下列關於斷面之剪力中心(shear center)之敘述，何者正確？(本題複選)
(A)當作用力不通過剪力中心，斷面將產生額外之扭力
(B)剪力中心不一定位於其斷面上
(C)I 型斷面之剪力中心，落在其腹(web)上
(D)剪力中心之位置除與斷面之幾何形狀有關外，尚與剪力大小相關。

(　)　**16.** 簡支梁之外力與橫斷面如圖 1 與圖 2 所示，B 點位於發生最大彎矩之
橫斷面上，最大彎矩為何？

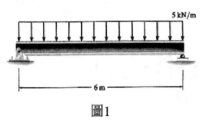

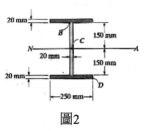

圖1　　　　　　　　　　　圖2

(A)22.5N-m　(B)45N-m　(C)90N-m　(D)180N-m。【102 年經濟部】

(　)　**17.** 承第 16 題，最大正應力為何？

(A)12.7Mpa　　　　　　　　(B)25.4Mpa
(C)38.1Mpa　　　　　　　　(D)50.8MPa。【102 年經濟部】

(　)　**18.** 承第 16 題，B 點之正應力為何？

(A)-11.2Mpa　　　　　　　　(B)-22.4Mpa
(C)-33.6Mpa　　　　　　　　(D)-50.8MPa。【102 年經濟部】

(　)　**19.** 如右圖所示，B 點為銷接（pin）而
成，AB 段中點 D 之剪力為何？

(A)12.5N　(B)15N
(C)25N　(D)50N。【102 年經濟部】

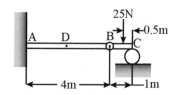

(　)　**20.** 一組合梁係由釘子組成，組成方式如右
圖之狀況 A 與狀況 B 所示，狀況 A 之組
合梁由 2 塊橫斷面為 30mm×5mm 與 1
塊 10mm×40mm 之木條所組成，釘子之
剪力強度為 80N，若各釘間距均為
90mm，狀況 A 時組合梁所能承受之最大
垂直剪力為何？

(A)27.1N　　(B)28.2N
(C)54.2N　　(D)81.3N。【102 年經濟部】

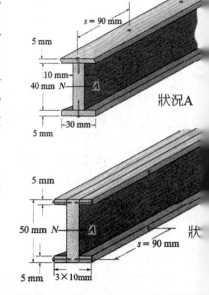

( ) **21.** 承第 20 題，狀況 B 之組合梁由 4 塊橫斷面為 10mm×5mm 與 1 塊 10mm×50mm 之木條所組成，此梁所能承受之最大垂直剪力為何？
(A)162.6N　(B)110.2N　(C)81.3N　(D)66.2N。【102 年經濟部】

( ) **22.** 如右圖所示之簡支樑受線性變化之荷重作用，下列何者為此樑之彎矩圖？

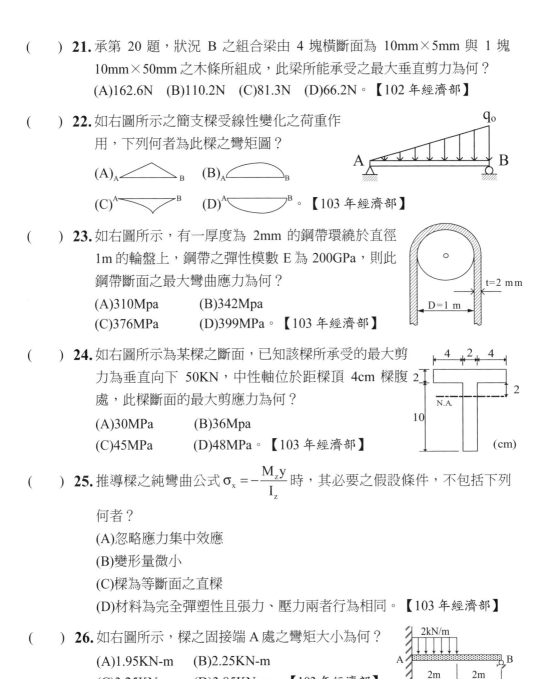

(A) A～～～B　　(B) A～～～B

(C) A～～～B　　(D) A～～～B。【103 年經濟部】

( ) **23.** 如右圖所示，有一厚度為 2mm 的鋼帶環繞於直徑 1m 的輪盤上，鋼帶之彈性模數 E 為 200GPa，則此鋼帶斷面之最大彎曲應力為何？
(A)310Mpa　　　(B)342Mpa
(C)376MPa　　　(D)399MPa。【103 年經濟部】

( ) **24.** 如右圖所示為某樑之斷面，已知該樑所承受的最大剪力為垂直向下 50KN，中性軸位於距樑頂 4cm 樑腹處，此樑斷面的最大剪應力為何？
(A)30MPa　　　(B)36Mpa
(C)45MPa　　　(D)48MPa。【103 年經濟部】

( ) **25.** 推導樑之純彎曲公式 $\sigma_x = -\dfrac{M_z y}{I_z}$ 時，其必要之假設條件，不包括下列何者？
(A)忽略應力集中效應
(B)變形量微小
(C)樑為等斷面之直樑
(D)材料為完全彈塑性且張力、壓力兩者行為相同。【103 年經濟部】

( ) **26.** 如右圖所示，樑之固接端 A 處之彎矩大小為何？
(A)1.95KN-m　　(B)2.25KN-m
(C)3.25KN-m　　(D)3.85KN-m。【103 年經濟部】

（　）**27.** 有一長度為 3m 之懸臂樑，樑斷面為邊長 12cm 之正方形，今於該樑之
　　　　自由端施加一集中荷重 P，假設此樑由理想彈塑材料組成且降伏應力
　　　　為 150MPa，則荷重 P 之極限值 P_u 為何？
　　　　(A)21.6KN　　　　　　　　　(B)24.3KN
　　　　(C)27.2KN　　　　　　　　　(D)29.5KN。【103 年經濟部】

（　）**28.** 圖中，懸臂梁長 L，抗撓剛度 3EI，垂直力 2P 作用於懸臂梁中點 B，
　　　　求自由端 C 之垂直位移為何？
　　　　(A)$\dfrac{5PL^3}{36EI}$　　　　(B)$\dfrac{5PL^3}{72EI}$
　　　　(C)$\dfrac{5PL^3}{84EI}$　　　　(D)$\dfrac{5PL^3}{96EI}$。【107 年經濟部】

（　）**29.** 圖為一簡支梁，受均佈載重 q 之作用下，求梁內最大撓曲正向應力為何？
　　　　(A)154.29kPa
　　　　(B)177.47kPa
　　　　(C)189.13kPa
　　　　(D)211.63kPa。
　　　　【107 年經濟部】

（　）**30.** 圖中，若桿件降伏應力為 σ_y，求極限載重 P_u 為何？
　　　　(A)$\dfrac{\sigma_y h^3}{4L}$
　　　　(B)$\dfrac{\sigma_y h^3}{6L}$
　　　　(C)$\dfrac{\sigma_y h^3}{8L}$
　　　　(D)$\dfrac{\sigma_y h^3}{12L}$。【107 年經濟部】

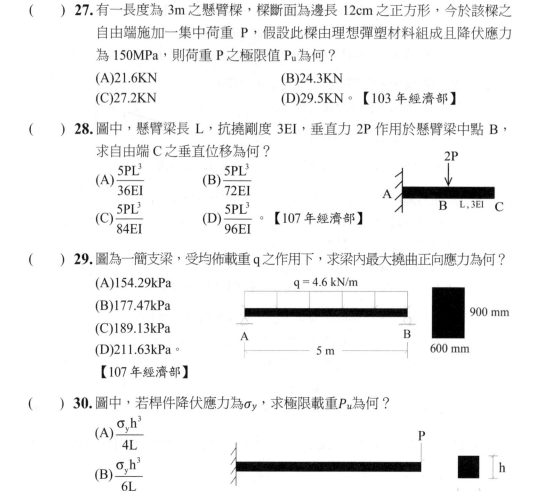

（　　）**31.** 如圖所示，桿件於自由端承受垂直載重，斷面由兩種不同金屬材料緊密接合，其彈性模數 $E_1 = 9 \times 10^3 \text{kN/cm}$ ， $E_2 = 4.5 \times 10^4 \text{kN/cm}$ ，求固定端處之斷面曲率為何？

(A)4.67×10^{-6} 1/cm

(B)5.67×10^{-6} 1/cm

(C)6.67×10^{-6} 1/cm

(D)7.67×10^{-6} 1/cm。【107 年經濟部】

（　　）**32.** 圖為一直徑 d 之圓桿，受垂直力 V 及扭矩 T 之作用，最大剪應力之值為何？

(A)$\dfrac{16}{\pi d^3} \sqrt{V^2 L^2 + T^2}$

(B)$\dfrac{18}{\pi d^3} \sqrt{V^2 L^2 + T^2}$

(C)$\dfrac{20}{\pi d^3} \sqrt{V^2 L^2 + T^2}$

(D)$\dfrac{22}{\pi d^3} \sqrt{V^2 L^2 + T^2}$ 。【107 年經濟部】

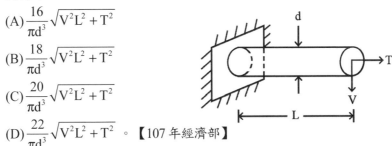

（　　）**33.** 如圖所示之結構梁，於 BC 段受一均佈載重 w，其下列彎矩圖何者正確？

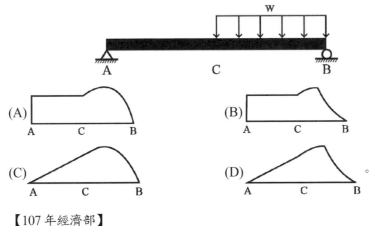

【107 年經濟部】

( ) **34.** 如圖所示之結構梁，受一均佈載重 w，則下列剪力圖何者正確？

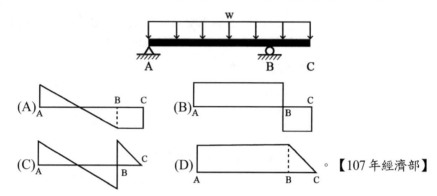

( ) **35.** 如圖所示，簡支梁承受集中荷重 P = 1,000 kgf，最大剪應力 τ_{max} 最接近下列何者？

(A)0.625 kgf/mm²

(B)1.250 kgf/mm²

(C)1.875 kgf/mm²

(D)2.500 kgf/mm²。【108 年經濟部】

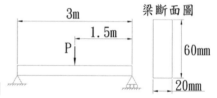

( ) **36.** 如圖所示，簡支梁承受均佈荷重 w = 200 kgf/m，最大彎曲應力 σ_{max} 最接近下列何者？

(A)0. 586 kgf/mm²

(B)1.76 kgf/mm²

(C)3.52 kgf/mm²

(D)7.03 kgf/mm²。【108 年經濟部】

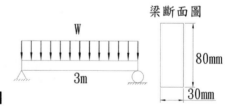

( ) **37.** 如圖所示，桿件在自由端承受集中荷重 P = 4 kN，斷面由兩種不同金屬材料緊密接合，材料之彈性模數分別為 $E_1 = 8.0×10^3$ kN/cm²，$E_2 = 3.2×10^4$ kN/cm²，該剖面的最大剪力流 f_{max} 最接近下列何者？

(A)0.0537 kN/cm

(B)0.161 kN/cm

(C)0.322 kN/cm

(D)0.644 kN/cm。【108 年經濟部】

（　　）**38.** 如圖所示，M = 5 kN·m，q = 5 kN/m，試求 A 點支承反力大小最接近
下列何者？

(A)4.37 kN

(B)5.23 kN

(C)6.14 kN

(D)7.53 kN。【108 年經濟部】

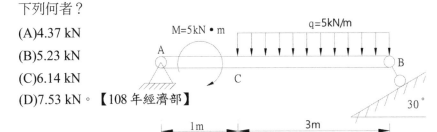

（　　）**39.** 下列何者為剖面模數(section modulus)之單位？　(A)m　(B)m² 　(C)m³
(D)m⁴。【108 年經濟部】

解答及解析

1. (C)。先求左端支承反力

$\sum M = 0$

$\Rightarrow R_{左} = \frac{1}{10} [2 \times 4 \times (6+2) + \frac{1}{2} \times 2 \times 6 \times 6 \times \frac{2}{3}] = 8.8(kN)$

取 A 點以左之自由體圖

$\sum M_A = 0$

$\Rightarrow M_A = 8.8 \times 2 - 2 \times 2 \times 1 = 13.6(kN \cdot m)$

2. (C)。最大力矩發生在剪力 V = 0 之處，先求支承反力

$R_A = \frac{1}{6} [6 \times 240 \times \frac{1}{2} \times 6 \times \frac{1}{3}] = 240(N)$

取 A 至 V = 0 自由體圖

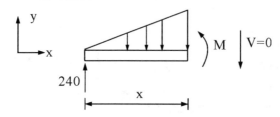

$$\sum F_y = 0 \Rightarrow 240 = (\frac{x}{6})^2 \times 240 \times 6 \times \frac{1}{2} \Rightarrow x = 3.46(m)$$

3. **(C)**。

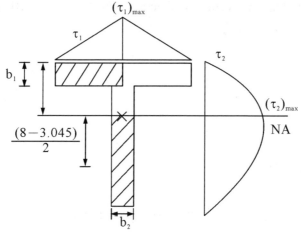

$$(\tau_1)_{max} = \frac{VQ_1}{Ib_1} = \frac{10000 \times [1 \times 2 \times (3.045-1)]}{69.66 \times 1} = 587.14(psi)$$

$$(\tau_2)_{max} = \frac{VQ_2}{Ib_2} = \frac{10000 \times [1 \times (8-3.045) \times (\frac{8-3.045}{2})]}{69.66 \times 1} = 1762.28(psi)$$

4. **(C)**。最大彎矩發生在 C 斷面。

5. **(D)**。

6. **(A)**。 $\tau_C = \frac{VQ}{Ib} = \frac{P \times (\frac{h}{2} \times b \times \frac{h}{4})}{\frac{1}{12}bh^3 \times b} = \frac{3P}{2bh}$ $P = \frac{2}{3}bh\tau_C$

7. **(B)**。先求 A 處支承反力

$$\sum M_C = 0 \Rightarrow 12R_A = 4 \times 9 + 8 \times 3 \quad R_A = 5kN$$

取 AB 自由體圖

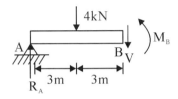

$$\sum M_B = 0 \Rightarrow M_B = 5 \times 6 - 4 \times 3 = 18 (kN\text{-}m)$$

8. **(C)**。先求 A 點支承反力

$$\sum M_B = 0 \Rightarrow 6R_A = \frac{1}{2} \times 6 \times 90 \times \frac{1}{3} \times 6 \quad R_A = 90(N)$$

最大彎矩會發生在剪力 V = 0 之處，取 A 至剪力 V = 0 之自由體圖

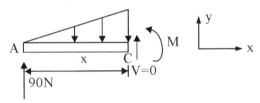

$$\sum F_y = 0$$

$$90 = (\frac{x}{6})^2 \times \frac{1}{2} \times 6 \times 90 \Rightarrow x = 3.46(m)$$

9. **(B)**。(1) 取 AC 自由體圖

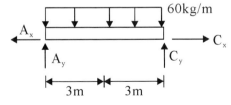

$$\sum M_C = 0 \Rightarrow 6A_y = 60 \times 6 \times 3 \quad \Rightarrow A_y = 180kg$$

(2) 取 AB 自由體圖

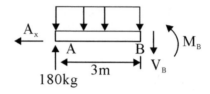

$$\sum M_B = 0 \Rightarrow M_B = 180 \times 3 - 60 \times 3 \times 1.5 = 270 (\text{kg-m})$$

10. (A)。 $120 \times 2 \times \dfrac{1}{3} = 80(\text{N})$

11. (AD)。

(1) 假設 C 支承反力為 x，且力矩為 M_C

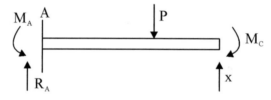

畫出各別之彎矩圖(由右至左之 $\dfrac{1}{EI}$ 圖)

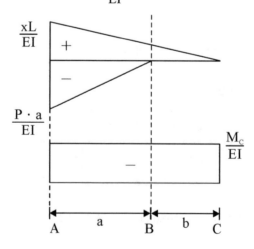

(2)由力矩面積法第一定理

$$\theta_A - \theta_C = 0$$

$$\frac{1}{EI}[x L \times L \times \frac{1}{2} - Pa \times \frac{a}{2} - M_C \times L] = 0 \Rightarrow M_C = \frac{Pa^2 b}{L^2}$$

故 $M_C = \frac{-Pa^2 b}{L^2}$

12. (BCD)。取 BC 自由體圖

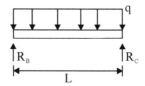

$$\sum M_B = 0 \Rightarrow R_C = \frac{1}{2} qL$$

$$\sum M_C = 0 \Rightarrow R_B = \frac{1}{2} qL$$

13. (ABD)。先求支承反力

$$\sum M_A = 0 \Rightarrow R_D = 7N \quad \sum M_D = 0 \Rightarrow R_A = 6N$$

畫 VD 圖

點 D 有最大剪力且點 C 有最大彎矩，故選 ABD。

14. (ABD)。曲率 $= \dfrac{M}{EI} = \dfrac{M}{E \times \dfrac{1}{12} \times bh^3}$，故選 ABD。

15. (ABC)。

16. (B)。 最大變矩在正中央且對稱結構

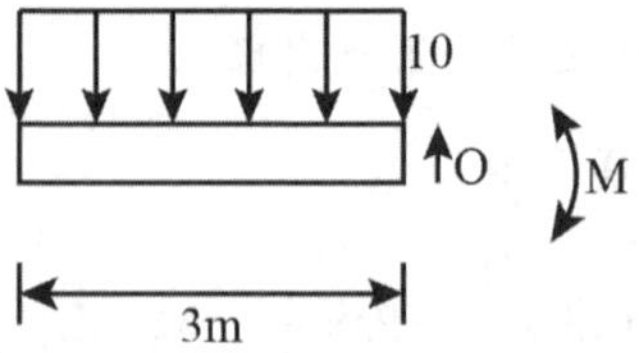

$$M＝10×3×1.5＝45(N\text{-}m)$$

17. (#)。 選項無正確答案，公布一律給分。

18. (#)。 選項無正確答案，公布一律給分。

19. (A)。 $25×0.5＝V_B×1 \Rightarrow V_B＝12.5(N)＝V_D$

20. (C)。 $I＝\dfrac{1}{12}×30×50^3－2×[\dfrac{1}{12}×(10)×(40)^3]＝20.58×10^4 mm^4$

$$Q＝(22.5)×(30×5)＝3375mm^3$$

$$q＝\frac{VQ}{I} \Rightarrow \frac{80}{90}＝\frac{V(3375)}{20.58×10^4}$$

$$V＝54.2(N)$$

21. (A)。 $Q＝22.5×10×5＝1125mm^3$

$$\frac{80}{90}＝\frac{V(1125)}{20.58×10^4} \Rightarrow V＝162.6(N)$$

22. (B)。

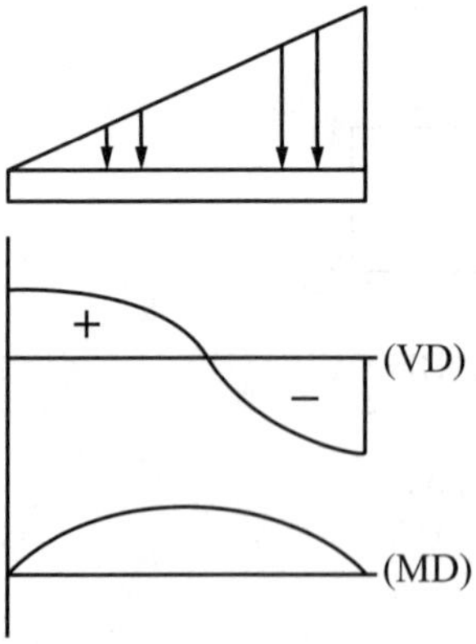

故選(B)。

23. (D)。 $\sigma = \dfrac{My}{I} = KEY = \dfrac{1}{0.5 \times 10^3} \times 200 \times 10^3 \times 1 = 400(MPa)$ 。

24. (A)。 $\tau = \dfrac{VQ}{Ib} = 30(MPa)$ 。

25. (D)。 張力與壓力不同。

26. (B)。

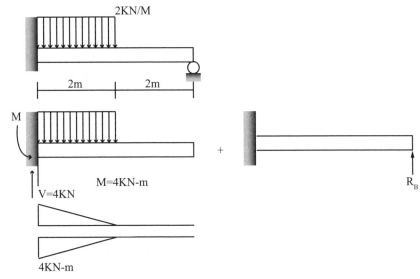

$\delta_B = (\delta_B)_1 + (\delta_B)_2 = 0$ ，其中，

$(\delta_B)_1 = \dfrac{1}{EI} \cdot \left(4 \times \dfrac{1}{3} \times 2 \times \left(\dfrac{3 \times 2}{4} + 2 \right) \right) = \dfrac{9.33}{EI}$ ， $(\delta_B)_2 = \left. \dfrac{-PL^3}{3EI} \right|_{P=R_B}^{L=4m} = \dfrac{-R_B 4^3}{3EI}$

代入可得

$\delta_B = \dfrac{9.33}{EI} - \dfrac{R_B 4^3}{3EI} = 0 \Rightarrow R_B = 0.4375$

取桿 FBD

$\sum M_A = 0$

$M_A = 4 - 0.4375 \times 4 = 2.25\ (KN\text{-}m)$

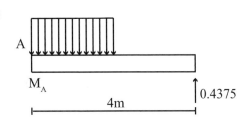

27. (A)。

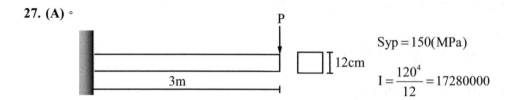

$Syp = 150(MPa)$

$I = \dfrac{120^4}{12} = 17280000$

A 點較易破壞

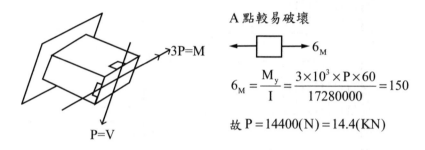

$6_M = \dfrac{M_y}{I} = \dfrac{3 \times 10^3 \times P \times 60}{17280000} = 150$

故 $P = 14400(N) = 14.4(KN)$

28. (B)。 $\delta_B = \dfrac{2P \times (\frac{L}{2})^3}{3(3EI)} = \dfrac{PL^3}{36EI}$

$\theta_B = \dfrac{2P \times (\frac{L}{2})^3}{2(3EI)} = \dfrac{PL^2}{12EI}$

$\delta_C = \delta_B + \dfrac{L}{2} \times \theta_B = \dfrac{5PL^3}{72EI}$

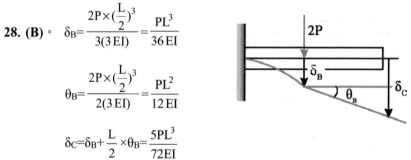

29. (B)。 $M = \dfrac{qL^3}{8} = \dfrac{4.6 \times 5^2}{8} = 14.375(kN)$

$\sigma = \dfrac{My}{I} = \dfrac{14.375 \times 10^6 \times 450}{\dfrac{1}{12} \times 600 \times 900^3}$

$= 0.777(MPa) = 177(kpa)$

q=4.6(kN/m)

30. (A)。　$\sigma_y = \dfrac{PL \times \dfrac{h}{2}}{\dfrac{1}{12} \times h \times h^3} = \dfrac{6PL}{h^3}$

$P_y = \dfrac{\sigma_y \times h^3}{6L}$

$P_u = P_y \times \dfrac{3}{2} = \dfrac{\sigma_y \times h^3}{4L}$

31. (C)。　形心位置

$15 \times 5 \times 10 \times 5 + 15 \times 10 \times 15$

$= [15 \times 5 \times 10 + 15 \times 10] \times \overline{y}$

$\overline{y} = 6.67 \text{(cm)}$

$I_C = \dfrac{1}{3} \times (15 \times 5) \times 6.67^3 + \dfrac{1}{3} \times (15 \times 2) \times (3.33)^3 \times 2 + \dfrac{1}{3} \times 15 \times 13.33^3$

$= 20000 \text{(cm}^4) = \dfrac{M}{EI} = \dfrac{3 \times 400}{9 \times 10^3 \times 20000}$

$= 6.67 \times 10^{-6}$

32. (A)。　$\tau_T = \dfrac{16T}{\pi d^2}$

$\sigma_M = \dfrac{32(VL)}{\pi d^3}$

$\tau_{max} = \sqrt{[\dfrac{32(VL)}{2\pi d^3}]^2 + [\dfrac{16T}{\pi d^3}]^2}$

$= \dfrac{16}{\pi d^3} \sqrt{(VL)^2 + T^2}$

33. (C)。　$\Sigma M_A = 0$

$W \times \dfrac{L}{2} \times \dfrac{3}{4} L = R_B \times L \Rightarrow R_B = \dfrac{3}{8} WL^2$

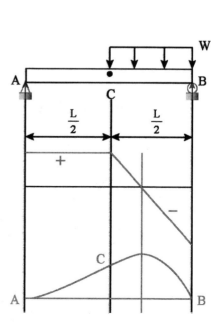

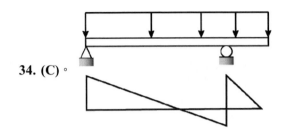

34. (C)。

35. (A)。 $\tau = \dfrac{3V}{2A} = \dfrac{3}{2} \times \dfrac{500}{20 \times 60}$

$= 0.625(\text{kg/mm}^2)$

36. (D)。 $M = \dfrac{WL^2}{8} = \dfrac{200 \times 3^2}{8} = 225$

$\sigma = \dfrac{My}{I} = \dfrac{225 \times 10^3 \times 40}{\dfrac{1}{12} \times 30 \times 80^3}$

$= 7.03(\text{kgf/mm}^2)$

37. (B)。 $25 \times 4 \times 20 \times 10 + 25 \times 20 \times 30$

$= [25 \times 4 \times 20 + 25 \times 20]\,\overline{y}$

$\overline{y} = 14$

$f = \dfrac{VQ}{I}$

$Q = 25 \times 4 \times 14 \times 7 = 9800$

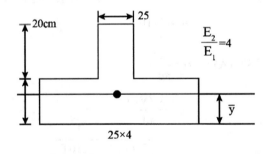

$I = \dfrac{1}{3} \times (25 \times 4) \times 14^3 + \dfrac{1}{3} \times (25) \times 26^3 + \dfrac{1}{3} \times (25 \times 3) \times 6^3$

$= \dfrac{730000}{3}$

$f = \dfrac{VQ}{I} = \dfrac{4 \times 9800}{\dfrac{730000}{3}} = 0.16(\text{kN / cm})$

38. (D)。

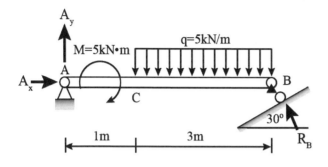

以 B 為支點：

$$\sum M_B = 0$$

$$A_y \times 4 + 5 = (5 \times 3) \times 1.5$$

$$A_y = 4.38(kN)$$

$$\sum F_y = 0$$

$$4.375 + R_B \cos 30^\circ = 5 \times 3$$

$$R_B = 12.27(kN)$$

$$\sum F_x = 0$$

$$A_x = 12.27 \sin 30^\circ = 6.13(kN)$$

$$A = \sqrt{\left(A_x\right)^2 + \left(A_y\right)^2} = 7.53(kN)$$

39. (C)。 $Z = \dfrac{M(N-m)}{\sigma(N/m^2)} = Z(m^3)$

基礎實戰演練

1 試繪出下圖結構之剪力圖與彎矩圖。【高考】

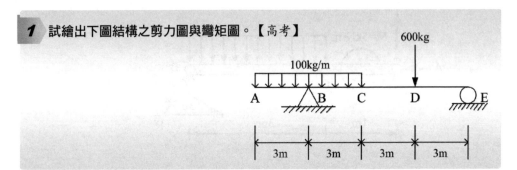

解

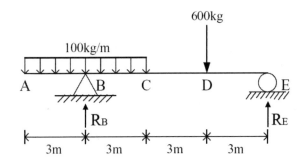

$$\sum M_B = 0 \quad \Rightarrow R_E = 400 \ (kg)$$

$$\sum F_y = 0 \quad \Rightarrow R_B = 800 \ (kg)$$

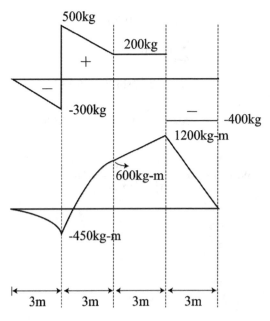

2 一梁結構如下，有一均佈外力 q＝1.0k/ft 施於 AB 之間，另有一力矩 M₀＝12.0k-ft 作用於 BC 中點，請分別繪出剪力與彎曲力矩圖。【高考】

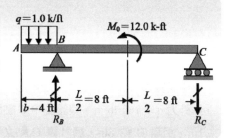

解　$\sum M_B = 0 \Rightarrow R_C = \dfrac{1 \times 4 \times (2) + 12}{16} = 1.25\,(\text{kips})$

$R_B = 5.25\,(\text{kips})$

$\varepsilon_{\max 2} = \dfrac{\sigma_2}{E} = -8.08 \times 10^{-4}$

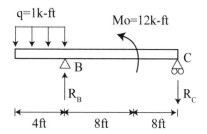

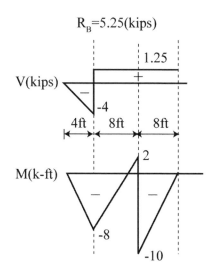

3 一簡支樑與其斷面如下圖所示，樑長 L=3ft，樑斷面寬 b=1in，高 h=4in 之矩形，承受一均佈外力 q = 160 lb/in。假設圖中 C 點距離頂部 1in，距離 B 點 8in，請計算 C 點之正向應力 σ_c 與剪切應力 τ_c，並繪出其元素圖來表示。

【100 年高考】

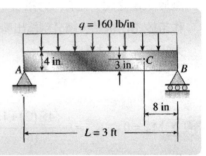

(解) 支承反力 R_A=2880ℓb，R_B=2880ℓb

取 BC 自由體圖

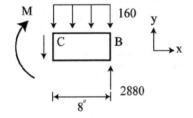

$$\sum F_y = 0 \Rightarrow V + 160 \times 8 = 2880 \Rightarrow V = 1600(\ell b)$$

$$\sum M_B = 0 \Rightarrow M = 1600 \times 8 + 160 \times 8 \times \frac{8}{2} = 17920(\ell b\text{-}in)$$

$$\sigma_c = \frac{My}{I} = \frac{17920 \times 1}{\frac{1}{12} \times 1 \times 4^3} = 3360(psi) 壓$$

$$\tau_c = \frac{VQ}{Ib} = \frac{16000 \times (1 \times 1 \times 1.5)}{\frac{1}{12} \times 1 \times 4^3 \times 1} = 450(psi)$$

壓力元素圖

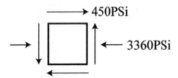

4 如圖(i)所示，組合梁 ABC，A 為滾支撐，B 為鉸接，C 為固定端，楊氏模數
E=200GPa。斷面為倒 T 形，其尺寸如圖(ii)所示（單位為 mm）。試求：

(一) A 及 C 端之反力及反力矩。

(二) B 處之撓度。

(三) 梁之剪力及彎矩分布圖。

(四) 斷面形心位置以及對中性軸之慣性矩 I。

(五) 若 L = 1 m，q = 10 kN/m 試求在固定端斷面處之最大彎曲壓應力及最
大彎曲拉應力。【109 年地特三等】

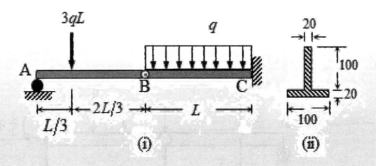

(i)　　　　　　　(ii)

解 (一) 取 AB 之 F.B.D

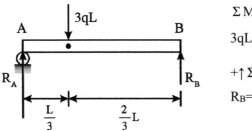

$\Sigma M_B=0$

$3qL \times \dfrac{2}{3}L=R_AL \quad \Rightarrow R_A=2qL$

$+\uparrow \Sigma F_y=0$

$R_B=qL$

取 BC 之 F.B.D

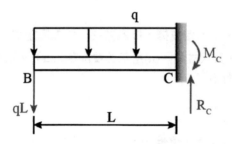

$\Sigma F_y=0 \Rightarrow R_C=2qL$

$\Sigma M_C=0$

$qL^2 \times \dfrac{q}{2}L^2 = M_C \Rightarrow M_C = \dfrac{2}{3}qL^2$

(二) B 點撓度 ⇒ 由重疊原理

$$\delta_B = \frac{q_L L^3}{3EI} + \quad = \frac{11qL^4}{24EI}$$

(三) 剪力圖與彎矩圖

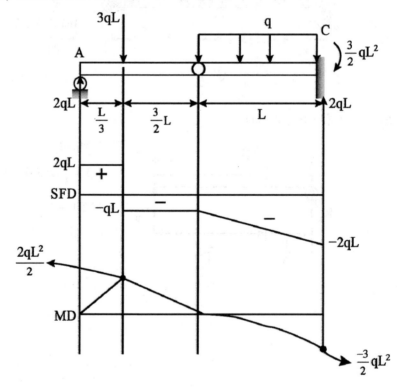

(四)

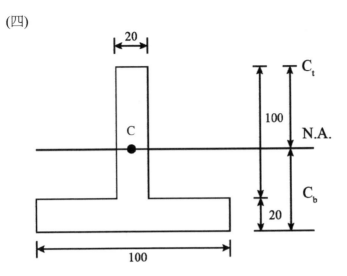

$20×100×10＋20×100×70=[20×100＋20×100]×C_b$

$C_b=40(mm)$，$C_t=80(mm)$

$I=\dfrac{1}{3}×20×80^3＋\dfrac{1}{3}×100×40^3－\dfrac{1}{3}×80×20^3=5333333.33(mm^4)$

(五) $M_c=\dfrac{3}{2}qL^2=\dfrac{3}{2}×10×1=15(kN-m)$

拉應力 $\sigma_t=\dfrac{15×10^6×80}{5333333.33}=225(MPa)$

壓應力 $\sigma_c=\dfrac{15×10^6×40}{5333333.33}=112.5(MPa)$

進階試題演練

1 如下圖示之一過懸梁(a simple beam with an overhang)簡支撐(simply supported)於 A、B 兩點，承受一均勻分佈負荷(a uniformly distributed load)q = 6 kN/m 及一集中負荷(a concentrated load)P = 28 kN。試求圖中 D 點之剪力(shear force)及彎距(bending moment)。【機械關務三等】

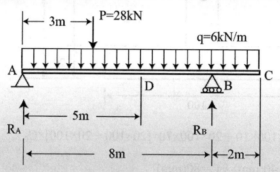

解 (1) 先求支承反力：

$$\sum M_A = 0 \Rightarrow R_B = \frac{1}{8} \times [28 \times 3 + 6 \times 10 \times 5] = 48kN(\uparrow)$$

$$\sum M_B = 0 \Rightarrow R_A = 40kN(\uparrow)$$

(2) 取 AD 自由體圖：

$$\sum F_y = 0 \Rightarrow V_D = 28 + 6 \times 5 - 40 = 18kN(\uparrow)$$

$$\sum M_D = 0 \Rightarrow M_D = -28 \times 2 - 6 \times 5 \times 2.5 + 40 \times 5 = 69kN \cdot m(\circlearrowright)$$

2 有一矩形截面樑（忽略其重量）受力與力矩作用如下圖。

(1) 繪出此樑的自由體圖並求 A、B 位置之反作用力。

(2) 繪出樑之剪力分佈圖及彎矩分佈圖並標明各關鍵位置（A、B、C、D 處）之剪力及彎矩值。【106 關三】

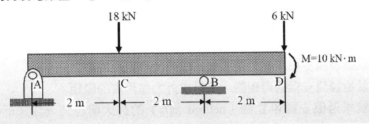

解 (1) 取樑之 F、B、D

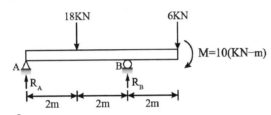

$$\overset{+}{\curvearrowright}\sum M_A = 0$$

$$18 \times 2 + 6 \times 6 + 10 - R_B \times 4 = 0 \Rightarrow R_B = 20.5(kN)$$

$$+\uparrow \sum F_y = 0 \Rightarrow R_A = 3.5(kN)$$

(2)

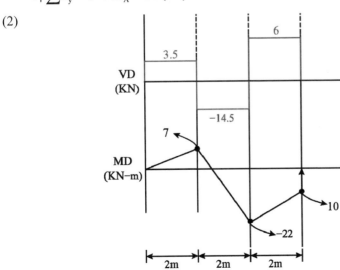

3

如圖所示，其中點 A 為原點。已知簡支樑之截面為 b×h 之矩形，其中 b 為樑之寬度、h 為樑之高度，請回答下列問題：

(一) 試繪製簡支樑（simply supported beam）的自由體圖，並求點 A 和 B 處的反力。

(二) 試繪製簡支樑的剪力圖，並且求外力作用處的剪力。

(三) 試繪製簡支樑的彎矩圖，並且求外力作用處的彎矩。

(四) 試求沿簡支樑中立軸（neutral axis）的最大剪應力 τ_{max}（maximum shear stress）及其位置。

(五) 試求沿簡支樑上表面（y = 0.5h）的最大剪應力及其位置。

(六) 試求簡支樑之最大剪應力及其位置。【109 年高考三級】

（提示參考公式：$\tau_{1,2} = \pm\sqrt{\left(\dfrac{\sigma_x - \sigma_y}{2}\right)^2 + \tau_{xy}^2}$，$\sigma = \dfrac{-My}{I}$，$\tau = \dfrac{QV}{Ib}$）

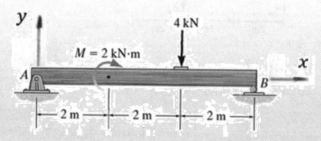

解　(一) ↻ $\Sigma M_A = 0$

$4 \times 4 - R_B \times 6 + 2 = 0$

$\Rightarrow R_B = 2(kW)$

$+\uparrow \Sigma F_y = 0 \Rightarrow R_A = 1(kN)$

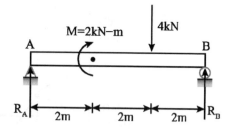

(二)(三)

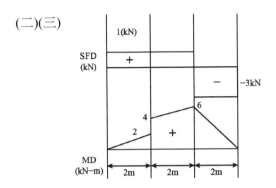

(四) $\tau_{max}=\dfrac{3}{2} \cdot \dfrac{V}{A} = \dfrac{3}{2} \times \dfrac{V}{b \times h}$ 其中 V=3kN 代入

位於 x=4(m)→x=6(m)有 τ_{max}

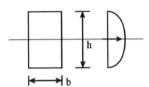

(五) $\sigma = -\dfrac{My}{I} = -\dfrac{M \times 0.5h}{\dfrac{1}{12} \times bh^3} = \dfrac{-6M}{bh^2}$　其中 M=6(kN−m)代入

最大剪應力位置位於 x=4m 處

(六) $\tau_{1,2}=\sqrt{(\dfrac{\sigma_x - \sigma_y}{2})^2 + \tau_{xy}^2} = \dfrac{\sigma}{2} = \dfrac{3M}{bh^2} \Rightarrow$ 其中 M=6(kN−m)代入

位於 x=4(m)處

4 試繪出如圖所示之剪應力和力矩
圖 (shear and moment diagram)。
【機械地方特考三等】

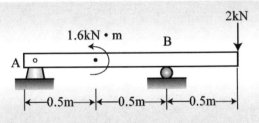

解 (1) 先求支承反力：

$\sum M_A = 0 \Rightarrow R_B = 1.4kN(\uparrow)$

$\sum M_B = 0 \Rightarrow R_A = 0.6kN(\uparrow)$

(2) **剪力圖與彎矩圖：**

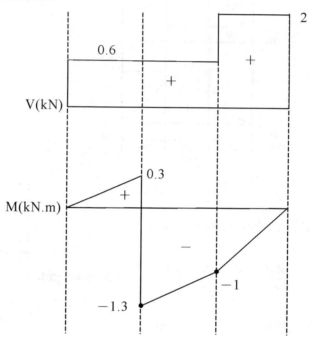

5 試繪出右圖結構之剪力圖與彎矩圖。【高考三級】

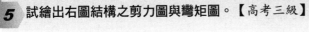

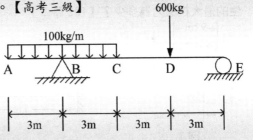

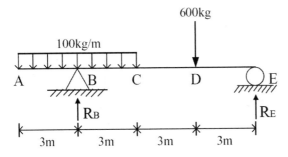

$\sum M_B = 0 \Rightarrow R_E = 400$ (kg)

$\sum F_y = 0 \Rightarrow R_B = 800$ (kg)

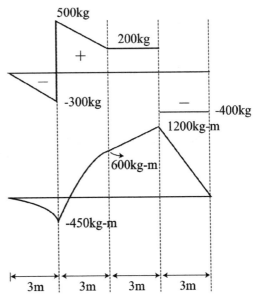

6 如圖所示之懸臂梁的斷面呈 T 形，如圖 1 所示，則在圖 2 所示的 B 點處所產生的最大拉應力為多少？【102 關三】

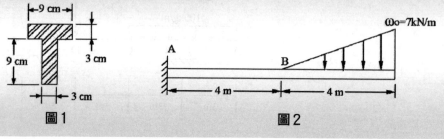

圖 1　　　　　　　　　　　　圖 2

(解) 慣性矩 $I = \frac{1}{3} \times [9 \times 4.5^3 - 6 \times 1.5^3 + 3 \times 7.5^3]$

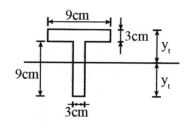

$= 688.5(cm^4) = 688.5 \times 10^4 (mm^4)$

$(9 \times 3) \times 2 \times y_t = 9 \times 3 \times 1.5 + 9 \times 3 \times (3 + 4.5)$

$y_t = 4.5(cm)$

$M_B = 7 \times 4 \times \frac{1}{2} \times \frac{2}{3} \times 4$

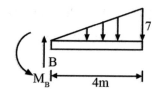

$= 37.33(KN-m)$

$= 37333.33(N-m)$

$\sigma = \frac{My_t}{I} = \frac{37333.33 \times 10^3 \times 4.5 \times 10}{688.5 \times 10^4} = 244(MPa)$

7 圖所示之懸臂梁的斷面係由兩片各為 200 mm×20 mm 的鋼板所焊接而成。若梁可容許的彎曲應力為 150 MPa 且可容許的剪應力為 70 MPa。

(一) 畫出梁之剪力圖及彎矩圖。

(二) 決定梁可安全承載的均勻分布載荷的載荷強度（Load Intensity）w 值。

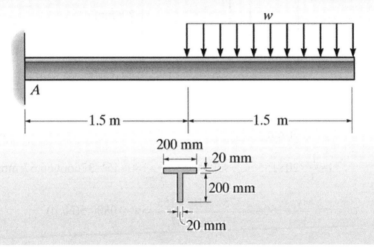

解　(一) Σ M_A=0

$$\Rightarrow M=1.5w(1.5+\frac{1.5}{2})=3.375w$$

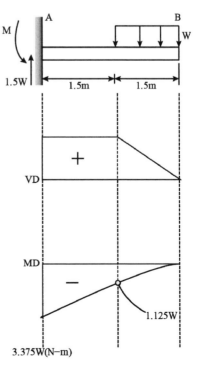

(二)

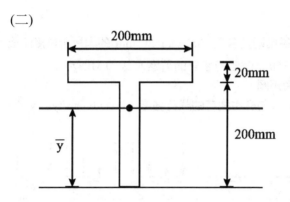

$200 \times 20 \times 100 + 20 \times 200 \times 210 = 200 \times 20 \times 2 \times \bar{y}$

$\bar{y} = 155 (mm)$

$I = \dfrac{1}{3} \times 20 \times 155^3 + \dfrac{1}{3} \times 200 \times 65^3 - \dfrac{1}{3} \times 180 \times 45^3 = 37666666.67 (mm^4)$

$\sigma = \dfrac{My}{I} = 150 = \dfrac{3.375w \times 10^3 \times 155}{37666666.67} \Rightarrow w = 10800.5 (N/m)$

第六章 樑之變形分析

6-1 ┆ 樑的撓曲微分方程式

一、撓曲線

(一) 如圖 6.1 所示一根任意懸臂樑，以變形前直樑的軸線為 x 軸，垂直向上的軸為 y 軸，當樑在 xy 面內發生彎曲時，樑的軸線由直線變為 xy 面內的一條光滑連續曲線，稱為樑的撓曲曲線，樑彎曲後橫截面仍然垂直於樑的撓曲線，樑發生彎曲時，各個截面不僅發生了線位移，而且還產生了角位移。

(二) 直樑中橫截面的形心在垂直於 x 軸方向的線位移，稱為直樑的撓度，用符號 v 表示，在圖示座標系下，撓度向上為正，向下為負，各個截面的撓度是截面形心座標 x 的函數，即可表示為 v = v(x)，此式稱之為撓曲曲線方程式。

(三) 橫截面的角位移，稱為截面的旋轉角度，用符號 θ 表示，於座標系中從 x 軸逆時針轉到撓曲線的切線形成的轉角 θ 為正的；反之為負的，旋轉角度也是截面位置 x 的函數，即 θ = θ(x)，此式稱之為旋轉角方程式。

(四) 工程實際中，小變形時轉角 θ 是一個很小的量，因此可表示為

$$\theta \approx \tan\theta = \frac{dy}{dx} = v'(x)$$

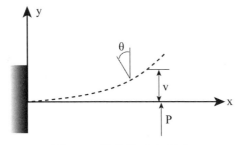

圖 6.1 撓曲微分方程式

二、撓曲曲線微分方程式

(一) 樑上的彎矩 M 和相應截面處樑軸的曲率半徑 ρ 均為截面位置 x 的函數，因此，梁的撓曲線的曲率可表為：

$$\frac{1}{\rho(x)} = \frac{M(x)}{EI}$$

(二) 由高等數學知，曲線任一點的曲率為：

$$\frac{1}{\rho(x)} = \pm \frac{v''}{\left[1 + (v')^2\right]^{\frac{3}{2}}} \Rightarrow \pm \frac{v''}{\left[1 + (v')^2\right]^{\frac{3}{2}}} = \frac{M(x)}{EI}$$

(三) 上式稱為撓曲線微分方程，在工程實際中，樑的撓度 v 和旋轉角 θ 數值都很小，因此 $(v')^2$ 可以忽略不計，於是，該式可簡化為：

$$\pm v'' = \frac{M(x)}{EI}$$

(四) 當樑的彎矩 M > 0 時，樑的撓曲曲線為凹曲線，撓曲線的二階導函數值 $v'' > 0$；反之，當樑的彎矩 M < 0 時，撓曲線為凸曲線，撓曲線的 $v'' < 0$。

(五) 同理旋轉角：$\theta(x) = v'$；剪力方程：$v''' = \dfrac{V(x)}{EI}$；均佈載重：$v'''' = -\dfrac{q(x)}{EI}$

三、邊界條件

(一) 固定端約束：限制線位移和角位移

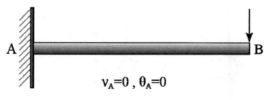

$$v_A = 0 \,,\, \theta_A = 0$$

圖 6.2　固定端之邊界條件

(二) 鉸支座：只限制線位移

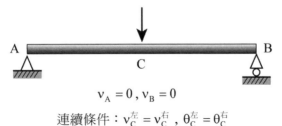

$$v_A = 0 , v_B = 0$$

連續條件：$v_C^{左} = v_C^{右}$, $\theta_C^{左} = \theta_C^{右}$

圖 6.3　鉸支座之邊界條件

範例 *6-1*

圖中之簡支梁在中點承受集中負荷 P，試求(a)梁在 $0 \leq x \leq \dfrac{L}{2}$ 間之撓度曲線方程式。(b)A 端斜角。(c)中點 C 之最大撓度。

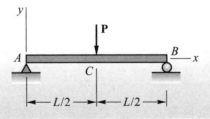

解 1.　$Ely'' = Mx = \dfrac{P}{2}x \cdot (0 \leq x \leq \dfrac{L}{2})$

$Ely' = \dfrac{P}{4}x^2 + C_1$ ……①

BC(1)：$x = \dfrac{L}{2}$, y'=0，代入公式①

$\dfrac{P}{4}(\dfrac{L}{2})^2 + C_1 = 0$, $C_1 = -\dfrac{PL^2}{16}$

$Ely' = \dfrac{P}{4}x^2 - \dfrac{PL^2}{16}$ ……②

$Ely = \dfrac{P}{12}x^3 - \dfrac{PL^2}{16}x + C_2$ ……③

　　　BC(2)：x=0，y=0，代入公式③　　$C_2=0$

　　　$y = \dfrac{P}{12EI} x^3 - \dfrac{PL^2}{16EI} x = \dfrac{P}{48EI} (4x^3 - 3L^2x)$

2. A 端：x=0，由公式②　　$\theta_A = y_A' = -\dfrac{PL^2}{16EI}$，或 $\theta_A = \dfrac{PL^2}{16EI}$ (cw)

3. 最大撓度在中點：$x = \dfrac{L}{2}$，由公式④

　　$y_{max} = \dfrac{P}{48EI} [4(\dfrac{L}{2})^3 - 3L^2(\dfrac{L}{2})] = -\dfrac{PL^3}{48EI}$，或 $\delta_c = \dfrac{PL^3}{48EI}$ (↓)

6-2 力矩面積法

一、力矩面積法第一定理

(一) 在分析直樑變形時，若無須知道其變形曲線函數，僅是要求得某些位置的撓度與偏位角度，可利用「$\dfrac{M}{EI}$ 圖」下面積來進行分析，此方法稱之為力矩面積法。

(二) 撓曲曲線之曲率 k，其定義為 $k = \dfrac{1}{\rho} = \dfrac{d\theta}{ds}$，若考慮樑之變形單純由彎矩所造成，則曲率與彎矩具有 $k = -\dfrac{M}{EI}$ 之關係，此外，撓曲曲線之斜率則為 $\dfrac{dy}{dx} = \tan\theta$。今假設樑之變形非常微小，亦即 $ds \approx dx$、$\theta \approx \tan\theta$（θ 之單位為徑度），則可得 $\dfrac{d\theta}{dx} = \dfrac{M}{EI} \Rightarrow d\theta = \dfrac{M}{EI} dx$，兩邊取積分，可得 $\theta = \displaystyle\int \dfrac{M}{EI} dx$。

(三) 由樑上選取 A、B 二點，由 A 點積分至 B 點，此積分值為直樑位於 A 點的旋轉角度與 B 點的旋轉角度差，表示彈性直樑上任意兩點的切線夾角差（B 點與 A 點的斜率差），等於「$\dfrac{M}{EI}$ 圖」曲線下的面積（由 A 點至 B 點），此即為力矩面積法第一定理。

$$\theta_B - \theta_A = \theta_{B/A} = \int_A^B \dfrac{M}{EI} dx$$

二、力矩面積法第二定理

(一) 承第一定理所述，若由 A 點的切線與 B 點位移方向的交點算起，偏位 Δ_{BA} 為 A 點拉出切於 v(x) 之線，切線延伸至 B 點處時，此線與 B 點位移的垂直高度差，稱之為「切線偏移量」，其等於由 A 端至 B 端 $\frac{M}{EI}$ 圖形曲線下的面積(由 A 點至 B 點)對 B 點的一次矩，可表示為：

$$\Delta_{BA} = \int_A^B \frac{M}{EI} x \, dx$$

(二) 由於面積的形心 $\bar{x} \int dA = \int x \, dA \Rightarrow \Delta_{BA} = \bar{x} \int_A^B \frac{M}{EI} dx$ ，式中 $\bar{x}$ 表 A 點至曲線下區域形心的距離。

(三) 彈性直樑上一點(A)的切線相對於從另一點(B)所延伸的位移方向切之垂直偏移量，等於由 A 端至 B 端 $\frac{M}{EI}$ 圖形曲線下的面積(由 A 點至 B 點)對 B 點的一次矩，此稱之為力矩面積法第二定理。

三、基本撓度變形與旋轉角

圖式	力矩面積法
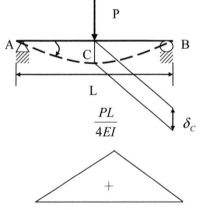	1. 力矩面積法第一定理： $\theta_A - \theta_C = \theta_A - 0 = (\frac{2}{3})(\frac{1}{2})(\frac{1}{8})\frac{qL^3}{EI}$ $\theta_A = \frac{qL^3}{24EI}$ (順時針) $\theta_B = \frac{qL^3}{24EI}$ (逆時針) 2.　力矩面積法第二定理： $\delta_C = \Delta_{AC} = (\frac{1}{24})(\frac{1}{2})(\frac{5}{8})\frac{qL^4}{EI}$ (由 C→A 之面積矩) $\delta_C = \frac{5qL^4}{384EI}$ ($\downarrow$)
	1. 力矩面積法第一定理： $\theta_A - \theta_C = \theta_A - 0 = (\frac{1}{2})(\frac{1}{4})(\frac{1}{2})\frac{PL^2}{EI}$ $\theta_A = \frac{PL^2}{16EI}$ (順時針) $\theta_B = \frac{PL^2}{16EI}$ (逆時針) 2. 力矩面積法第二定理： $\delta_C = \Delta_{AC} = (\frac{1}{16})(\frac{1}{2})(\frac{2}{3})\frac{PL^3}{EI}$ (由 C→A 之面積矩) $\delta_C = \frac{PL^3}{48EI}$ ($\downarrow$)

圖式	力矩面積法
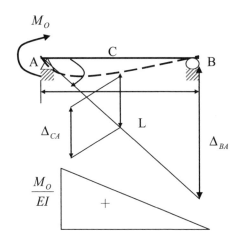	1. 力矩面積法第二定理： $\theta_A = \dfrac{\Delta_{BA}}{L} = (\dfrac{1}{2})(1)(1)(\dfrac{2}{3})\dfrac{M_O L}{EI}$ $\theta_A = \dfrac{M_O L}{3EI}$ (順時針) 同理 $\theta_B = \dfrac{\Delta_{AB}}{L} = \dfrac{M_O L}{6EI}$ (逆時針) $\delta_C = \dfrac{\Delta_{BA}}{2} - \Delta_{CA}$ $= (\dfrac{1}{6}) - (\dfrac{3}{8} \times \dfrac{1}{6} \times \dfrac{\frac{1}{2}+2}{\frac{1}{2}+1})\dfrac{M_O L^2}{EI}$ $\delta_C = \dfrac{M_O L^2}{16EI}$ (↓)
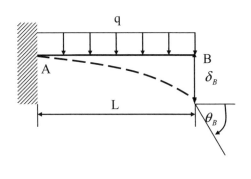	1. 力矩面積法第一定理： $\theta_A = 0$ $\theta_B - 0 = (\dfrac{1}{2})(1)(\dfrac{1}{3})\dfrac{qL^3}{EI}$ $\theta_B = \dfrac{qL^3}{6EI}$ (順時針) 2. 力矩面積法第二定理： $\delta_B = \Delta_{BA} = (\dfrac{1}{6})(\dfrac{3}{4})\dfrac{qL^4}{EI}$ $\delta_B = \dfrac{qL^4}{8EI}$ (↓)

圖式	力矩面積法
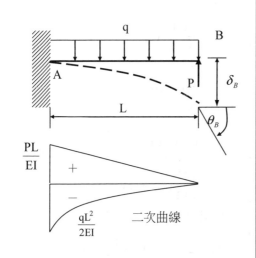	1. 力矩面積法第一定理： $\theta_A = 0$ $\theta_B - 0 = (1)(1)(\dfrac{1}{2})\dfrac{PL^2}{EI}$ $\theta_B = \dfrac{PL^2}{2EI}$ (順時針) 2. 力矩面積法第二定理： $\delta_B = \Delta_{BA} = (\dfrac{1}{2})(\dfrac{2}{3})\dfrac{PL^3}{EI}$ $\delta_B = \dfrac{PL^3}{3EI}$ (↓)
	1. 力矩面積法第一定理： 疊加的方式繪製彎矩圖求解 $\theta_A = 0$ $\theta_B - 0 = (\dfrac{1}{2})(1)(\dfrac{1}{3})\dfrac{qL^3}{EI} - \dfrac{PL^2}{2EI}$ $\theta_B = \dfrac{qL^3}{6EI} - \dfrac{PL^2}{2EI}$ (取順時針為正) 2. 力矩面積法第二定理： $\delta_B = \Delta_{BA} = (\dfrac{1}{6})(\dfrac{3}{4})\dfrac{qL^4}{EI} - \dfrac{PL^3}{3EI}$ $\delta_B = \dfrac{qL^4}{8EI} - \dfrac{PL^3}{3EI}$ (↓)

四、溫度彎曲

(一) 樑的頂部與樑的底部溫度不同(底部溫度>頂部溫度)

$dh = \alpha(T_2 - T_1)dx(T_2 > T_1)$

$$K_T = \left(\frac{\alpha\Delta T}{h}\right)$$

(二) 若樑受彎矩 M 之力，且樑的頂部與樑的底部溫度不同(底部溫度>頂部溫度)

$$樑彎曲 = 彎矩彎曲 + 溫差彎曲 \Rightarrow K = -\left(\frac{M}{EI} + \frac{\alpha\Delta T}{h}\right)$$

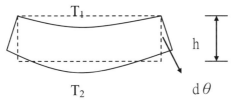

圖 6.4　溫度彎曲

範例 6-2

如圖所示，試求在 B 點之角度與撓度。（EI 為樑的撓度剛性）。

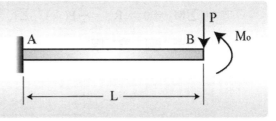

解 1. 力矩面積法第一定理

$$A_1 = \frac{M_0 L}{EI} \qquad \bar{x}_1 = \frac{L}{2}$$

$$A_2 = -\frac{PL^2}{2EI} \qquad \bar{x}_2 = \frac{2L}{3}$$

$$A_0 = A_1 + A_2 = \frac{M_0 L}{EI} - \frac{PL^2}{2EI}$$

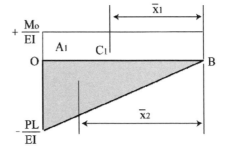

$$\theta_{B/A} = \theta_B - \theta_A = A_0 \quad \theta_A = 0$$

$$\theta_B = A_0 = \frac{M_0 L}{EI} - \frac{PL^2}{2EI}$$

2. 力矩面積法第二定理：

$$Q = A_1 \overline{x_1} + A_2 \overline{x_2} = \frac{M_0 L^2}{2EI} - \frac{PL^3}{3EI} \quad t_{B/A} = Q = \delta_B \quad \delta_B = \frac{M_0 L^2}{2EI} - \frac{PL^3}{3EI}$$

$$\theta_B = \frac{PL^2}{2EI} - \frac{M_0 L}{EI} \quad \delta_B = \frac{PL^3}{3EI} - \frac{M_0 L^2}{2EI}$$

範例 *6-3*

如圖所示，試求在 C 點之撓度。(EI 為樑的撓度剛性)。【機械地特四等】

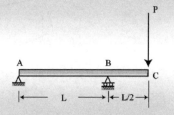

解 1. **先求支承反力：**

$$\sum M_A = 0 \Rightarrow R_B = \frac{3}{2}P(\uparrow) \quad \sum F_y = 0 \Rightarrow R_A = \frac{1}{2}P(\downarrow)$$

2. **畫剪力圖及彎矩圖：**

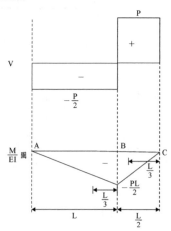

3. 樑之變形如下所示：

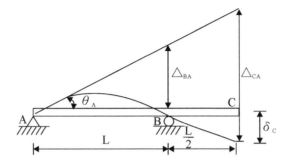

由力矩面積法第二定律

$$\Delta_{CA} = \frac{-1}{EI}[\underbrace{\frac{PL}{2} \times L \times \frac{1}{2} \times (\frac{L}{3} + \frac{L}{2})}_{\text{大三角形面積} \times \text{面積矩}} + \underbrace{\frac{PL}{2} \times \frac{L}{2} \times \frac{1}{2} \times \frac{L}{3}}_{\text{小三角形面積} \times \text{面積矩}}]$$

$$= \frac{-PL^3}{4EI}(\downarrow)$$

$$\Delta_{BA} = \frac{-1}{EI} \times [\frac{PL}{2} \times L \times \frac{1}{2} \times \frac{L}{3}] = \frac{-PL^3}{12EI}(\downarrow)$$

$$\delta_C = \Delta_{CA} - \frac{3}{2} \times \Delta_{BA} = \frac{-PL^3}{8EI} \text{負號表示向下} \Rightarrow \frac{PL^3}{8EI}(\downarrow)。$$

範例 6-4

如圖所示之矩形斷面樑，其樑頂面之溫度為 T_1，樑底部之溫度為 T_2，若樑斷面高為 h，α 為其熱膨脹係數，則該梁在此溫度變化下，C 點處之垂直撓度為何？

【機械關務三等】

A ——— T_1 ——— B ——— T_1 ——— C
　　　T_2　　　　　　T_2
|← L →|← b →|

解　$V'' = \frac{-\alpha(T_2 - T_1)}{h}$　$V = \frac{-\alpha(T_2 - T_1)}{2h} x^2 + C_1 x + C_2$　$V(0) = 0 \Rightarrow C_2 = 0$

$V(L) = 0 \Rightarrow \frac{-\alpha(T_2 - T_1)L}{2h} = C_1$　$\Rightarrow V = \frac{-\alpha(T_2 - T_1)x}{2h}(x - L)$

$\delta_C = V(L + b) = \frac{-\alpha(T_2 - T_1)(L + b)(L + b - L)}{2h} = \frac{-\alpha b(T_2 - T_1)}{2h}(L + b)$

6-3 靜不定樑

一、懸臂樑之靜不定結構

(一) 樑靜不定度： n(靜不定度) = b(桿件數) + r(反力數) + s(剛接數) − 2j(節點)

(二) 解題方式

　1. 使用力矩面積法求解靜不定樑之未知贅力。

　2. 先將各個分解力繪製分解之彎矩圖($\dfrac{M}{EI}$圖)，再利用力矩面積法以疊加的方式計算。

　3. 採用每個已知之負載對應於彎矩圖內，利用位移諧和條件求解。

二、連續樑

解題方式

　1. 取內支承處斷面彎矩為贅力，使用力矩面積法求解未知贅力。

　2. 以疊加的方式繪製彎矩圖($\dfrac{M}{EI}$圖)。

　3. 採用每個已知之負載對應於彎矩圖內，以內支承左右側旋轉角相同之位移諧和條件求解。

範例 *6-5*

當負載 P 施加時，求固定支撐之 C 之反力(假設 EI 為常數)

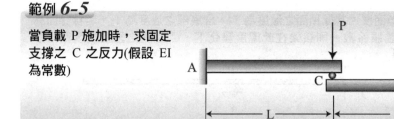

解 　1. 假設 C 處之支承受力為 x，則取 AC 及 BC 之自由體圖且畫出彎矩之分解圖：

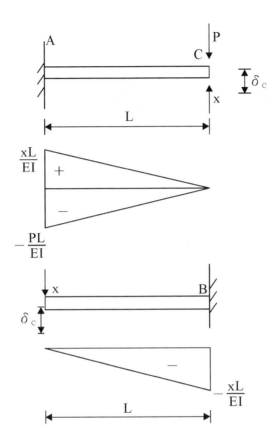

2. (1) 如圖 BC 圖，根據力矩面積法第二定理：

$$\delta_C = \frac{1}{EI}\left[-xL\times L\times\frac{1}{2}\times\frac{2}{3}L\right] = \frac{-xL^3}{3EI}$$

(2) 如圖 AC 圖，根據力矩面積法第二定理：

$$\delta_C = \frac{1}{EI}\left[x\times L\times\frac{1}{2}\times\frac{3}{2}L + (-PL)\times L\times\frac{1}{2}\times\frac{2}{3}L\right] = \frac{xL^3}{3EI} - \frac{PL^3}{3EI}$$

$$\Rightarrow \frac{-xL^3}{3EI} = \frac{xL^3}{3EI} - \frac{PL^3}{3EI} \quad \Rightarrow x = \frac{P}{2}$$

範例 *6-6*

樑 ABC 其左端固定於 A 點，B 點為一簡支點，如圖所示。在承受圖示之荷重時，試求 A、B 兩支撐之反作用力。假設樑之彎曲剛度(flexural rigidity)為 EI = 4 MN-m²。【機械專利特考】

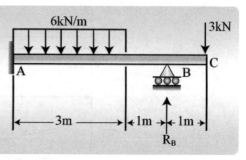

解 1. 靜不定結構假設 B 處贅力 x，畫出各自分解力之($\frac{M}{EI}$)圖：

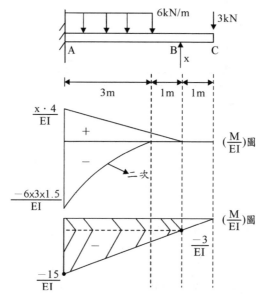

$$\delta_B = 0 = \Delta_{BA} = \frac{1}{EI}[x \cdot 4 \times 4 \times \frac{1}{2} \times \frac{8}{3} - 6 \times 3 \times 1.5 \times 3 \times \frac{1}{3} \times (3 \times \frac{3}{4} + 1)$$

$$\underbrace{-3 \times 4 \times 4 \times \frac{1}{2}}_{\text{斜線長方形}} \underbrace{-4 \times 12 \times \frac{1}{2} \times 4 \times \frac{2}{3}}_{\text{斜線三角形}}]$$

$\Rightarrow R_B = x = 8.24(kN)$

2. $\sum F_y = 0 \Rightarrow R_A = 12.76(kN)$。

範例 6-7

有一懸臂樑如圖所示，在中點有一支點 B，在自由端 C 受到一向下的力 P，試問：(1)此樑在此負荷與拘束狀態之下稱為什麼狀態？(2)求各支點之反作用力與力矩。(3)繪出剪力圖與彎曲力矩圖。【機械技師】

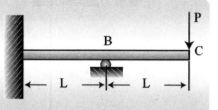

解　1. 靜不定樑結構：

2. 假設 B 為贅力 x，釋放結構體：

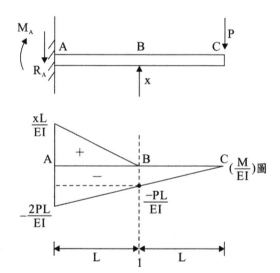

利用力矩面積法第二定理

$$\Delta_{BA} = \delta_B = 0$$

$$\Rightarrow \frac{1}{EI}[-PL \times L \times \frac{L}{2} - PL \times L \times \frac{1}{2} \times \frac{2}{3}L + xL \times L \times \frac{1}{2} \times \frac{2}{3}L] = 0$$

$$\Rightarrow \frac{5PL^3}{6} = \frac{xL^3}{3} \Rightarrow R_B = x = \frac{5}{2}P(\uparrow) \quad \sum F_y = 0 \quad R_A = \frac{3P}{2}(\downarrow)$$

$$\sum M_A = 0 \Rightarrow M_A = \frac{PL}{2}(\circlearrowleft)$$

3. 畫剪力圖與彎矩圖：

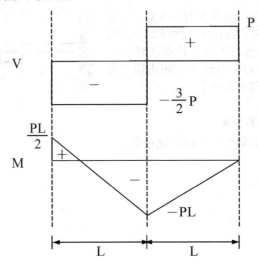

範例 6-8

樑 AB 其左端固定於 A 點，B 點為一彈簧支撐，如圖所示。在承受圖示之荷重時，試求 (1)A、B 兩支撐之反作用力。(2)樑之最大剪力及最大彎矩。假設樑之彎曲剛度(flexural rigidity)EI=10MN-m²，彈簧的彈簧常數為 2kN/m。【機械鐵路特考三等】

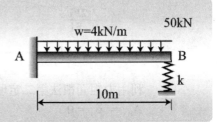

解 1. 靜不定結構假設 B 為贅力 x：

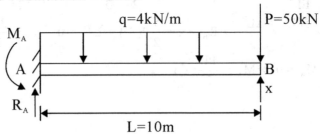

利用基本撓度公式

$$\delta_B = \frac{qL^4}{8EI} - \frac{xL^3}{3EI} + \frac{PL^3}{3EI}(\downarrow)$$

$$= \frac{4 \times 10^4}{8 \times 10 \times 10^3} - \frac{x \times 10^3}{3 \times 10 \times 10^3} + \frac{50 \times 10^3}{3 \times 10 \times 10^3} = 2.167 - \frac{x}{30}$$

又彈簧 $x = k\delta_B = 2 \times (2.167 - \frac{x}{30})$　$\Rightarrow x = 4.063(kN)$

$R_A = 50 + 4 \times 10 - 4.063 = 85.94(kN)$

$\sum M_A = 0 \Rightarrow M_A = 659.37 kN \cdot m(\curvearrowright)$

2. **最大剪力** $V_{max} = R_A = 85.94(kN)$：

最大彎矩 $M_{max} = M_A = 659.37 kN \cdot m$

範例 *6-9*

若圖所示樑之 EI 是常數，其中 E 是楊氏模數，I 是樑斷面有關中性軸（Neutral Axis）之慣性矩（Moment of Inertia）。

(一)決定在 A 點及 B 點的反作用力。

(二)畫剪力圖及彎矩圖。【109 年關務三等】

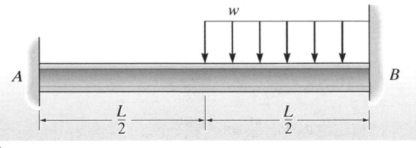

解　(一) 由奇異函數法

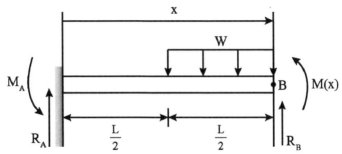

$$M(x)=R_A<x>-M_A<x>^0-\frac{w}{2}<x-\frac{L}{2}>^2$$

$$\Rightarrow EIy''=R_A<x>-M_A<x>^0-\frac{w}{2}<x-\frac{L}{2}>^2$$

$$\Rightarrow EIy'=\frac{R_A}{2}<x>^2-M_A<x>-\frac{w}{6}<x-\frac{L}{2}>^2+C_1$$

$$\Rightarrow EIy=\frac{R_A}{6}<x>^3-\frac{MA}{2}<x>^2-\frac{w}{24}<x-\frac{L}{2}>^4+C_1X+C_2$$

(二) 代入邊界條件

$x=0$　$y=0 \Rightarrow c_2=0$

$x=0$　$y'=0 \Rightarrow c_1=0$

$x=L$　$y=0$　$y'=0$

$$0=\frac{R_A}{6}L^3-\frac{M_A}{2}L^2-\frac{w}{24}(\frac{L}{2})^4\text{—}(1)$$

$$0=\frac{R_A}{2}\times L^2-M_AL-\frac{w}{6}(\frac{L}{2})^3\text{—}(2)$$

由(1)(2) $R_A=\frac{3wL}{32}$ ，$M_A=+\frac{5wL^2}{192}$

$$R_A+R_B=\frac{wL}{2}\Rightarrow R_B=\frac{13wL}{32}$$

$$\Sigma M_A=0\Rightarrow M_B=\frac{11wL^2}{192}$$

(三)

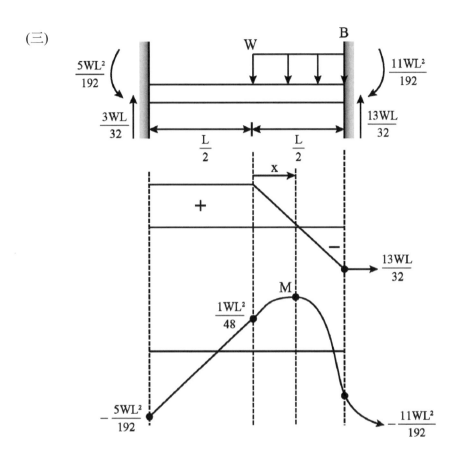

$$x : \frac{L}{2} - x = \frac{3}{32} : \frac{13}{32}$$

$$\Rightarrow x = \frac{13}{32} L$$

$$M = \frac{1wL^2}{48} + \frac{1}{2} \times \frac{3}{32} \times \frac{3}{32} (wL^2)$$

$$= \frac{155}{6144} wL^2$$

6-4 組合變形

一、組合變形

(一) 在工程應用上結構中的桿構件，受外力作用產生的變形比較複雜，經分析後均可看成若干種基本變形（彎曲、扭轉、拉伸壓縮）的組合，構件受力後產生的變形是由兩種以上基本變形的組合，稱爲組合變形。

(二) 對於組合變形的計算，首先按靜力等效原理，將負載進行簡化、分解，使每一種負載產生一種基本變形；其次，分別計算各基本變形的解（內力、應力、變形），最後綜合考慮各基本變形，疊加其應力、變形，進行桿構件受力狀況的分析。

二、組合變形解題步驟

(一) 外力分析：外力向形心簡化並沿主慣性軸分解，並計算支承反力。

(二) 內力分析：利用第三至第五章內容所述之基本變形分析方式，求出每個外力分量對應的內力方程，利用自由體圖計算桿構件接觸部位或是桿構件之內力與桿構件之基本變形。

(三) 對於線彈性狀態的構件，所有受力狀況分解爲基本變形，考慮在每一種基本變形下的應力和變形，然後進行疊加，而得到桿構件之組合變形。

範例 6-11

如圖所示之鑽床鑽孔時受到壓力 P=15 kN，已知偏心矩 e=0.4 m，鑄鐵立柱的直徑 d=125 mm，試求立柱的最大受力為多少。

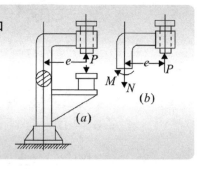

解

1. **外力分析：**

   鑽床立柱在偏心載荷 P 的作用下，產生拉伸與彎曲組合變形。

2. **內力分折：**

   將立柱假想地截開，取上端自由體圖如圖(b)，由平衡條件求得約束反力，即可求出立柱的軸力和彎矩分別爲：

   $F_N=P=15000$ N、$M=Pe=15000×0.4=6000$ N·m

3. 應力分析：

立柱橫截面上的軸向拉力使截面產生均勻拉應：$\sigma_t = \dfrac{P}{A}$

彎矩 M 使橫截面產生彎曲應力，其最大值爲 $\sigma_{max} = \dfrac{Mr}{I} = \dfrac{Per}{I_z}$

得 $\sigma_{max} = \dfrac{P}{A} + \dfrac{Per}{I} \Rightarrow \sigma_{t\,max} = \left(\dfrac{15000}{\dfrac{\pi125^2}{4}} + \dfrac{6000}{\dfrac{\pi125^3}{32}}\right)MPa = 32.4\ MPa$

範例 6-12

請利用畸變理論（Distortion energy theory）計算出右圖 A 及 B 兩點的安全係數。該圓棒之材料為 AISI 1006，其降伏強度 S_y=280MPa，抗拉強度 S_{ut}=330MPa。受力 F＝0.55kN、P＝8.0kN、T＝30.0N-m

【機械高考】

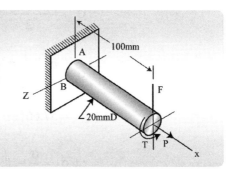

解 1. A 點位置：

剪應力：$\tau = \dfrac{Tr}{J} = \dfrac{16T}{\pi \cdot d^3} = \dfrac{16(30\times10^3)}{\pi\times20^3} = 19.11\,MPa$

拉應力：$\sigma = \dfrac{P}{a} + \dfrac{My}{I} = \dfrac{4P}{\pi\cdot d^2} + \dfrac{32FL}{\pi\cdot d^3} = \dfrac{4\times8000}{\pi\cdot d^2} + \dfrac{32(550\times100)}{\pi\cdot d^3}$
$= 95.56\,MPa$

$\sigma_{1,2} = \dfrac{\sigma_x + \sigma_y}{2} \pm \sqrt{\left(\dfrac{\sigma_x - \sigma_y}{2}\right)^2 + \tau_{xy}^2}$

$\sigma_1 = \dfrac{\sigma}{2} + \sqrt{\left(\dfrac{\sigma}{2}\right)^2 + \tau^2} = \dfrac{95.56}{2} + \sqrt{\left(\dfrac{95.56}{2}\right)^2 + 19.11^2}$
$= 99.24\,(MPa)$

$\Rightarrow \sigma_2 = \dfrac{\sigma}{2} - \sqrt{\left(\dfrac{\sigma}{2}\right)^2 + \tau^2} = \dfrac{95.56}{2} - \sqrt{\left(\dfrac{95.56}{2}\right)^2 + 19.11^2}$
$= -3.68\,(MPa)$

2. B 點位置：

剪應力 $\tau = \dfrac{Tr}{J} + \dfrac{4V}{3A} = \dfrac{16T}{\pi \cdot d^3} + \dfrac{16P}{3\pi \cdot d^2} = \dfrac{16(30 \times 10^3)}{\pi \times 20^3} + \dfrac{16 \times 550}{3\pi \times 20^2}$

$$= 221.43\,\text{MPa}$$

軸向拉應力 $\sigma = \dfrac{P}{A} = \dfrac{4P}{\pi \cdot d^2} = \dfrac{4 \times 8000}{\pi \times d^2} = 25.46\,\text{MPa}$

$$\sigma_{1.2} = \frac{\sigma_x + \sigma_y}{2} \pm \sqrt{\left(\frac{\sigma_x - \sigma_y}{2}\right)^2 + \tau_{xy}^{\ 2}}$$

$$\sigma_1 = \frac{\sigma}{2} \pm \sqrt{\left(\frac{\sigma}{2}\right)^2 + \tau^2} = \frac{25.46}{2} + \sqrt{\left(\frac{25.46}{2}\right)^2 + 21.43^2}$$

$$= 37.66\,(\text{MPa})$$

$$\Rightarrow \sigma_2 = \frac{\sigma}{2} - \sqrt{\left(\frac{\sigma}{2}\right)^2 + \tau^2} = \frac{25.46}{2} - \sqrt{\left(\frac{25.46}{2}\right)^2 + 21.43^2}$$

$$= -12.20\,(\text{MPa})$$

3. 由以上分析可知 A 處受到應力較大

$$\sigma_1 = 99.24\,(\text{MPa}) > 37.66\,(\text{MPa})$$

由畸變能理論可知

$$\sigma_d = \sqrt{\sigma_1^2 + \sigma_2^2 - \sigma_1\sigma_2} = \sqrt{99.24^2 + (-3.68)^2 - 99.24 \times (-3.68)}$$

$$= 101.13\,\text{MPa}$$

$$n = \frac{S_{yp}}{\sigma_d} = \frac{280}{101.13} = 2.77$$

範例 *6-13*

一密閉圓筒型壓力容器，其內徑(inner diameter)為 350mm，壁厚為 25mm。已知容器承受 100kN-m 之扭矩、20kN-m 之彎矩、以及 5MPa 之內壓力，試求筒壁之最大正應力(normal stress)及最大剪應力(shear stress)。【機械台鐵特考三等】

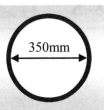

(解) 1. 圓筒型壓力容器之應力元素：

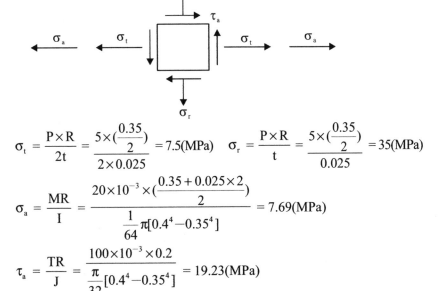

$$\sigma_t = \frac{P \times R}{2t} = \frac{5 \times (\frac{0.35}{2})}{2 \times 0.025} = 7.5(MPa) \quad \sigma_r = \frac{P \times R}{t} = \frac{5 \times (\frac{0.35}{2})}{0.025} = 35(MPa)$$

$$\sigma_a = \frac{MR}{I} = \frac{20 \times 10^{-3} \times (\frac{0.35 + 0.025 \times 2}{2})}{\frac{1}{64}\pi[0.4^4 - 0.35^4]} = 7.69(MPa)$$

$$\tau_a = \frac{TR}{J} = \frac{100 \times 10^{-3} \times 0.2}{\frac{\pi}{32}[0.4^4 - 0.35^4]} = 19.23(MPa)$$

2. 筒壁：

$$\sigma_x = \sigma_t + \sigma_a = 25.19(MPa) \quad \sigma_y = \sigma_r = 35(MPa)$$

$$\tau_a = \tau_{xy} = 19.23(MPa)$$

$$\tau_{max} = \sqrt{(\frac{\sigma_x - \sigma_y}{2})^2 + (\tau_{xy})^2} = \sqrt{(\frac{25.19 - 35}{2})^2 + (19.23)^2} = 19.846(MPa)$$

$$\sigma_{1,2} = \frac{25.9 + 35}{2} \pm 19.846$$

$$\Rightarrow \sigma_1 = 50.276(MPa) , \quad \sigma_2 = 10.604(MPa)$$

6-5 ｜ 柱之挫曲

一、基本觀念

(一) 壓桿穩定：桿構件若處於平衡狀態，當受到一微小的干擾力後，桿構件偏離原平衡位置，而干擾力解除以後，又能恢復到原平衡狀態時，這種平衡稱為穩定平衡。

(二) 臨界壓力：桿構件為不穩定平衡的壓力的臨界值稱為臨界壓力(或臨界力)以 P_{cr} 表示。

(三) 柱之挫曲：受壓桿構件在某一平衡位置受到一微小的干擾力，轉變到其他平衡位置的過程叫挫曲或失穩。

二、臨界壓力推導

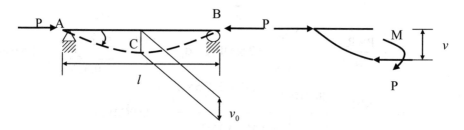

圖 6.5　臨界壓力

(一) 如圖所示從微彎的桿構件中取分離自由體圖，距原點為 x 的任意截面的撓度為 v，力矩平衡方程式： $EIv'' = M(x) = -Pv$

　　$EIv'' + Pv = 0$ (微彎彈性曲線的微分方程式)

(二) 令 $k^2 = \dfrac{P}{EI} \Rightarrow v'' + k^2 v = 0$ 其通解為： $v = C_1 \cos kx + C_2 \sin kx$

　　當 $x = 0$ 時， $v(0) = 0$ ；當 $x = l$ 時， $v(l) = 0$

　　$\left. \begin{array}{l} C_1 \times 1 + C_2 \times 0 = 0 \\ C_1 \cos kl + C_2 \sin kl = 0 \end{array} \right\}$

(三) 式中是以 C_1 和 C_2 為未知數的二元聯立方程式且為齊次方程式，即有零解
　　 $C_1 = 0$、$C_2 = 0$。

(四) 非零解 C_1 和 C_2 的係數行列式等於零，即

$$\begin{vmatrix} 1 & 0 \\ \cos kl & \sin kl \end{vmatrix} = 0$$

穩定方程式：$\sin kl = 0 \Rightarrow kl = \pm n\pi \,(\, n = 0 \cdot 1 \cdot 2 \cdot 3 \cdot \ldots)$

$\Rightarrow P_{cr} = \dfrac{n^2 \pi^2 EI}{l^2} \,(\, n = 0 \cdot 1 \cdot 2 \cdot 3 \cdot \ldots)$

$\Rightarrow$ n 的合理的最小值是 1：$P_{cr} = \dfrac{n^2 \pi^2 EI}{l^2}$（尤拉公式）

三、各種挫曲之有效長度

幾種常見的桿端約束情況的臨界力和彈性曲線形式，都是由微分方程法推導而得，它們的臨界力運算式可統一寫成

$$P_{cr} = \frac{\pi^2 EI}{l_e^{\,2}} = \frac{\pi^2 EI}{(\mu l)^2}$$

l_e 稱為壓桿構件的有效長度，l 是實際長度，μ 叫做長度係數。

(一) 一端自由一端固定壓桿構件：$\mu = 2 \Rightarrow l_e = 2l$
(二) 兩端銷鉸接壓桿構件：$\mu = 1 \Rightarrow l_e = l$
(三) 一端固定一端銷鉸接支承壓桿構件：$\mu = 0.7 \Rightarrow l_e = 0.7l$
(四) 二端固定壓桿構件：$\mu = 0.5 \Rightarrow l_e = 0.5l$

範例 *6-14*

如圖所示一端固定一端鉸支壓桿，求出 P_{Cr} 與有效長度為多少？

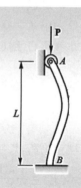

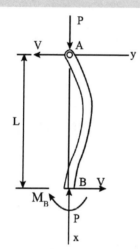
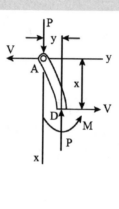

當柱挫曲時，因其底部固定無法旋轉，所以會產生反力矩 $M_B = VL$

$\sum M_D = 0 \quad M(x) = -Py - Vx$

由彎矩與撓度曲線關係之方程式(二重積公式)

$EIy'' = M \quad EIy'' + Py = -Vx$

$y'' + \dfrac{P}{EI}y = -\dfrac{V}{EI}x$

令 $\lambda^2 = \dfrac{P}{EI}$ 得 $y'' + \lambda^2 y = -\dfrac{V}{EI}x$

通解 $y = A\sin\lambda x + B\cos\lambda x - \dfrac{V}{P}x$

配合邊界條件(1)y(0)=0 與(2)y(L)=0、(3) y′(L)=0，求出未知係數 A、B 與 V，

(1) y(0)=0　　B=0

$$y=A\sin\lambda x-\frac{V}{P}x　　y'=A\lambda\cos\lambda x-\frac{V}{P}$$

(2) y(L)=0　　$A\sin\lambda L=\frac{V}{P}L……$(a)

(3) y′(L)=0　　$A\lambda\cos\lambda L=\frac{V}{P}……$(b)

由(a)與(b)兩式得 $\tan\lambda L=\lambda L$　利用試誤法求出 $\lambda L=4.4934$

$\lambda=\dfrac{4.4934}{L}$ 且 $\lambda 2=\dfrac{P}{EI}$

$$P\sigma=\frac{20.19EI}{L^2}=\frac{2.064\times\pi^2 EI}{L^2}=\frac{\pi^2 EI}{(0.699L)^2}\approx\frac{\pi^2 EI}{(0.7L)^2}=\frac{\pi^2 EI}{(aL)^2}$$

範例 6-15

如圖所示之構件系統，其 A 點為絞接(hinge)支承，C 點及 D 點係由兩根相同的絞接端細長柱所支持，且每根柱之撓曲剛度為 EI，試問 B 點之載重 F 為何值時將使此構件系統崩壞？【機械關務三等】

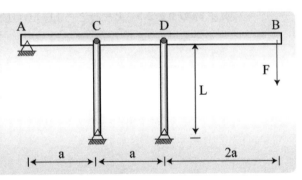

解 構件系統崩壞表示 C、D 構件均崩壞，其所受桿力均為 P_{cr}：

$$\sum M_A = 0　(P_{cr})_C \times a + (P_{cr})_D \times 2a = F \times 4a$$

$$\Rightarrow F = \frac{(P_{cr})_C + 2(P_{cr})_D}{4} = \frac{\dfrac{\pi^2 EI}{L^2}+2\dfrac{\pi^2 EI}{L^2}}{4} = \frac{3\pi^2 EI}{4L^2}$$

範例6-16

如圖所示，承壓垂直圓管 AB 底端 A 為固定端，頂端 B 為鉸接(hinge)，用以支一水平剛體桿 CD，C 端為鉸接端，自由端 D 點受一垂直荷重 P 作用。已知 a = 2 m，圓管外徑 d = 12cm，管厚 t = 1cm，管長 L=12m，材料彈性係數 E=210 GPa，降伏應力 δ_y = 400 MPa。若結構設計安全係數為 n = 2.5，試求其允許荷重 P 值為多少。
【土木地特三等】

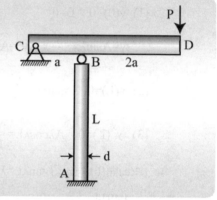

解 $\sum M_C = 0$　$(P_{cr})_B \times a = P_1 \times 3a$　$P_1 = \dfrac{(P_{cr})_B}{3} = \dfrac{\dfrac{\pi^2 EI}{(0.7L)^2}}{3}$

$$= \frac{\pi^2 \times 210 \times 10^9 \times \dfrac{\pi}{64} \times [0.12^4 - 0.11^4]}{3 \times (0.7 \times 12)^2} = 29294.28(N)$$

又安全係數 n = 2.5　$P = \dfrac{P_1}{2.5} = 11717.71(N)$

6-6　能量法

一、材料應變能

(一) 桿件的應變能

1. **應變能：**外力作用至彈性體內，因發生彈性變形而儲存在彈性體內的能量，稱之為應變能，其值等於外力所做的功 W，即

$$U_z = W$$

2. **軸向拉伸或壓縮桿件的應變能：**

(1) 線上彈性範圍內，桿件受力 P 且伸長量為 ΔL，由功能原理得

$$U_z = W = \frac{1}{2}P\Delta L$$

由虎克定律 $\Delta L = \dfrac{PL}{EA}$ ，可得 $U_z = \dfrac{P^2L}{2EA}$

(2) 桿件中單位體積內的應變能稱為應變能密度 V_b，線彈性範圍內得

$$u_b = \frac{1}{2}\sigma\varepsilon$$

(3) 若軸力沿桿軸線為變數 P(x)：

$$dU_z = \frac{P^2(x)dx}{2EA} \Rightarrow U_z = \int_l \frac{P^2(x)dx}{2EA}$$

(二) 圓截面直桿扭轉應變能

1. 線上彈性範圍內，桿件受力 T 扭矩且扭轉角度為 φ，由功能原理得。

$$U_z = W = \frac{1}{2}T\varphi \text{ 、 } \varphi = \frac{TL}{GJ} \Rightarrow U_z = \frac{T^2L}{2GJ}$$

2. 應變能的密度 u_b： $u_b = \dfrac{1}{2}\tau\,\gamma$ 。

3. 當扭矩 T 沿軸線為變數時，應變能變為 $U_z = \displaystyle\int_l \frac{T^2(x)dx}{2GJ}$ 。

(三) 樑的彎曲應變能

1. 在線性彈性範圍內，桿件受力 M_e 彎曲扭矩，當純彎曲時，由功能原理得

$$U_z = W = \frac{1}{2}M_e\theta \quad \text{、} \quad \theta = \frac{ML}{EI} \Rightarrow U_z = \frac{M^2L}{2EI}$$

2. 樑橫截面上的彎矩沿軸線變化：

$$U_z = \int_l \frac{M^2(x)\,dx}{2EI}$$

(四) 彈性桿件應變能的一般運算式

1. 克拉派龍定理(Clapeyron's theorem)：當結構體有多個負載時，力與變形成線性關係 $W = \sum_{i=1}^{n} \frac{1}{2}P_i\delta_i$。

2. 如果作用在桿件上的某一負載作用方向上，其他作用力均不在該荷作用方向上引起位移，則可應用疊加原理計算應變能，如圖 6.6 所示的微段桿構件受到拉、彎、扭等作用力之組合變形。

3. 橫截面上的軸力 $N(x)$、彎矩 $M(x)$ 和扭矩 $T(x)$ 均只在各自引起的位移 $d(\delta)$、$d\theta$ 和 $d\varphi$ 上作功，各類荷載所作的功互相沒有影響，故微段桿內的應變能可用疊加原理計算，即

$$dU = dW = \frac{1}{2}N(x)d\delta + \frac{1}{2}T(x)d\varphi + \frac{1}{2}M(x)d\theta$$

$$= \frac{N^2(x)dx}{2EA} + \frac{T^2(x)dx}{2GJ} + \frac{M^2(x)dx}{2EI} \text{(忽略剪力，廣義力乘廣義位移)}$$

在小變形條件下，變形與 $N(x)$，$T(x)$，$M(x)$ 不耦合，可以疊加。

$$U_z = \int_l \frac{N^2(x)}{2EA}dx + \int_l \frac{T^2(x)}{2GJ}dx + \int_l \frac{M^2(x)}{2EI}dx$$

4. 對於斜面彎曲，彎矩沿主形心軸分解：

$$\int_l \frac{M^2(x)}{2EI}dx \text{ 換成 } \int_l \frac{M_y^2(x)}{2EI_y}dx + \int_l \frac{M_z^2(x)}{2EI_z}dx$$

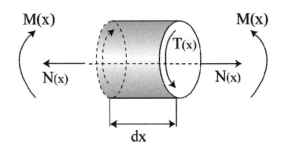

圖 6.6　彈性桿構件組合受力

二、卡氏第二定理的應用

在前節中我們已經得到了各種基本變形及組合變形情況下應變能的計算式，這些式子中的內力均為外力的函數，分別代入卡氏第二定理，便可得到各種基本變形及組合變形情況下計算位移的卡氏第二定理的應用式如下：

(一) 組合變形桿構件：

$$\Delta_i = \frac{\partial U_z}{\partial F_i} = \int_1 \frac{F_N(x)}{EA} \frac{\partial F_N(x)}{\partial F_i} dx + \int_1 \frac{T(x)}{GJ} \frac{\partial T(x)}{\partial F_i} dx + \int_1 \frac{M(x)}{EI} \frac{\partial M(x)}{\partial F_i} dx$$

(二) 簡單桁架結構。由於桁架的每根桿構件件均受均勻拉伸或壓縮，若桁架共有 n 根，故：

$$\Delta_i = \frac{\partial U_z}{\partial F_i} = \sum_{i=1}^{n} \frac{F_{Ni} L_i}{E_i A_i} \frac{\partial F_{Ni}}{\partial F_i}$$

根據卡氏定理的運算式，我們知道在計算結構某處的位移時，該處應有與所求位移相應的外力作用，如果這種外力不存在，可在該處附加虛設的外力 $\bar{F}$，從而仍然可以採用卡氏定理求解。

範例6-17

如圖所示，試以英文符號 OABCD 表示以下
應變能面積：(1)彈性應變能。(2)非彈性應變
能。(3)總應變能。【機械地特四等】

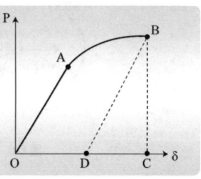

(解) 1. (1) 當負載將桿拉伸時，即造成應變，這些應變使得本身的能量增
　　　　加，稱之為應變能。

$$V = W = \int_O^\delta P d\delta$$

　　(2) 當加載時，負載所作的功等於曲線下的面積(面積 OABCDO)，稱
　　　　之為總應變能。

2. 當負載去除時，若 B 點超過彈性界限，則 P-δ 圖沿線 BD 並保持一永
　久伸長量 OD，因此卸載時所恢復的應變能(面積 DBCD)稱之為彈性
　應變能。

3. 面積 OABDO 代表桿的永久變形過程中所損失的能量，此能量稱之為
　非彈性應變能。

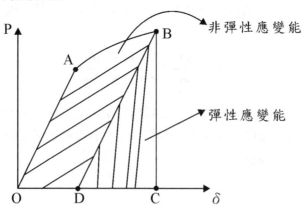

範例 *6-18*

如圖一所示的懸臂樑，承受一作用在自由端的力偶 M_0，求樑的應變能與位在自由端的撓角 θ_b。【機械高考】

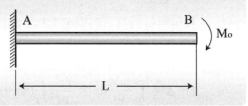

(解) 1. $U = \int_O^L \dfrac{M^2 dx}{2EI} = \int_O^L \dfrac{(-M_O)^2 dx}{2EI} = \dfrac{M_O^2 L}{2EI}$ 。

2. 樑受負載時由力偶 M_O 所作的功：

$$W = \dfrac{M_O \theta_B}{2} \quad U = W$$

$$\Rightarrow \dfrac{M_O \theta_b}{2} = \dfrac{M_O^2 L}{2EI}$$

$$\Rightarrow \theta_b = \dfrac{M_O L}{EI} (\curvearrowright)$$

範例 *6-19*

半圓環桿構件，其截面積為 A 且桿構件之彈性模數 E 及慣性矩 I 均為常數，求 A 點的位移。

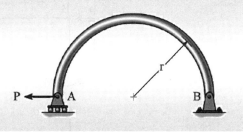

(解)

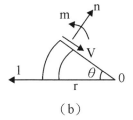

(a)　　　　　　(b)

如圖(a)：$\sum F_x = 0 \Rightarrow N = P\sin\theta$　$\sum M_O = 0 \Rightarrow M = Pr\sin\theta$

利用單位力法，假設虛力為 1 如圖(b)

$\sum F_x = 0 \Rightarrow n = 1 \cdot \sin\theta$　$\sum M_O = 0 \Rightarrow m - (1 \cdot \sin\theta)r = 0$　$\Rightarrow m = r\sin\theta$

$1 \cdot \Delta = \int_0^L \frac{mM}{EI}dx = \frac{Pr^2}{EI}\int_0^\pi (\sin\theta)^2 rd\theta$　$\Rightarrow \Delta = \frac{\pi Pr^3}{2EI}$

範例 *6-20*

如圖所示，一個均勻截面的 L 形鋼樑 A 端固定於地面，C 端係用滾輪支撐於牆上，各邊長度為 L，於 B 點處受一水平外力 P，假設其材料降伏強度為 δ_y，截面的彎曲慣性矩為 I，請問不使 L 形鋼樑永久變形的最大外力 P 為何？【機械技師】

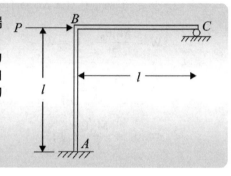

解 1. 假設 C 點支承為贅力 R：

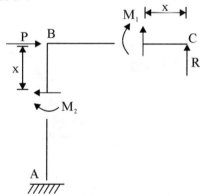

BC 段：$M_1 = Rx$，$M_2 = RL - Px$

系統應變能 $U = \int_0^L \frac{M_1^2}{2EI}dx + \int_0^L \frac{M_2^2}{2EI}dx$

2. C點垂直位移 = 0：

$$\frac{\partial U}{\partial R} = \frac{1}{EI} [\int_0^L (Rx)\,x\,dx + \int_O^L (RL-Px)L\,dx] = 0 \quad \Rightarrow R = \frac{3P}{8}\,(\uparrow)$$

3. 最大彎矩值發生於 A 端：

$$M_{max} = RL-PL = \frac{5PL}{8} \quad \sigma_y = \frac{M_{max}\,y}{I} = \frac{5PLy}{8I} \quad \Rightarrow P = \frac{8\sigma_y I}{5Ly}$$

範例 *6-21*

如圖所示，桿構件之 E、I、J 均為常數，求 A 點之位移。

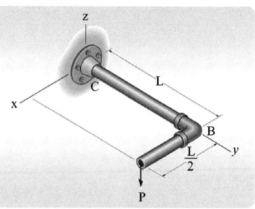

(解) 1.

$$應變能\ U = \int \frac{M^2 dx}{2EI} + \int \frac{T^2 dx}{2GT} = \int_0^{\frac{L}{2}} \frac{(Px)^2 dx}{2EI} + \int_0^L \frac{(Px)^2 dx}{2EI}$$

$$+\int_0^L \frac{(\frac{PL}{2})^2 dx}{2GJ} = \frac{P^2}{2EI}(\frac{L}{2})^3 \times \frac{1}{3} + \frac{P^2}{2EI} \times \frac{L^3}{3} + \frac{P^2 L^3}{8GJ} = \frac{9P^2 L^3}{48EI} + \frac{P^2 L^3}{8GJ}$$

2. **根據卡氏第二定理：**

$$\delta_A = \frac{\partial U}{\partial P} = \frac{9PL^3}{24EI} + \frac{PL^3}{4GJ} = \frac{3PL^3}{8EI} + \frac{PL^3}{4GJ}$$

經典試題

選擇題型

( )　**1.** 如圖桿件 AB 為實心圓斷面，半徑為 20 mm，彈性模數 E=14GPa，F 力逐漸增加，當 F 力達到多大時，桿件 AB 會發生側潰(buckling)？：(A)6.5 kN　(B)7.5 kN　(C)8 kN　(D)8.5 kN。【機械高考第一試】

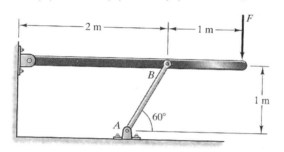

( )　**2.** 有一矩形截面(b_1　h_1)的簡單支持樑受到一負荷力，在樑長中點處(midpoint)的位移(displacement)是 27 mm；因某種原因，原來的樑將被另一新樑取代。新樑之材質，受力情況與總長度都與原有之舊樑相同，惟新樑的截面寬度(b_2)為原有樑寬(b_1)之一半，但是應用上要求新樑在受力後的中點處位移是 16 mm。試問：新樑之需要高度(h_2)與舊樑之高度比 $\dfrac{h_2}{h_1}$　(A) $\dfrac{2}{1}$　(B) $\dfrac{4}{3}$　(C) $\dfrac{3}{2}$　(D) $\dfrac{6}{5}$。

( )　**3.** 長度為 L 之懸臂樑，其楊氏模數為 E，慣性矩為 I，在自由端受到集中載重 P 與彎矩 M_0 作用，略去剪力的影響，則此樑之應變能為：

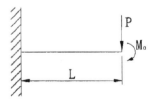

(A) $\dfrac{P^2L^3}{6EI} + \dfrac{M_0PL^2}{2EI}$　(B) $\dfrac{4M_0PL^2}{3EI}$

(C) $\dfrac{M_0^2L}{2EI}$　(D) $\dfrac{P^2L^3}{6EI} + \dfrac{M_0^2L}{2EI} + \dfrac{M_0PL^2}{2EI}$

(E) $\dfrac{P^2L^3}{3EI} + \dfrac{M_0^2L}{EI} + \dfrac{M_0PL^2}{EI}$。【台電中油】

(　　) **4.** 如右圖，A 點之最大主應力為：

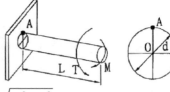

(A) $-\dfrac{16M}{\pi d^3}$　　　　(B) $\dfrac{16T}{\pi d^3}$

(C) $\dfrac{16}{\pi d^3}(-M+\sqrt{M^2+T^2})$　(D) $\dfrac{16}{\pi d^3}(M+\sqrt{M^2+T^2})$

(E) $\dfrac{16M}{\pi d^3}$。【台電中油】

(　　) **5.** 當一力 P 作用於右圖懸臂梁中點 B 時，請求出 B 點之垂直位移為何？假設樑長為 L，其勁度為 EI：

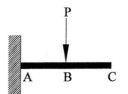

(A) $\dfrac{PL^3}{24EI}$　　　　(B) $\dfrac{PL^3}{4EI}$

(C) $\dfrac{PL^3}{6EI}$　　　　(D) $\dfrac{PL^3}{12EI}$。【經濟部】

(　　) **6.** 承上題，C 點之垂直位移為何？ (A) $\dfrac{PL^3}{3EI}$ (B) $\dfrac{PL^3}{16EI}$ (C) $\dfrac{5PL^3}{24EI}$

(D) $\dfrac{5PL^3}{48EI}$。【經濟部】

(　　) **7.** 如右圖所示之懸臂梁，P=100N，L=1m，EI=10000Pa-m⁴，最大撓度為何？

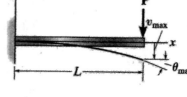

(A)0.0017m，向下　(B)0.0033m，向下

(C)0.005m，向下　(D)0.0067m，向下。

【102 年經濟部】

(　　) **8.** 如右圖所示之懸臂梁，w=100N/m，L=1m，EI=10000Pa-m⁴，最大撓度為何？

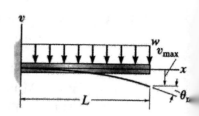

(A)0.00125m，向下　(B)0.0025m，向下

(C)0.00375m，向下　(D)0.005m，向下。

【102 年經濟部】

(　　) **9.** 如右圖所示之懸臂梁，M_0=100N-m，
L=1m，EI=10000Pa-m^4，最大撓度為何？
(A)0.00125m，向上　(B)0.0025m，向上
(C)0.00375m，向上　(D)0.005m，向上。
【102 年經濟部】

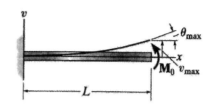

(　　) **10.** 如右圖所示，柱之軸向負載 P 為將發生挫曲（buckling）
之臨界負載，長度為 L，此柱之有效長度因數（effective-
length factor）係數 K 為何？
(A)0.5　(B)0.7　(C)1　(D)2。【102 年經濟部】

(　　) **11.** 如右圖所示，柱之軸向負載 P 為將發生挫曲（buckling）
之臨界負載，長度為 L，此柱之有效長度因數（effective-
length factor）係數 K 為何？
(A)0.5　(B)0.7　(C)1　(D)2。【102 年經濟部】

(　　) **12.** 如右圖所示，柱之軸向負載 P 為將發生挫曲（buckling）
之臨界負載，長度為 L，此柱之有效長度因數（effective-
length factor）係數 K 為何？
(A)0.5　(B)0.7　(C)1　(D)2。【102 年經濟部】

(　　) **13.** 如右圖所示，柱之軸向負載 P 為將發生挫曲（buckling）
之臨界負載，長度為 L，此柱之有效長度因數（effective-
length factor）係數 K 為何？
(A)0.5　(B)0.7　(C)1　(D)2。【102 年經濟部】

(　) **14.** 如右圖所示，一矩形斷面承受一彎矩
　　　　M=24kN-m。斷面上 B 點之正向應力為何？
　　　　(A)-9.9MPa
　　　　(B)-4.5MPa
　　　　(C)4.5MPa
　　　　(D)9.9Mpa。【102 年經濟部】

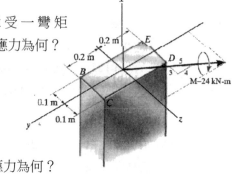

(　) **15.** 承第 14 題，斷面上 C 點之正向應力為何？
　　　　(A)-9.9MPa　(B)-4.5MPa　(C)4.5MPa　(D)9.9Mpa。【102 年經濟部】

(　) **16.** 承第 14 題，斷面上 D 點之正向應力為何？
　　　　(A)-9.9MPa　(B)-4.5MPa　(C)4.5MPa　(D)9.9Mpa。【102 年經濟部】

(　) **17.** 承第 14 題，斷面上 E 點之正向應力為何？
　　　　(A)-9.9MPa　(B)-4.5MPa　(C)4.5MPa　(D)9.9Mpa。【102 年經濟部】

(　) **18.** 如右圖所示之四分之一圓弧形構架，圓弧半徑為 R，
　　　　斷面慣性矩為 I，彈性模數為 E，當構架承受集中荷
　　　　重 P 時之應變能為何？
　　　　(A)$\dfrac{\pi P^2 R^3}{3EI}$　(B)$\dfrac{\pi P^2 R^3}{4EI}$　(C)$\dfrac{\pi P^2 R^3}{8EI}$　(D)$\dfrac{\pi P^2 R^3}{12EI}$。
　　　　【103 年經濟部】

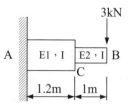

(　) **19.** 如右圖所示之複合材料懸臂樑，已知彈性模數
　　　　E_1 為 200GPa、E_2 為 100GPa，慣性矩 I 為
　　　　1152cm^4，今樑端 B 處受到 3KN 之集中荷重作
　　　　用，則 B 點之垂直變位為何？
　　　　(A)2.56mm　　　(B)3.16mm
　　　　(C)4.42mm　　　(D)5.06mm。【103 年經濟部】

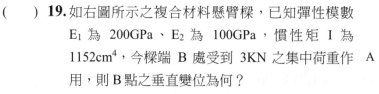

(　) **20.** 如圖所示，柱之軸向負載 P 為將發生挫屈(Buckling)之臨界
負載，長度為 L，此柱有效長度因數(Effective-length factor)
之係數 K 為何？

(A)0.5　　　　　(B)0.7
(C)1.0　　　　　(D)2.0。【107 年經濟部】

(　) **21.** 如圖所示之一懸臂梁長 L，抗撓剛度為 EI，受均佈載重 ω 及自由端彎
矩 M 之作用，求 A 點之轉角為何？

(A)$\dfrac{\omega L^3}{2EI}+\dfrac{ML}{6EI}$　　(B)$\dfrac{\omega L^3}{3EI}+\dfrac{ML}{6EI}$

(C)$\dfrac{\omega L^3}{6EI}+\dfrac{ML}{EI}$　　(D)$\dfrac{\omega L^3}{24EI}+\dfrac{ML}{EI}$。

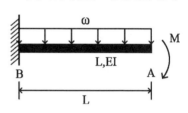

【107 年經濟部】

(　) **22.** 如圖所示，求結構系統之挫屈載重 P_{cr} 為何？

(A)$1.32\dfrac{\pi^2 EI}{L^2}$

(B)$2.67\dfrac{\pi^2 EI}{L^2}$

(C)$4.62\dfrac{\pi^2 EI}{L^2}$

(D)$5.13\dfrac{\pi^2 EI}{L^2}$。【107 年經濟部】

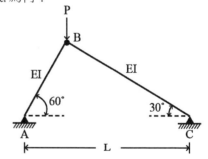

(　) **23.** 如圖所示，B 點的變位為何？

(A)$\dfrac{5wL^4}{12EI}$　　　(B)$\dfrac{7wL^4}{12EI}$

(C)$\dfrac{5wL^4}{24EI}$　　　(D)$\dfrac{7wL^4}{24EI}$。

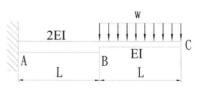

【108 年經濟部】

(　　) **24.** 均質等剖面直桿，由線彈性材料製成，彈性模數為 E，慣性矩為 I，桿件長度為 L，兩端為簡支，其尤拉公式為何？

(A) $\dfrac{\pi^2 EI}{L^2}$　　　(B) $\dfrac{\pi^2 EI}{4L^2}$

(C) $\dfrac{4\pi^2 EI}{L^2}$　　　(D) $\dfrac{2\pi^2 EI}{L^2}$。【108 年經濟部】

解答及解析

1. (B)。　$\sum M = 0 \quad \Rightarrow F \times 3 = P_{cr} \times \sin 60° \times 2 \quad \Rightarrow F = \dfrac{2 \times \sin 60° \times P_{cr}}{3}$

其中 $P_{cr} = \dfrac{\pi^2 EI}{L^2} = \dfrac{\pi^2 \times 14 \times 10^9 \times \dfrac{\pi}{4} \times (0.02)^4}{(\dfrac{1}{\sin 60°})^2} = 13022.64$

$\Rightarrow F = 7518.62N = 7.52kN$

2. (C)。簡支樑中心點受集中負載其基本撓度

$\delta = \dfrac{PL^3}{48EI} \Rightarrow \dfrac{\delta_1}{\delta_2} = \dfrac{27}{16} = \dfrac{I_2}{I_2} = \dfrac{b_2(h_2)^3}{b_1(h_1)^3} = \dfrac{\dfrac{1}{2}b_1(h_2)^3}{b_1(h_1)^3} \quad \Rightarrow \dfrac{h_2}{h_1} = \dfrac{3}{2}$

3. (D)。令樑內彎矩 $M = -Px - M_O$

$U = \displaystyle\int_O^L \dfrac{M^2 dx}{2EI} = \dfrac{1}{2EI}\int_O^L (-Px - M_O)^2\, dx = \dfrac{P^2 L^3}{6EI} + \dfrac{PM_O L^2}{2EI} + \dfrac{M_O^2 L}{2EI}$

4. (D)。$\sigma = \dfrac{My}{I} = \dfrac{M(\dfrac{d}{2})}{\dfrac{\pi}{64}(d)^4} = \dfrac{32M}{\pi d^3}$

$$\tau = \frac{TC}{J} = \frac{T \times (\frac{d}{2})}{\frac{\pi}{32}(d^4)} = \frac{16T}{\pi d^3} \quad \sigma_1 = \frac{\sigma}{2} + \sqrt{(\frac{\sigma}{2})^2 + \tau^2} = \frac{16}{\pi d^3}(M + \sqrt{M^2 + T^2})$$

5. (A)。取彎矩圖

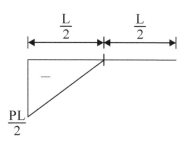

利用力矩面積法第二定理　$\Delta_{BA} = \delta_B = \dfrac{1}{EI}[\dfrac{PL}{2} \times \dfrac{L}{2} \times \dfrac{1}{2} \times \dfrac{L}{2} \times \dfrac{2}{3}]$

$$= \frac{PL^3}{24EI}$$

6. (D)。承上題彎矩圖

$$\Delta_{CA} = \delta_C = \frac{1}{EI}[\frac{PL}{2} \times \frac{L}{2} \times \frac{1}{2} \times (\frac{L}{2} \times \frac{2}{3} + \frac{L}{2})] = \frac{5PL^3}{48EI}$$

7. (B)。$\delta = \dfrac{PL^3}{3EI} = \dfrac{100 \times 1}{3 \times 10000} = 0.0033m$

8. (A)。$\delta = \dfrac{WL^4}{8EI}(\downarrow) = \dfrac{100 \times 1}{8 \times 10000} = 0.00125(\downarrow)$

9. (D)。$\delta = \dfrac{MoL^2}{2EI} = \dfrac{100 \times 1^2}{2 \times 10000} = 0.005(m)$

10. (A)。$\ell_e = K\ell \Rightarrow K = 0.5$

11. (B)。$K = 0.7$

12. (C)。$K = 1$

13. (D)。$K = 2$

14. **(C)**。 $I_Y = \dfrac{1}{12}(0.4)\times(0.2)^3 = 0.267\times10^{-3}m^4$

$I_Z = \dfrac{1}{12}(0.2)\times(0.4)^3 = 1.07\times10^{-3}m^4$

$M_Y = -\dfrac{4}{5}\times24 = -19.2(KN-m)$

$M_Z = \dfrac{3}{5}\times24 = 14.4(KN-m)$

$\sigma = -\dfrac{M_z y}{I_z} + \dfrac{M_y z}{I_y}$

$\sigma_B = -\dfrac{14.4\times10^3\times0.2}{1.07\times10^{-3}} + \dfrac{-19.2\times10^3\times0.1}{0.27\times10^{-3}}$

$= 4.5MPa$

15. **(A)**。 $\sigma_C = -\dfrac{14.4\times10^{-3}\times0.2}{1.07\times10^{-3}} + \dfrac{-19.2\times10^3\times0.1}{0.27\times10^{-3}}$

$= -9.9MPa$

16. **(B)**。 $\sigma_D = -\sigma_B = -4.5MPa$

17. **(D)**。 $\sigma_E = -\sigma_C = 9.9Mpa$

18. **(C)**。 $U = f(R, I, E, P)$

$\sum M_s = 0$

$M(\theta) = PR\sin\theta \ ;\ ds = Rd\theta$

$U = \int \dfrac{M^2(\theta)}{2EI}ds = \int_0^{\frac{\pi}{2}} \dfrac{PR^3\sin^2\theta}{EI}d\theta = \dfrac{\pi P^2 R^3}{8EI}$

19. (D)。

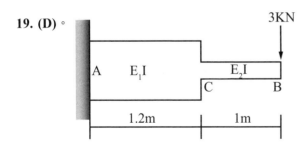

$E_1 = 200 \times 10^3 \,(\text{MPa})$

$E_2 = 100 \times 10^3 \,(\text{MPa})$

$I = 1152(\text{cm}^4) = 1152 \times 10^4 (\text{mm}^4)$

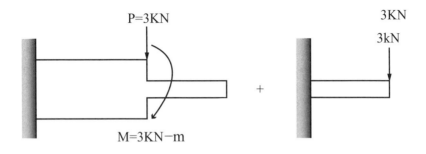

$$\delta_C = \frac{PL^3}{3E_1I} + \frac{ML^2}{2E_1I} = \frac{30000 \times 1200^3}{3 \times 200 \times 10^3 \times 1152 \times 10^4} + \frac{3000 \times 1000 \times 1200^2}{2 \times 200 \times 10^3 \times 1152 \times 10^4}$$

$$= \frac{5184}{6912} + \frac{4320}{4608} = 0.75 + 0.9375 = 1.6875$$

$$\theta_C = \frac{PL2}{2E_1I} + \frac{ML}{E_1I}$$

$$= \frac{1}{200 \times 10^3 \times 1152 \times 10^4} \times \left(\frac{30000 \times 1200^2}{2} + 3000 \times 1000 \times 1200 \right)$$

$$= \frac{432}{460800} + \frac{36}{23040} = 0.009375 + 1.5625 \times 10^{-3} = 2.5 \times 10^{-3}$$

$$\delta_C^* = Q_C \times 1000 = 2.5$$

$$\delta^* = \frac{PL^3}{3E_2I} = \frac{3000 \times 1000^3}{3 \times 100 \times 10^3 \times 1152 \times 10^4} = 0.868$$

$$\delta_B = \delta_C + \delta_C^* + \delta^* = 1.6875 + 2.5 + 0.868 = 5.05 \text{(mm)}$$

20. (D) 。

21. (C) 。

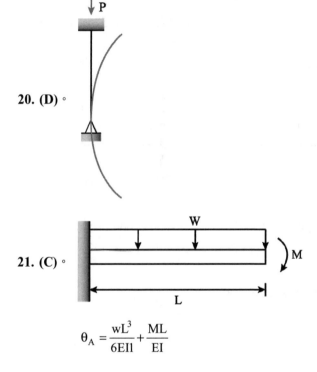

$$\theta_A = \frac{wL^3}{6EI1} + \frac{ML}{EI}$$

22. (B)。 內力分析

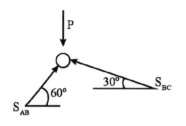 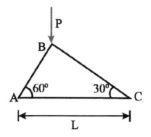

$S_{AB}\cos 60° = S_{BC}\cos 30°$

$S_{AB} = \sqrt{3}S_{BC}$

$S_{AB}\times\sin 60° + S_{BC}\times\sin 30° = P$

$\Rightarrow S_{BC} = \dfrac{P}{2} \Rightarrow S_{AB} = \dfrac{\sqrt{3}}{2}P$

$(P_{Cr})_{AB} = \dfrac{\pi^2 EI}{L_e^{\,2}} = \dfrac{\pi^2 EI}{\left(\dfrac{L}{2}\right)^2} = \dfrac{4\pi^2 EI}{L^2}$

$(P_{cr})_{BC} = \dfrac{\pi^2 EI}{\left(\dfrac{\sqrt{3}}{2}L\right)^2} = \dfrac{4\pi^2 EI}{3L^2}$

$(P_{cr})_{AB} > (P_{cr})_{BC}$，故 BC 先挫曲

$S_{BC} = (P_{cr})_{BC} = \dfrac{4\pi^2 EI}{3L^2} = \dfrac{P}{2}$

$P = \dfrac{8\pi^2 EI}{3L^2} = 2.67\dfrac{\pi^2 EI}{L^2}$

23. (D)。

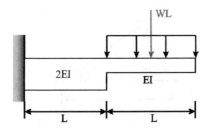

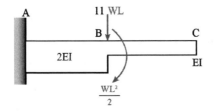

$$\delta_B = \frac{(WL)L^3}{3E(2EI)} + \frac{\dfrac{WL^2}{2} \times L^2}{2E(2EI)} = \frac{7WL^3}{24EI}$$

24. (A)。 $P_{cr} = \dfrac{\pi^2 EI}{L^2}$

基礎試題演練

1 某左端固定之懸臂梁，長度為 L、撓性剛度為 EI。其上承受往下均布負載 w 作用，且其右端同時承受一順時針彎矩 $M_o = wL^2/2$ 作用。試求

(1)梁最大之旋轉角（撓角），（以 w、L、EI 表之）。

(2)梁最大之撓度，（以 w、L、EI 表之）。【地方特考四等】

解 $M_0 = \dfrac{WL^2}{2}$

(1) 利用基本撓度公式

① 均布負載 W 作用之撓角 $\qquad \theta_1 = \dfrac{WL^3}{6EI}$ （↺）

② 彎矩 M_0 作用之撓角 $\quad \theta_2 = \dfrac{M_0L}{EI} = \dfrac{WL^3}{2EI}$ （↻）

$$\theta = \theta_1 + \theta_2 = \dfrac{2WL^3}{3EI} \ (↻)$$

(2) ① 均布負載 W 作用之撓度 $\qquad \delta_1 = \dfrac{WL^4}{8EI}$ （↓）

② 彎矩 M_0 作用之撓度 $\quad \delta_2 = \dfrac{M_0L^2}{2EI} = \dfrac{WL^4}{4EI}$

$$\delta = \delta_1 + \delta_2 = \dfrac{3WL^4}{8EI}$$

2 如圖所示之桁架，AB 桿長為 l，AB 桿與 BC 桿夾角為 $\theta = 53°$，所有組成的桿件材料，楊氏模數為 E，截面積 A 均相同。在接點 B 處承受集中負載 P 作用，試應用卡氏（Castigliano's）第二定理計算接點 B 的水平位移 δ_h 及垂直位移 δ_v。【鐵特員級】

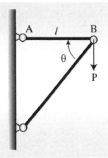

(解) 假設有一水平力 Q 且 Q＝0 取 B 點自由體圖

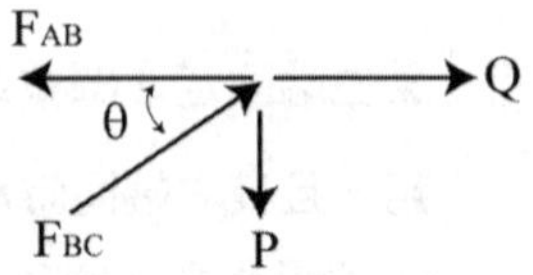

$$\sum F_y = 0 \quad \Rightarrow F_{BC} \sin\theta = P \quad \Rightarrow F_{BC} = 1.25P$$

$$\sum F_X = 0 \quad \Rightarrow -F_{AB} + Q + F_{BC}\cos\theta = 0 \quad \Rightarrow F_{AB} = Q + 0.75P$$

$$U = \frac{F_{AB}^2 \times \ell}{2EA} + \frac{F_{BC}^2 \times \ell}{2EA\cos\theta}$$

$$\delta_h = (\frac{\partial U}{\partial Q})_{Q=0} = \frac{PL\cos\theta}{EA\sin\theta} = \frac{PL}{EA\tan\theta} = \frac{PL}{EA\tan 53°} = \frac{0.753PL}{EA} \ (\rightarrow)$$

$$\delta_v = (\frac{\partial U}{\partial P}) = \frac{3.173PL}{EA} \ (\downarrow)$$

進階試題演練

1 如右圖所示，懸臂樑 ABC 固定於 A 端，同時支撐於樑 DBE 之 B 點上，在 C 點處承受一垂直負載 P，如圖所示。二樑之彎曲剛度(flexural rigidity) 均為 EI。試求：(1)各支撐點之反作用力。(2)二樑之最大彎矩各為多少。(3)B 點之撓度(deflection)δ_B 之大小。【機械關務三等】

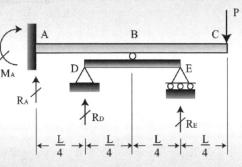

解 (1) 假設 B 點贅力為 x，取 ABC 自由體圖：

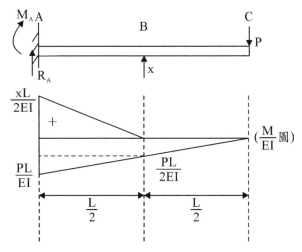

由力矩面積法第二定理

$$\delta_B = \Delta_{BA} = \frac{1}{EI}[\frac{xL}{2} \times \frac{L}{2} \times \frac{1}{2} \times \frac{L}{2} \times \frac{2}{3} - \frac{PL}{2} \times \frac{L}{2} \times \frac{L}{2} \times \frac{1}{2} - \frac{1}{2} \times \frac{PL}{2}$$

$$\times \frac{L}{2} \times \frac{L}{2} \times \frac{2}{3}] = \frac{xL^3}{24EI} - \frac{5PL^3}{48EI}(\uparrow)\cdots①$$

(2) 取 DE 自由體圖，由基本撓度公式：

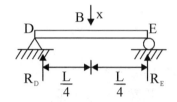

$$\delta_B = \frac{x(\frac{L}{2})^3}{48EI} = \frac{x(L)^3}{384EI} \cdots ②$$

由①②可知　$\frac{xL^3}{384EI} = \frac{-xL^3}{24(EI)} + \frac{5PL^3}{48EI}(\downarrow) \Rightarrow x = \frac{40}{17}P$

(3) $R_D = R_E = \frac{20}{17}P$，$R_A = -\frac{23}{17}P(\downarrow)$，$M_A = \frac{3PL}{17}$：

$$\delta_B = \frac{x(L)^3}{384EI} = \frac{40PL^3}{6528EI}(\downarrow)$$

2 有一直徑 20mm 之圓柱固定於牆上，在圓柱前端有一水平橫桿如下圖所示。假設牆與圓柱、圓柱與水平橫桿之間完全固定。若有一軸向 300N 的拉力作用在圓柱中心軸上，且在水平橫桿上距離圓柱中心軸 100mm 處有一 300N 的向下作用力，倘若水平橫桿厚度質量可忽略不計，求：(1)距離圓柱前端 40mm 處圓形橫截面頂點 A 處的正向應力與剪應力。(2)A 點的主應力。【機械技師】

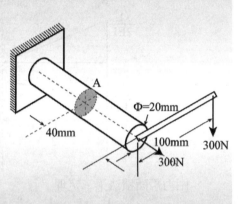

解 (1) 取截面之自由體圖：

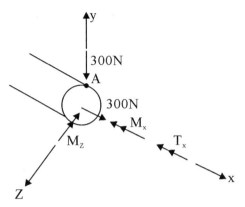

$M_x = 300 \times 0.1 = 30 N \cdot m$ $T_x = 300 \times 0.1 = N \cdot m$ $M_z = 300 \times 0.04 = 12 N \cdot m$

(2) 取 A 點應力元素：

$$\sigma_{x'} = \frac{M_z \times y}{I_z} = \frac{300 \times 0.04 \times 0.01}{\frac{\pi}{64}(0.02)^4} = 15278874.54 Pa = 15.2789 MPa$$

$$\sigma_{x''} = \frac{P}{A} = \frac{300}{\frac{\pi}{4} \times (0.02)^2} = 954929.66 Pa = 0.955 MPa \quad \sigma_x = \sigma_{x'} + \sigma_{x''} = 16.234 (MPa)$$

$$\tau_{xy} = \frac{TC}{J} = \frac{30 \times (\frac{0.02}{2})}{\frac{\pi}{32} \times (0.02)^4} = 19098593.171 Pa = 19.099 MPa$$

(3) 主應力：

$$\sigma_{1,2} = \frac{\sigma_x}{2} \pm \sqrt{(\frac{\sigma_x}{2})^2 + (\tau_{xy})^2} \quad \Rightarrow \sigma_1 = 28.87 (MPa) \quad \sigma_2 = -12.635 (MPa)$$

3 有一直徑 40mm 之圓柱，下端固定，上端承載 900N 之軸向拉力及逆時針扭矩 2.50N·m，如圖所示，求圓周面上 P 點之主軸應力及其轉角。（註：圓柱之自重不考慮）【機械高考】

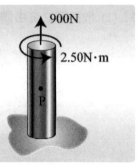

解 $\sigma_x = \dfrac{900}{\dfrac{\pi}{4} \times (0.04)^2} = 716197.24 \,(\text{Pa})$ $\qquad \tau = \dfrac{2.5 \times (\dfrac{0.04}{2})}{\dfrac{\pi}{2} \times (\dfrac{0.04}{2})^4} = 198943.68 \,(\text{Pa})$

$\sigma_{1,2} = \dfrac{\sigma_x}{2} \pm \sqrt{(\dfrac{\sigma_x}{2})^2 + (\tau)^2}$

$\qquad = 358098.62 \pm 409650.1$

$\Rightarrow \sigma_1 = 767748.73 \,(\text{Pa})$ ， $\sigma_2 = -51551.48$

$\theta = \dfrac{1}{2} \tan^{-1}(\dfrac{2\tau}{\sigma_x}) = 14.53°$

4 有一長 50 mm 剛性桿件（rigid rod）聯結於一直徑為 40mm 之圓形斷面懸臂梁的自由端如圖所示，此剛性桿件之末端受到 15kN 之水平力及 18kN 之垂直力。試計算 H 點及 K 點之正向應力（normal stress）及剪應力（shear stress）。【土木高考】

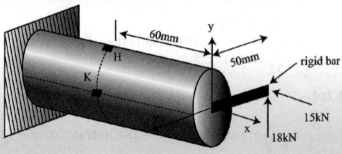

(解)(1) 計算剖面參數

$$A=\frac{\pi(40)^2}{4}=1256.7\text{mm}^2$$

$$S=\frac{\pi(40)^3}{32}=6283\text{mm}^3$$

$$J=\frac{\pi(40)^4}{4}=251{,}327\text{mm}^4$$

(2) 依據應力合成

H點：　$\sigma_x=-\dfrac{N_x}{A}+\dfrac{M_z}{S}=-\dfrac{15\times10^3}{1256.7}+\dfrac{1080\times10^3}{6283}=-183.8\text{MPa}$

$\sigma_z=0$

$\tau_{xy}=\dfrac{16T_x}{\pi d^3}=\dfrac{16(900\times10^3)}{\pi(40)^3}=71.6\text{MPa}$

K點：　$\sigma_x=-\dfrac{N_x}{A}+\dfrac{M_y}{S}=-\dfrac{15\times10^3}{1256.7}+\dfrac{750\times10^3}{6283}=107.4\text{MPa}$

$\sigma_y=0$

$\tau_{xy}=\dfrac{4V_y}{3A}-\dfrac{16T_x}{\pi d^3}=\dfrac{4(18\times10^3)}{3(1256.7)}-71.6=-52.5\text{MPa}$

---

5 一圓柱壓力容器受到扭力（torque）T=90kN 及彎矩（bending moment）M=100kN・m。已知圓柱外徑 300mm，厚度 25mm，內部壓力 p=6.25MPa。試求圓柱殼上之最大拉應力（tensile stress, σ_t）、壓應力（compressive stress, σ_c）及剪切應力（shear stress, τ_{max}）。【108 高考三級】

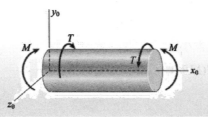

解 (一) 斷面分析

$$J=\frac{\pi}{2}\times[150^4-125^4]=411720443.5(mm^4)$$

(二) 頂部應力分析

$$\sigma_x=\frac{Pr}{2t}-\frac{Mr}{I}=\frac{6.25\times150}{2\times25}-\frac{100\times10^6\times150}{\dfrac{411720443.5}{2}}$$

$$=18.75-72.87$$

$$=-54.11(MPa)$$

$$\sigma_y=\frac{Pr}{t}=37.5(MPa)$$

$$\tau_{xy}=\frac{Ir}{J}=\frac{90\times10^6\times150}{411720443.5}=32.79(MPa)$$

$$\sigma_{1,2}=\frac{\sigma_x+\sigma_z}{2}\pm\sqrt{(\frac{\sigma_x-\sigma_z}{2})^2+\tau_{xz}^2}$$

$$\Rightarrow\sigma_1=48(MPa)，\sigma_2=-64.64(MPa)$$

$$(\tau_{max})_{abs}=\frac{\sigma_1+\sigma_2}{2}(MPa)=56.32(MPa)$$

(三) 底部分析

$$\sigma_x=\frac{Pr}{2t}+\frac{Mr}{I}=18.75+72.87=91.62(MPa)$$

$$\sigma_y=\frac{Pr}{t}=37.5(MPa)$$

$$\tau_{xy}=\frac{Tr}{J}=32.79(MPa)$$

$$\sigma_{1,2}=\frac{\sigma_x+\sigma_y}{2}\pm\sqrt{(\frac{\sigma_x-\sigma_y}{2})^2+\tau_{xy}^2}$$

$$\Rightarrow\sigma_1=107.07(MPa)，\sigma_2=22.046(MPa)$$

$$(\tau_{max})_{abs}=\sigma_1/2=53.54(MPa)$$

(四) 比較應力大小

$$\sigma_t=107.07(MPa)，\tau_{max}=53.54(MPa)$$

6 實心圓桿直徑 d=40mm 受有單軸向力 P 及扭矩 T (見圖)。應變規 A 及 B 貼在桿的表面，給出讀數 $\varepsilon_a=100\times10^6$ 及 $\varepsilon_b=-55\times10^{-6}$。桿由鋼所製具 E=200GPa 及 v=0.29。(1)求軸向力 P 及扭矩 T。(2)求桿之最大剪應變 γ_{max} 及 τ_{max} 最大剪應力。【110 關三】

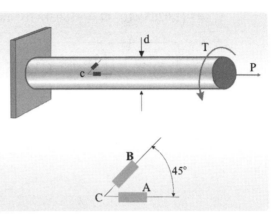

解 (1) $\sigma_x=\dfrac{P}{A}=\dfrac{4P}{\tau d^2}$, $\sigma_y=0$, $\tau_{xy}=\dfrac{16T}{\tau d^3}$

$\varepsilon_x=100\times10^{-6}$, $\varepsilon_y=-\nu\varepsilon_x=-29\times10^{-6}$

P 力的影響

$\varepsilon_x=\dfrac{\sigma_x}{E}=\dfrac{4P}{\tau d^2 E}$, $P=\dfrac{\tau d^2 E\varepsilon_x}{4}=25{,}132.7N \Leftarrow$

剪應變

$\gamma_{xy}=\dfrac{\tau_{xy}}{G}=\dfrac{2\tau_{xy}(1+\nu)}{E}=-\dfrac{32T(1+\nu)}{\tau d^3 E}$

$\theta=45°$

$\varepsilon_{x1}=\dfrac{\varepsilon_x+\varepsilon_y}{2}+\dfrac{\varepsilon_x-\varepsilon_y}{2}\cos2\theta+\dfrac{\gamma_{xy}}{2}\sin2\theta$

$\varepsilon_{x1}=\varepsilon_b=-55\times10^{-6}$, $2\theta=90°$

$-55\times10^{-6}=35.5\times10^{-6}-(0.51325\times10^{-9})T$

T=176,327.3N・mm

(2) 最大剪應變及最大剪應力

$$\gamma_{xy} = -\left(1.0265 \times 10^{-9}\right) T = -180.0 \times 10^{-6} \text{ rad}$$

$$\frac{\gamma_{max}}{2} = \sqrt{\left(\frac{\varepsilon_x - \varepsilon_y}{2}\right)^2 + \left(\frac{\gamma_{xy}}{2}\right)^2} = 111 \times 10^{-6} \text{ rad}$$

$$\gamma_{max} = 222 \times 10^{-6} \text{ rad}$$

$$\tau_{max} = G\gamma_{max} = 17.78 \text{MPa}$$

7 示於圖之懸臂樑 ACB，AC 及 CB 段之慣性矩分別為 I_2 及 I_1，求由於負載 P 在自由端之撓曲 δ_B。

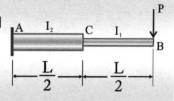

(解)(1) BC 段

$$\delta_1 = \frac{P(L/2)^3}{3EI_1} = \frac{PL^3}{24EI_1}$$

(2) AC 段

$$\delta_c = \frac{P(L/2)^3}{3EI_2} = \frac{(PL/2)(L/2)^2}{EI_2} = \frac{52PL^2}{48EI_2}$$

(3) B 變位

$$\delta_B = \delta_1 + \delta_c + \theta_c\left(\frac{L}{2}\right) = \frac{PL^3}{24EI_1}\left(1 + \frac{7I_1}{I_2}\right)$$

8 (一) 使用面積力矩法（area moment method）求取在圖支持端 A 及 B 的反作用力。EI 是常數，E 為楊氏模數（Young's modulus），I 為面積慣性矩（area moment of inertia）。

(二) 畫出樑之剪力圖及彎矩圖。【107 高考】

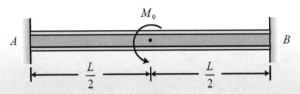

解

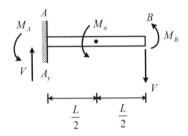

由重疊原理

$$\theta_{B/A} = \frac{M_0 \times \left(\frac{L}{2}\right)}{EI} + \frac{M_B \times (L)}{EI} - \frac{VL^2}{2EI} = 0$$

$$\Rightarrow 2M_B + M_0 - VL = 0 \quad \text{······························} ①$$

$$\delta_B = 0$$

$$\frac{M_B L^2}{2EI} + \frac{M_0 \left(\frac{L}{2}\right)^2}{2EI} + \frac{M_0 \times \left(\frac{L}{2}\right)}{EI} \times \frac{L}{2} - \frac{VL^3}{3EI} = 0$$

$$\Rightarrow 12M_B + 9M_0 - 8VL = 0 \quad \text{······················} ②$$

由①②，$V = \frac{3M_0}{2L}$, $M_B = \frac{M_0}{4}$

$$A_y = \frac{3M_0}{2L} \ , \ M_A = \frac{M_0}{4}$$

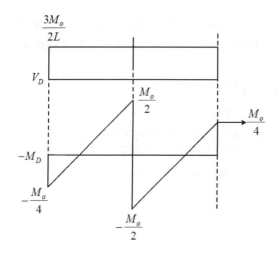

9 如圖所示，樑在 A 端為滾柱支持（roller support），在 B 端為固定支持（fixed support），受到線性分布負載（distributed loading），試求 B 端的反作用力（reactions）。假設軸向應力可忽略不計，且軸之撓曲剛度 EI 為常數。【106 高考】

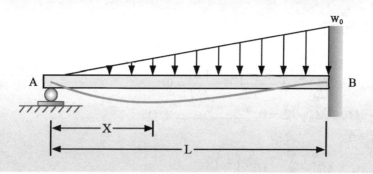

解 內力分析

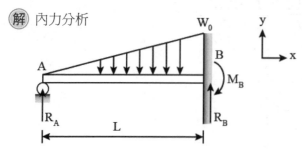

$$+\uparrow\sum F_y=0\Rightarrow R_A+R_B=\frac{1}{2}W_0L\cdots\cdots(1)$$

$$\circlearrowright\sum M_A=0\Rightarrow\frac{1}{2}W_0L\times\frac{2}{3}L-R_BL+M_B=0\cdots\cdots(2)$$

變形量，由力矩面積法

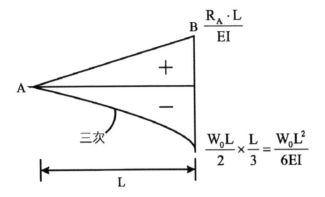

$$t_{A/B}=0=\frac{1}{EI}\left[-\frac{W_0L^2}{6}\times L\times\frac{1}{4}\times\frac{4}{5}L+R_A\cdot L\times L\times\frac{1}{2}\times\frac{2}{3}L\right]=0$$

$$\therefore R_A=\frac{1}{10}W_0L$$

代入(1)　$R_B=\frac{2}{5}W_0L$

代入(2)　$M_B=\frac{2}{5}W_0L^2-\frac{1}{3}W_0L^2=\frac{1}{15}W_0L^2$

10 一平面架構 ABCD 由三根長度為 L、具實心圓型斷面（半徑為 r）的桿件連結而成，此架構平放在 x-y 平面上，其中 A 點為固定端，D 點為自由端，且在 D 點受一往下（z 方向）的力 P 作用。在 B 點切一斷面 s-s，並考慮該斷面頂端 a 點的應力狀況。用 P，L，r 來表示所有應力；忽略桿的重量。試求：

(一)在 x-y-z 座標中，用一三維應力單元體畫出 a 點的應力分量。

(二)a 點在 x-y 平面所產生的兩個主應力。【108 年地特三等】

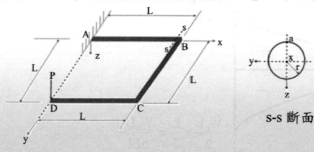

s-s 斷面

解 (一) 內力分析

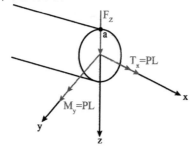

$$\sigma_x = \frac{M_y \cdot Z}{I_y} = \frac{PL \times r}{\frac{\pi}{4} \times r^4} = \frac{-4PL}{\pi r^3}$$

$$\tau_{xy} = \frac{T_x \cdot r}{J} = \frac{PL \times r}{\frac{\pi}{2} \times r^4} = \frac{2PL}{\pi r^3}$$

(二) xy 面之主應力

$$\sigma_{1,2} = \frac{\sigma_x + \sigma_y}{2} \pm \sqrt{(\frac{\sigma_x - \sigma_y}{2})^2 + \tau_{xy}^2}$$

$$= \frac{-2PL}{\pi r^3} \pm \sqrt{(\frac{2PL}{\pi r^3})^2 + (\frac{2PL}{\pi r^3})^2}$$

$$\sigma_1 = -\frac{2PL}{\pi r^3}(\sqrt{2}+1)$$

$$\sigma_2 = \frac{2PL}{\pi r^3}(\sqrt{2}-1)$$

11 如圖所示之左端為固定的圓軸，直徑為 10cm，承受 3kN-m 之扭矩，200kN 之軸向拉力，與 20kN 之垂向負載。試求其在距離右側自由端 60cm 之圓軸表面 H 點處的主應力（Principal stresses）與最大剪應力（Maximum shearing stress）。

【關務特考三等】

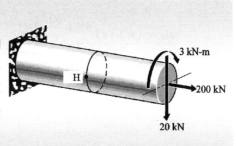

解 A 點受剪應力

$$\tau_{xy} = \frac{T \times r}{J} - \frac{4}{3} \times \frac{V}{A} = \frac{3 \times 10^3 \times 0.05}{\frac{\pi}{2} \times (0.05)^4} - \frac{4}{3} \times \frac{20 \times 10^3}{\frac{\pi}{4} \times (0.1)^2}$$

$$= 15278874.54 - 3395305.453 (Pa) = 11.88 (MPa)$$

$$\sigma_x = \frac{P}{A} = \frac{200 \times 10^3}{\frac{\pi}{4} \times (0.1)^2} = 25464790.89 (Pa)$$

$$= 25.463 (MPa)$$

$$\tau_{max} = \sqrt{(\frac{\sigma_x}{2})^2 + (\tau_{xy})^2} = 17.41 (MPa)$$

$$\sigma_{1,2} = \frac{\sigma_x}{2} \pm \sqrt{(\frac{\sigma_x}{2})^2 + (\tau_{xy})^2} \Rightarrow \sigma_1 = 30.15 (MPa), \sigma_2 = -4.681 (MPa)$$

12 如圖所示之懸臂樑，楊氏係數
（Young's modulus）為 E，斷面
面積矩以 I 表示，試求其在右側
自由端 B 點處之垂直位移。
【關務特考三等】

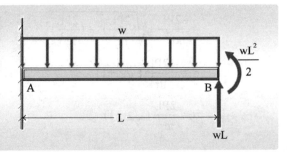

解 利用基本撓度公式

$$\delta_B = \frac{WL^4}{8EI} - \frac{(WL) \times L^3}{3EI} - \frac{(\frac{WL^2}{2}) \times L^2}{2EI}$$

$$= -0.4583 \times (\frac{L^4}{EI})\,(\uparrow)$$

13 長 L 的平面懸臂梁 AB 中，A 點為固定端，在 B 點處用插銷（Pin）方式與
桿件 BC 連接，其中 C 點為一鉸支撐（Hinge），梁 AB 承受一均佈負荷
（單位長度荷重為 w）。令梁和桿件的楊氏係數為 E 及彎曲慣性力矩為 I，
桿件 BC 的斷面面積為 A。若梁 AB 的軸向變形可忽略不計，試求當桿件
BC 產生挫曲時的最小 w（用 E, A, I, L 來表示；忽略梁和桿的重量）。
【108 年地特三等】

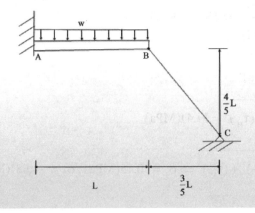

解 (一) BC 桿挫曲之 $P_{cr} = \dfrac{\pi^2 EI}{L^2}$

(二) 內力分析

　　取 AB 之 F.B.D

(三) 變形分析

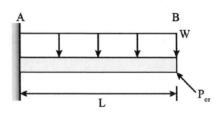

$$\delta_B = -\dfrac{wL^2}{8EI} + \dfrac{\dfrac{4}{5}P_{cr}L^3}{3EI}$$

　　BC 桿壓縮量 $\delta_{BC} = \dfrac{P_{cr}L}{EA}$

(四) 變形相合條件

$$-\delta_{BC} = \dfrac{4}{5}\delta_B \Rightarrow \dfrac{-P_{cr}L}{EA} = \dfrac{4}{5}\left[-\dfrac{wL^2}{8EI} + \dfrac{4P_{cr}L^3}{15EI}\right]$$

$$\Rightarrow \dfrac{wL^4}{10EI} = P_{cr}\left[\dfrac{L}{EA} + \dfrac{16L^3}{75EI}\right] = \dfrac{\pi^2 EI}{L^2} \times \left[\dfrac{75IL + 16AL^3}{75AEI}\right]$$

$$\Rightarrow w = \dfrac{2\pi^2 EI}{L^6} \times \left[\dfrac{75IL + 16AL^3}{15A}\right]$$

第七章 運動學

7-1 質點運動

一、一般曲線運動

(一) 質點： 在動力學中，對一有限大小之物體，若只需考慮其質量中心之運動，可將此質量中心視為具有質量但體積為零的物體，此時稱此點為質點。

(二) 路徑： 如圖 7.1 所示，選取參考座標系上定點 O 為座標原點，自點 O 向質點 M 作向量 $\bar{r}$，稱 $\bar{r}$ 點 M 相對原點 O 的位置向量，稱之為路徑。

(三) 運動方程式： 當質點 M 運動時，路徑 $\bar{r}$ 隨時間而變化，以向量表示的點的運動方程，即 $\bar{r} = \bar{r}(t)$。

(四) 軌跡： 質點 M 在運動過程中，其路徑 $\bar{r}$ 的末端描繪出一條連續曲線，此曲線就是動點 M 的運動軌跡。

(五) 速度： 質點的速度為與路徑 $\bar{r}$ 的曲線切線方向相同，即沿質點運動軌跡的切線動點的速度等於路徑對時間的一階導數，可表示為：$\bar{V} = \dfrac{d\bar{r}}{dt} \Rightarrow \bar{v} = \dot{\bar{r}}$

(六) 加速度： 質點的速度對時間的變化率稱為加速度，質點的加速度等於該點的速度對時間的一階導數，或等於路徑對時間的二階導數，可表示為：
$$\vec{a} = \frac{d\vec{V}}{dt} = \frac{d^2\bar{r}}{dt^2} = \vec{a} = \dot{\vec{v}} = \ddot{\vec{r}}$$

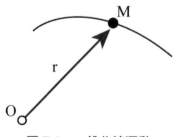

圖 7.1　一般曲線運動

二、卡氏座標系

(一) 運動方程：如圖所示，取一固定的直角座標系 Oxyz，由於原點與直角坐標系的原點重合，因此有如下關係：

$$\vec{r} = x\vec{i} + y\vec{j} + z\vec{k}$$

(二) 由於 $\vec{r}$ 是時間的連續函數，因此 x，y，z 也是時間的連續函數，即表示速度在各座標軸上的投影等於動點的各對應座標對時間的一階導數；加速度在座標軸上的投影等於動點各對應座標對時間的二階導數，即：

速度： $\vec{v} = \dot{\vec{r}} = \dot{x}\vec{i} + \dot{y}\vec{j} + \dot{z}\vec{k} = v_x\vec{i} + v_y\vec{j} + v_z\vec{k}$ ($v_x = \dot{x}$ 、 $v_y = \dot{y}$ 、 $v_z = \dot{z}$)

加速度： $\vec{a} = \dot{\vec{v}} = \ddot{\vec{r}} = a_x\vec{i} + a_y\vec{j} + a_z\vec{k}$ ($a_x = \dot{v}_x = \ddot{x}$ 、 $a_y = \dot{v}_y = \ddot{y}$ 、 $a_z = \dot{v}_z = \ddot{z}$)

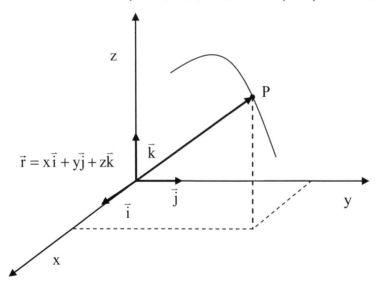

圖 7.2　卡氏座標系

三、切法線座標系

(一) 軌跡的運動方程式：當質點運動時，s 隨著時間變化，它可表示為時間的連續函數，即 $s = s(t)$。

(二) 曲率：曲線切線的轉角對弧長一階導數的絕對值稱為曲率；曲率半徑：曲率的倒數稱為曲率半徑。

(三) 一已知質點作曲線運動時，其速度必與質點之運動路徑相切，但是加速度則通常不與路徑相切。

(四) 如圖 7.3(a)使用切線與法線分量描述質點的速度與加速度，設 $\vec{e}_t$ 表示質點切線方向的單位向量，其方向與質點之運動方向相同，而且 $\vec{e}_n$ 為質點法線方向之單位向量。由於質點之加速度沿其切線方向，故速度 $\vec{v} = v_t \vec{e}_t$，其中 $v_t = \dfrac{ds}{dt} = \dot{s}$ 為質點在任意一位置之瞬時速率，$\dot{s} > 0$，則點沿軌跡的正向運動；如 $\dot{s} < 0$，則點沿軌跡的負向運動。

(五) 同理如圖 7.3(b)所示經推導可得：

1. 切向加速度：切向加速度反映速度大小的變化，以 $\vec{a}_t$ 表示 $\vec{a}_t = \dot{v}\vec{e}_t = \ddot{s}\vec{e}_t$

2. 法向加速度：法向加速度反映速度方向的變化，以 $\vec{a}_n$ 表示，有

$$\vec{a}_n = v \frac{d\vec{e}_t}{dt} = v \frac{d\vec{e}_t}{ds} \frac{ds}{dt} = \frac{v^2}{\rho} \vec{e}_n$$

3. 曲率半徑：已知 $y = y(x) \Rightarrow k = \dfrac{1}{\rho} = \dfrac{\dfrac{d^2 y}{dx^2}}{\left[1 + (\dfrac{dy}{dx})^2\right]^{3/2}}$

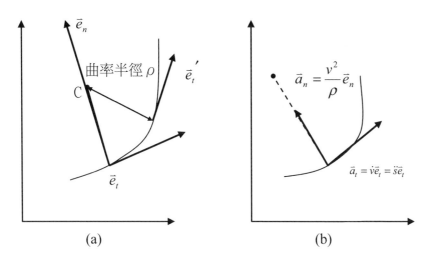

圖 7.3　切法線座標系

四、加速度運動

(一) 自由落體運動

v(末速度)=v_0(初速度)+g(加速度)×t(時間)

s(距離)=v_0(初速度)×t(時間)+$\dfrac{1}{2}$g(重力加速度)×t^2(時間平方)

v^2(末速度平方)=v_0^2(初速度的平方)+2g(重力加速度)× s(距離)

(二) 拋物線運動

方向	加速度	速度	位移	最大位移量
水平(x 方向)	$a_x = 0$	$V \cos\theta$	$V \cos\theta t$	$X = \dfrac{V^2 \sin 2\theta}{g}$
鉛直(y 方向)	$a_y = -g$	$V \sin\theta - gt$	$V \sin\theta t - \dfrac{1}{2} gt^2$	$Y = \dfrac{V^2 (\sin\theta)^2}{2g}$

備註：V 為初速度、θ射出角度

(三) 等加速度角運動

直線運動	角運動
$s = v_0 t + \dfrac{1}{2} a t^2$ （s：距離、a：加速度）	$\theta = w_0 t + \dfrac{1}{2} \alpha t^2$ （θ：徑度、α：角加速度）
$v = v_0 + at$ （v：末速度、v_0：初速度）	$w = w_0 + \alpha t$ （w：末角速度、w_0：初角速度）
$v^2 = v_0^2 + 2as$	$w^2 = w_0^2 + 2\alpha\theta$

範例 7-1

一物體以 30 m/sec 的速度與 60° 的仰角向外拋射，試求該物體：拋出 4 sec 後的水平與垂直位置離拋出點各為何？所能達到的最大高度為何？其所需時間為何？所能達到的最遠距離為何？【機械普考】

破題分析

拋物線運動：

方向	加速度	速度	位移	最大位移量
水平（x 方向）	$a_x = 0$	$V\cos\theta$	$V\cos\theta t$	$X = \dfrac{V^2 \sin 2\theta}{g}$
鉛直（y 方向）	$a_y = -g$	$V\sin\theta - gt$	$V\sin\theta t - \dfrac{1}{2}gt^2$	$Y = \dfrac{V^2(\sin\theta)^2}{2g}$

備註：V 為初速度、θ 射出角度

（解）

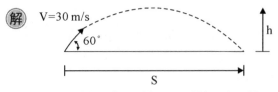

1. $S = V\cos\theta t = 30 \times \cos 60° \times 4 = 60\text{m}$

   $h = V\sin\theta t - \dfrac{1}{2}gt^2 = 30 \times \sin 60° \times 4 - \dfrac{1}{2} \times 9.8 \times 4^2 = 25.523\text{m}$

2. 最大高度 $H = \dfrac{V^2(\sin\theta)^2}{2g} = \dfrac{30^2 \times (\sin 60°)^2}{2 \times 9.81} = 34.4\text{m}$。

3. $H = V\sin\theta t - \dfrac{1}{2}gt^2 \Rightarrow 34.4 = 30 \times \sin 60°t - \dfrac{1}{2} \times 9.8t^2$

$\Rightarrow t = 2.6(\text{sec})$

4. $S_{max} = \dfrac{V^2\sin 2\theta}{g} = \dfrac{(30)^2 \times \sin(2 \times 60°)}{9.8} = 79.53\text{m}$

範例 *7-2*

某質點的運動加速度與運動位置之關係式為 $a(x) = -kx^{-2}$ m/s²，其中 a 為質點的加速度，x 為質點的運動位置。已知該質點在靜止時，x =6m；當速度 v=4m/s 時，x=3m，試求：(一)k 值為何？(二)當質點位置通過 x=1m 時，該質點的速度為何？【機械關務三等】

解

1. $\dfrac{dv}{dt} = a \Rightarrow \dfrac{dv}{dx}\dfrac{dx}{dt} = a \Rightarrow vdv = adx$

$\displaystyle\int_6^3 -kx^{-2}\,dx = \int_O^4 vdv \quad \Rightarrow kx^{-1}\Big|_6^3 = \dfrac{1}{2}v^2\Big|_0^4 \quad \Rightarrow k = 48$

2. $a(x) = -48x^{-2} \quad \Rightarrow 48\displaystyle\int_6^1 (-x)^{-2}\,dx = \int_O^V vdv \quad \Rightarrow 48x^{-1}\Big|_6^1 = \dfrac{1}{2}v^2$

$v = 8.94\text{m/s}$

範例 *7-3*

已知 V_A=4m/s 向下、a_A=8m/s²(向下)、V_C=−2m/s(向上)、a_B=−2m/s²(向上)，求 B 的速度及 C 的加速度？

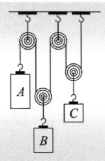

(解) 1. 如圖所示：

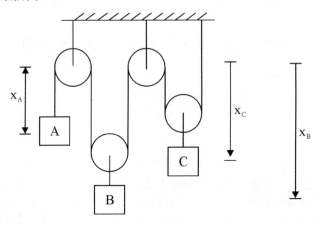

$$x_A + 2x_B + 2x_C = L = 常數$$

$$\Rightarrow \dot{x}_A + 2\dot{x}_B + 2\dot{x}_C = 0 \quad 4 + 2\dot{x}_B + 2 \times (-2) = 0$$

$$\Rightarrow \dot{x}_B = V_B = 0 (m/s)$$

2. $\ddot{x}_A + 2\ddot{x}_B + 2\ddot{x}_C = 0 \quad \Rightarrow 8 + 2 \times (-2) + 2\ddot{x}_C = 0$

$$\Rightarrow \ddot{x}_C = a_C = -2m/s^2 (向上)。$$

範例 *7-4*

一電扇以 1200 rpm 之速度迴轉，今突然斷電，使葉片之轉速在 5sec 內變為 600 rpm，請問葉片在該 5sec 內共轉幾轉？而使飛輪完全停止還需多少時間？【鐵路特考四等】

(解) $V_1 = \dfrac{1200 \times 2\pi}{60} = 125.66 \ (rad/s)$

$W_2 = \dfrac{600 \times 2\pi}{60} = 62.83 \ (rad/s)$

$W_2 = W_1 - \alpha t = 125.66 - \alpha \times 5 \quad \Rightarrow \alpha = 12.566 \ (rad/s)$

$\theta = W_1 t - \dfrac{1}{2}\alpha t^2 = 125.66 \times 5 - \dfrac{1}{2} \times 12.566 \times 5^2 = 471.225$

$\dfrac{471.225}{2\pi} = 75 \ (轉)$

$$W_3 = 0 = W_1 - \alpha t_2 = 125.66 - 12.566 \times t_2 \quad \Rightarrow t_2 = 10$$

$$10 - 5 = 5$$

故還需 5 秒飛輪才可完全停止

範例 7-5

有一部機車每小時 100 公里等速率行駛於直線的漸昇坡上，其曲線函數如圖所示，當 k＝0.0003 且 x＝400 公尺時，求此時之瞬間加速度。

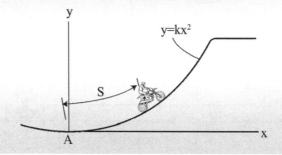

破題分析

已知 $y = y(x) \Rightarrow k = \dfrac{1}{\rho} = \dfrac{\dfrac{d^2y}{dx^2}}{\left[1 + (\dfrac{dy}{dx})^2\right]^{\frac{3}{2}}}$

解 $V = 100\text{km/h} = 27.778\text{m/s}$：

$$\frac{dy}{dx} = 0.0006x = (0.0006) \times (400) = 0.24$$

$$\frac{d^2y}{dx^2} = 0.0006$$

$$\frac{1}{\rho} = \frac{\dfrac{d^2y}{dx^2}}{[1 + (\dfrac{dy}{dx})^2]^{\frac{3}{2}}} = \frac{0.0006}{[1 + (0.24)^2]^{\frac{3}{2}}} \quad \Rightarrow \rho = 1812.72\text{m}$$

切向加速度 $a_t = 0$　向心加速度 $a_n = \dfrac{v^2}{\rho} = \dfrac{(27.778)^2}{1812.72} = 0.4257\text{m/s}$

範例 *7-6*

如圖所示，質量 5g 的彈珠在 A 處以靜止狀態通過玻璃管後落下於裝罐車之 C 處。
假設裝罐車的尺寸及摩擦阻力皆可忽略，試求：
(1) 裝罐車到玻璃管端 B 的水平距離 R。
(2) 彈珠落在 C 處時的速度。【106 高考】

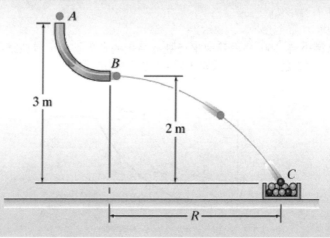

(解) (1) A→B 由功能管理

$$V^2 = 0^2 + 2 \times 9.81 \times 1 \Rightarrow V = 4.43 (m/s)$$

(2) y 方向

$$-2 = 0 + \frac{1}{2} \times 9.81 \times t^2 \Rightarrow t = 0.639 (sec)$$

x 方向

$$R = Vt = 4.43 \times 0.639 = 2.83 (m)$$

$$V_y = -9.81 \times 0.639 = 6.27 (m/s)$$

$$V_c = \sqrt{4.43^2 + 6.27^2} = 7.677$$

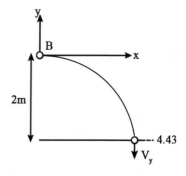

7-2　剛體運動公式

一、剛體平移

剛體運動時，剛體內部任兩點軌跡若為平行，則稱剛體之運動為平移，若軌跡為直線，則稱之為直線平移，若軌跡為曲線，則稱之為曲線平移，如圖 7.4 所示，以直線平移為例：

運動方程式：$\vec{r}_A = \vec{r}_B + \vec{r}_{A/B}$ 且 $\vec{r}_{A/B}$ 大小方向不變

速度：$\dot{\vec{r}}_A = \dot{\vec{r}}_B + \dot{\vec{r}}_{A/B} \Rightarrow \dot{\vec{r}}_{A/B} = 0$（$\vec{r}_{A/B}$ 大小方向不變）$\Rightarrow \vec{v}_B = \vec{v}_A$

加速度：$\ddot{\vec{r}}_B = \ddot{\vec{r}}_A \Rightarrow \vec{a}_A = \vec{a}_B$

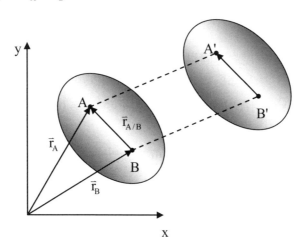

圖 7.4　剛體直線平移

二、平面剛體定軸轉動

(一) 角速度與角加速度

1. 平面剛體轉動時，其中有一固定點保持不動，其餘各點均作圓周運動，稱之為定軸轉動。
2. 如圖 7.5 所示，平面剛體若為定軸旋轉，轉角 θ 可表示為時間連續函數 $\theta = \theta(t)$，則

$$\text{角速度：} w = \lim_{\Delta t \to 0} \frac{\Delta \theta}{\Delta t} = \frac{d\theta}{dt} = \dot{\theta}$$

$$\text{角加速度：} \alpha = \lim_{\Delta t \to 0} \frac{\Delta w}{\Delta t} = \frac{dw}{dt} = \ddot{\theta}$$

3. 角加速度 α 均代數量，它表徵剛體角速度變化的快慢，如果 w 與 α 同號，則是加速轉動；如果 w 與 α 異號，則是減速轉動。

(二) 轉動剛體上各點運動分析

1. 平面剛體作定軸轉動時，其上各點均作圓周運動，圓心在軸線上，圓周所在的平面與軸線垂直，圓周的半徑 R 等於圓心到軸線的垂直距離。

2. 如圖 7.6(a)所示，剛體的角速度為 $\vec{w} = w\vec{k}$ (右手定則)，P 點的速度為 $\vec{v} = \vec{w} \times \vec{r}$。

3. 角速度與角加速度之方向可使用右手定則來判斷，右手的四指代表轉動的方向，拇指代表角速度與角加速度的指向，如圖 7.6(b)所示，剛體的角速度為 $\vec{w} = w\vec{k}$ (右手定則)，剛體的角加速度為 $\vec{\alpha} = \alpha\vec{k} = \frac{d\omega}{dt}\vec{k} = \frac{d\vec{\omega}}{dt}$ (右手定則)

4. P 點加速度：
$$\vec{a} = \frac{d\vec{v}}{dt} = \frac{d}{dt}(\vec{\omega} \times \vec{r}) = \frac{d\vec{\omega}}{dt} \times \vec{r} + \vec{\omega} \times \frac{d\vec{r}}{dt} = \vec{\alpha} \times \vec{r} + \vec{\omega} \times \vec{v}$$
$$\Rightarrow \vec{a} = \vec{a}_t + \vec{a}_n = \vec{\alpha} \times \vec{r}(切向加速度) + \vec{w} \times (\vec{w} \times \vec{r})(向心加速度)$$

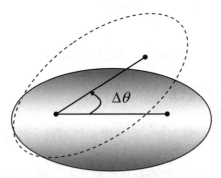

圖 7.5　平面剛體轉動

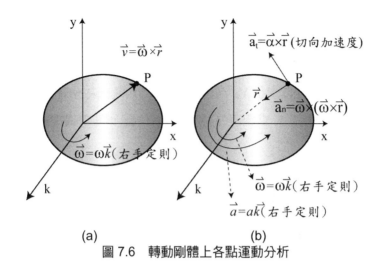

(a)   (b)

圖 7.6　轉動剛體上各點運動分析

三、剛體運動公式

一般剛體在平面上運動時，同時有平移與旋轉的現象，可視為先對某一點作平移，然後整個剛體再針對此點作旋轉，其推導可參考圖 7.4 之未平移之剛體，假設 B 點為剛體之質心，剛體在運動時針對 B 點作旋轉：

> 運動方程式：$\vec{r}_B = \vec{r}_A + \vec{r}_{B/A}$（$\vec{r}_B$：平移部分、$\vec{r}_A$：旋轉部分）
>
> 速度：$\dot{\vec{r}}_B = \dot{\vec{r}}_A + \dot{\vec{r}}_{B/A} \Rightarrow \vec{v}_B = \vec{v}_A + \vec{w} \times \vec{r}_{B/A}$
>
> 加速度：$\ddot{\vec{r}}_B = \ddot{\vec{r}}_A + \ddot{\vec{r}}_{B/A} \Rightarrow \vec{a}_B = \vec{a}_A + \alpha \times \vec{r}_{B/A} + \vec{w} \times (\vec{w} \times \vec{r}_{B/A})$

四、瞬心法

(一) 瞬心：剛體在平面運動上瞬時速度為零的點稱為速度瞬心，瞬時加速度為零的點稱為加速度瞬心，除剛體作定軸轉動這類特殊的平面運動外，一般來說，瞬時轉動中心的加速度不會為零。

(二) 只要剛體任意二點之速度方向知道了，則僅要過此二速度方向劃垂線，其交點即為零速度點了。

(三) 如圖 7.7 所示找瞬心的方法：

1. 若已知剛體上任意兩點 A 與 B 的速度方向，則速度 A 與速度 B 的垂直線交點即為瞬心 C。

2. 若剛體 A 點的速度大小 V_A，已知且旋轉的角速度為 w 時，則取與速度 V_A 垂直方向，且與 A 點距離為 $r_A = \dfrac{V_A}{w}$ 的位置，與 B 點距離為 $r_B = \dfrac{V_B}{w}$ 的位置。

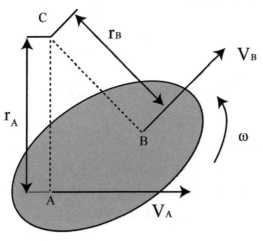

圖 7.7　瞬心

範例 7-7

如圖示之鉸接桿件，如 OA 以 ω_0 = 10 rad/s 反時針等角速度旋轉，當 A 點之座標為 x =－60 mm，y = 80 mm，且桿件 BC 保持垂直時(如圖示)，試求桿件 AB 和 BC 之角加速度 α_{AB} 和 α_{BC} 為何？

【機械地特三等】

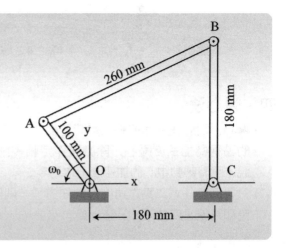

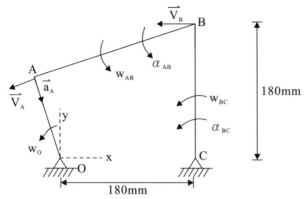

1. **由 AO 桿件，利用剛體運動公式：**

$$\vec{V}_A = \vec{V}_O + \vec{w}_O \times \vec{r}_{AO} = 0 + 10\vec{k} \times (-0.06\vec{i} + 0.08\vec{j}) = (-0.6\vec{j} - 0.8\vec{i})$$

$$\vec{a}_A = \vec{a}_O + \vec{\alpha} \times \vec{r}_{AO} + \vec{w}_O \times \vec{w}_O \times \vec{r}_{AO} = 0 + 10\vec{k} \times 10\vec{k} \times \vec{r}_{AO}$$
$$= (6\vec{i} - 8\vec{j})$$

2. **由 AB 桿，利用剛體運動公式：**

$$\vec{V}_B = \vec{V}_A + \vec{w}_{AB} \times \vec{r}_{BA} = (-0.6\vec{j} - 0.8\vec{i}) + w_{AB}\vec{k} \times (0.24\vec{i} + 0.1\vec{j})$$

$$\Rightarrow V_B\vec{i} = (0.24w_{AB} - 0.6)\vec{j} + (-0.8 - 0.1w_{AB})\vec{i} \ (\vec{V}_B \text{方向為 x 方向})$$

$$\Rightarrow 0.24w_{AB} - 0.6 = 0 \Rightarrow w_{AB} = 2.5(\text{rad/s})(\curvearrowright)$$

$$\vec{a}_B = \vec{a}_A + \vec{\alpha}_{AB} \times \vec{r}_{BA} + \vec{w}_{AB} \times \vec{w}_{AB} \times \vec{r}_{BA} = (6\vec{i} - 8\vec{j}) + \alpha_{AB}\vec{k} \times$$

$$(0.24\vec{i} + 0.1\vec{j}) + (-1.5\vec{i} - 0.625\vec{j}) = (4.5 - 0.1\alpha_{AB})\vec{i} + (-8.625 +$$

$$0.24\alpha_{AB})\vec{j} \cdots ①$$

3. **由 BC 桿利用剛體運動公式：**

$$\vec{V}_B = (-0.8 - 0.1 \times 0.25)\vec{i} = \vec{V}_C + \vec{w}_{BC} \times \vec{r}_{BC} = 0 + w_{BC}\vec{k} \times (0.18\vec{j})$$

$$= (-0.18W_{BC})\vec{i}$$

$$\Rightarrow w_{BC} = 5.833(\text{rad/s})$$

$$\vec{a}_B = \vec{a}_C + \vec{\alpha}_{BC} \times \vec{r}_{BC} + \vec{w}_{BC} \times \vec{w}_{BC} \times \vec{r}_{CB}$$

$$= 0 + \alpha_{BC}\vec{k} \times (0.18\vec{j}) + w_{BC}\vec{k} \times w_{BC}\vec{k} \times (0.18\vec{j})$$

$$= -0.18\alpha_{BC}\vec{i} - 6.124\vec{j} \cdots ②$$

由①②得 $\begin{cases} -0.18\alpha_{BC} = 4.5 - 0.1\alpha_{AB} \\ -8.625 + 0.24\alpha_{AB} = -6.124 \end{cases}$

$$\alpha_{AB} = 10.42 \Rightarrow \vec{\alpha}_{AB} = 10.42\vec{k} \ (\curvearrowright) \quad \alpha_{BC} = -19.2 \Rightarrow \vec{\alpha}_{BC} = -19.2\vec{k} \ (\curvearrowleft)$$

範例 7-8

如右圖所示之瞬間，輪中心以 2 m/s 之速度及 10 m/s^2
之加速度向右移動，假設在接觸點 A 處不滑動，試
求此刻 B 點的加速度。【機械高考】

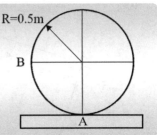

(解)

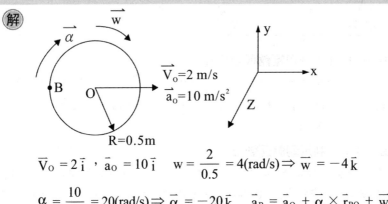

$\vec{V}_O = 2\,\vec{i}$, $\vec{a}_o = 10\,\vec{i}$ $w = \dfrac{2}{0.5} = 4(\text{rad/s}) \Rightarrow \vec{w} = -4\,\vec{k}$

$\alpha = \dfrac{10}{0.5} = 20(\text{rad/s}) \Rightarrow \vec{\alpha} = -20\,\vec{k}$ $\vec{a}_B = \vec{a}_o + \vec{\alpha} \times \vec{r}_{BO} + \vec{w} \times \vec{w} \times \vec{r}_{BO}$

$\quad = 10\,\vec{i} + (-20)\,\vec{k} \times (-0.5\,\vec{i}) + (-4)\,\vec{k} \times (-4)\,\vec{k} \times (-0.5\,\vec{i})$

$\quad = 18\,\vec{i} + 10\,\vec{j}$

範例 7-9

如圖所示之圓盤剛體運動，假設用一
繩子以速度 1.5m/s 朝 x 方向作動，
使圓盤在平台 F 上產生滾動，求(1)
圓盤的角速度；(2)圓盤質心 A 的速
度；(3)圓盤上 D 點的加速度。

$R=0.75m$
$r=0.45m$

(解)　1. 如圖所示得知：

$\vec{V}_B = \vec{V}_E = 1.5\,\vec{i}$ 又 D 點速度為零，圓柱角速度

$w = \dfrac{V_B}{R-r} = 5(\curvearrowright) \Rightarrow \vec{w} = -5\,\vec{k}$

2. **由剛體運動公式：**

$$\vec{V}_A = \vec{V}_D + \vec{w} \times \vec{r}_{DA} = 0 + (-5)\vec{k} \times (0.75\,\vec{j}) = 3.75\,\vec{i}$$

3. **由剛體運動公式：**

$$\vec{a}_B = \vec{a}_A + \vec{\alpha} \times \vec{r}_{AB} + \vec{w} \times \vec{w} \times \vec{r}_{AB} = 0 + 0 + 11.25\,\vec{j}$$

$$\vec{a}_D = \vec{a}_B + \vec{\alpha} \times \vec{r}_{BD} + \vec{w} \times \vec{w} \times \vec{r}_{BD} = 11.25\,\vec{j} + 0 + 7.5\,\vec{j} = 18.75\,\vec{j}$$

範例 *7-10*

剛體運動如圖所示，圓盤角速度 w＝3(rad/s)
求出(1)B 點之速度與加速度；(2)BC 桿之角
速度與角加速度；(2) AB 桿之角速度與角加
速度。

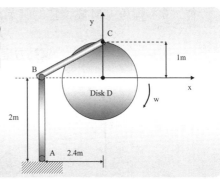

解 1. **由 C 點可知做圓周運動：**

$$\vec{V}_C = 1 \times 3\,\vec{i} = 3\,\vec{i}$$

$$\vec{a}_C = \vec{a}_o + \vec{\alpha} \times \vec{r}_{DC} + \vec{w} \times \vec{w} \times \vec{r}_{DC} = (-1 \times 3^2)\,\vec{j} = -9\,\vec{j}$$

由 BC 桿之剛體運動公式

$$\vec{V}_B = \vec{V}_C + \vec{w} \times \vec{r}_{CB} \Rightarrow \vec{V}_B \text{ 為 x 方向運動}$$

$$\Rightarrow V_B\vec{i} = 3\,\vec{i} + (-w_{BC}\vec{k}) \times (-1\,\vec{j} - 2.4\,\vec{i}) = (3 - w_{BC})\,\vec{i} + (0.24\,w_{BC})\,\vec{j}$$

$$0.24\,w_{BC} = 0 \Rightarrow w_{BC} = 0 \quad \Rightarrow \vec{V}_B = 3\,\vec{i}$$

2. $\vec{a}_B = \vec{a}_C + \vec{\alpha} \times \vec{r}_{CB} + \vec{w} \times (\vec{w} \times \vec{r}_{CB})$

$$\Rightarrow a_{Bx}\vec{i} + \frac{3^2}{2}(-\vec{j}) = -9\,\vec{j} + (-\alpha_{BC}\vec{k}) \times (-1\,\vec{j} - 2.4\,\vec{i}) + \vec{O}$$

$$\Rightarrow \begin{cases} a_{Bx} = -\alpha_{BC} \\ -4.5 = 9 + 2.4\alpha_{BC} \end{cases} \Rightarrow \begin{cases} \alpha_{BC} = 1.875\,\text{rad}/\text{s}\,(\curvearrowright) \\ a_{Bx} = -1.875\,\text{m}/\text{s}^2 \end{cases}$$

$$\vec{a}_B = -1.875\,\vec{i} - 4.5\,\vec{j}$$

3. $w_{AB} = \dfrac{V_B}{AB} = \dfrac{3}{2} = 1.5\,\text{rad/s}\,(\curvearrowright)$ ： $\alpha_{AB} = \dfrac{a_{Bt}}{AB} = \dfrac{1.875}{2} = 0.938\,(\text{rad/s})\,(\curvearrowright)$

7-3 極座標公式

一、極座標的建立

(一) 當質點在作平面曲線運動時，與同一固定點之連線角度變化率或連線長度為已知時，我們可以極座標 R 與 θ 定義此質點的位置。

(二) 極座標的建立：如圖 7.8 極座標的單位向量 $\vec{e}_r$ ，$\vec{e}_\theta$ ，o一極點，r —極半徑，θ—幅角，M 點位置的確定 $M(r,\theta)$，運動方程式如下所示。

$$\text{運動方程式：} \begin{cases} r = r(t) \\ \theta = \theta(t) \end{cases}$$

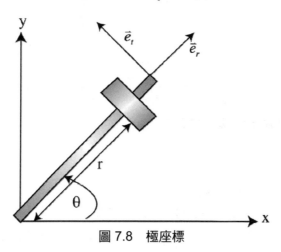

圖 7.8　極座標

二、極座標公式

(一) $\vec{e}_r = \vec{e}_r(\theta) \Rightarrow \dfrac{d\vec{e}_r}{dt} = \dot{\theta}\vec{e}_\theta$ 、 $\vec{e}_\theta = \vec{e}_\theta(\theta) \Rightarrow \dfrac{d\vec{e}_\theta}{dt} = -\dot{\theta}\vec{e}_\theta$

(二) 速度：由 $\vec{r} = r\vec{e}_r \Rightarrow \vec{v} = \dfrac{d\vec{r}}{dt} = \dot{r}\vec{e}_r + r\dfrac{d\vec{e}_r}{dt} = \dot{r}\vec{e}_r + r\dot{\theta}\vec{e}_\theta$

$v_r = \dot{r}$ (徑向速度)， $v_\theta = r\dot{\theta}$ (切向速度) $\Rightarrow v = \sqrt{\dot{r}^2 + (r\dot{\theta})^2}$

(三) 加速度：$\vec{a} = \dfrac{d\vec{v}}{dt} = \ddot{r}\vec{e}_r + \dot{r}\dfrac{d\vec{e}_r}{dt} + \dot{r}\dot{\theta}\vec{e}_\theta + r\ddot{\theta}\vec{e}_\theta + r\dot{\theta}\dfrac{d\vec{e}_\theta}{dt} = (\ddot{r} - r\dot{\theta}^2)\vec{e}_r + (r\ddot{\theta} + 2\dot{r}\dot{\theta})\vec{e}_\theta$

$a_r = \ddot{r} - r\dot{\theta}^2$ (徑向加速度)， $a_\theta = r\ddot{\theta} + 2\dot{r}\dot{\theta}$ (切向加速度) $\Rightarrow a = \sqrt{a_r^2 + a_\theta^2}$

範例7-11

如圖所示，已知桿件 AB 的角速度及角加速度，試求此時桿件 CD 之角速度及角加速度，滑塊 C 係銷接於桿件 CD 並可於桿件 AB 上滑動。【機械地特三等】

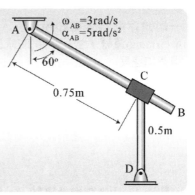

(解) 1. 如圖所示 CD 桿中，C 進行圓周運動：

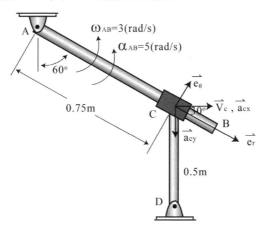

$$\vec{V}_C = w_{CD} \times 0.5 \times (\cos 30° \vec{e}_r + \sin 30° \vec{e}_\theta) \quad \text{AC 桿中利用極座標公式}$$

$$\vec{V}_C = \dot{r}\vec{e}_r + r\dot{\theta}\vec{e}_\theta = \dot{r}\vec{e}_r + 0.75 \times 3 \vec{e}_\theta$$

$$\Rightarrow w_{CD} \times 0.5 \times \sin 30° = 0.75 \times 3 \quad \Rightarrow w_{CD} = 9 \text{ rad/s}(\curvearrowright)$$

2. CD 桿中：

$$\vec{a}_C = |\vec{a}_{Cx}| \times (\cos 30° \vec{e}_r + \sin 30° \vec{e}_\theta) + |\vec{a}_{Cy}| \times (\cos 60° \vec{e}_r - \sin 60° \vec{e}_\theta)$$

AC 桿中利用極座標公式　$\vec{a}_C = (\ddot{r} - r\dot{\theta}^2)\vec{e}_r + (r\ddot{\theta} + 2\dot{r}\dot{\theta})\vec{e}_\theta$

$$\Rightarrow r\ddot{\theta} + 2\dot{r}\dot{\theta} = |\vec{a}_{Cy}| \times (-\sin 60°) + |\vec{a}_{Cx}| \times \sin 30°$$

其中 $r = 0.75$，$\dot{r} = 9 \times 0.5 \times \cos 30° = 3.897$，

$|\vec{a}_{Cy}| = 9^2 \times 0.5 = 40.5$，$|\vec{a}_{Cy}| = 0.5 \alpha_{CD}$

$\ddot{\theta} = \alpha_{AB} = 5(\text{rad/s})$，$\dot{\theta} = w_{AB} = 3(\text{rad/s})$　得 $\alpha_{CD} = 248.8 \text{rad/s}^2(\curvearrowright)$

範例7-12

一剛體運動狀態如圖所示 CA 桿以等角加速度 w=5(rad/s)運轉，當 θ＝90°時求出 OB 桿之角速度與角加速度。

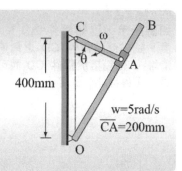

解 1. 由 AC 桿件可知，A 點為圓周運動：

$$\tan\beta = \frac{200}{400} \Rightarrow \beta = 26.565°$$

$$\vec{V}_A = 5\times 0.2\times[(-\cos 26.565°\vec{e}_r) + \sin 26.565°\vec{e}_\theta] = -0.8944\,\vec{e}_r + 0.447\,\vec{e}_\theta$$

A 點僅做向心加速度

$$\vec{a}_A = \frac{(1)^2}{0.2}[(-\sin 26.565°\vec{e}_r) + (-\cos 26.565°\vec{e}_\theta)]$$
$$= -2.236\,\vec{e}_r - 4.472\,\vec{e}_\theta$$

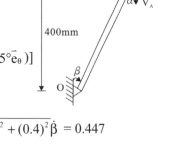

2. 由 BD 桿利用極座標公式：

$$\vec{V}_A = \dot{r}\vec{e}_r + r\dot{\beta}\vec{e}_\theta \Rightarrow r\dot{\beta} = 0.447 \Rightarrow \sqrt{(0.2)^2 + (0.4)^2}\dot{\beta} = 0.447$$

$$w_{DB} = \dot{\beta} = 1(\text{rad/s})且\ \dot{r} = -0.8944$$

$$\vec{a}_A = (\ddot{r} - r\dot{\beta}^2)\vec{e}_r + (r\ddot{\beta} + 2\dot{r}\dot{\beta})\vec{e}_\theta \quad r\ddot{\beta} + 2\dot{r}\dot{\beta} = -4.472$$

$$\sqrt{0.2}\ddot{\beta} = (-4.472) - 2\times(-0.8944)\times 1 \Rightarrow \alpha_{OB} = \ddot{\beta} = -6\text{rad/s}^2(\circlearrowright)$$

7-4 平移旋轉座標運動公式

一、相對運動的概念

(一) **絕對運動**：質點相對於在空間不動的慣性座標系統的運動；絕對速度：質點相對於空間不動的慣性座標系統的速度；絕對加速度：質點相對空間不動的慣性座標系統的加速度。

(二) 相對運動：質點相對於動點的運動；相對速度：質點相對於動點的速度；相對加速度：質點相對動點的加速度。

二、平移旋轉座標運動公式
(一) 速度

一剛體相對於固定座標系（X 軸及 Y 軸）作平面運動，今另有一質點 B 在剛體上相對於剛體作運動，為描述 B 點之運動，則在剛體上之 A 點建立另一座標系（X 軸及 Y 軸），此座標系固定於剛體上，隨剛體作平面運動，而為兼有移動及轉動之座標系：

v_B ＝B 點相對於固定座標系（X-Y 軸）之速度

v_A ＝運動座標系（X-Y 軸）之原點 A 相對於固定座標系之速度

v_{rel} ＝B 點相對於運動座標系（X-Y 軸）之速度

ω ＝運動座標系相對於固定座標系轉動之角速度

$r_{B/A}$ ＝B 點相對運動座標系原點 A 之位置向量

$$v_B = v_A + v_{B/A}$$
$$= v_A + \underbrace{\omega \times r_{B/A} + v_{rel}}_{v_{B/A}}$$

(二) 加速度

$$a_B = \frac{dv_B}{dt} = \frac{dv_A}{dt} + \frac{d\omega}{dt} \times r_{B/A} + \omega \times \frac{dr_{B/A}}{dt} + \frac{dv_{rel}}{dt}$$

$$\frac{dr_{B/A}}{dt} = v_{rel} + \omega \times r_{B/A}$$

$$\omega \times \frac{dr_{B/A}}{dt} = \omega \times (v_{rel} + \omega \times r_{B/A}) = \omega \times v_{rel} + \omega \times (\omega \times r_{B/A})$$

$$\frac{dv_{rel}}{dt} = a_{rel} \times \omega \times v_{rel}$$

$$a_B = a_A + \alpha \times r_{B/A} + \omega \times (\omega \times r_{B/A}) + 2\omega \times v_{rel} + a_{rel}$$

a_{rel} 坐標系中所得 B 相對於 P 之加速度。

$2\omega \times v_{rel}$ 為運動座標系之角速度 ω 與 B 點相對於運動座標系之速度 v_{rel} 聯合所生之加速度，此項加速度顯示出 B 點相對於移動座標系與轉動座標系之不同處，稱為**科氏加速度**（Corols acceleration）。

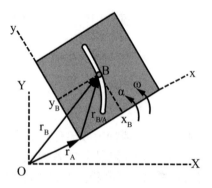
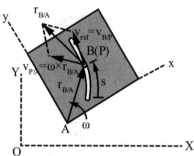

範例7-14

如圖所示，有一個圓球 B 沿著圓盤的直徑 500mm 運動，且容置槽於 y-z 平面上與 y 軸呈 30°夾角，如圖所示 w = 3rad/s、$\dot{w}$ = 3rad/s²、s = 200mm、$\dot{s}$ = 250mm/s、$\ddot{s}$ = −50mm/s²，求 V_B 及 a_B。

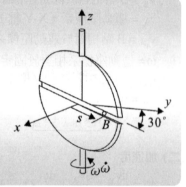

解 1. 取圓盤為參考體，利用平移旋轉運動公式：

$\vec{V}_B = \vec{V}_O + \vec{w} \times \vec{r}_{BO} + (\vec{V}_B)_{xyz} = 0 + 3\vec{k} \times (0.2) \times (-\sin 30°\vec{k} + \cos 30°\vec{j}) + \dot{S}(-\sin 30°\vec{k} + \cos 30°\vec{j}) = -0.5196\,\vec{i} + 0.2165\,\vec{j} - 0.125\,\vec{k}$ (m/s)

2. $\vec{a}_B = \vec{a}_O + \vec{w} \times \vec{w} \times \vec{r}_{OB} + \vec{\alpha} \times \vec{r}_{BO} + 2\vec{w} \times (\vec{V}_B)_{xyz} + (\vec{a}_B)_{xyz}$

$= -2.6847\,\vec{i} - 1.602\,\vec{j} + 0.025\,\vec{k}$ (m/s²)

其中 $\vec{\alpha} \times \vec{r}_{OB} = \dot{w}\,\vec{k} \times (-0.2\sin 30^\circ \vec{k} + 0.2\cos 30^\circ \vec{j})$

$(\vec{a}_B)_{xyz} = \ddot{S}(-\sin 30^\circ \vec{k} + \cos 30^\circ \vec{j})$

$2\,\vec{w} \times (\vec{V}_B)_{xyz} = 2\times 3\,\vec{k} \times [\dot{S}(-\sin 30^\circ \vec{k} + \cos 30^\circ \vec{j})]$

範例 *7-15*

一個滑塊沿著軌道以 v＝2m/s 的速度前進，當 θ＝60°且剛體以 w=5rad/s 的角速度進行運轉，當 r＝3m、h＝2m 時，求此滑塊的速度及加速度。

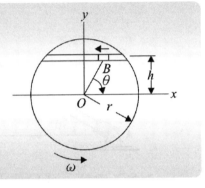

(解) 1. 利用平移旋轉運動座標公式，取圓盤為參考體：

$$\vec{V}_B = \vec{V}_O + \vec{w} \times \vec{r}_{BO} + (\vec{V}_B)_{xyz} = 0 + 5\,\vec{k} \times (h\cot 60^\circ \vec{i} + h\,\vec{j}) + (-2\,\vec{i})$$

$$= -12\,\vec{i} + 5.77\,\vec{j}$$

2. $\vec{a}_B = \vec{a}_O + \vec{\alpha} \times \vec{r}_{BO} + \vec{w} \times \vec{w} \times \vec{r}_{BO} + 2\,\vec{w} \times (\vec{V})_{xyz} + (\vec{a}_B)_{xyz}$

$$= 0 + 0 + 5\,\vec{k} \times [5\,\vec{k} \times (h\cot 60^\circ \vec{i} + h\,\vec{j})] + 2\times 5\,\vec{k} \times (-2\,\vec{i})$$

$$= -28.9\,\vec{i} - 70\,\vec{j}$$

經典試題

選擇題型

( ) **1.** 一連桿構造如下圖，CD 之角速度為 ω_{CD} = 6 rad/s，則 BC 中點 E 之速度為多少 m/s？ (A)3.60 (B)4.02 (C)4.76 (D)5.4。【機械高考第一試】

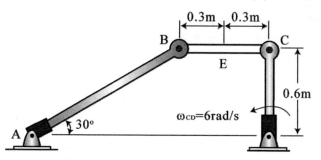

( ) **2.** 有一質點(particle)作水平方向直線運動，若其加速度可表示成 g(t)= $5t^2$ m/sec², t 之單位為秒，初始速度 V(0)= 2 m/sec。 試問：當時間為 2 秒時，該質點的速度值(m/s)？ (A)15.33 (B)22.0 (C)18.33 (D)17.67。【機械高考第一試】

( ) **3.** 如圖所示的滾動圓柱體(rolling cylinder)，其運動瞬間的角速度(angular velocity)為順時針 2 rad/sec。試問：E 點的速度(m/s)？ (A)0.600 (B)0.848 (C)1.200 (D)1.450。【機械高考第一試】

( ) **4.** 承上題，如圖所示的滾動圓柱體(rolling cylinder)，其運動瞬間的角速度(angular velocity)為順時針 2 rad/sec，角加速度(angular acceleration)為逆時針 1.5rad/ sec²。試問：E 點的加速度值(m/s)？ (A)0.45 (B)1.71 (C)1.5 (D)2.1。【機械高考第一試】

(　) **5.** 如圖所示之桿 OA 長 0.9 m，繞著 O 轉動，$\theta = 0.15t^2$，其中 θ 的單位是徑度(radian)，t 的單位是秒。滑塊 B 沿著桿身運動，距離 O 為 $r = 0.9 - 0.12t^2$，其中 r 的單位是公尺。當 OA 轉到 $\theta = 30°$時，試問：滑塊 B 的速度值？　(A)0.524　m/s　(B)0.270　m/s　(C)0.499　m/s　(D)0.386　m/s。【機械高考第一試】

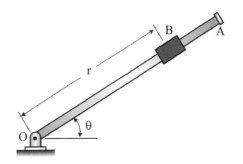

(　) **6.** 如圖示，圓盤具有一徑向導槽，當滑塊 A 在某時刻以相對於槽的等速度運動 $\dot{x} = 100$mm／s 通過圓盤的中心點 0，而圓盤對中心點 O 旋轉 (A)$2.4\,\vec{i}$ (B)$2.4\,\vec{j}$ (C)$2.4\,\vec{i} + 15\,\vec{k}$ (D)$2.4\,\vec{j} + 15\,\vec{k}$ (E)$2.4\,\vec{i} + 2.4\,\vec{j}$。
【台電中油】

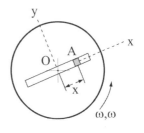

(　) **7.** 斜向拋出一石頭，假設空氣阻力不計，經 4 秒後，石頭會落回原來的水平面，則此石頭可能上升的最大高度為？(m)　(A)4.9　(B)9.8　(C)13.5　(D)14.7　(E)19.6。【台電中油】

(　) **8.** 右圖之機構中，連桿 A 以 5rad/s 繞固定點 0 旋轉，滑塊 B 以 $V_{B/A} = 10$cm／s 等速度沿 A 桿向外滑動，則此時滑塊 B 的速度大小為？(cm/s)　(A)10　(B)20　(C)22.36　(D)33.12　(E)41.2。【台電中油】

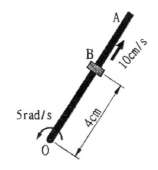

( ) **9.** 承上題，滑塊 B 的柯式加速度大小為？(cm/s^2) (A)25 (B)50 (C)75
(D)100 (E)125。【台電中油】

( ) **10.** 如圖所示之轉輪，內輪作水平面繞滾
動，已知 0 點的速度與加速度分別為
$V_0 = 10\text{cm/s}$ (向左)，$a_0 = 20\text{m/s}^2$ (向
右)，則 A 點的速度大小為？(m/s)
(A)10 (B)13.3 (C)17.8 (D)20
(E)26.5。【台電中油】

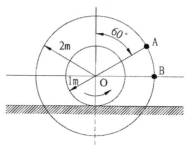

( ) **11.** 承上題，B 點的加速度大小為？(m/s^2) (A)44.7 (B)66.5 (C)100
(D)184.4 (E)202.3。【台電中油】

( ) **12.** 右圖之曲柄滑塊機構所推導出位置
與速度關係何者正確？(本題複選)
(A)$r\sin\theta = \ell\sin\phi$
(B)$x_B = r\cos\theta + \ell\cos\phi$
(C)$r\cos\theta = \ell\cos\phi$
(D)$v_B = r\theta\sin\theta + \ell\phi\sin\phi$
(E)$\dot{x}_B = -r\dot{\theta}\sin\theta - \ell\dot{\phi}\sin\phi$。【台電中油】

( ) **13.** 一質點沿雙曲線 $\dfrac{x^2}{4} - y^2 = 3$ 運動，若此質點在 X 方向為等速運動
$v_x = 4\text{m/s}$，則此質點在座標(4,1)m 位置之速度和加速度大小應為？
(本 題 複 選) (A)v=5.657m/s (B)v=6.807m/s (C)a=8.34m/ s^2
(D)a=12m/s^2 (E)a=14m/s^2。【台電中油】

( ) **14.** 一質點的運動是由方程式 x=2(t+1)^2 和 y=2(t+1)$^{-2}$ 所定義，單位是 m，
當 t=0.5sec 時，以下對質點運動的述何者正確？(本題複選)
(A) $\dot{x} = 6\text{m/s}$ (B) $\dot{y} = -1.185\text{m/s}$ (C) $\ddot{x} = 6\text{m/s}^2$ (D) $\ddot{y} = 4\text{m/s}^2$
(E)$|\bar{v}| = 4\sqrt{2}\text{m/s}$。【台電中油】

(　) **15.** 一個質點其速度為 $V = 10\,e_x + 5\,e_y + 2\,e_z$ m/sec，若 $r = 3\,e_x + 2\,e_y + 6\,e_z$ m。請問外積 $r \times V$ 在 y 方向之分量為：　(A)-26 m²/sec (B)5 m²/sec　(C)54 m²/sec　(D)30 m²/sec。【經濟部】

(　) **16.** 一個置於地面上滾動不滑動的圓盤，半徑為 R，以 ω 等角速度向右方運動。在圓盤中心點 0 之瞬時速度為：　(A)0　(B) $R\omega e_x$ (C) $2R\omega e_x$　(D) $3R\omega e_x$。【經濟部】

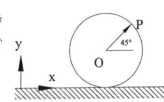

(　) **17.** 承上題，在圓盤邊緣 P 點之瞬時速度為：

(A) $\dfrac{\sqrt{2}}{2}R\omega e_x - \dfrac{\sqrt{2}}{2}R\omega e_y$ 　　(B) $\dfrac{\sqrt{2}}{2}R\omega e_x + \dfrac{\sqrt{2}}{2}R\omega e_y$

(C) $\sqrt{2}R\omega e_x - \sqrt{2}R\omega e_y$ 　　(D) $(\dfrac{\sqrt{2}+2}{2})R\omega e_x - \dfrac{\sqrt{2}}{2}R\omega e_y$。【經濟部】

(　) **18.** 投籃機從地面高 1.2m 處以速率 V_A 及仰角 θ_A 擲出棒球，球飛行 2.5s 時撞到地面，此時球之位置距離投球機 50m 遠，V_A 為何？
(A)7.8m/s　(B)11.6 m/s　(C)23.2 m/s　(D)27.2 m/s。【102 年經濟部】

(　) **19.** 承上題 θ_A 為何？
(A)15.5°　(B)28.5°　(C)30.5°　(D)36.5°。【102 年經濟部】

(　) **20.** 設計快速道路時要求「若車輛以最高速限 25m/s 等速率於彎道行進時之向心加速度不超過 3.5 m/s²」。則此道路的最小曲率半徑為何？
(A)138.9m　(B)156.3 m　(C)178.6 m　(D)208.3 m。【102 年經濟部】

(　) **21.** 如右圖所示，滾輪 A 以等速度 $V_A =$ 6m/s 向右移動，試求當 $\theta = 30°$ 時連桿的角速度為何？
(A)4rad/s　　　(B)7 rad/s
(C)8 rad/s　　　(D)16 rad/s。【102 年經濟部】

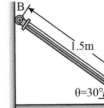

(　) **22.** 承上題，當 $\theta = 30°$，滾輪 B 的速度為何？
(A)8.31 m/s　　　(B)10.39 m/s
(C)15.59 m/s　　　(D)20.21 m/s。【102 年經濟部】

（　）**23.** 如右圖所示之圓盤系統初始狀態為靜止，當圓盤 A 以 2rad/s² 之等角加速度開始轉動時將同時帶動圓盤 B 轉動，假設兩圓盤間無滑動發生，則當圓盤 A 轉動達 10 圈時，此時圓盤 B 之角速度為何？　(A)21.1rad/s　(B)26.7rad/s　(C)33.3rad/s　(D)35.9rad/s。【103 年經濟部】

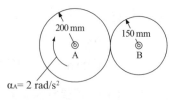

（　）**24.** 在一高程為 300m 的摩天大樓頂，朝與水平面成向上 30 度仰角方向以 180m/s 的初速發射一物體，若忽略空氣阻力，則物體落地位置（高程為 0m）距其發射處之水平距離約為何？

(A)2.5 km　(B)2.9 km　(C)3.3 km　(D)3.6 km。【103 年經濟部】

（　）**25.** 如右圖所示之滑輪系統，當 A 端以 3m/s 之速度向下時，砝碼 B 之向上速度為何？

(A)0.5m/s　　　　(B)0.6m/s

(C)0.75m/s　　　 (D)1.0m/s。【103 年經濟部】

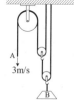

（　）**26.** 當汽車 A 以 36km/h 等速向東通過十字路口時，汽車 B 在距十字路口北方 35m 處自靜止以 1.2m/s² 的加速度向南行駛，當汽車 A 通過十字路口 5 秒後，汽車 B 相對於汽車 A 的速度方向為何？

(A)朝 211°角方向　　　　　　(B)朝 239°角方向

(C)朝 301°角方向　　　　　　(D)朝 329°角方向。【103 年經濟部】

（　）**27.** 如圖所示，一質點重量為 W，半徑為 r，以等速 V 沿水平圓形路徑移動，當 t=0 時，該質點在 x 軸上，其運動關係式以直角坐標描述，下列何者正確？

(A) $x = \cos\dfrac{vt}{r}$ ；$y = \sin\dfrac{vt}{r}$

(B) $x = r \cdot \cos vt$ ；$y = r \cdot \sin vt$

(C) $x = r \cdot \cos\dfrac{vt}{r}$ ；$y = r \cdot \sin\dfrac{vt}{r}$

(D) $x = r \cdot \cos\dfrac{r}{vt}$ ；$y = r \cdot \sin\dfrac{r}{vt}$。【107 年經濟部】

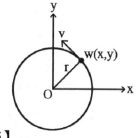

(　) **28.** 一物體之位移函數 $X(t) = 8t^4 - 5t^3 + 2t^{1/2} + 1$，其中 X 單位為公尺(m)，t 單位為秒(s)，當 t=2 時之加速度為何？

(A)303.14m/s^2 　　　　　　　　(B)316.72m/s^2

(C)322.59m/s^2 　　　　　　　　(D)335.84m/s^2。【107 年經濟部】

(　) **29.** 某質量的運動是以關係式 $x = t^3 - 7t^2 + 20t - 10$ 定義，其中 x 的單位為公尺，而 t 為秒，試求當 t = 5 秒時的速度為何？　(A)25 m/s　(B)30 m/s　(C)35 m/s　(D)40 m/s。【108 年經濟部】

(　) **30.** 如圖所示，某拋物體從距離地面 50 m 高的高台以斜角 30° 發射，其初速度為 100 m/s，試求拋物體所能到達距地面之最大高度最接近下列何者？(假設重力加速度 g = 9.81 m/s^2)

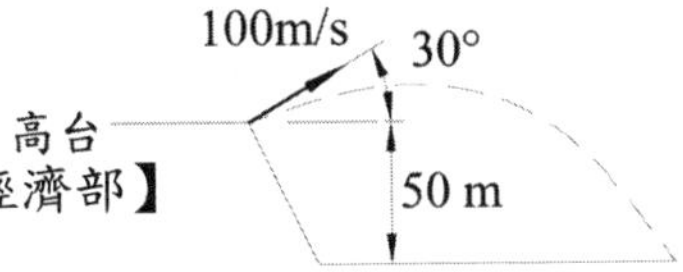

(A)127 m 　　　　　(B)177 m

(C)382 m 　　　　　(D)432 m。【108 年經濟部】

(　) **31.** 如圖所示，系統處於靜止狀態，在某瞬間，有一力作用於 B 處產生 15 ft/sec^2 平行地面的向左之加速度，試求 AC 桿的瞬間角加速度最接近下列何者？

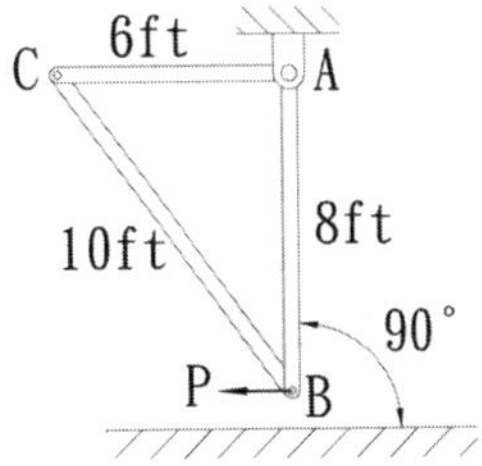

(A)1.25 rad/sec^2

(B)1.5 rad/sec^2

(C)1.875 rad/sec^2

(D)2.5 rad/sec^2。【108 年經濟部】

(　) **32.** 如圖所示，AB 桿長度 200 mm，BC 桿長度 400 mm，AB 桿的角速度 $\omega_{AB} = 4$rad/s($\circlearrowleft$)，試求 BC 桿的角速度最接近下列何者？

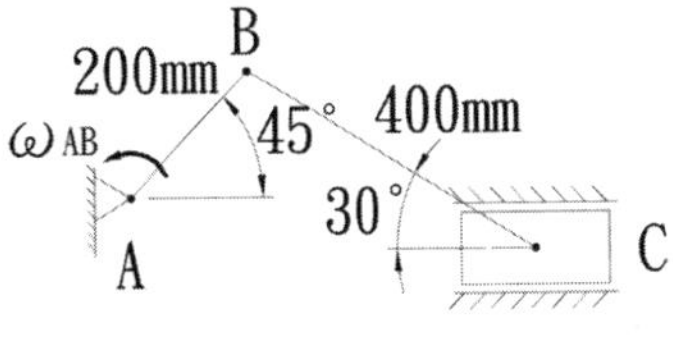

(A)1.47 rad/s($\circlearrowleft$)

(B)1.47 rad/s($\circlearrowright$)

(C)1.63 rad/s($\circlearrowleft$)

(D)1.63 rad/s($\circlearrowright$)。【108 年經濟部】

(　) **33.** 如圖所示之圓盤系統初始狀態為靜止，當圓盤 A 以 3 rad/s² 之等角加速
度開始轉動時，將同時帶動圓盤 B 轉動，假設兩圓盤間無滑動發生，
則當圓盤 A 轉動達 10 圈時，此時圓盤 B 之角速度最接近下列何者？
(A)5 rad/s
(B)19.4 rad/s
(C)32.4 rad/s
(D)50 rad/s。【108 年經濟部】

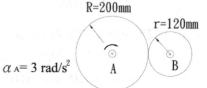

(　) **34.** 如圖所示之滑輪系統，當 A 端以 2 m/s 之速度向下時，砝碼 B 之向上
速度為下列何者？
(A)0.25 m/s 　　(B)0.5 m/s
(C)0.75 m/s 　　(D)1 m/s。【108 年經濟部】

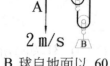

(　) **35.** 有 A 球自離地面高為 300 公尺處自由落下，同時 B 球自地面以 60
m/sec 之速度鉛直上拋，則兩球經幾秒後會相遇？
(A)3 　　　　(B)4
(C)5 　　　　(D)6。

解答及解析

1. **(C)**。如圖所示利用瞬心法先求 BC 桿之角速度及桿件幾何長度

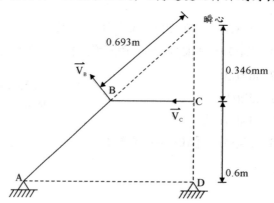

$$|\vec{V}_C| = 6 \times 0.6 = 3.6 (m/s) \quad w_{BC} = \frac{3.6}{0.346} = 10.4 (rad/s)$$

由 BC 桿之剛體運動公式

$$\vec{V}_E = \vec{V}_C + \vec{w}_{BC} \times \vec{r}_{EC}$$
$$= -3.6\vec{i} + (-10.4\vec{k}) \times (-0.3\vec{i})$$
$$= -3.6\vec{i} + 3.12\vec{j}$$
$$\Rightarrow |\vec{V}_E| = 4.76 (m/s)$$

2. (A)。 $V(t) = \int g(t)dt = \frac{5}{3}t^3 + C_1$

$$V(o) = 2 = C_1 \Rightarrow V(t) = \frac{5}{3}t^3 + 2$$

$$V(2) = \frac{5}{3}(2)^3 + 2 = 15.33$$

3. (B)。 $\vec{V}_C = (2 \times 0.3)\vec{i} = 0.6\vec{i}$

利用剛體運動公式

$$\vec{V}_E = \vec{V}_C + \vec{w} \times \vec{r}_{EC} = 0.6\vec{i} + (-2\vec{k}) \times 0.3\vec{i} = 0.6\vec{i} + (-0.6)\vec{j}$$

$$|\vec{V}_E| = \sqrt{(0.6)^2 + (-0.6)^2} = 0.848 (m/s)$$

4. (B)。 $\vec{a}_C = (-1.5 \times 0.3)\vec{i} = -0.45\vec{i}$

利用剛體運動公式

$$\vec{a}_E = \vec{a}_C + \vec{\alpha} \times \vec{r}_{EC} + \vec{w} \times (\vec{w} \times \vec{r}_{EC})$$
$$= -0.45\vec{i} + (1.5\vec{k}) \times (0.3\vec{i}) + (-2\vec{k}) \times (-2\vec{k}) \times (0.3\vec{i})$$
$$= -1.65\vec{i} + 0.45\vec{j}$$

$$|\vec{a}_E| = \sqrt{(-1.65)^2 + (0.45)^2} = 1.71 (m/s^2)$$

5. (A)。 由極座標公式

$$\vec{V}_B = \dot{r}\vec{e}_r + r\dot{\theta}\vec{e}_\theta$$

$$又 \theta = 30° = \frac{\pi}{6} = 0.15t^2 \Rightarrow t = 1.868$$

$$\dot{r} = -0.24t = -0.4484$$

$$r\dot{\theta} = (0.9-0.12\,t^2\,)\times 0.3t = 0.2697$$

$$\vec{V}_B = -0.4484\,\vec{e}_r + 0.2697\,\vec{e}_\theta$$

$$|\vec{V}_B| = \sqrt{(-0.4484)^2 + (0.2697)^2} = 0.524$$

6. **(B)**。利用極座標公式

$$\vec{a} = (\ddot{x} - w^2x)\vec{i} + (\dot{w}x + 2\dot{x}w)\vec{j}$$

$$= (0 - 12^2\times 0)\vec{i} + (15\times 0 + 2\times 100\times 12)\vec{j}$$

$$= 2400\,\vec{j}\,(mm/s^2)$$

$$= 2.4\,\vec{j}\,(m/s^2)$$

7. **(E)**。$h = \dfrac{1}{2}gt^2$ 其中 t = 2 時恰為最高點

$$h = \frac{1}{2}\times 9.8\times 2^2 = 19.6(m)$$

8. **(C)**。利用極座標公式

$$\vec{V}_B = \dot{r}\vec{e}_r + r\dot{\theta}\vec{e}_\theta = 10\,\vec{e}_r + 20\,\vec{e}_\theta$$

$$|\vec{V}_B| = \sqrt{10^2 + 20^2} = 22.36(cm/s)$$

9. **(D)**。柯氏加速度為 $2\,\dot{r}\dot{\theta} = 2\times 10\times 5 = 100(cm/s^2)$

10. **(E)**。$\overline{w}_O = \dfrac{10}{1}\vec{k} = 10\vec{k}$

利用剛體運動公式

$$\vec{V}_A = \vec{V}_O + \overline{w}\times\vec{r}_{AO}$$

$$= -10\vec{i} + 10\vec{k}\times(2\times\cos 30°\vec{i} + 2\times\sin 30°\vec{j})$$

$$= -20\,\vec{i} + 17.32\,\vec{j}$$

$$|\vec{V}_A| = \sqrt{(-20)^2 + (17.32)^2} = 26.5$$

11. (D)。 $\vec{a}_B = \vec{a}_O + \overline{W}_O \times \overline{W}_O \times \vec{r}_{BO} + \vec{\alpha}_O \times \vec{r}_{BO}$

$$= 20\,\vec{i} + 10\,\vec{k} \times 10\,\vec{k} \times 2\,\vec{i} + (-20\,\vec{k}) \times (2\,\vec{i})$$

$$= -180\,\vec{i} - 40\,\vec{j}$$

$$|\vec{a}_B| = \sqrt{(-180)^2 + (-40)^2} = 184.4 (\text{m}/\text{s}^2)$$

12. (ABE)。 (1) 由幾何關係可得

$$r\sin\theta = \ell\sin\phi$$

$$x_B = r\cos\theta + \ell\cos\phi$$

(2) 由剛體運動公式　$\vec{V}_B = \vec{V}_A + \vec{w}_{AB} \times \vec{r}_{BA}$

$$\Rightarrow \dot{x}_B\vec{i} = (-r\dot{\theta}\sin\theta - \dot{\phi}\ell\sin\phi)\,\vec{i} + (r\dot{\theta}\cos\theta - \ell\cos\phi\dot{\phi})\,\vec{j}$$

其中 $r\dot{\theta}\cos\theta - \ell\cos\phi\dot{\phi} = 0$

$$\vec{V}_B = \dot{x}_B\vec{i} = (-r\dot{\theta}\sin\theta - \ell\dot{\phi}\sin\phi)\,\vec{i}$$

13. (AD)。 (1) $\dfrac{x^2}{4} - y^3 = 3$ 微分後

$$\frac{2x\dot{x}}{4} - 2y\dot{y} = 0，\dot{x} = 4，x = 4，y = 1 \text{ 代入}$$

得 $y' = 4$

$$\vec{V} = 4\,\vec{i} + 4\,\vec{j} \Rightarrow |\vec{V}| = 5.657 (\text{m/s})$$

(2) 將 $\dfrac{2x\dot{x}}{4} - 2y\dot{y} = 0$ 微分後

$$\frac{2(\dot{x})^2 + 2x\ddot{x}}{4} - 2(\dot{y})^2 - 2y\ddot{y} = 0$$

$$\Rightarrow \ddot{y} = 12 \quad \vec{a} = 12\,\vec{j}$$

$$\Rightarrow |\vec{a}| = 12 (\text{m/s}^2)$$

14. (AB)。

15. **(C)**。$\vec{r} \times \vec{V} = \begin{vmatrix} e_x & e_y & e_z \\ 3 & 2 & 6 \\ 10 & 5 & 2 \end{vmatrix} = -24\,e_x + 54\,e_y - 5\,e_z$

16. **(B)**。$\vec{V}_O = R\omega e_x$

17. **(D)**。$\vec{V}_P = \vec{V}_O + \vec{\omega} \times \vec{r}_{OP} = R\omega e_x + (-w)e_k \times (\dfrac{\sqrt{2}R}{2}e_x + \dfrac{\sqrt{2}R}{2}e_y)$

$= (\dfrac{\sqrt{2}+2}{2})R\omega e_x - \dfrac{\sqrt{2}}{2}\omega R e_y$

18. **(C)**。$V_A \times \cos\theta_A \times 2.5 = 50$

$-1.2 = V_A \sin\theta_A \times 2.5 - \dfrac{1}{2} \times 9.81 \times (2.5)^2$

故 $V_A = 23.2$，$\theta_A = 30.5°$

19. **(C)**。見上題。

20. **(C)**。$3.5 = \dfrac{25^2}{r}$，$r = 178.6$(m)

21. **(C)**。$\dfrac{6}{1.5 \times \sin 30°} = W = 8(\text{rad}/\text{s})$

22. **(B)**。$\dfrac{V_B}{1.5 \times \cos 30°} = 8 \Rightarrow V_B = 10.39(\text{m}/\text{s})$

23. **(A)**。$\alpha_A r_A = \alpha_B r_B \Rightarrow \alpha_B = 2.66(\text{rad}/\text{s}^2)$

$W_B^2 = 2 \times 2.66 \times 10 \times (\dfrac{200}{150}) \times 2\pi$，$W_B = 21.1(\text{rad}/\text{s})$，故選(A)。

24. **(C)**。$\dfrac{R}{\sin 60°} = \dfrac{\dfrac{1}{2} \times 10 \times t^2 - 300}{\sin 30°} = \dfrac{180t}{\sin 90°}$

$\Rightarrow t = 20.87(s)$

$R = 3253.31(m)$

故選(C)。

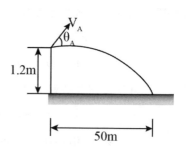

25. (C)。
$$\dot{X}_A + 2\dot{X}_C = 0$$
$$\dot{X}_B + (\dot{X}_B - \dot{X}_C) = 0$$
$$\dot{X}_A = 3 \text{ 代入 } \dot{X}_C = -1.5$$
$$\dot{X}_B = 0.75(\text{m}/\text{s})。$$

26. (A)。

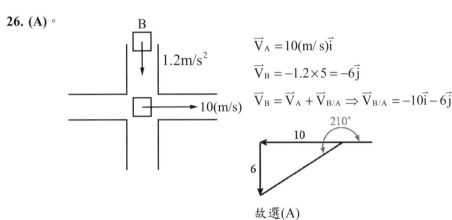

$$\vec{V}_A = 10(\text{m}/\text{s})\vec{i}$$
$$\vec{V}_B = -1.2 \times 5 = -6\vec{j}$$
$$\vec{V}_B = \vec{V}_A + \vec{V}_{B/A} \Rightarrow \vec{V}_{B/A} = -10\vec{i} - 6\vec{j}$$

故選(A)

27. (C)。
$$x = r\cos wt = r\cos\frac{v}{r}t$$
$$y = r\sin wt = r\sin\frac{v}{r}t$$

28. (C)。
$$\dot{x} = 32t^3 - 15t^2 + t^{-\frac{1}{2}}$$
$$\ddot{x} = 96t^2 - 30t - \frac{1}{2}t^{-\frac{3}{2}}$$

t=0 代入

x=323.82

29. (A)。
$$x = t^3 - 7t^2 + 20t - 10$$
$$v = 3t^2 - 14t + 20$$
$$v(5) = 3(5)^2 - 14(5) + 20 = 25(\text{m}/\text{s})$$

30. (B)。　高台面以上之最高點高度：

$$H = \frac{\left(V_{垂直}\right)^2}{2g} = \frac{\left(100\sin 30^\circ\right)^2}{2\times 9.81} = 127.42$$

距地面之最高點高度：127.42+50=177.42(m)

31. (C)。　$\left(a_t\right)_B = \alpha \cdot r_{AB}$

$$\alpha = \frac{15}{8} = 1.875\left(rad\,/\,s^2\right)$$

32. (C)。　V_B速度向上，ω_{BC}為順時針方向。由 A 點與 C 點觀察，V_B垂直方向速度均相等。

$V_{B/A}=V_{B/C}$

$$200\times 4\times \cos 45^\circ = 400\times \omega_{BC}\times \cos 45^\circ$$

$\omega_{BC} = 1.63(rad\,/\,s)$

33. (C)。　接觸點無滑動，切線加速度相等：

$$\left(a_t\right)_A = \left(a_t\right)_B$$

$$\alpha_A \cdot R_A = \alpha_B \cdot R_B$$

$$3\cdot 200 = \alpha_B \cdot 120$$

$$\alpha_B = 5$$

A 轉 10 圈，B 轉之圈數為：

$$R_A \cdot N_A = R_B \cdot N_B$$

$$200\cdot 10 = 120\cdot N_B$$

$$N_B = 16.6\,(圈)$$

$$\theta_B = 16.6\cdot 2\pi = 104.24\,(rad)$$

此時 B 之角速度：$\omega_B = \sqrt{2\alpha_B\theta_B} = 32.2(rad\,/\,s)$

34. (B)。　$X_A + 2X_C = \text{const.}$

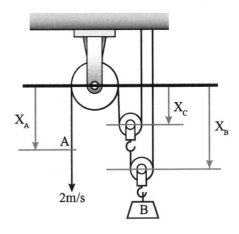

$X_B + (X_B - X_C) = \text{const.}$

$\dot{X}_A + 2\dot{X}_C = 0$

$2\dot{X}_B - \dot{X}_C = 0$

$\dot{X}_A = 2$

$\dot{X}_B = -0.5 (\text{m/s})$

35. (C)。　A 落下距離：

$S_A = \dfrac{1}{2}gt^2$

B 上升距離：

$S_B = 60t - \dfrac{1}{2}gt^2$

$S_A + S_B = 300$

$t = 5(s)$

基礎實戰演練

1 如圖所示，物件 A 在一輸送帶上向左移動(速度與加速度如圖所示)，輸送帶上方利用一以 O 為圓心轉動之圓盤裝置攝影機 B 以觀測 A 之移動，其中攝影機 B 當時之速度與加速度如圖所示，假設攝影機 B 距離圓盤中心距離為 0.5m，(1)試求在物件 A 上所測得之攝影機 B 速度及加速度；(2)試求在攝影機 B 上所測得之 A 物件速度及加速度。【普考】

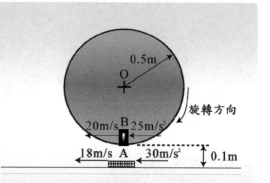

(解) (1) 由於 A 並沒有轉動

$$(\vec{V}_B)_{byA} = \vec{V}_B - \vec{V}_A = -20\vec{i} - (-18\vec{i}) = -2\vec{i}$$

$$(\vec{a}_B)_{byA} = \vec{a}_B - \vec{a}_A = [-25\vec{i} + (\frac{20^2}{0.5})\vec{j}] - (-30\vec{\tau}) = 5\vec{i} + 800\vec{j}$$

(2) 由平移旋轉運動公式求 B 看 A

$$\vec{V}_A = \vec{V}_B + \vec{W} \times \vec{r}_{AB} + (\vec{V}_A)_{xyz}$$

$$\Rightarrow -18\vec{\tau} = -20\vec{i} + (\frac{-20}{0.5})\vec{k} \times (-0.1\vec{j}) + (\vec{V}_A)_{byB}$$

$$\Rightarrow (\vec{V}_A)_{byB} = 24\vec{i} - 18\vec{i} = 6\vec{i}$$

$$\vec{a}_A = \vec{a}_B + \vec{\alpha} \times \vec{r}_{AB} + \vec{W} \times (\vec{W} \times \vec{r}_{AB}) + (\vec{a}_A)_{byB} + 2\vec{W} \times (\vec{V}_A)_{byB}$$

$$\Rightarrow -30\vec{\tau} = [-25\vec{i} + (\frac{20^2}{0.5})\vec{j}] + (\frac{-20}{0.5})\vec{k} \times (-4\vec{i}) + (\vec{a}_A)_{byB} + 2 \times (\frac{-20}{0.5}\vec{k}) \times (6\vec{i})$$

$$+ (-\frac{25}{0.5}\vec{k}) \times (-0.1\vec{j})$$

$$\Rightarrow (\vec{a}_A)_{byB} = -480\vec{j}$$

2 曲柄 BC 繞 C 轉動並帶動曲柄 OA 繞 O 轉
動，當連桿通過下圖中所示 CB 水平且 OA
鉛直的位置時，CB 的角速度為 2 rad/sec
（逆時針），求此瞬間 OA 與 AB 的(一)角
速度。(二)角加速度。【高考】

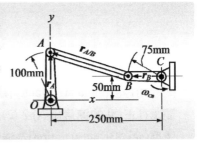

解 (一)速度⇒瞬心法

$$W_{AB}=\frac{0.15}{0.175}=0.857(rad/s)$$

$$V_A=0.857\times0.05=0.04285(m/s)$$

$$W_{OA}=\frac{0.04285}{0.1}=0.4285(rad/s)$$

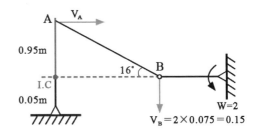

(二)加速度

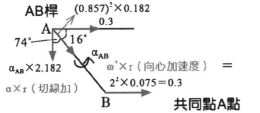

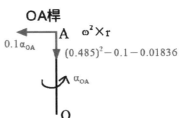

x 方向：⇒α_{AB}=−0.105(rad/s²)，α_{AB}=0.105(rad/s²)

y 方向：⇒α_{OA}=−4.34(rad/s²)⇒α_{OA}=4.34(rad/s²)

4 如圖所示的滾動圓柱體(rolling cylinder)，其運動瞬間的角速度(angular velocity)為順時針 2 rad/sec。試問：(1)E 點的速度(m/s)？(2)承上題若圓柱體角加速度(angular acceleration)為逆時針 1.5rad/ sec²。試問：E 點的加速度值(m/s)

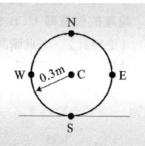

解 (1) $\vec{V}_C = (2 \times 0.3)\vec{i} = 0.6\vec{i}$

利用剛體運動公式

$\vec{V}_E = \vec{V}_C + \vec{w} \times \vec{r}_{EC} = 0.6\vec{i} + (-2\vec{k}) \times 0.3\vec{i} = 0.6\vec{i} + (-0.6)\vec{j}$

$|\vec{V}_E| = \sqrt{(0.6)^2 + (-0.6)^2} = 0.848(m/s)$

(2) $\vec{a}_C = (-1.5 \times 0.3)\vec{i} = -0.45\vec{i}$

利用剛體運動公式

$\vec{a}_E = \vec{a}_C + \vec{\alpha} \times \vec{r}_{EC} + \vec{w} \times (\vec{w} \times \vec{r}_{EC}) = -0.45\vec{i} + (1.5\vec{k}) \times (0.3\vec{i})$

$+ (-2\vec{k}) \times (-2\vec{k}) \times (0.3\vec{i}) = -1.65\vec{i} + 0.45\vec{j}$

$|\vec{a}_E| = \sqrt{(-1.65)^2 + (0.45)^2} = 1.71(m/s^2)$

5 如圖所示之剛體，一剛體桿件固定於 O 旋轉，且 $\theta = 30°$、w＝3(rad/s)、$\alpha = 14(rad/s^2)$、，求

(1) A 點之速度及加速度。

(2) B 點的速度及加速度。

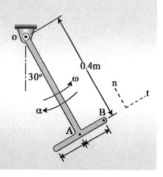

解 (1) $v_A = w \times r_{A/O} = 3k \times (-0.4e_n) = 1.2e_t$ m/s

$a_A = \alpha \times r_{A/O} - w^2 r_{A/O} = -14k \times (-0.4e_n) - 3^2 (-0.4e_n)$

$= -5.6e_t + 3.6e_n$ m/s^2

(2) $v_B = w \times r_{B/O} = 3k \times (-0.4e_n + 0.1e_t)$

$= 1.2e_t + 0.3e_n$ m/s

$a_B = \alpha \times r_{B/O} - w^2 r_{B/O} = -14k \times (-0.4e_n + 0.1e_t) - 3^2 (-0.4e_n + 0.1e_t)$

$= -6.5e_t + 2.2e_n$ m/s^2

進階試題演練

1　如圖所示，桿 AB（桿長 8 m），其兩端點 A 及 B，均只能沿著傾斜面上下移動。已知當桿為水平時，端點 A 沿著傾斜面向下的速度 v_A 及加速度 a_A 分別為 2 m/s 及 4 m/s^2。試求在此一瞬間：

（一）B 端點之速度。　　　（二）桿 AB 之角速度。

（三）B 端點之加速度。　　（四）桿 AB 之角加速度。【109 年地特三等】

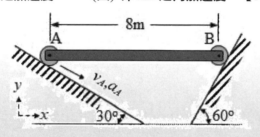

解　（一）速度

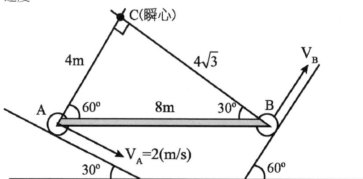

由瞬心法

角速度 $w = \dfrac{2}{4} = 0.5 \text{(rad/s)}$，$\dfrac{V_B}{4\sqrt{3}} = w$

$\Rightarrow V_B = 3.464 \text{(m/s)}$

(二) 加速度分析

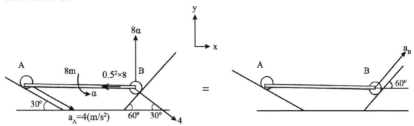

由相對速度法

$$\overrightarrow{a_B} = \overrightarrow{a_A} + \overrightarrow{w} \times \overrightarrow{w} \times \overrightarrow{r_{B/A}} + \overrightarrow{\alpha} \times \overrightarrow{r_{B/A}}$$

$$= (-0.5^2 \times 8 + 4 \times \cos 30°)\ \overrightarrow{\tau'} + (8\alpha - 4 \times \sin 30°)\ \overrightarrow{j}$$

$$= a_B \cos 60°\ \overrightarrow{i} + a_B \sin 60°\ \overrightarrow{j}$$

$$\begin{cases} a_B = 2.93 (\text{m}/_{\text{s}^2}) \\ \alpha = 0.567 (\text{rad}/_{\text{s}^2}) \end{cases}$$

2 如圖所示,某人於 A 處以和水平面成 $30°$ 的方向以速度 V_A 投出一顆籃球,並且投中設於 B 處的球籃。設若籃球的尺寸可被忽略,且 $R=10\text{m}$,$h_A=1.5\text{m}$,以及 $h_B=3\text{m}$,試求:

(1) 速度 V_A。

(2) 籃球通過球籃時的速度。【關三】

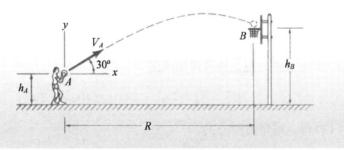

 解

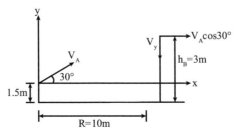

(1) y 方向：

$$(3-1.5)=V_A \sin 30°t - \frac{1}{2}\times 9.81 \times t^2 \cdots\cdots ①$$

x 方向：

$$V_A \cos 30°t = 10 \Rightarrow t = \frac{11.547}{V_A} \text{代回①}$$

$$V_A = 12.37(\text{m}/\text{s}) \text{ , } t=0.93(秒)$$

(2) y 方向：

$$(V_y)^2 = (12.37 \times \sin 30°)^2 - 2 \times 9.81 \times 1.5$$

$$V_y = \pm 2.97(\text{m}/\text{s}) \text{ 取負}$$

$$V = \sqrt{(-2.97)^2+(10.71)^2} = 11.11(\text{m}/\text{s})$$

3 如圖所示，求出 BC 桿與 CD 桿之角速度與角加速度。

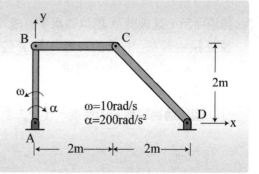

$\omega=10\text{rad/s}$
$\alpha=200\text{rad/s}^2$

解 (1) 由 AB 桿得知 B 點之速度與加速度：

$$\vec{V}_B = -2\omega\vec{i} = -20\vec{i} \qquad \vec{a}_B = 2\alpha\vec{i} - 2\omega^2\vec{j} = 400\vec{i} - 200\vec{j}$$

由 CD 桿之剛體運動公式

$$\vec{V}_C = -2\omega_{CD}\vec{i} - 2\omega_{CD}\vec{j} \qquad \vec{a}_C = (-2\alpha_{CD}+2\omega_{CD}^2)\vec{i} - (2\alpha_{CD}+2\omega_{CD}^2)\vec{j}$$

(2) 由 BC 桿之剛體運動公式：

$$\vec{V}_C = \vec{V}_B + \overrightarrow{\omega_{BC}} \times \vec{r}_{BC} = -20\vec{i} + 2\omega_{BC}\vec{j}$$

$\Rightarrow -2\,\omega_{CD} = -20 \Rightarrow \omega_{CD} = 10\text{rad/s}(\curvearrowright)$　$\omega_{BC} = -10\text{rad/s}(\curvearrowright)$

$\vec{a}_C = \vec{a}_B + \vec{\alpha}_{BC} \times \vec{r}_{BC} + \vec{\omega}_{BC} \times (\vec{\omega}_{BC} \times \vec{r}_{BC}) = (400 - 2\,\omega_{BC}^2)\,\vec{i} + (-200 + 2\,\alpha_{BC})\,\vec{j}$

$\Rightarrow \begin{cases} -2\alpha_{CD} + 2\omega_{CD}^2 = 400 - 2w_{BC}^2 \\ -2\alpha_{CD} - 2\omega_{CD}^2 = -200 + 2\alpha_{BC} \end{cases}$　解得 $\alpha_{CD} = \alpha_{BC} = 0$

4 如圖所示，輪 A(半徑 3m)固定於地面，輪 B(半徑 1m)與輪 A 以連桿 R 連結於圓心，輪 B 可在輪 A 的輪緣上繞輪 A 圓心滾動。已知連桿 R 繞輪 A 圓心順時針旋轉之角速度 $\omega_r = 60\text{rpm}$(或 $2\pi\text{rad/s}$)，輪 B 與輪 A 之瞬時接觸點為 C。試求：(1)輪 B 圓心之切線速度與輪 B 之角速度；(2)輪 B 邊緣上點 P 之加速度。【機械技師】

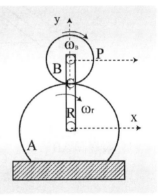

(解)(1) 由桿 A_OB_O 之剛體運動公式：

$\vec{V}_{BO} = \omega_r \times (3+1)\,\vec{i} = 8\pi\vec{i}$

由 B 物體可知

$\vec{V}_{BO} = \omega_B \times 1\vec{i} \Rightarrow \omega_B = 8\pi\ (\curvearrowright)$

(2) 由桿 A_OB_O 之剛體運動公式可知：

$\vec{a}_{BO} = \dfrac{-|\vec{V}_{BO}|^2}{3+1}\,\vec{j} = -16\pi^2\vec{j}$

由 B 物體之剛體運動公式

$\vec{a}_P = \vec{a}_{BO} + \vec{\omega}_B \times (\vec{\omega}_B \times \vec{r}_{B_OP}) + \vec{\alpha}_B \times \vec{r}_{B_OP}$

$= -16\pi^2\vec{j} + (-8\pi\vec{k}) \times (-8\pi\vec{k} \times 1\vec{i}) + 0$

$= -64\pi^2\vec{i} - 16\pi^2\vec{j}$

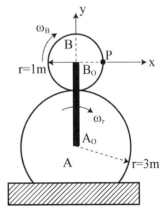

5 下圖代表一個引擎系統，曲柄(Crank)AB 以定速逆時鐘向 3000 rpm 轉動。當在如圖位置時，求(1)聯桿 BD 的角速度；(2)活塞 P 的速度。【關務特考三等】

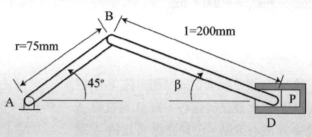

(解) $W_{AB} = \dfrac{300 \times 2\pi}{60} = 314.16 \ (rad/s)$ $\beta = \sin^{-1}(\dfrac{75 \times \sin 45°}{200}) = 15.38$

(1) 觀察桿 AB

$\vec{V}_B = \vec{V}_A + \vec{W}_{AB} \times \vec{r}_{BA} = 0 + (3141.6\vec{k}) \times (0.075) \times (\cos 45°\vec{i} + \sin 45°\vec{j})$

$= 16.66\vec{j} - 16.66\vec{i}$

(2) 觀察 BP 桿

$\vec{V}_P = \vec{V}_B + \vec{W}_{BD} \times \vec{r}_{PB} = (16.66\vec{j} - 16.66\vec{i})$

$+ W_{BD}\vec{k} \times (0.2 \times \cos 15.38°\vec{i} - 0.2 \times \sin 15.38°\vec{j})$

$\Rightarrow \vec{V}_P = (0.053 W_{BD} - 16.66)\vec{i} + (16.66 + 0.193 W_{BD})\vec{j}$

故 $16.66 + 0.193 W_{BD} = 0$ $\Rightarrow W_{BD} = -86.32\vec{k} \ (rad/s) \ \vec{V}_P = -21.235\vec{i}$

6 如圖所示，軸環 C 以 2m/s 的速度向下移動，試求此時 CB 及 AB 桿的角速度。

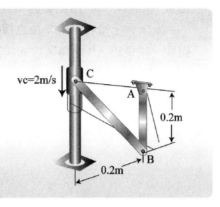

vc=2m/s

0.2m

0.2m

解 (1) $W_{BC} = \dfrac{2}{0.2} = \dfrac{V_B}{0.2} = 10$

$V_B = 2$ m/s，$W_{AB} = 10$(rad/s)

[Note]速度速解⇒速度合分法(for 驗證)

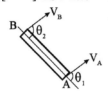

$V_A \cos\theta_1 = V_B \cos\theta_2$

∵剛體注意 2 點間距離不變

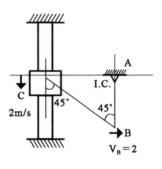

(2) 加速度

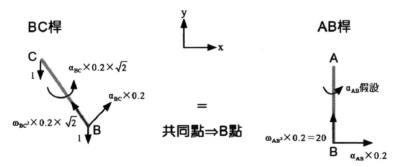

x 方向：$-28.3\cos45° + 0.283\alpha_{BC} \times \cos45° = 0.2\alpha_{AB}$

y 方向：$28.3\sin45° + 0.283\alpha_{BC}\sin45° - 1 = 20$

$\alpha_{BC} = 5$(rad/s) ↺ ，$\alpha_{AB} = -95$(rad/s²)⇒$\alpha_{AB} = 95$(rad/s²) ↻

7 套管 B 與桿 AB 用插銷方式連接於 B 上,並在光滑的軸 CD 以等速度 V_B=2m/s 往上滑行,3 m 長之桿 AB 的 A 端則在光滑的斜面上滑動。在此瞬間,試求桿 AB 之角速度 ω_{AB} 及 A 端的速度 V_A。【108 年地特三等】

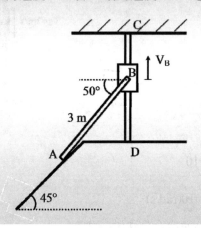

解 由瞬心法

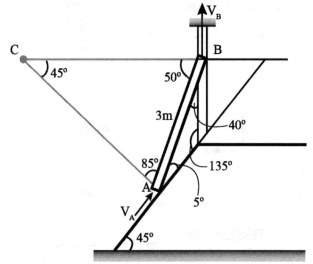

由正弦定理

$$\frac{3}{\sin 45°} = \frac{\overline{BC}}{\sin 85°} = \frac{\overline{AC}}{\sin 50°}$$

$$\Rightarrow \overline{BC} = 4.23(m)$$

$$\overline{AC} = 3.25(m)$$

$$\frac{V_B}{\overline{BC}} = W_{AB} = \frac{V_A}{\overline{AC}}$$

$$\Rightarrow \frac{2}{4.23} = W_{AB} = 0.4728(rad/s)$$

$$V_A = 3.25 \times 0.4728 = 1.54(m/s)$$

8 圓盤之角速度及角加速度如圖所示，銷子 B 係固定於圓盤上，且可於 AC 桿之槽內滑動，試求此時 AC 桿的角速度及角加速度。【關三】

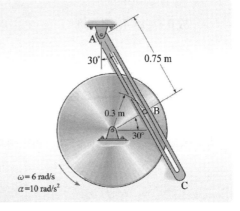

(解)(1) 取 ABC 自由體圖，由極座標公式

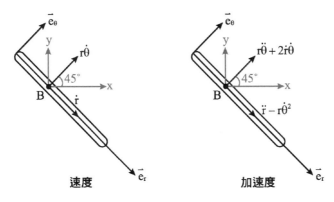

速度　　　　　　　　加速度

$$\vec{V}_B = \dot{r}\vec{e}_r + r\dot{\theta}\vec{e}_\theta = (\dot{r}\sin30° + r\dot{\theta}\cos30°)\vec{i} + (-\dot{r}\cos30° + r\dot{\theta}\sin30°)\vec{j}$$

$$\vec{a}_B = (\ddot{r} - r\dot{\theta}^2)\vec{e}_r + (r\ddot{\theta} + 2\dot{r}\dot{\theta})\vec{e}_\theta$$

$$= [(\ddot{r} - r\dot{\theta}^2)\sin30° + (r\ddot{\theta} + 2\dot{r}\dot{\theta})\cos30°]\vec{i} + [-(\ddot{r} - r\dot{\theta}^2)\cos30° + (r\ddot{\theta} + 2\dot{r}\dot{\theta})\sin30°]$$

(2)　**由圓盤之剛體運動公式**

$$\vec{V}_B = \vec{V}_0 + \vec{W} \times \vec{r}_{B0} = 6\vec{k} \times (0.3\cos30°\vec{i} + 0.3\sin30°\vec{j})$$

$$= 1.5588\vec{j} - 0.9\vec{i}$$

故 $\dot{\theta} = 0(\text{rad}/s^2)$

$$\vec{a}_B = \vec{a}_0 + \vec{\alpha} \times \vec{r}_{B0} + \vec{W} \times \vec{W} \times \vec{r}_{B0}$$

$$= 10\vec{k} \times (0.3\cos30°\vec{i} + 0.3\sin30°\vec{j}) + 6\vec{k} \times (1.5588\vec{j} - 0.9\vec{i})$$

$$= -2.8\vec{j} - 10.848\vec{i}$$

故 $\ddot{\theta} = -14.4(\text{rad}/s^2)$

9 如圖所示，已知齒輪 C 由軸 DE 驅動，當齒輪 B 繞著它的中心軸 GF 自由旋轉時，中心軸 GF 繞著軸 DE 自由旋轉。設若齒輪 A 保持靜止($\omega_A = 0$)，以及軸 DE 以固定之角速度($\omega_{DE} = 10$ rad/s)轉動，試求齒輪 B 的角速度。【106 高三】

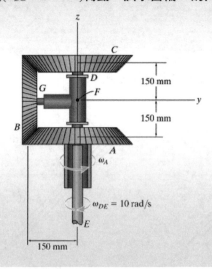

解 ∵ A 為固定，B 為行星齒輪且 A、B、C 為相同斜齒輪

$$\overrightarrow{W_B} = \overrightarrow{W_{公轉}} + \overrightarrow{W_{自轉}}$$

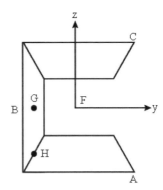

$$\overrightarrow{W_B} = \overrightarrow{W_{公轉}} + \overrightarrow{W_{自轉}}$$
$$= 10\vec{k} + 10\vec{j}$$

---

10 如圖所示半徑 r=300mm 之圓盤向右滾動而無滑動，已知中心 O 之速度為 v_0=3m/s。試求盤中 A 點之速度。【原特三等】

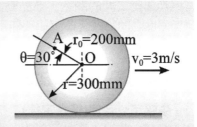

解 $v_A = v_O + v_{A/O} = v_O + \omega \times r_O$

$\omega = -10k \, rad/s$

$r_O = 0.2(-i\cos 30° + j\sin 30°) = -0.1732i + 0.1j \, m$　　$v_O = 3i \, m/s$

$$v_A = 3i + \begin{vmatrix} i & j & k \\ 0 & 0 & -10 \\ -0.1732 & 0.1 & 0 \end{vmatrix} = 3i + 1.732j + i = 4i + 1.732j \, m/s$$

$$\upsilon_A = \sqrt{4^2 + (1.732)^2} = \sqrt{19} = 4.36 m/s \, 。$$

第八章 質點動力學

8-1 質點力學定理

一、質點力學定理

第七章描述了剛體與質點的運動方程式，其中並未考慮到剛體與質點本身具有質量及受力後的慣性效應，因此質點與剛體動力學的基本運動方程式描述了質點受力與其運動之間的關系，質點動力學的基礎是牛頓的三個定律，即慣性定律、力與加速度之間的關係的定律和作用與反作用定律。

二、動力學的基本定律

(一) **牛頓第一定律(慣性定律)**：不受力作用力的質點，若質點原為靜止者，恆保持靜止狀態；若為運動者，將維持原有速度與方向作等速率直線運動，這種性質稱為慣性。

(二) **牛頓第二定律**：牛頓第二定律建立了質點的質量、加速度與作用力之間的定量關係，質點的質量與其本身加速度的乘積，等於作用於質點上的力的大小，又稱為質點動力學的基本方程式，即是力與加速度之間的關係的定律 $\sum F = ma$。

(三) **牛頓第三定律**：兩個物體間的作用力與反作用力總是大小相等，方向相反，沿著同一直線，且同時分別作用在這兩個物體上，又稱之為作用力與反作用力定律。

三、質點的運動方程式

牛頓第二定律建立了物體在運動時與作用力之間的定量關係，而運動方程式 $\sum F = ma$ 是一向量式，基本上可以採用任意的座標系來表示向量，如下所示：

(一) 卡氏座標系：

1. 質點受幾個力 F_1，F_2，…，F_n 作用時，向量形式的運動微分方程為

$$ma = \sum_{i=1}^{n} F_i$$

2. 微分方程在坐標軸上的投影

$$\left. \begin{array}{l} m\dfrac{d^2x}{dt^2} = m\ddot{x} = \displaystyle\sum_{i=1}^{n} F_{xi} \\[3mm] m\dfrac{d^2y}{dt^2} = m\ddot{y} = \displaystyle\sum_{i=1}^{n} F_{yi} \\[3mm] m\dfrac{d^2z}{dt^2} = m\ddot{z} = \displaystyle\sum_{i=1}^{n} F_{zi} \end{array} \right\}$$

(二) 切線座標系：

$\sum F_t = ma_t = m\ddot{s}$ (s：路徑、a_t：切線方向加速度)

$\sum F_n = ma_n = m\dfrac{\dot{s}^2}{\rho}$ ($\dot{s}$：切向速度、a_n：法線方向加速度、ρ：曲率半徑)

(三) 圓周運動：

$\sum F_t = ma_t = mr\alpha$ (s：路徑、a_t：切線方向加速度、α：角加速度)

$\sum F_n = ma_n = mrw^2$ (w：角速度、a_n：法線方向加速度、r：半徑)

(四) 極座標系：$\vec{F} = m\vec{a} = m[(\ddot{r} - r\dot{\theta}^2)\vec{e}_r + (r\ddot{\theta} + 2\dot{r}\dot{\theta})\vec{e}_\theta]$

範例 8-1

如圖所示,一質量為 m=2.5 公斤的小球,懸於一長為 L=3 公尺之一輕線之一端,此小球以等角速度 ω 在一水平圓周上運動,欲使 θ=30°時,小球之角速度 ω 為若干 r.p.m.,另繩中所示之張力 T 為若干。【機械地特四等】

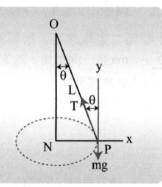

解 取小球之自由體圖:

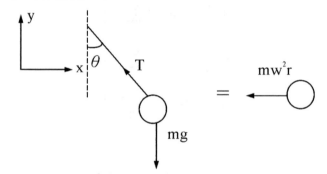

$$\Sigma F_y = ma_y \Rightarrow T\cos\theta = mg \Rightarrow T\cos30° = 2.5 \times 9.81$$

$$T = 28.32(N)$$

$$\Sigma F_x = ma_x \Rightarrow T\sin\theta = mw^2r$$

$$\Rightarrow 28.32 \times \sin30° = 2.5 \times W^2 \times 3 \times \sin30° \quad W = 1.943(rad/s)$$

範例 8-2

如圖所示之滑輪系統組，$W_1 = 200$ N ，
$W_2 = 100$ N，W_1 物體與斜面間摩擦係數
$\mu = 0.2$ ，試求 W_1 與 W_2 物體之加速度分
別為何？假設滑輪為無質量且不計繩與
滑輪間之摩擦。【關務機械三等】

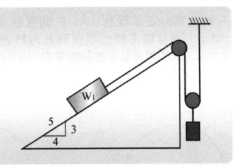

解　1. 取 W_1 自由體圖：

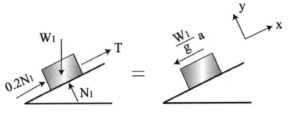

$$\sum F_y = ma_y \Rightarrow N_1 = W_1 \times \frac{4}{5} = 160(N)$$

$$\sum F_x = ma_x \Rightarrow 0.2N_1 + T - W_1 \times \frac{3}{5} = -\frac{W_1}{g}a \Rightarrow T + 20.39a = 88 \cdots (1)$$

2. **取 W_2 自由體圖：**

$$\sum F_y = 0 \Rightarrow 2T - W_2 = \frac{W_2}{g}(\frac{a}{2}) \Rightarrow 2T - 5.097a = 100 \cdots (2)$$

由(1)(2)得 $a = 1.656$ m/s^2　$T = 54.2(N)$

所以 W_1 加速度 $a = 1.656$ m/s^2　W_2 加速度 $\frac{a}{2} = 0.828$ m/s^2 (↑)

範例 8-3

一輛機車沿著半徑為 10m 的圓形軌道行駛,機車上的儀表顯示機車時速為 54km,而且機車騎士觀察到此時時速正在降低,每秒鐘的降低量為每小時 1.2km。此機車及騎士的總質量為 150kg。若是軌道面為水平(並未傾斜),請求出這時機車所受到的摩擦力。【機械普考】

解

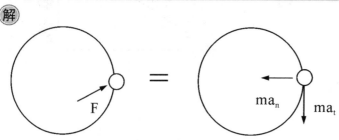

假設機車為逆時針運動:

$V = 54 \text{ km/h} = \dfrac{54 \times 10^3}{60 \times 60} = 15\text{m/s}$　速度每秒鐘降低 1.2 km/h

$t = \dfrac{54}{1.2} = 45(\text{sec})$　$a_t = \dfrac{15}{45} = 0.33 \text{ m/s}^2$　$a_n = \dfrac{15^2}{10} = 22.5 \text{ m/s}^2$

$a = \sqrt{(a_t)^2 + (a_n)^2} = 22.502\text{m/s}^2$　$F = ma = 150 \times 22.502 = 3375.36\text{N}$

範例 8-4

楔形滑塊 A 置於一 30°斜面上,其上有一方形滑塊 B。A、B 重量分別為 15kg 與 6kg,假設忽略所有接觸面間之摩擦,求 A、B 滑塊組在釋放而自由滑動的瞬間:
(一) 楔形滑塊 A 的加速度。
(二) 方形滑塊 B 相對於楔形滑塊 A 的加速度。
【106 關三】

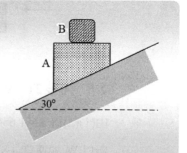

(解) 取 B 之 F、B、D 由牛頓第二運動定律

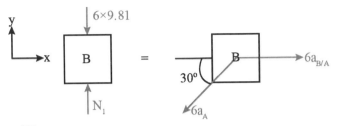

$$\pm\Sigma F_x = ma_x$$
$$0 = -6a_A\cos 30° + 6a_{B/A} \cdots(1)$$

$$+\uparrow\Sigma F_y = ma_y \Rightarrow N_1 - 6 \times 9.81 = -6a_A \times \sin 30° \cdots(2)$$

取 A 之 F、B、D 由牛頓第二運動定律

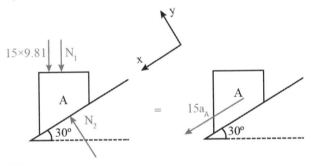

$$\Sigma F_x = ma_x$$
$$15 \times 9.81 \times \sin 30° + N_1 \times \sin 30° = 15a_A \cdots(3)$$

由(1)(2)(3)

$$a_A = 6.236(m/s^2)\downarrow \quad, \quad a_{B/A} = 5.4(m/s^2)\rightarrow$$

範例 8-5

一質量為 125kg 之水泥塊 A，由圖中之位置自靜止狀態釋放，拉動一質量為 200kg 之木塊，上一 30° 之斜坡。如木塊與斜坡間之動摩擦係數為 0.5，試求當水泥塊 A 到達地面 B 點瞬間木塊的速度。【機械交通郵政升資】

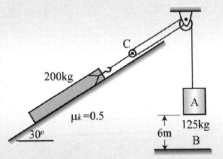

解 1. 取木塊自由體圖：

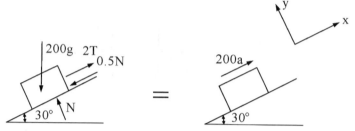

$$\Sigma F_y = ma_y \Rightarrow N = 200 \times 9.81 \times \cos 30° = 1699.14$$
$$\Sigma F_x = ma_x \Rightarrow -200 \times 9.81 \times \sin 30° - 0.5 \times 1699.14 = 200a - 2T$$
$$\Rightarrow 2T - 200a = 1830.57 \cdots (1)$$

2. 取 A 自由體圖：

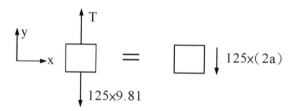

$$\Sigma F_y = ma_y \Rightarrow T + 250a - 1226.25 \cdots (2)$$
由(1)(2)得 $a = 0.888 \text{m/s}^2$, $T = 1004.25 \text{N}$

3. A 之加速度 $a_A = 2a = 1.776$：
$$V_A = \sqrt{2 \times 1.776 \times 6} = 4.62 \text{m/s}(水泥塊速度)$$
$$V = \frac{1}{2}V_A = 2.31 \text{m/s}(木塊之速度)$$

範例 8-6

如圖所示，A、B、C 三物體質量分別為 30 kg、20 kg 與 10 kg，滑輪(D、E 為靜滑輪，F 為動滑輪)質量不計，摩擦力亦不計。三物體由圖示位置靜止釋放，求各物體之加速度為何？【土木高考】

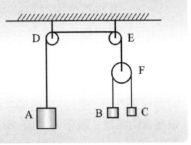

解 1. 取 B 自由體圖，假設 A 物體向下移動，且加速度為 a_2：

$$\sum F_y = ma_y \Rightarrow T + 20(a_1 - a_2) = 196.2 \cdots (1)$$

2. 取 C 自由體圖：

$$\sum F_y = ma_y \Rightarrow T - 10(a_1 + a_2) = 98.1 \cdots (2)$$

3. 取 A 自由體圖：

$$\sum F_y = ma_y \Rightarrow 2T + 30a_2 = 294.3 \cdots (3)$$

由(1)(2)(3)可得 $T = 138.495(N)$，$a_1 = 3.462(m/s^2)$，$a_2 = 0.577(m/s^2)$

4. A 物體加速度為 $a_2 = 0.577 \text{m/s}^2 (\downarrow)$：

B 物體加速度為 $a_1 - a_2 = 2.855 \text{m/s}^2 (\downarrow)$

C 物體加速度為 $a_1 + a_2 = 4.039 \text{m/s}^2 (\uparrow)$

範例 *8-7*

質量分別為 m_A 及 m_B 之兩個木箱，自圖示之位置自由釋放。若箱 A 與箱 B 間之動摩擦係數(kinetic coefficient of friction)為 μ_k，且箱 B 與傾斜面間之摩擦效應可忽略，試求當木箱移動距離為 d 後瞬間之兩木箱速度。(假設連接兩個木箱的繩索足夠長)。【關務機械三等】

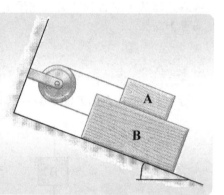

解 1. 假設 B 往下移：

(1) 取 A 自由體圖

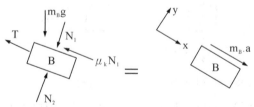

$\sum F_y = 0 \Rightarrow N_1 = m_A g \cos \theta$

$\sum F_y = 0 \Rightarrow T - \mu_k N_1 - m_A g \sin \theta = m_A a$

$\Rightarrow T - (\mu_k \cos \theta + \sin \theta) m_A g = m_A a \cdots (1)$

(2) 取 B 自由體圖

$$\sum F_x = 0 \Rightarrow T + \mu_k m_A g \cos\theta - m_B g \sin\theta = -m_B \cdot a \cdots(2)$$

由(1)(2)可得 $a = \dfrac{[(m_B - m_A)\sin\theta - 2\mu_k m_A \cos\theta]g}{m_A + m_B}$

$$V^2 = 2ad \Rightarrow V = \sqrt{2d[\dfrac{(m_B - m_A)\sin\theta - 2\mu_k m_A \cos\theta}{m_A + m_B}]g}$$

2. **同理假設 B 往上移：**

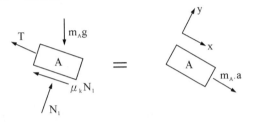

$$T + \mu_k m_A g \cos\theta - m_A g \sin\theta = -m_A a \cdots(3)$$

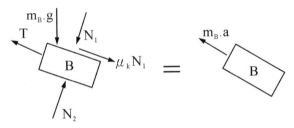

$$T - \mu_k m_A g \cos\theta - m_B g \sin\theta = m_B \cdot a \cdots(4)$$

由(3)(4)可得 $a = \dfrac{[(m_A - m_B)\sin\theta - 2\mu_k m_A \cos\theta]g}{m_A + m_B}$

$$V^2 = 2ad \Rightarrow V = \sqrt{2d[\dfrac{(m_A - m_B)\sin\theta - 2\mu_k m_A \cos\theta}{m_A + m_B}]g}$$

8-2 質點動力學之功能原理

一、功的定義

(一) 定義

之功 dU，此作功量為一純量，由 F 及 dr 之點積(dot product)定義之，即

$$dU = F \cdot dr = Fds\cos\theta$$

(二) 作用在質點的功

質點受一力 F 作用，由位置 s_1 沿其運動路徑移動一有限距離至位置 s_2，作用力 F 所作之功可沿質點之運動路徑積分求得

$$U_{12} = \int_{P_1}^{P_2} F \cdot dr = \int_{s_1}^{s_2} F\cos\theta ds = \int_{s_1}^{s_2} F_t ds$$

$F\cos\theta$-s 關係曲線下之陰影面積，即為力 F 所作之功

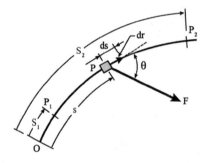
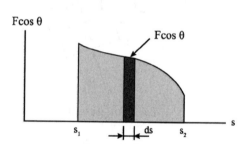

二、功及其單位

(一) 功

1. **水平力作功**：假設有一大小、方向不變的力 F，作用在一物體上，使物體沿著力的方向移動一位移量 S，即可稱此力對物體作功。因此功的定義為力的大小與物體位移量的相乘積。W=F．S

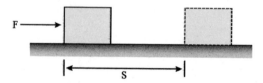

2. **斜向力作功**：若力 F 的方向和位移 S 的方向不相同，而是有一個夾角 θ 存在時，如圖所示，則此時力對物體所做之功為

W=F cosθ×S=F×S cosθ

其中 F cosθ 稱之為有效拉力(effective force)

S 稱之為有效位移(effective displacement)

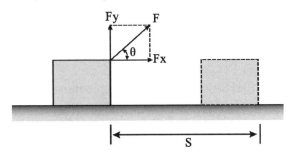

討論如下的狀況：

(1) 當 θ=0 時，cosθ=1，作用力與位移的方向為相同。W=F‧S

(2) 當 θ=90 時，cosθ=0，作用力與位移的方向垂直，則作用力不對物體作功。W=O

(3) 當 θ=180 時，cosθ=-1，作用力與位移的方向相反，作用力對物體作負功。W=-F‧S

(二) **功的單位**

	絕對單位	重力單位
CGS 制	達因-公分(爾格)	公克-公分
MKS 制	牛頓-公尺(焦耳)	公斤-公尺
FPS 制	呎-磅達	呎-磅

(三) **功率的單位**：在環境之中，作功的多少雖然很重要，但對物體作功的時間也是不可以忽略的，因為不論多小的馬達，只要時間充足，仍可作相當的功，而一部強有力的馬達僅須很短的時間，即可做相當的功，所以機器的性能是以功率來衡量，因此定義在單位時間內所作的功稱為功率。

假設在一時間 t 之內所作的功為 W，則功率為：$P=\dfrac{W}{t}$

將 W=F‧S 代入，所以功率可寫成：P=F‧V

功率為一純量，其單位可以用功的單位除以時間。
功率之單位：

	絕對單位	重力單位
CGS 制	達因-釐米/秒	克-釐米/秒
MKS 制	焦耳/秒(瓦特)	公斤-公尺/秒
FPS 制	呎-磅達/秒	呎-磅/秒

常用之功率單位：
1. 公制馬力(PS)1PS=75kg-m/sec=4500kg-m/min=736(watt)
2. 英制馬力(HP)1HP=550ft-1b/sec=33000ft-1b/min=746(watt)
3. 1仟瓦=1.36PS
4. 1仟瓦×小時=3.6×10^6焦耳(仟瓦小時，馬力小時均為功之單位)
5. 仟瓦(瓦千)(kW)1kW=1000watt=102kg-m/sec

三、位能（potential energy）

(一) 作用力的作功只與最初與最終狀態有關，與所進行的路徑無關，我們稱之為保守力(conservative force)。位能(potential energy)：系統由某一狀態至參考狀態，保守力所能作的功，即定義為該狀態之位能。

(二) **重力作功**：假設有重為 $m\bar{g}$ 的質點 M，由 $M_1(x_1, y_1, z_1)$ 處沿曲線移至 $M_2(x_2, y_2, z_2)$，此時質點的重力在座標軸上的投影為：$F_x = 0$、$F_y = 0$、$F_z = mg$，質點的重力在曲線路程上的功為：

$$\Delta U_{1 \to 2} = \int_{z_1}^{z_2} -mgdz = mg(z_1 - z_2)$$

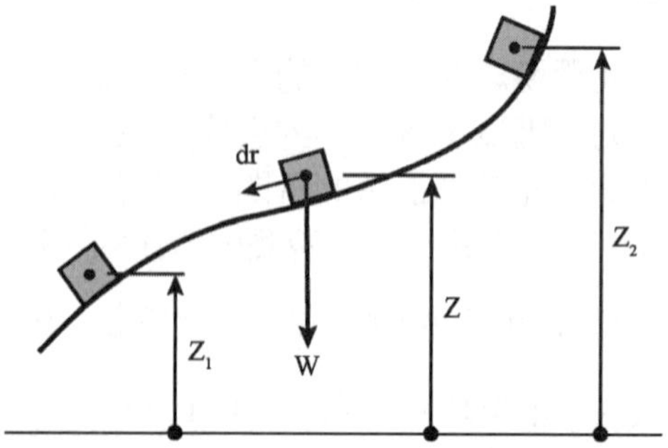

(三) **重力位能**：重力位能僅與質點的重量及最初最終位置有關，而與路徑無關

$$\Delta\left(\forall_g\right)_{1\to2} = mg\left(z_2 - z_1\right)$$

四、彈性位能

假設彈簧自由長度為 x_0 的彈簧一端為固定點，另一端沿任一直線由 x_1 運動至 x_2，假設彈簧的剛性係數為 $K(N/m)$，在彈性範圍內：

$$伸長量 x_1 彈力：F_1 = K(x_1 - x_0) = K \times (彈簧伸長量)$$

$$伸長量 x_2 彈力：F_2 = K(x_2 - x_0) = K \times (彈簧伸長量)$$

(一) **彈簧作功**

若彈簧沿任一直線由 x_2 運動至 x_1，則：

$$\Delta U_{1\to2} = \int_{x_1}^{x_2} -(Kx)\,dx = \frac{1}{2}K(x_1)^2 - \frac{1}{2}K(x_2)^2$$

(二) **彈性位能**

彈簧位置 1 彈性位能：$\forall_{e1} = \frac{1}{2}K(x_1 - x_0)^2 = \frac{1}{2}K$ （彈簧伸長量）^{2}

彈簧位置 2 彈性位能：$\forall_{e2} = \frac{1}{2}K(x_2 - x_0)^2 = \frac{1}{2}K$ （彈簧伸長量）^{2}

若彈簧沿任一直線由 x_2 運動至 x_1，則位能：

$$\Delta\left(\forall_e\right)_{1\to2} = \frac{1}{2}Kx_2^2 - \frac{1}{2}Kx_1^2$$

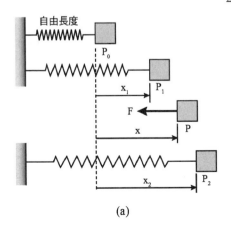

(a)

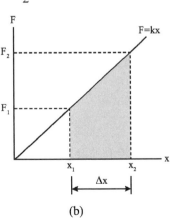

(b)

五、質點動能

一質點質量為 m，受一力系之合力，作用力而沿一直線或曲線路徑運動，則其切線方向的運動方程式為：$F_t = m\,a_t = m\dfrac{dv}{dt} = m\dfrac{dv}{ds}\dfrac{ds}{dt} = m\,v\dfrac{dv}{ds}$

(一) 當質點沿其運動路徑移動 $d\vec{s}$ 之位移時，則合力 $\vec{F}$ 所作之功為：

$$d\,W = \vec{F} \cdot d\vec{s} = F_t\,ds = m\,v\dfrac{dv}{ds} = m\,v\,dv$$

(二) 質點由 A_1 位置移動至 A_2 位置時，施加於質點上之作用力 $\vec{F}$ 所作之功為：

$$\Delta T = \int_{A_1}^{A_2} F_t\,ds = \int_{v_1}^{v_2} mv\,dv = \frac{1}{2}mv_2^2 - \frac{1}{2}mv_1^2$$

六、功能原理

能量不滅定律：能量的型態有許多種，而且可以藉由許多的方法加以轉換，也可以任意的傳遞，但不能由虛無之中創造出能量，也不能將已有的能量消滅。

若作用於物體上的力對物體所做的功，與該物體所走的路徑無關，而只和該物體的初位置與末位置有關，這種力稱之保守力(conservative force)，如重力位能與彈性位能即為保守力。而摩擦力所作的功與物體的運動路徑有關，路徑愈長所作的功愈大，所以摩擦力不是保守力。

(一) 非保守功

在某狀態時系統之動能與位能的和，稱之為機械能(mechanical energy)，系統內同時有保守力及非保守力作功時，則能量方程式：

非保守功（如摩擦功）U_{nc}＝（動能增量）ΔT ＋（位能增量）$\Delta \forall$

(二) 保守功

系統若是沒有非保守功的作用(例如摩擦力作功)，在保守力作功的影響下，質點的動能會完全轉換成位能，可稱之為機械能守恒(principle of conservation of mechanical energy)，則能量方程式：0＝（動能增量）ΔT ＋（位能增量）$\Delta \forall$

範例 $8\text{-}8$

如右圖所示，重量為 10N 之滑塊沿一垂直之桿作無摩擦之自由滑動。已知彈簧之常數為 10N/m，自由長度為 2m，試求滑塊由 A 處靜止被釋放後，通過 B 處時的速度大小為何？
【機械地特四等】

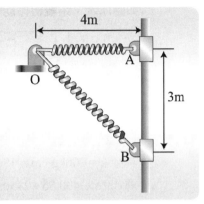

(解) 利用功能原理機械能守恆：

$$0 = \frac{1}{2}mV_B^2 - \frac{1}{2}mV_A^2 + mg(0-h) + \frac{1}{2}k\delta_B^2 - \frac{1}{2}k\delta_A^2$$

$$\Rightarrow 0 = \frac{1}{2} \times \frac{10}{9.81} \times V_B^2 - 0 + \frac{10}{9.81} \times 9.81 \times (-3) + \frac{1}{2} \times 10 \times [(5-2)^2 - (4-2)^2]$$

$$V_B = 3.132 (m/s)$$

範例 $8\text{-}9$

有一重 50kg 之物體自 5m 之高處落下，撞擊一彈簧之頂面，設此物體之初速度為零且此彈簧之彈性係數 K＝200kg/cm，試求此物體剛接觸彈簧時之速度？另求此彈簧之縮短量？【機械關務四等】

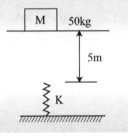

(解) 1. 利用功能原理之機械能守恆求速度：

$$0 = \frac{1}{2}mV_2^2 - \frac{1}{2}mV_1^2 + mg(0-h)$$

$$\Rightarrow 50 \times 9.81 \times 5 = \frac{1}{2} \times 50 \times V_2^2$$

$$V_2 = 9.9 m/s^2$$

2. 如圖所示，系統機械能守恆：

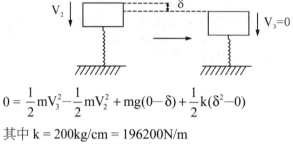

$$0 = \frac{1}{2}mV_3^2 - \frac{1}{2}mV_2^2 + mg(0-\delta) + \frac{1}{2}k(\delta^2 - 0)$$

其中 $k = 200 kg/cm = 196200 N/m$

$98100\,\delta^2 - 490.5\delta - 2450.25 = 0 \quad \delta = 0.16(m)$

範例 8-10

雲霄飛車由 90 米高處俯衝而下，問其通過半徑 30 米圓形軌道，30 米高的 A 點時之向心加速度？【機械關務四等】

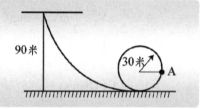

(解) 1. 利用功能原理機械能守恆：

$$0 = \frac{1}{2}mV_2^2 - \frac{1}{2}mV_1^2 + mgh_2 - mgh_1 \quad \Rightarrow 0 = \frac{1}{2} \times mV_2^2 - 0 + mg(30-90)$$

$$\Rightarrow V_2 = 34.31$$

2. A 點之向心加速度 $a_n = \frac{|V_2|^2}{30} = 39.24(m/s^2)$。

範例 8-11

有一物體(質量 40 kg)放置於 30° 的斜面上，連接一彈簧(常數 k=100 N/cm)，此時彈簧無伸長，若此斜面粗糙，其靜摩擦係數 0.2，動摩擦係數為 0.1，求此彈簧之最大伸長量。【土木普考】

解　物體由位置 1→位置 2

1. **檢查物體是否會下滑：**

   物理下滑力 $W \sin 30° = 196.2N$

   最大靜摩擦力下

   $= W \cos 30° \times 0.2 = 67.966$

   $196.2 > 67.966$ 物體會下滑

2. **利用功能原理：**

   $W_{nc} = \Delta(T + V)$ (機械能不守恆)

   位置 1 之動能 $T_1 = 0$，位能 $V_1 = 0$

   位置 2 之動能 $T_2 = 0$

   位能 $V_2 =$ 重力位能 + 彈性位能 $= -mg(\delta \sin 30°) + \frac{1}{2}k\delta^2$

   $= -196.2\delta + 5000\delta^2$，$W_{nc} = -F_s\delta = -(W \cos 30° \mu)\delta = -33.983\delta$

   可得：$5000\delta^2 - 196.28 = -33.983\delta$　　$\delta = 0.0324m$

範例 *8-12*

如右圖所示之鍛造機，其重 40kg 之落
鎚(hammer)先被提升到位置 1 後，再被
自由釋放，由於落鎚本身重量及兩條彈
簧張力之作用，使落鎚加速落下而於位
置 2 撞上一工件(work piece)。若兩條彈
簧 之 彈 簧 常 數 (spring constant) 均 為
k=1500N/m，且當落鎚於位置 2 時之每
條彈簧張力都為 150N，試求此落鎚衝
擊該工件前瞬間之速度。(不考慮摩擦效
應)。【關務機械三等】

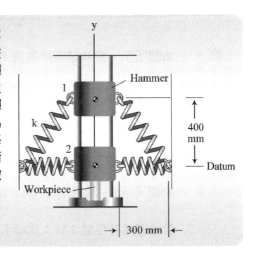

解　1. **如圖所示，當落鎚處於位置 2 時：**$F = k\delta \Rightarrow 150 = 1500\delta_2 \Rightarrow \delta_2 = 0.1m$

   因此彈簧原始長度為 $0.3 - 0.1 = 0.2m$

   動能 $T_2 = \frac{1}{2}mV_2^2$，位能 $= 0 + \frac{1}{2} \times k \times \delta_2^2 \times 2 = 15$

2. 落鎚處於位置 1 時：

動能 $T_2 = 0$，位能 $= mgh_1 + \frac{1}{2} \times k \times \delta_1^2$

$$= 40 \times 9.81 \times 0.4 + 2 \times \frac{1}{2} \times 1500 \times (0.3)^2 = 291.96$$

3. 利用功能原理機械能守恆：

$$0 = \Delta(T+V) \quad \Rightarrow \frac{1}{2} mV_2^2 + 15 - 291.96 = 0 \quad \Rightarrow V_2 = 3.72 (m/s)$$

範例 8-13

如圖所示，已知質量為 15kg 之物體由靜止被釋放，沿摩擦係數為 0.2 之斜面下滑 10 m 後與彈簧常數為 50N/m 之彈簧接觸，若不計彈簧質量，試求彈簧之最大壓縮量為何？【機械高考】

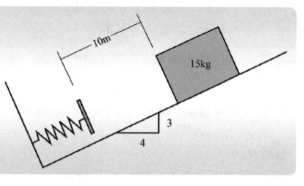

(解) 1. 如圖所示，當物體處於位置 1 時：

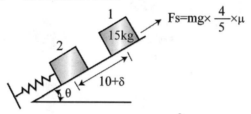

動能 $T_1 = 0$ 位能 $V_1 = mg \times (10+\delta) \times \frac{3}{5} = 882.9 + 88.29\,\delta$

2. 當物體處於位置 2 時：動能 $T_2 = 0$ 位能 $V_2 = 0 + \frac{1}{2} k\delta^2 = 25\,\delta^2$

3. 利用功能原理(機械能不守恆)：

$$W_{nc} = \Delta(T+V) \quad \Rightarrow -F_S \times (10+\delta) = 25\delta^2 - (882.9 + 88.29\delta)$$

$$\Rightarrow -mg \times \frac{4}{5} \times 0.2 \times (10+8) = 25\delta^2 - (882.9 + 88.29\delta) \quad \delta = 6.546m$$

範例 *8-14*

如右圖所示，一滑塊質量為 500g，靜止放置
於圓柱表面上方，圓柱之半徑 R = 1.5m。若
對滑塊施加一向右之起始速度 v_0，滑塊沿圓
柱表面滑動直至 θ = 30°時與圓柱表面分離。
在不考慮摩擦力的情況下，試求：(1) v_0 之大
小；(2)滑塊在開始移動瞬間，與圓柱表面之
接觸力大小。【關務機械三等】

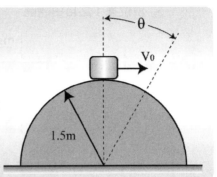

 解

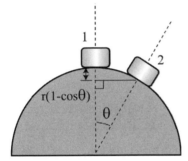

1. 如圖所示，物體由位置 1 運動至位置 2 時與圓柱產生分離由功能原理
   機械能守恆：

   $$0 = \frac{1}{2}mV_2^2 - \frac{1}{2}mV_0^2 - mgr(1-\cos\theta) \cdots(1)$$

2. 取位置 2 之自由體圖：

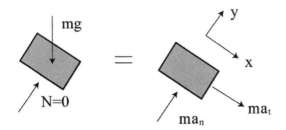

   $$\sum F_y = ma_y \Rightarrow ma_n = mg \times \cos\theta \Rightarrow a_n = g\cos\theta = 8.496$$

   又 $\dfrac{V_2^2}{r} = a_n = 8.496 \Rightarrow V_2 = 3.57\text{m/s}$ 代回(1)　可得 $V_0 = 2.97\text{(m/s)}$

3. 取位置 1 之自由體圖：

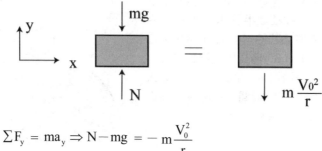

$$\sum F_y = ma_y \Rightarrow N - mg = -m\frac{V_0^2}{r}$$

$$\Rightarrow N = 0.5 \times 9.81 - 0.5 \times \frac{(2.97)^2}{1.5} = 1.9647(N)$$

範例 8-15

右圖所示為一不可伸張之繩索連接方塊 A 與方塊 B，面與方塊間之動摩擦係數 $\mu_d = 0.25$。忽略滑輪之重量與摩擦力，試求方塊 A 由靜止開始移動距離 2m 後之速度。【機械高考】

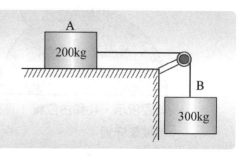

(解) 取 A 物體自由體圖：

$$W_A = 200 \times 9.81 = 1962(N) \quad F_S = \mu_d N_A = 0.25 \times 1962 = 490N$$

利用功能原理 $W_{nc} = \Delta(T + V)$

本題有摩擦功為非保守功

$$-\mu_d N_A \times 2 = \frac{1}{2}(m_A + m_B)V_2^2 + m_B \times g \times (-2)$$

$$\Rightarrow -490 \times 2 = \frac{1}{2}(200 + 300)V_2^2 + 300 \times 9.81 \times (-2)$$

$$V_2 = 4.43m/s$$

8-3 ｜ 質點動力學之動量原理

一、質心

質點系的質量中心，其位置：

$$\vec{r}_c = \frac{\sum m_i \vec{r}_i}{m}$$

$$\Rightarrow x_c = \frac{\sum m_i x_i}{m} \quad , \quad y_c = \frac{\sum m_i y_i}{m} \quad , \quad z_c = \frac{\sum m_i z_i}{m}$$

二、動量定理

(一) 在質點系統中，作用力在一段時間內對系統之動量的影響，稱之為線衝量與動量原理(principle of linear impulse and momentum)，可表示為：

質點的動量： $m\vec{v}$ ；質點系統的動量： $\vec{L} = \sum m_i \vec{v}_i$

(二) 將質心公式對時間 t 求一階導數：

$$\vec{r}_c = \frac{\sum m_i \vec{r}_i}{m} \xrightarrow{\text{微分後}} \dot{\vec{r}}_c = \frac{\sum m_i \dot{\vec{r}}_i}{m}$$

則動量 $m\vec{v} = \sum m_i \vec{v}_i \Rightarrow \vec{L} = m\vec{v}_c$

(三) 質點的動量定理

假設質點質量為 m，速度為 $\vec{v}$，作用力為 $\vec{F}$，由牛頓第二定律：

$$m\frac{d\vec{v}}{dt} = \vec{F}$$

$\Rightarrow md\vec{v} = \vec{F}dt$ (質點動量定理的微分形式)

將上式對時間 t 積分

$m\vec{v}_2 - m\vec{v}_1 = \int_{t_1}^{t_2} \vec{F}dt$ (在 t_1 至 t_2 時間內的線衝量(linear impulse)

(四) **線動量守恆：**如果作用於系統的某一方向合力等於零，則線動量在 t_1 至 t_2 時間內為一定向量，此稱之為線動量守恆(conservation of linear momentum)原理，即：

1. 若 $\sum F_{ix} = 0$ 則 $(m\vec{v}_x)_2 - (m\vec{v}_x)_1 = \int_{t_1}^{t_2} \sum F_{ix} dt = 0$ (x 方向線動量守恆)

2. 若 $\sum F_{iy} = 0$ 則 $(m\vec{v}_y)_2 - (m\vec{v}_y)_1 = \int_{t_1}^{t_2} \sum F_{iy} dt = 0$ (y 方向線動量守恆)

3. 若 $\sum F_{iz} = 0$ 則 $(m\vec{v}_z)_2 - (m\vec{v}_z)_1 = \int_{t_1}^{t_2} \sum F_{iz} dt = 0$ (z 方向線動量守恆)

三、角動量

(一) **質點的角動量：**如圖 8.2 設質點 M 的質量為 m，某暫態的速度為 $\vec{v}$，到 O 點的路徑為 $\vec{r}$

質點對 O 點的動量矩：

$$\vec{H}_o = \vec{r} \times m\vec{v} = m(\vec{r} \times \vec{v})$$

$$= m \begin{vmatrix} \vec{i} & \vec{j} & \vec{k} \\ x & y & z \\ v_x & v_y & v_z \end{vmatrix}$$

$$= m \left(\begin{vmatrix} y & z \\ v_y & v_z \end{vmatrix} \vec{i} - \begin{vmatrix} x & z \\ v_x & v_y \end{vmatrix} \vec{j} + \begin{vmatrix} x & y \\ v_x & v_y \end{vmatrix} \vec{k} \right)$$

$$= H_x \vec{i} + H_y \vec{j} + H_z \vec{k}$$

(二) **質點系統的角動量：**設質點系由 n 個質點組成，其中第 i 個質點的質量為 m_i，速度為 $\vec{v}_i$，到 O 點的路徑為 $\vec{r}_i$，則質點系統對 O 點的動量矩：

$$\vec{H}_0 = \sum \vec{r}_i \times m_i \vec{v}_i$$

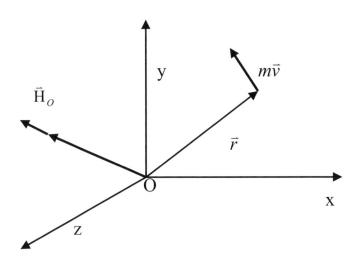

圖 8.2 角動量

(三) 質點角動量定理

1. 由牛頓第二定律：

$$m\frac{d\vec{v}}{dt} = \vec{F} \Rightarrow \vec{r} \times m\frac{d\vec{v}}{dt} = \frac{d}{dt}\left(\vec{r} \times m\vec{v}\right) - \frac{d\vec{r}}{dt} \times m\vec{v} = \vec{r} \times \vec{F}$$

$$\Rightarrow \frac{d}{dt}\left(\vec{r} \times m\vec{v}\right) = \vec{M}_O\left(\vec{F}\right)$$

2. 作用於質點之外力對 O 點之力矩等於質點對 O 點之角動量對時間的變化

率：
$$\sum \vec{M}_0 = \dot{\vec{H}}_0$$

$$\sum M_{ox} = \dot{H}_{ox}$$

$$\sum M_{oy} = \dot{H}_{ox}$$

$$\sum M_{oz} = \dot{H}_{ox}$$

(四) 角動量守恆定理： 若在一時間內作用在質點之力系對固定點 O 之合力力矩為零，則角動量在時間內為一定向量，此稱之為角動量守恆(conservation of angular momentum)：

$$\Delta \vec{H}_o = \vec{0} \quad \text{或} \quad \vec{H}_{01} = \vec{H}_{02}$$

範例 8-16

如圖所示,質量為 m_B 之球 B 以一長度為 ℓ 之繩懸吊於質量為 m_A 之車 A 下方,若球 B 於系統為靜止狀態下被給予一 v 之速度,試求:(1)球 B 擺動至最高處時速度為何?(2)球 B 所能上升之最大垂直高度 h 為何。【機械技師】

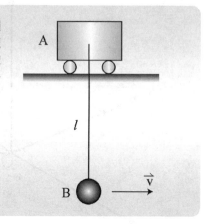

解　1. 取系統運動之自由體圖:

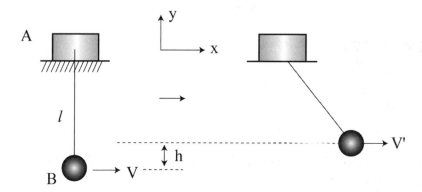

當 B 點達到最高點時,繩子的角速度等於零,且運動過程 x 水平方向無外力,故 x 方向線動量守恆

$$\sum mv_{x'} = \sum mv_x \Rightarrow (m_A + m_B)V' = m_B V \qquad V' = \frac{m_B}{m_A + m_B}V$$

2. 利用功能原理機械能守恆:

$$\Delta(T + V) = 0$$

$$\frac{1}{2}(m_A + m_B)(V')^2 - \frac{1}{2}m_B V^2 + m_B gh = 0 \quad \Rightarrow h = \frac{m_A V^2}{2(m_A + m_B)g}$$

範例 8-17

如圖所示之滑塊 A、B 的質量皆為 m，已知所有的接觸面間都沒有摩擦力，重力的方向為垂直向下。滑塊 A、B 在圖示的位置由靜止狀態被釋放，當滑塊 B 在斜面上滑動的距離為 3 公尺時，試求滑塊 A、B 的速度。【土木地特三等】

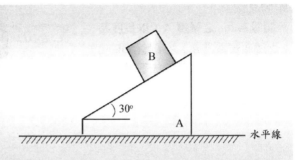

解

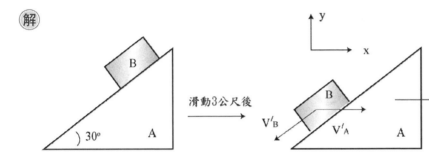

1. 如圖所示，若滑動 3 公尺後，則系統 x 方向不受力，x 方向線動量守恆：

$$\sum mv_x = \sum mv'_x \quad 0 = m_B(V'_A - V'_B\cos 30°) + m_A V'_A \Rightarrow V'_A = \frac{\sqrt{3}}{4}V'_B \cdots(1)$$

2. 由功能原理機械能守恆：

$$0 = \Delta(T + V)$$

$$\Rightarrow 0 = \frac{1}{2}m_B \times V_B^2 + \frac{1}{2}m_A(V'_A)^2 - m_B g \times 3 \times \sin 30° \cdots(2)$$

其中 $V_B = \sqrt{(-V'_B\sin 30°)^2 + (V'_A - V'_B\cos 30°)^2} \cdots(3)$

由(1)(2)(3)可得 $V'_B = 6.862 \text{m/s} \quad V'_A = 2.971 \text{m/s}$

3. $\vec{V}_A = 2.971\vec{i}$:

$\vec{V}_B = (2.971 - 6.862\cos 30°)\vec{i} - (6.862\sin 30°)\vec{j} = -2.972\vec{i} - 3.43\vec{j}$

範例 8-18

一質量為 m_A 之單擺 A，以長度為 l 之繩和質量為 m_B 之滑輪(trolley) 連接，如從 θ = 0°開始放下單擺，試求當 θ = 90°時之滑輪之瞬時速度為何？【地特機械三等】

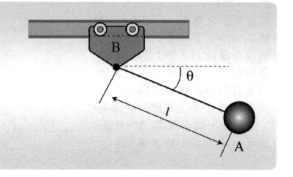

解 1. 取系統運動自由體圖：

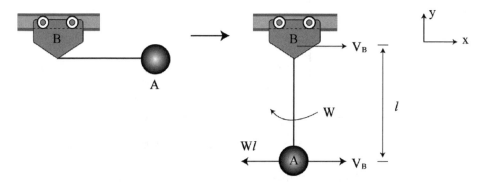

x 方向無外力作用，線動量守恆　$\sum mv'_x = \sum mv_x$

$$m_B v_B + m_A(v_B - w\ell) = 0 \quad \Rightarrow w\ell = \frac{m_A + m_B}{m_A} v_B$$

2. 利用功能原理機械能守恆：

$$\frac{1}{2} m_B v_B^2 + \frac{1}{2} m_A (v_A - w\ell)^2 = m_A g\ell \quad V_B = \sqrt{\frac{2m_A^2 g\ell}{(m_A m_B + m_B^2)}}$$

8-4 | 質點碰撞

一、碰撞定義

(一) 二物體在極短之時間內撞擊,在此期間內彼此產生很大的作用力,而導致運動狀態的變化,稱之為碰撞。

(二) 在碰撞期間垂直於接觸面之公法線稱為碰撞線(line of impact)。若兩碰撞物體的質量中心均在碰撞線上稱之為中心碰撞;若碰撞時兩物體之質量中心有一個不在碰撞線上,則此種碰撞稱為偏心碰撞。

(三) 當中心碰撞時,若兩個物體在碰撞前的速度均位於碰撞線上,稱之為正向碰撞,反之,若有一物體之速度不在碰撞線上,稱之為斜向碰撞。

二、正向碰撞

分析碰撞問題時應由動衝量方程式及恢復係數方程式來著手:

(一) 正向碰撞:

1. 如圖 8.3 所示,兩個物體在碰撞前的速度 V_{An}、V_{Bn} ($V_{Bn} < 0$)均位於撞擊線上,且碰撞後兩物體以 V'_{An}、V'_{Bn} 的速度離開,則恢復係數定義為:

$$恢復係數 \, e = \frac{恢復期之衝量}{變形期之衝量} = -[\frac{V'_{An} - V'_{Bn}}{V_{An} - (-V_{Bn})}]$$

2. 恢復係數值的範圍介於 0 和 1 之間,當恢復係數等於 0 時,稱之為完全塑性(perfectly plastic)碰撞或是完全非彈性(perfectly inelastic)碰撞;當恢復係數 1 時,稱為完全彈性(perfectly elastic)碰撞。

3. 系統在 n 方向未受到外衝量作用,n 方向線動量守恆,則動衝量方程式:

$$(m_A \vec{v}_A) + (m_B \vec{v}_B) = (m_A \vec{v}'_A) + (m_B \vec{v}'_B) \, (n \, 方向線動量守恆)$$

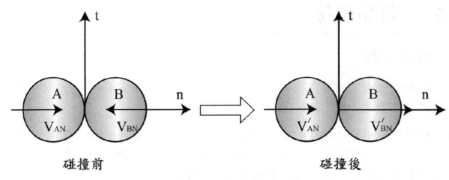

圖 8.3　正向碰撞

(二) 斜向碰撞：

1. 如圖 8.4 若碰撞前速度分別 V_A 及 V_B，與 n 軸夾角分別為 θ_1 及 θ_2，碰撞後速度分別及 V_A' 及 V_B'，與 n 軸夾角分別為 θ_1' 及 θ_2'。

   定義恢復係數：

   $$恢復係數\ e = -[\frac{V_{An}' - V_{Bn}'}{V_{An} - (-V_{Bn})}] = -[\frac{V_A'\cos\theta_1' - V_B'\cos\theta_2'}{V_A\cos\theta_1 - (-V_B\cos\theta_2)}]$$

2. t 方向線動量守恆：

   (1) A 球在 t 方向線動量守恆：$V_{At}' = V_{At}$

   (2) B 球在 t 方向線動量守恆：$-V_{Bt}' = V_{Bt}$

3. 系統在 n 方向線動量守恆：

   $$(m_A V_{An}) + (m_B V_{Bn}) = (m_A V_{An}') + (m_B V_{Bn}')\,(\text{n 方向線動量守恆})$$

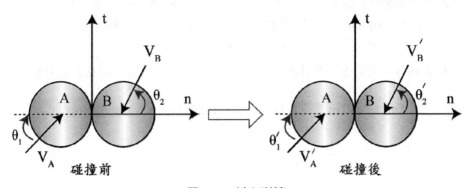

圖 8.4　斜向碰撞

範例 *8-19*

一質量為 2kg 之 A 物塊，自靜止狀態在距 B 板塊 h＝0.5m 之高度處釋放，如 B 板塊之質量為 3kg，A 與 B 之間的恢復係數 (coefficient of restitution)e＝0.6，彈簧係數 k ＝30N/m，試求 A 物塊在剛撞擊 B 板塊後之速度。【地方特考機械三等】

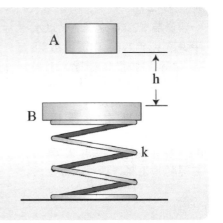

(解) 1. A 物塊撞擊 B 物塊前瞬間速度：

$$\frac{1}{2}m_A V_A^2 = m_A \times g \times h$$

$$\Rightarrow V_A = \sqrt{2gh} = 3.132(m/s)$$

2. 碰撞期間　碰撞後－碰撞前：

動量守恆定理

$$0 = m_A(-V_A') + m_B(-V_B') - m_A(-V_A)$$

$$\Rightarrow 0 = -2 \times V_A' + 3 \times (-V_B') - 2 \times (-3.132) \cdots(1)$$

$$e = -\frac{(-V_A') - (-V_B')}{-3.132 - 0} = 0.6$$

$$\Rightarrow -V_A' + V_B' = -1.88 \cdots(2)$$

由(1)(2)可知 $V_B' = 2(m/s)$ ，$V_A' = 0.12(m/s)$

A 物塊撞擊 B 板後之速度 $= 0.12(m/s)$

範例 8-20

一質量為 1.2 kg 之球 A，以水平速度 $v_0 = 2$ m/s 與質量為 4.8 kg 之靜止物體 B 碰撞，B 與地面間無摩擦力，可自由滑動。若斜面之角度 $\theta = 60°$，兩物體碰撞之復原係數 (coefficient of restitution) $e = 0.8$，試求碰撞後瞬間 A 與 B 之速度。【關務機械三等】

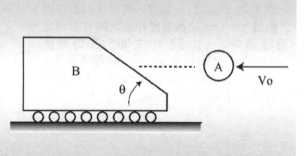

解

(碰撞期間) = (碰撞後) — (碰撞前)：

1. 如圖所示碰撞系統 x 方向動量守恆：

   $$\sum mv_x = \sum mv'_x \quad 0 = m_A V'_x + m_B(-V'_B) - m_A(-V_0)$$

   $$\Rightarrow 4.8V'_B - 1.2V'_x = 2.4 \cdots (1)$$

2. 碰撞前後 A 物體在切線方向速度分量不變：

   $$-V'_x \sin 30° + V'_y \cos 30° = V_0 \sin 30° \quad \Rightarrow 0.866V'_y - 0.5V'_x = 1 \cdots (2)$$

3. 由恢復係數：

   $$e = 0.8 = -\frac{(V'_x \cos 30° + V'_y \times \sin 30°) - (-V'_B \cos 30°)}{(-V_0 \cos 30°) - 0}$$

   $$\Rightarrow 1.3856 = 0.866V'_x + 0.5V'_y + 0.866V'_B \cdots (3)$$

   由(1)(2)(3)可解得 $V'_B = 0.57$(m/s)，$V'_x = 0.28$(m/s)，$V'_y = 1.316$(m/s)

   $$V'_A = \sqrt{(V'_x)^2 + (V'_y)^2} = 1.345\text{(m/s)}$$

範例 *8-21*

如圖所示之 A 球質量 $m_A = 23kg$ ，半徑 75mm；另一球 B 的質量 $m_B = 4kg$ ，其半徑 50mm。兩球以圖示之速度相互接近。設若恢復係數 e=0.4，且不計摩擦。試求碰撞後瞬間兩球的速率各為何？

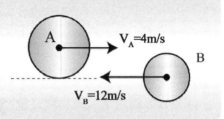

解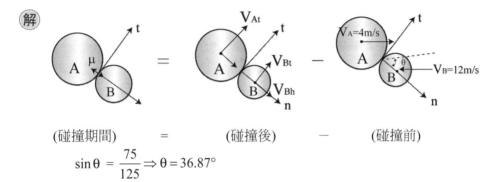

(碰撞期間)   =   (碰撞後)   —   (碰撞前)

$$\sin\theta = \frac{75}{125} \Rightarrow \theta = 36.87°$$

1. **碰撞前後 A、B 球切線方向速度分量不變：**

    $$V_{Bt} = -V_B \times \sin 36.87° \Rightarrow V_{Bt} = -7.2(m/s)$$

    $$V_{At} = V_A \times \sin 36.87° \Rightarrow V_{At} = 2.4(m/s)$$

2. **碰撞過程無外力，n 方向線動量守恆：**

    $$m_A v_A \cos\theta - m_B v_B \cos\theta = m_A v_{An} + m_B v_{Bn}$$

    $$\Rightarrow 23V_{An} + 4V_{Bn} = 35.2 \cdots (1)$$

3. **恢復係數：** $e = 0.4 = \dfrac{V_{Bn} - V_{An}}{V_A \cos\theta + V_B \cos\theta} \Rightarrow V_{Bn} - V_{An} = 5.12 \cdots (2)$

    由(1)(2)可得 $V_{An} = 0.545(m/s)$, $V_{Bn} = 5.665(m/s)$

    碰撞後 A 球速度 $V'_A = \sqrt{(0.545)^2 + (2.4)^2} = 2.46 m/s$

    B 球速度 $V'_B = \sqrt{5.665^2 + (-7.2)^2} = 9.16 m/s$

經典試題

選擇題型

( ) **1.** 如圖所示，一物塊質量 5kg，在離牆 6m 處以 v_1=14 m/s 的速度向牆衝去，假設物塊與地面之動摩擦係數為 $\mu_k = 0.3$，碰撞後物塊靜止，牆對物塊作用之衝量為多少 N·s？ (A)70 (B)63.4 (C)56.8 (D)52.4。【機械高考第一試】

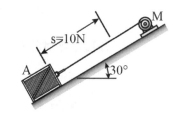

( ) **2.** 質量 20g 之子彈以 $(v_B)_1$=1200m/s 之速度射入平滑面上300g之木塊，木塊將位移多遠才停止？設子彈射入木塊前，彈簧無變形。 (A)1.5 m (B)2 m (C)2.5 m (D)3 m。【機械高考第一試】

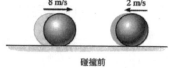

( ) **3.** 如右圖所示，馬達施加在繩索的定值力為 300N。20kg 的木箱由靜止啟動，沿斜面向上移動 S＝10m 時的速率為何？木箱與斜面間的動摩擦係數 μ_k=0.3。

(A)11.3 m/s (B)12.3 m/s
(C)12.8.m/s (D)13.1m/s。【102 年經濟部】

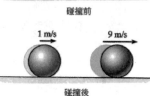

( ) **4.** 兩球之大小、質量均相同，碰撞前後的速度如右圖所示，兩球間之恢復係數 e 為何？

(A)0.5 (B)0.6
(C)0.7 (D)0.8。【102 年經濟部】

( ) **5.** 質量 50kg 得均質木箱靜置於水平
面上，木箱與地面的動摩擦係數
$\mu_k = 0.2$。若外力 P＝500N 作用
於木箱上，如右圖所示，木箱的
加速度為何？

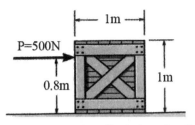

(A)2.01 m/s² (B)4.02 m/s² (C)8.04m/s² (D)16.08 m/s²。【102 年經濟部】

( ) **6.** 一子彈以速度 v 水平射入一個放在光滑平面上的靜止木塊後嵌入其
中。下列敘述何者有誤？
(A)碰撞前後，總能量守恆 (B)碰撞前後，動量守恆
(C)碰撞前後，動能守恆 (D)碰撞時產生熱能。【102 年經濟部】

( ) **7.** 有關陀螺儀（gyro）的敘述，下列敘述何者有誤？
(A)陀螺儀（gyro）係以非常高的自轉速率繞對稱軸旋轉之轉子
(B)當陀螺儀裝置在平衡環（gimbal ring），外加力矩作用於底座時，
陀螺儀不受影響
(C)陀螺儀之運動與迴轉效應（gyroscopic effect）無關
(D)陀螺儀可應用於迴轉羅盤（gyrocompass）。【102 年經濟部】

( ) **8.** 如右圖所示，一質量為 20kg 的拋射體，當
其正以 100m/s 的速度移動時突然爆炸成質
量分別為 5kg 和 15kg 的兩碎片，兩碎片之
運動方向分別與爆炸前運動方向夾 45 度角

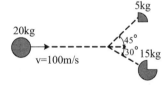

及 30 度角，則質量為 5kg 之碎片其速度大小為何？ (A)98m/s
(B)137m/s (C)188m/s (D)207m/s。【103 年經濟部】

( ) **9.** 一質量為 30kg 之物體由距彈簧秤上方 2m 處自由釋放，彈簧秤盤質量
為 10kg，彈簧常數為 20KN/m，今假設該物體落下後撞擊彈簧秤盤為
完全塑性撞擊，則彈簧秤盤的最大位移量為何？
(A)16.5cm (B)18.5cm (C)20.5cm (D)22.5cm。【103 年經濟部】

(　　) **10.** 如右圖所示，有一初始狀態為靜止之二物
體，兩者由一條不可伸張之繩索連接，物體
A 質量為 200kg，物體 B 質量為 300kg，物體
A 與平面之摩擦係數為 0.25，若滑輪為光滑
且其重量可忽略，則釋放物體 B 後，物體 A
位移達 2 m 時之速度為何？

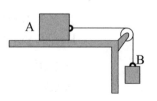

(A)2.4m/s　(B)3.2m/s　(C)3.8m/s　(D)4.4m/s。【103 年經濟部】

(　　) **11.** 汽車行駛於半徑為 180m 的彎道上，彎道的超高傾斜角為 12 度，若假
設車輪的摩擦力為零，則該汽車於此彎道上的穩定行駛速率為何？

(A)70km/h　(B)76km/h　(C)83km/h　(D)91km/h。【103 年經濟部】

(　　) **12.** 如圖所示，若系統由靜止開始啟動，
求 A 移動 2 公尺時之速度為何？

(A)4.23m/s

(B)4.85m/s

(C)5.76m/s

(D)5.91m/s。【107 年經濟部】

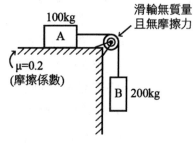

(　　) **13.** 兩個質點完全彈性碰撞，其碰撞前後之總能量變化為何？　(A)增加
(B)減少　(C)不變　(D)先減少後增加。【107 年經濟部】

(　　) **14.** 下列敘述何者有誤？　(A)物體所受衝量大小不等於動量　(B)線動量
為物體之質量與其速度相乘　(C)角動量為物體之轉動慣量與角加速度
相乘　(D)質量為 m 之運動體，動量為 P，則動能為 $\dfrac{P^2}{2m}$。【107 年經
濟部】

(　　) **15.** 重量為 W 之物體，在半徑 r 之圓周上作等速運動，角速度為 ω，則此
物體之向心力為何？　(A)$\dfrac{W}{g}r\omega^2$　(B)$\dfrac{W}{g}r^2\omega$　(C) $wr\omega^2$　(D) $wr^2\omega$。
【107 年經濟部】

( ) **16.** 如圖所示，A、B、C 三物體質量分別為 10kg、20kg 及 30kg，滑輪質量與摩擦力均不計，三物體由圖示位置靜止釋放，求物體 A 之加速度為何？

(A)3.03m/s²(↑)　　(B)4.04m/s²(↑)
(C)5.05m/s²(↑)　　(D)6.06m/s²(↑)。【107 年經濟部】

( ) **17.** 如圖所示，一質量為 30 kg 的拋射體，當其正以 80 m/s 的速度移動時突然爆炸成質量分別為 5 kg 和 25 kg 的兩碎片，兩碎片之運動方向分別與爆炸前運動方向夾 45°及 30°，則質量為 5 kg 之碎片其速度大小最接近下列何者？

(A)13 m/s　　　　(B)70 m/s
(C)167 m/s　　　(D)248 m/s。
【108 年經濟部】

( ) **18.** 如圖所示，有一個 8 kgf 的物體置於斜面上，斜面與水平面夾角 45°，物體與斜面的摩擦係數為 0.4，今施加一與斜面平行之推力 P 於物體上，則 P 之大小為下列何者時，可維持物體靜止於斜面上？(假設重力加速度 g = 9.81 m/s²)

(A)15 N　　　　(B)25 N
(C)55 N　　　　(D)85 N。【108 年經濟部】

( ) **19.** 兩球之大小、質量均相同，碰撞前後的速度如圖所示，兩球間之恢復系數 e 為何？

(A)0.5
(B)0.625
(C)0.75
(D)1。【108 年經濟部】

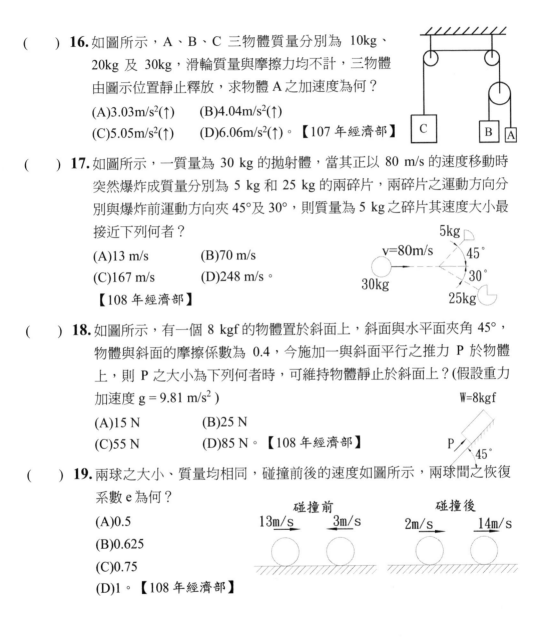

解答及解析

1. **(B)**。 由功能原理 $W_{nc} = \Delta(T+V)$

$$-0.3 \times 5 \times 9.81 \times 6 = \frac{1}{2} \times 5V_2^2 - \frac{1}{2} \times 5 \times 14^2 \quad V_2 = 12.676$$

$$mV_2 = 5 \times 12.676 = 63.4$$

2. **(D)**。 子彈射入木塊時線動量守恆

$$m_B \times (V_B)_1 = (m_A + m_B)V$$

$$\Rightarrow 20 \times 10^{-3} \times 1200 = (300 + 20) \times 10^{-3} V$$

$$V = 75 m/s$$

由功能原理

$$\frac{1}{2}(m_A + m_B)V^2 = \frac{1}{2} k \delta^2$$

$$\Rightarrow \frac{1}{2} \times (300 + 20) \times 10^{-3} \times 75^2 = \frac{1}{2} \times 200\delta^2 \quad \delta = 3(m)$$

3. **(B)**。 $-20 \times 9.81 \times \cos 30° \times 0.3 \times 10 + 300 \times 10$

$$= (20 \times 9.81 \times 10 \times \sin 30° + \frac{1}{2} \times 20 \times V^2)_2 - (0)_1$$

$$\Rightarrow V = 12.3 (m/s)$$

4. **(D)**。 $e = -\dfrac{1-9}{8-(-2)} = 0.8$

5. **(C)**。 $500 - 0.2 \times 50 \times 9.81 = 50a$，$a = 8.04 (m/s^2)$

6. **(C)**。 動能不守恆。

7. **(C)**

8. **(D)**。 $20 \times 100 = 5 \times V \times \cos 45° + 15 \times V' \times \cos 30°$ ..(1)

$5 \times V \times \sin 45° = 15 \times V' \times \sin 30°$ ....(2)

由(1)(2)得 $V = 207$ $V = 207(m/s)$，$V' = 97.58(m/s)$。

9. **(D)**。 $\delta = \delta_{st} + \sqrt{{\delta_{st}}^2 + 2h\delta_{st}}$

$\quad = 1.5 + \sqrt{1.5^2 + 2 \times (200) \times 1.5} = 26$，故選(D)。

10. **(D)**。 由功能原理

$$\left[\frac{1}{2} \times (200+300)V^2\right]_2 - \left[300 \times 9.81 \times 2\right]_1 = -200 \times 9.81 \times 0.25 \times 2$$

$$\Rightarrow V = 4.43(\frac{m}{s})$$，故選(D)。

11. **(A)**。 $N = mg \times \cos 12°$

$\quad \sum F_x = ma_x$

$\quad mg \times \cos 12° \times \sin 12° = m \times \dfrac{V^2}{180}$

$\quad \Rightarrow V = 18.95(\frac{m}{s}) = 68.22(\frac{km}{h})$

$\quad$ 故選(A)。

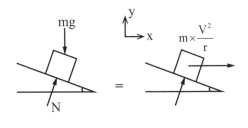

12. **(B)**。 $\dfrac{1}{2} \times 100 \times V^2 + \dfrac{1}{2} \times 260 \times V^2 - 200 \times 9.8 \times 2$

$\quad = -100 \times 9.8 \times 0.2 \times 2 \Rightarrow V = 4.85$

13. **(C)**。

14. **(C)**。 角動量=$I \cdot W$

15. **(A)**。 $\dfrac{W}{g}W^2 r$(向心力)

16. (B)。

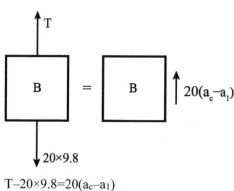

$$2T-30\times9.8 = -30a_c \cdots\cdots(1)$$

$$T-10\times9.8=10(a_1+a_c) \cdots\cdots(2)$$

$$T-20\times9.8=20(a_c-a_1)$$

$$a_c = 0.577\left(m/s^2\right)\downarrow$$

$$a_1 = 3.433\left(m/s^2\right)$$

$$a_A = a_c + a_1 = 4.04\left(m/s^2\right)$$

17. (D)。 水平方向動量守恆：

$$30 \cdot 80 = 5 \cdot V_{(5kg)} \cdot \cos 45^{\circ} + 25 \cdot V_{(25kg)} \cdot \cos 30^{\circ}$$

垂直方向動量守恆：

$$5 \cdot V_{(5kg)} \cdot \sin 45^{\circ} = 25 \cdot V_{(25kg)} \cdot \sin 30^{\circ}$$

$$V_{(25kg)} = \frac{\sqrt{2}}{5} V_{(5kg)}$$

$$V_{(5kg)} = 248.51(m/s)$$

18. (C)。 $N = mg\cos 45^{\circ}$ $f_s = \mu N$

$f_s = 0.4 \times 55.49 = 22.20$

$F = 8 \times 9.81 \times \sin 45^{\circ} = 55.49$

$N = 8 \times 9.81 \times \cos 45^{\circ} = 55.49$

$P = 55.49 - 22.20 = 33.29(N)$

(1) 物體恰下滑

     $P = F - f_s = 8 \times 9.81 \times \sin 45^{\circ} - 0.4 \times 8 \times 9.81 \times 1\cos 45^{\circ} = 33.29$

(2) 物體恰上移

     $P = F + f_s = 8 \times 9.81 \times \sin 45^{\circ} + 0.4 \times 8 \times 9.81 \times \cos 45^{\circ} = 77.67$

19. (C)。 $e = -\dfrac{碰撞後相對速度}{碰撞前相對速度} = -\dfrac{2-14}{13-(-3)} = 0.75$

基礎實戰演練

1 一動力絞車 A 沿 30° 斜面以等速度 4 ft/sec 提起 800 lb 原木。假設此絞車的輸出功率為 6 馬力,請計算:

(1) 原木與傾斜面之間的動摩擦力係數 μ_k。

(2) 假設輸出功率增加至 8 馬力時,原木的加速度為何?(1 馬力=550 ft-lb/s)【100 年高考】

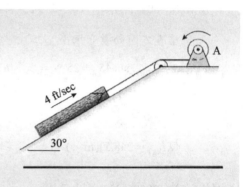

解 (1) 取原本之 F.B.D

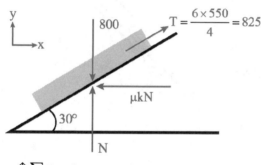

$$T = \frac{6 \times 550}{4} = 825$$

$$+\uparrow \sum F_y = 0 \Rightarrow N = 800 \times \cos 30° = 693$$

$$\sum F_x = 0 \Rightarrow 825 - 800 \times \cos 30° = 693\mu_k = 0$$

$$\Rightarrow \mu_k = 0.613$$

(2) 當功率增加,繩索張力立即變成為

[P=Tv]　T=P/v=8(550)/4=1100Ib

其對應之加速度為

$[\sum F_x = ma_x]$　$1100 - 693(0.613) - 800\sin 30° = \dfrac{800}{32.2}a$

a=11.07ft/sec²

2 如圖所示，有一木箱，m=50kg，靜止於地面，施加一作用力 P=500N，動摩擦係數 μₖ=0.60，試問木箱移動 10 公尺後之速度為若干？【地三】

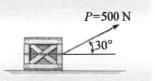

解 $\xrightarrow{+}\sum F_x = 0 \Rightarrow 500\cos 30° - 0.6N = 50a \cdots(1)$

$+\uparrow \sum F_y = 0 \Rightarrow N - 50 \times 9.81 + 500 \times \sin 30° = 0 \cdots(2)$

由(1)(2) $N = 240,5(N), a = 5.77\left(\dfrac{m}{s^2}\right)$

$V^2 = 2as \Rightarrow V = \sqrt{2 \times 5.77 \times 10} = 10.74\left(\dfrac{m}{s}\right)$

```
       500(N)           y
50×9.81   ↗             └→ x
   ↓    ⎲30°
  ┌──┐ ┌──┐    =   ┌────┐
  │  │←μN          │    │──→ 50×a
  └──┘↑└──┘        └────┘
```

3 一載有 80kg 之板箱的平台卡車由靜止啟動，以等加速度前進，經平坦路面行走 75 公尺後，其速度增為 72km/h。若板箱與卡車平台之靜摩擦係數與動摩擦係數分別為 (1)0.30 和 0.28 或 (2)0.25 和 0.20，試計算在此(1)或(2)之個別情況下，摩擦力對板箱所做的功。【專技高考】

解 (1)　72km/h = 20m/s

$V_2^2 = V_1^2 + 2as \Rightarrow 20^2 = 2 \times 75 \times a \Rightarrow a = 2.67(m/s^2)$

```
      80×9.81
        ↓
  ┌──────────┐      ┌──────────┐         y
  │          │  =   │      ──→ │ 80×a    └→ x
  └──────────┘      └──────────┘
  ‾μ̅N̅      ↑
          N
```

$$\sum F_y = ma_y \quad \Rightarrow N = 80 \times 9.81$$

$$\sum F_x = ma_x \quad \Rightarrow \mu N = 80 \times a \quad \Rightarrow \mu = \frac{2.67}{9.81} = 0.27 < 0.3$$

故板箱固定於平台卡車上

摩擦力功 $= 80 \times 2.67 \times 75 = 16000(J)$

(2) 0.27>0.25 故板箱移動

摩擦力 $= 0.2 \times 80 \times 9.81 = 157(N)$

加速度為 $a = \dfrac{F}{m} = \dfrac{157}{80} = 1.962(m/s^2)$

箱子知卡車所行的距離與其加速度成正比

故箱子位移 $(\dfrac{1.962}{2.67}) \times 75 = 55.2$

摩擦力功 $= 157 \times 55.2 = 8660(J)$

4 如圖所示之質量塊 A，質量為 0.5 kg，可視為一質點，在無摩擦之固體表面上滑動，初始速度 $V_0 = 0.1$ m/s：
(1) 試求質量塊 A 開始脫離圓柱表面之角度位置 θ_1。
(2) 試求不計空氣阻力下，質量塊掉落至地面之位置 x。【100 年地三】

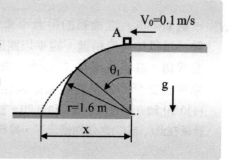

解 (1) 由功能原理

$U_{1 \to 2} = \Delta(T+V)$機械能守恆

$$0 = [\frac{1}{2} \times 0.5 \times V_2^2 - 7.848 \times (1 - \cos\theta_1)_2 - [\frac{1}{2} \times 0.5 \times (0.1)^2]_1 \cdots \cdots (1)$$

由牛頓第二運動定律

$$0.5 \times 9.81 \times \cos\theta_1 = 0.5 \times \frac{V_2^2}{1.6} \quad \cdots\cdots(2)$$

由(1)(2)可得

$$\theta_1 = 48.173 \Rightarrow V_2 = 3.235$$

(2) $$\frac{1.6 \times \cos 48.173 - \frac{1}{2} \times 9.81 \times t^2}{\sin 48.173} = \frac{X_2}{\sin 41.827} = \frac{3.235t}{\sin 90}$$

$$X_2 = 0.60726 \Rightarrow x = 1.6 \times \sin 48.173 + 0.60726$$

$$X = 1.8(m)$$

5 右圖中之 μ_k 表示一 50kg 重物體與斜面間之動摩擦係數，請問當 P 的力量為何時，該物體會以 $2m/s^2$ 的加速度沿著斜面穩定向右上滑行？【關務三等】

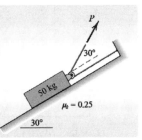

解 $\sum F_x = m \cdot a_x$

$$\Rightarrow P(1 + \cos 30°) - 50(9.81)\sin 30° - 0.25R = 50 \times 2 \cdots(1)$$

$$\sum F_y = 0$$

$$\Rightarrow R + P \sin 30° - 50(9.81)\cos 30° = 0 \cdots(2)$$

由(1)(2)可解得

$$R = 311.4155^N，P = 226.74^N$$

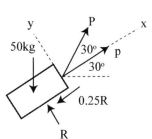

✎ 進階試題演練

1 如圖所示，一重量為 W 之方塊置於坡度為 θ 之
斜面上。斜面與方塊間之靜摩擦係數為 μ_s，動
摩擦係數則為 μ_d。試求能使方塊下滑之最小重
量 W_0。當 $W > W_0$，試求方塊由靜止開始下滑一
水平距離 D 後之速度。【機械高考】

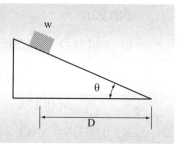

(解)(1) 假設斜面不移動，取方塊自由體圖：

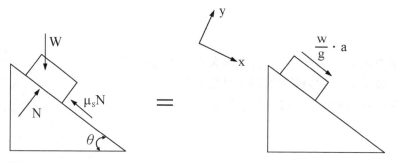

$$\Sigma F_y = 0 \Rightarrow N = W\cos\theta$$

若要方塊可下滑則

$$W\sin\theta > \mu_s N \Rightarrow W\sin\theta > \mu_s W\cos\theta \quad \Rightarrow \frac{\sin\theta}{\cos\theta} > \mu_s$$

所以方塊是否可下滑與物體重量無關，只與斜面方塊之間的靜摩擦係數
有關。

(2) 若方塊可下滑且加速度為 a，如自由體圖所示，且將靜摩擦係數 μ_s 換成動
摩擦係數 μ_d：

$$\Sigma F_y = 0 \Rightarrow W\sin\theta - \mu_d W\cos\theta = \frac{w}{g} \cdot a \Rightarrow a = g(\sin\theta - \mu_d\cos\theta)$$

$$\frac{D}{\cos\theta} = \frac{1}{2}at^2 \Rightarrow t = \sqrt{\frac{2D}{a\cos\theta}}$$

$$V = at = a\sqrt{\frac{2D}{a\cos\theta}} = \sqrt{\frac{2aD}{\cos\theta}} = \sqrt{\frac{2g(\sin\theta - \mu_d\cos\theta)D}{\cos\theta}}$$

2 如圖所示之絞盤在 A 處產生一水平拉力 F，其與時間之關係如圖右下角所示，試求在 t＝18 秒時，質量為 70kg 之 B 物塊的速度，B 物塊原本以 3m/s 之速度上升。【96 年地特機械三等；102 普考】

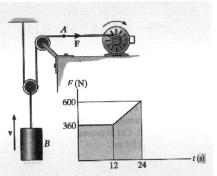

(解) (1) 利用內插法：

$$\frac{F-360}{600-360} = \frac{18-12}{24-12} \quad \Rightarrow F = 480(N)$$

(2) $mv_1 + \sum I_{mp_{1 \to 2}} = mv_2$ ：

$$\Rightarrow 70 \times 3 + \int Fdt = 70 \times V_2$$

其中 $\int Fdt = 2 \times [360 \times 12 + (360+480) \times 6 \times \frac{1}{2}] - 70 \times 9.81 \times 18 = 1319.4$

$$\Rightarrow 70 \times 3 + 1319.4 = 70V_2 \quad V_2 = 21.85(m/s)$$

3 兩木塊 A 及 B 其質量分別為 $m_A = 4kg$ 及 $m_B = 1.5kg$，經繩子及彈簧連接如圖所示。在彈簧維持其原長度時，此系由靜止釋放，試求：

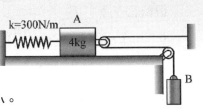

(1) 當木塊 B 下落 150 mm 時，其速度之大小。

(2) 木塊 B 之最大速度。

(3) 木塊 B 之最大下降距離。假設彈簧之常數為 300 N/m，彈簧、繩子、滑輪之質量、繩子之伸長量及摩擦力均不考慮。【地特機械三等】

(解) (1) 利用功能原理，機械能守恆：

$$0 = m_B g \times (0-0.15) + \frac{1}{2} m_B V_B^2 + \frac{1}{2} m_A V_A^2 + \frac{1}{2} \times k \times (\frac{0.15}{2})^2$$

其中 $V_B = 2V_A$

$$\Rightarrow 0 = -1.5 \times 9.81 \times 0.15 + \frac{1}{2} \times 1.5 \times V_B^2 + \frac{1}{2} \times 4 \times (\frac{V_B}{2})^2 + \frac{1}{2} \times 300 \times (\frac{0.15}{2})^2$$

$$\Rightarrow V_B = 1.04 (m/s)$$

(2) **最大速度發生在平衡位置，即表示廣義加速度 a = 0 之處：**

取 A、B 自由體圖

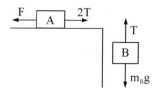

$$T = m_B g = 1.5 \times 9.81 = 14.715 \quad F = 2T = 14.715 \times 2 = 29.43 = k\delta$$

$$\Rightarrow \delta = 0.0981 (m)$$

即表示最大速度發生在 B 向下 2×0.0981m 之位置

利用機械能守恆

$$0 = m_B g \times (0 - 2 \times 0.0981) + \frac{1}{2} m_B \times (V_B')^2 + \frac{1}{2} m_A (\frac{V_B'}{2})^2 + \frac{1}{2} \times k \times (0.0981)^2$$

$$V_B' = V_{max} = 1.075 (m/s)$$

(3) **當木塊下降之最大距離時，速度為零**

機械能守恆：

$$0 = m_B g \times (-h) + \frac{1}{2} \times k \times (\frac{h}{2})^2$$

$$\Rightarrow 0 = -14.715h + 37.5\,h^2$$

$$\Rightarrow h = 0 (不合) 或 h = 0.3924 (m)$$

故最大距離為 0.3924m

4 如圖所示，已知 A 之質量為 200 kg 而 B 之質量為 300 kg，A 與接觸面之動摩擦係數為 0.25，不計滑輪質量及摩擦，若系統由靜止開始釋放，試求：(1)A 移動 2m 後其速度為何？(2)繩之張力為何？(重力加速度 g = 9.81 m/s²)。【機械技師】

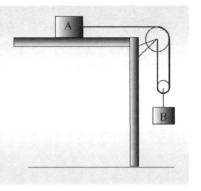

解(1) 如圖所示可知：

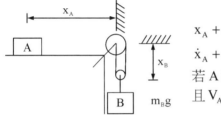

$x_A + 2x_B = \text{const}$

$\dot{x}_A + 2\dot{x}_B = 0 \Rightarrow \ddot{x}_A + 2\ddot{x}_B = 0$

若 A 移動 2m 則 B 移動 1m

且 $V_A = 2V_B$

取 A、B 自由體圖

由功能原理

$W_{nc} = \Delta(T + W)$

$\Rightarrow -0.25N \times 2$

$= \frac{1}{2}m_A V_A^2 + \frac{1}{2}m_B V_B^2 - m_B \times g \times 1$

$\Rightarrow -0.25 \times 200 \times 9.81 \times 2$

$= \frac{1}{2} \times 200 \times V_A^2 + \frac{1}{2} \times 300 \times (\frac{V_A}{2})^2 - 300 \times 9.81 \times 1$

$V_A = 3.78(\text{m/s})$

(2) 如自由體圖所示：

$\begin{cases} 2T + 300a = 2943 \cdots\cdots(1) \\ T - 400a = 490.5 \cdots\cdots(2) \end{cases}$

由(1)(2)可得 a = 1.784(m/s²) , T = 1203.95(N)

5 如圖所示，一質量為 20kg 的重物由連桿機構所
支撐，在 θ＝60°時，該連桿機構由靜止狀態，
受到一對 1100N 的水平力 P 作用。重力的方向
為垂直向下，如不考慮連桿的質量及摩擦力，
當 θ＝90°時，試求該重物的速率。【土木地特
三等】

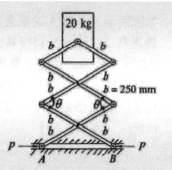

(解) (1) 外力 P 之位移 $\delta_1 = 2b(\cos 30° - \cos 45°) = 0.08(m)$：
重物升高距離 $\delta_2 = 5b(\sin 45° - \sin 30°) = 0.256(m)$

(2) 由功能原理 $W_{nc} = \Delta(T+V)$：$1100 \times 0.08 = \frac{1}{2} \times 20 \times V^2 + 20 \times 9.81 \times 0.256$

$V = 1.943(m/s)$

6 如圖所示，一木箱位於一斜面上，該斜面之
動摩擦係數為 0.3，且木箱受到變動力
P=100t(N)作用，其中 t 為時間(秒)，若木箱重
為 250N，且初速度=1(m/s)，試求 P 作用 2 秒
後木箱的速度。

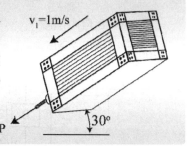

(解) $(+\swarrow)\ m(\upsilon_x)_1 + \sum \int_{t_1}^{t_2} F_x dt = m(\upsilon_x)_2$

$\dfrac{250N}{9.81m/s^2}(1m/s) + \int_0^2 (100t)\,dt - 0.3N_C(2s)$

$+ (250N)(2s)\sin 30° = \dfrac{250N}{9.81m/s^2}\upsilon_2$

$25.5 + 200 - 0.6N_C + 250 = 25.5\upsilon_2$

$+\nwarrow \sum F_y = 0$ ： $N_C - 250\cos 30°N = 0$

解得 $N_C = 216.5N$ $\upsilon_2 = 13.6m/s \swarrow$

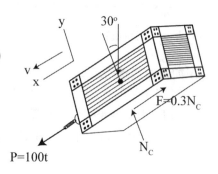

7 有一鏈子置於桌面，其中有部分沿桌緣下垂，如右圖所示。若此時鏈子由靜止開始釋放，試求當最後一個環離開桌緣時鏈子的速度 v。摩擦力不予考慮。【高三】

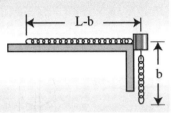

解 由功能原理

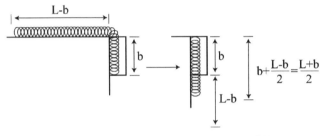

$$\sum mV^2 = (\frac{L-b}{L})mgh \Rightarrow V = \sqrt{2 \times (\frac{L-b}{L}) \times gh}$$

$\because (L-b)$ 段由桌面落至桌下其重心位置移動 $\frac{L+b}{2} = h$

$$V = \sqrt{2 \times (\frac{L-b}{L}) \times g \times \frac{L+b}{2}} \Rightarrow V = \sqrt{(\frac{L^2-b^2}{L}) \times g}$$

8 一 50 kg 之重塊 A 由靜止釋放，試求 15 kg 之重塊 B 於 2 sec 後之速度。【108 年高考三級】

解 (一)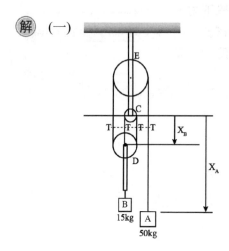

由相依運動

$3x_B + x_A = \ell$

$3\ddot{x}_B + \ddot{x}_A = 0$—(1)

(二) 由牛頓第二運動定律

T ↑

$\boxed{A}$ = $\boxed{A}$ ↓$50\ddot{X}_A$

↓50×9.8

$T - 50\times9.8 = -50\ddot{x}_A$ —(2)

$3T$ ↑

$\boxed{B}$ = $\boxed{B}$ ↓$15\ddot{X}_B$

↓15×9.8

$3T - 15\times9.8 = -15\ddot{x}_B$ —(3)

由(1)(2)(3)　$T=63.22(N)$，$\ddot{x}_A = 8.535(m/s^2)$

$\ddot{x}_B = \dfrac{\ddot{x}_A}{3} = 2.845(m/s^2)$

$V_B = 0 + 2.845\times2 = 5.69(m/s)$

9 如圖所示，一 75kgw 男子站立在電梯中之彈簧秤上，由靜止起開始運動頭 3 秒，吊纜張力 T 為 8600N。試求此段時間彈簧秤讀數為多少 kgw？並求此 3 秒結束後電梯向上速度為多少 m/sec？電梯、該男子及彈簧秤共重 750kgw。【102 年關三】

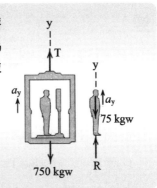

解 (1) 取整體之 F.B.D

$$8600-750\times9.81=750\times a_y \Rightarrow a_y=1.65$$

取人之 F.B.D

$$R-75\times9.81=75\times1.65 \Rightarrow R=859.5(N)$$

故彈簧讀數$=\dfrac{859.5}{9.81}=87.6(kgw)$

(2) $V=1.65\times3=4.95(m/s)$

10 如圖所示，一 200g 子彈，以 600m/sec 速度擊中並嵌入 50kg 之木塊內部，木塊原先為靜止，試求衝擊前之總動能、衝擊後木塊之速度及衝擊期間所損失的能量。【102 年關三】

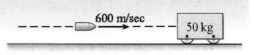

解

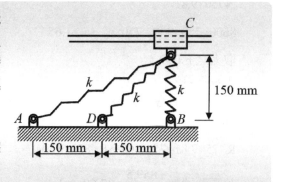

（碰撞期間） ＝ （碰撞後） － （碰撞前）

x 方向線動量守恆

$0=50.2×V-0.2×600 \Rightarrow V=2.39(m/s)$

(1)衝擊前之總動能 $T=\dfrac{1}{2}×0.2×600^2=36000(J)$

(2)衝擊木塊之速度 $V=2.39(m/s)$

(3)$36000-\dfrac{1}{2}×50.2×(2.39)^2=35856.63(J)$

---

11 如圖之套筒滑塊 C 質量為 1.2 kg，可在無摩擦之水平滑軌上自由移動，其下方分別以彈簧常數為 k＝400 N/m 之彈簧連接到三個固定點 A、D、B，彈簧之自由長度為 150 mm，試求滑塊 C 從圖示位置靜止釋放後，可達到之最高速度。
【102 年高考】

解 最高速度 $\dfrac{dV}{dt}=0$ 時 $\Rightarrow a=0$

最高速度發生在靜平衡位置

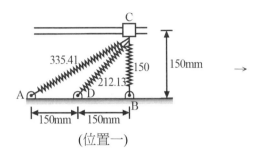

(位置一)

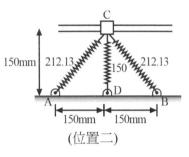

(位置二)

$T_C=0=V_{gc}$

$V_{eA}=\dfrac{1}{2}\times400\times(0.335-0.15)^2=6.875$

$V_{eD}=\dfrac{1}{2}\times400\times(212.13-150)^2=0.772$

$V_{eB}=0$

機械能守恆

$U_{1\rightarrow2}=\triangle(T+V)$

$0=[6.875-0.772]_2-[0.6V^2+0.772\times2]_1$

$\Rightarrow V=3.19(m/s)$

$T_C=\dfrac{1}{2}\times1.2\times V^2=0.6V^2$

$V_{eA}=V_{eB}=0.772$

$V_{eD}=0$

12 有一 10kg 質量受一力 P，如圖(b)，在一動摩擦係數 $\mu_k=0.3$ 之平面上滑動，若力 P 與時間 t 之關係如圖(a)，試求在 t=0.4 秒時，此 10kg 質量之速度。【103 年鐵高員】

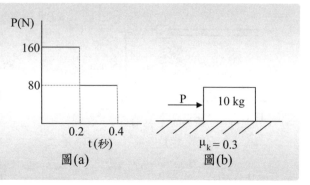

圖(a)　　　圖(b)

解 取滑塊之 FBD

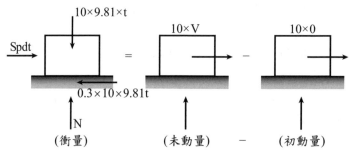

(衝量)　　　(未動量)　 − 　(初動量)

x 方向：

$(160 \times 0.2 + 80 \times 0.2) - 0.3 \times 10 \times 9.81 \times 0.4 = 10 \times V$

$V = 3.62 (^m/_s)$

13 如圖所示，A 為動滑輪，B 為定滑輪，繩之一端固定於天花板上。假設質量 m_1 以等加速度 a 下降，重力加速度為 g，且繩及滑輪之重量不計。若繩之張力為 T，試求：

(1) a 與 m_1 及 T 的關係式。

(2) a 與 m_1 及 m_2 的關係式。【103 年高考】

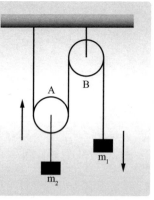

(解) (1) 取 m_1 之 FBD

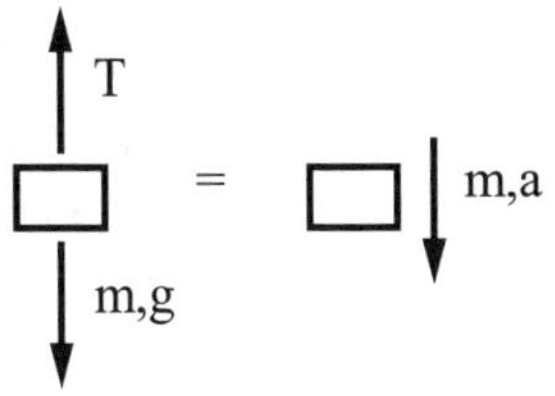

$$T - m_1 g = -m_1 a \Rightarrow T = m_1(g-a) \dots\dots ①$$

(2) 取 m_2 之 FBD

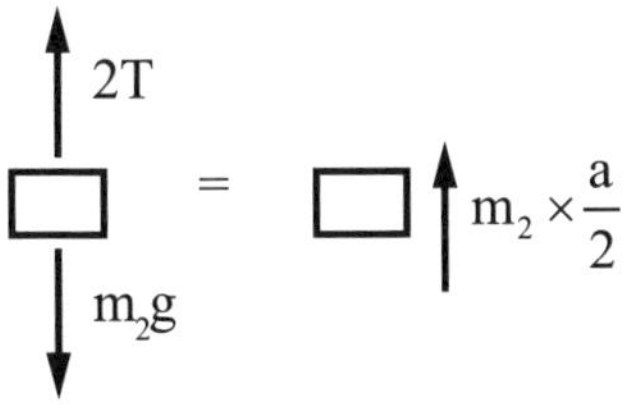

$$2T - m_2 g = m_2 \times \frac{a}{2} \dots\dots ②$$

由①②可得

$$\frac{m_2}{m_1} = \frac{(g + \frac{a}{2})}{2(g-a)}$$

第九章 剛體動力學

9-1 剛體運動方程式

一、質量慣性矩

(一) 物理意義：質量慣性矩又稱為轉動慣量，為描述剛體繞 z 軸時慣性大小的度量，物體的轉動慣量又等於該物體的質量與回轉半徑平方的乘積。

(二) 定義：$I_Z = \sum m_i r_i^2 = mk^2$（k：迴轉半徑）$\Rightarrow$ 剛體對 z 軸的質量慣性矩

$$\text{或 } I_Z = \int r^2 dm = \sum m_i(x_i^2 + y_i^2)$$

二、常見質量慣性矩

細長桿

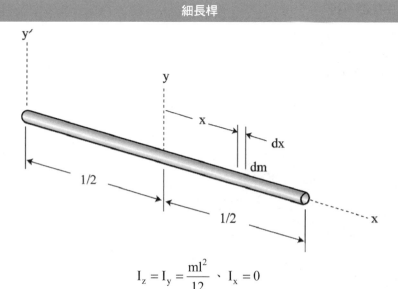

$$I_z = I_y = \frac{ml^2}{12} \, \text{、} \, I_x = 0$$

矩形板	均質薄圓板
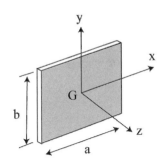	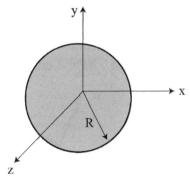
$I_x = \dfrac{mb^2}{12}$ 、 $I_y = \dfrac{ma^2}{12}$ 、 $I_z = \dfrac{m(a^2+b^2)}{12}$	$I_z = \dfrac{1}{2}mR^2$ 、 $I_x = \dfrac{1}{4}mR^2$ 、 $I_y = \dfrac{1}{4}mR^2$
圓柱體	圓環
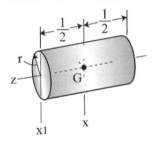	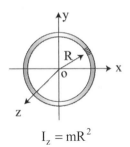
$I_z = \dfrac{1}{2}mR^2$	$I_z = mR^2$

球

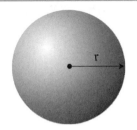

1.實心球：$I_z = I_x = I_y = \dfrac{2}{5}mR^2$

2.空心球：$I_z = I_x = I_y = \dfrac{2}{3}mR^2$

三、平面剛體運動方程式

(一) 剛體平面運動方程式

所示為在 x-y 平面上作平面運動之剛體，其質量為 m，並承受一組平面力系的作用，在圖示瞬間質心的加速度為 a_G 角加速度為 α

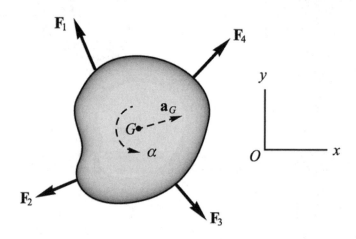

剛體所受外力之合力等於剛體質量 m 與其質心加速度之乘積，亦即將剛體所受之外力集中作用於質心，且質量亦全部集中於質心，則牛頓第二定律可適用於剛體的質心，剛體所受外力對質心之力矩和 $\sum M_G$ 等於剛體對質心 I_G 之質量慣性矩與其角加速度 α 之乘積，向量「ma_G」與「$I_G\alpha$」分別稱為剛體在質心 G 之「等效力」（effective force）及「等效力矩」（effective moment），表示在剛體質心 G 上，稱為「等效力圖」（effective-force diagram），等效之意義為對剛體所生之運動效應（外效應）相同。綜合上述的分析，如圖所示可知對稱剛體的一般平面運動可由二個獨立的向量方程式來描述，即：

運動方程式	圖示
尤拉第一定律 作用於剛體的合外力等於剛體質量×質心加速度 $$\sum F = ma_G$$ **尤拉第二定律** 剛體對某固定點之角動量的微分，等於作用於剛體的各外力對點之合力矩 $$\sum M_G = \dot{H}_G = I_G\alpha$$	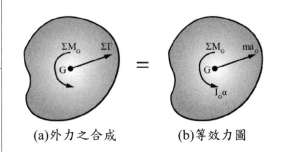 (a)外力之合成　　　　(b)等效力圖

(二) 平面剛體運動

1. 平移運動方程式

物體的平移運動可用由 x、y 慣性參考座標測得的質心加速度來定義，對於物體在 x-y 平面的運動，平移運動方程式可寫成兩獨立的純量方程式，即：

$$\sum F_x = m(a_G)_x$$
$$\sum F_y = m(a_G)_y$$

2. 旋轉運動方程式

作用在質點系統（包含於剛體）的所有外力對固定點 O 的力矩總和等於物體對 O 點的總角動量的時間變化率，若將作用在所有質點上的所有外力對系統質心 G 取力矩和，可得力矩和 $\sum M_G$ 與角動量 H_G 的關係

$$\sum M_G = \dot{H}_G = I_G\alpha$$

(三) 平面剛體運動方程式的應用

運動形式	說明
1. 繞固定軸旋轉	繪出剛體的自由體圖，以便計算所有作用於剛體上的外力與力偶矩，如下圖所示： (1) 尤拉第一定律 $$\sum F_n = m(a_G)_n = mw^2 r_G$$ $$\sum F_n = m(a_G)_t = m\alpha r_G$$ (2) 尤拉第二定律 $$\sum M_O = r_G m(a_G)_t + I_G \alpha$$ 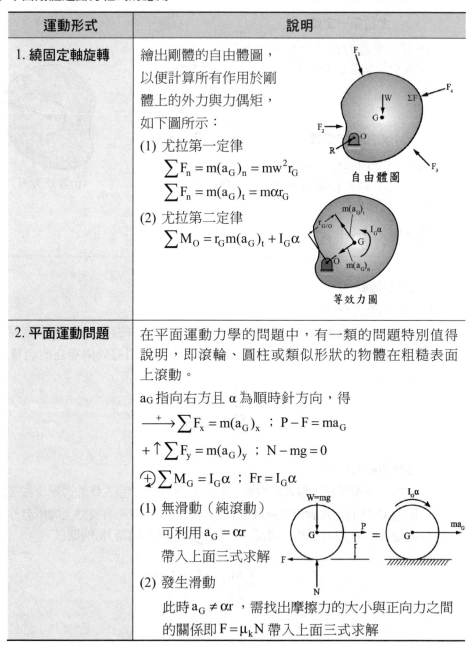
2. 平面運動問題	在平面運動力學的問題中，有一類的問題特別值得說明，即滾輪、圓柱或類似形狀的物體在粗糙表面上滾動。 a_G 指向右方且 α 為順時針方向，得 $$\xrightarrow{+} \sum F_x = m(a_G)_x \ ; \ P - F = ma_G$$ $$+\uparrow \sum F_y = m(a_G)_y \ ; \ N - mg = 0$$ $$\circlearrowright \sum M_G = I_G \alpha \ ; \ Fr = I_G \alpha$$ (1) 無滑動（純滾動） 可利用 $a_G = \alpha r$ 帶入上面三式求解 (2) 發生滑動 此時 $a_G \neq \alpha r$，需找出摩擦力的大小與正向力之間的關係即 $F = \mu_k N$ 帶入上面三式求解

範例 *9-1*

如圖所示，桿之質量為 10 公斤，
繞 O 點轉動（垂直平面上），在如
圖所示之位置瞬間，桿之角速度 ω
=3rad/s，試問在此瞬間
(1) 桿之角加速度為若干？
(2) O 點作用於桿之反力為若干？【地三】

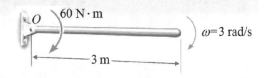

解 (1) 取自由體圖

$$+\downarrow \sum M_o = 0$$

$$60 + 10 \times 9.81 \times 1.5 = 10 \times \alpha \times 1.5 + \frac{1}{12} \times 10 \times 3^2 \times \alpha$$

$$\alpha = 6.905 \left(\text{rad}/\text{s}^2 \right)$$

(2) $\pm\sum F_x = 0$

$$0_x = -10 \times (3)^2 \times 1.5 = -135 (N) \text{ 故 } 0_x = 135(N) \leftarrow$$

(3) $+\uparrow F_y = 0$

$$0_y - 10 \times 9.81 = -10 \times \alpha \times 1.5$$

$$0_y = -5.475 (N) \text{，故 } 0_y = 5.475(N) \uparrow$$

範例 *9-2*

有一均質樑(uniform beam)，長度為 L，重量為 W，如圖所示。該樑的 A 端為支持銷(pin)，B 端被纜繩(cable)所懸吊支持。若該纜繩突然斷裂，重力加速度為 g，試求：(1)端點 B 的加速度(acceleration)及方向；(2)A 端銷處的反應力(reactionforce)及方向。(提示：樑的質心慣性矩為 $\frac{1}{12}mL^2$，其中 m 表示質量)【土木普考】

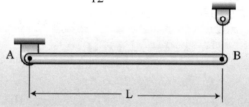

（解） 1. 取 A、B 受力自由體圖：

$$\sum M_A = (\sum M_A)_{eff} \quad W \times \frac{L}{2} = \frac{W}{g} \times a \times \frac{L}{2} + I\alpha$$

$$\Rightarrow W \times \frac{L}{2} = \frac{W}{g} \times (\alpha) \times (\frac{L}{2})^2 + \frac{1}{12} \frac{W}{g} L^2 \times \alpha \quad \alpha = \frac{3g}{2L}(\circlearrowright),$$

$$a_B = \alpha L = \frac{3g}{2}(\downarrow)$$

2. $\sum F_y = ma_y \Rightarrow A_y - W = -(\frac{W}{g} \times \frac{3g}{2L} \times \frac{L}{2})$

$$\Rightarrow A_y = \frac{1}{4}W(\uparrow) \quad \sum F_x = ma_y \Rightarrow A_x = 0$$

範例 9-3

AB 及 BC 之均勻桿以插銷(pin)連接於 A 及 B，兩桿之質量均為 3kg、長度均為 L = 625mm，一水平力 P = 25N 作用於 BC 桿上，若 b =500mm，試求此二桿中心點之加速度及其角加速度各為多少？【機械專利特考】

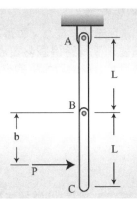

 1.

$$\sum M_A = (\sum M_A)_{eff}$$

$$P \cdot (L + b) = I\alpha_1 + m\frac{L}{2}\alpha_1 \times \frac{L}{2} + I\alpha_2 + (mL\alpha_1 + m\frac{L}{2}\alpha_2) \times \frac{3}{2}L$$

$$\Rightarrow P(L + b) = \frac{11}{6}mL^2\alpha_1 + \frac{5}{6}mL^2\alpha_2 \cdots(1)$$

2. 觀察 BC 桿 $\sum M_B = (\sum M_B)_{eff}$:

$$P \cdot b = I\alpha_2 + (mL\alpha_1 + m\frac{L}{2}\alpha_2)\frac{L}{2}$$

$$P \cdot b = \frac{1}{2}mL^2\alpha_1 + \frac{1}{3}mL^2\alpha_2 \cdots(2)$$

由(1)(2)可得

$$\alpha_1 = \frac{12}{7mL^2}[PL - \frac{3}{2}Pb] = -4.57\text{rad}/s^2 = 4.57\text{rad}/s^2\ (\circlearrowright)$$

$$\alpha_2 = \frac{18}{7mL^2}[\frac{8}{3}Pb - PL] = 38.857\text{rad}/s^2\ (\circlearrowleft)$$

範例 9-4

如圖所示，半徑為 r 質量為 40kg 的均勻實心圓盤，受一通過圓盤質心的水平力 P=100N 作用，若斜面與水平的夾角 θ = 30°，圓盤與斜面間的靜摩擦係數 μ_s = 0.08、動摩擦係數 μ_k = 0.06，試求圓盤的角加速度及質心加速度。【土木高考】

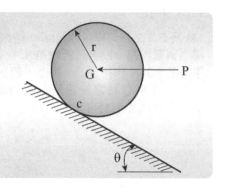

解 1. 假設圓盤發生純滾動：

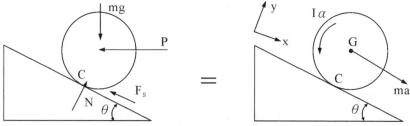

$$\sum F_y = ma_y \Rightarrow N = mg\cos 30° + 100\sin 30° = 389.83(N)$$

$$\sum F_x = 0 \Rightarrow mg\sin\theta - F_S - P \times \cos\theta = ma$$

$$\Rightarrow -F_S - 100 \times \cos 30° + 40 \times 9.81 \times \sin 30° = 40a \cdots (1)$$

$$\sum M_G = (\sum M_G)_{eff} \quad F_S \times r = I\alpha \Rightarrow F_S \times r = \frac{1}{2} \times mr^2\alpha$$

$$\Rightarrow F_S = 20\alpha r \quad \Rightarrow a = \alpha r = \frac{F_S}{20} \cdots (2)$$

由(1)(2)可得 $F_S = 36.532 > \mu_k N = 0.08 \times 389.83 = 31.14$

故假設錯誤，圓盤為滾動＋滑動

2. 圓盤為滾動＋滑動：

$$F_S = \mu_k N = 23.39(N)$$

$$\sum F_x = ma_x$$

$$\Rightarrow 40 \times 9.81 \times \sin 30° - 23.39 - 100 \times \cos 30° = 40a \quad a = 2.155 m/s^2$$

$$\sum M_G = (\sum M_G)_{eff} \quad \Rightarrow F_S \times r = \frac{1}{2}mr^2\alpha \quad \alpha = \frac{1.17}{r} rad/s^2 (\circlearrowleft)$$

範例 *9-5*

一質量 8kg 的均勻桿 AB 的尾端 A 附著在一可在直立桿上滑動而無摩擦的套環
（Collar）上，桿 AB 的尾端 B 則附著在一直立的繩 BC 上。若桿 AB 如圖所示的
靜止位置被釋放，決定釋放瞬時的：
(一)桿 AB 的角加速度。
(二)在 A 點的反作用力。【109 年關務三等】

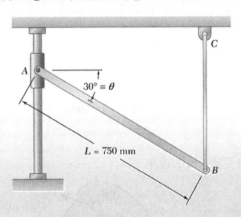

解 由牛頓第二運動定律

(一)

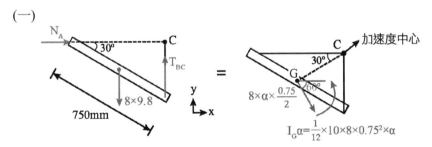

$\oint \Sigma M_c = (\Sigma M_c)_{eff}$

$$8 \times 9.8 \times \frac{0.75}{2} \times \cos 30° = \frac{1}{3} \times 8 \times 0.75^2 \times \alpha$$

$$\Rightarrow \alpha = 16.97 (rad/s^2)$$

(二) $\Sigma F_x = ma_x$

$$N_A = 8 \times 16.97 \times \frac{0.75}{2} \times \cos 60°$$

$$= 25.5(N)$$

9-2 剛體功－能定理

一、剛體的動能

(一) 剛體動能

1. 由無數質元素所組成，因此剛體的動能就很自然地定義為各質量元素動能的總和。以圖所示的剛體為例，其動能 T 寫為

$$T=\frac{1}{2}\int v^2 dm$$

式中 v 為質量元素 dm 的速率。

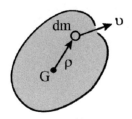

2. 如果引用相對運動公式

$v=v_G+\omega\times\rho$

其中 ρ 為質心 G 至質量元素 dm 的位置向量；而 ω 為剛體的角速度。

$$T=\frac{1}{2}\int(v_G+\omega\times\rho)\cdot(v_G+\omega\times\rho)dm$$

$$=\frac{1}{2}mv_G{}^2+v_G\cdot\omega\times(\int\rho\,dm)+\frac{1}{2}\omega\cdot\int\rho\times(\omega\times\rho)dm$$

$$=\frac{1}{2}mv_G{}^2+\frac{1}{2}\omega\cdot\int\rho\times(\omega\times\rho)dm=\frac{1}{2}mv_G{}^2+\frac{1}{2}I_G\omega^2$$

(二) 剛體的平移運動：剛體作平移時，各點的速度都相同，以質心速度 v_G 為代表得平移剛體的動能：

$$T=\sum\frac{1}{2}m_i v_i{}^2=\frac{1}{2}(\sum m_i)v^2=\frac{1}{2}mv^2=\frac{1}{2}mv_G{}^2\ (m=\sum m_i\ \textbf{剛體的質量})$$

(三) **定軸旋轉剛體：** 如圖 9.4 所示剛體繞定軸 z 轉動時，其中任一點 m_i 的速度為

$v_i = r_i \omega$

式中 ω 是剛體的角速度，r_i 是質點 m_i 到轉軸的垂距。於是繞定軸轉動剛體的動能為

$$T = \sum \frac{1}{2} m_i v_i^2 = \frac{1}{2}(\sum m_i r_i^2)\omega^2 = \frac{1}{2} I_z \omega^2$$

其中 $I_z = \sum m_i r_i^2$：剛體對於 z 軸的質量慣性矩。

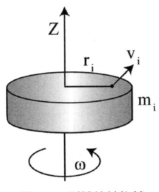

圖 9.4　剛體繞軸旋轉

(四) **平面剛體平移旋轉運動：** 如圖 9.5 取剛體質心 G 所在的平面圖形，假設圖形中的點 O 是平面剛體在運動時某暫態的瞬心，且剛體以角速度 ω，質心速度 v_G 進行平移旋轉運動，則剛體上各點速度的分佈與繞點 O 轉動的剛體相同，於是平面運動的剛體的動能為

$$T = \frac{1}{2} I_o \omega^2$$

式中 I_o 是剛體對於瞬心軸的轉動慣量，然而在不同時刻，剛體以不同的點作為瞬心，因此用上式計算動能在有些情況下是不方便的，根據計算慣性矩的平行軸定理有 $I_o = I_G + md^2$

式中 m 為剛體的質量，$v_G = \omega d$，I_G 為對於質心的慣性矩(轉動慣量)，代入計算動能的公式中，得 $T = \frac{1}{2} m v_G^2 + \frac{1}{2} I_G \omega^2$

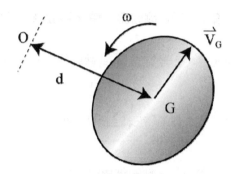

圖 9.5   平面剛體平移旋轉運動

二、剛體上力及力偶所作之功

剛體作平面上運動,受力偶 M 作用而由 θ_1 之角位置轉動至 θ_2 之角位置,則此力偶所作之功為 $U_M = \int_{\theta_1}^{\theta_2} M d\theta$

若力偶 M 恆為定值 $U_M = M(\theta_2 - \theta_1) = M\Delta\theta$

三、剛體的功-能原理

(一) 作用力作用於剛體時,使剛體由某一狀態 A 變化至另一狀態 B,外力所作的總功 $U_{A \to B}$,與前後兩狀態動能之差的關係稱作功能定理(work and energy theorem),以下式表示:

$$U_{A \to B} = T_B - T_A \ (T_A \cdot T_B : \text{剛體在狀態 A 與狀態 B 時之動能})$$

(二) 只有保守力作功的狀況下,系統動能與位能的總和(即機械能)維持不變,可以用位能差來取代上述外力所作的總功 $U_{A \to B}$,稱之作機械能守恆原理(principle of conservation of mechanical energy),以下式表示:

$$U_{A \to B} = T_B - T_A \Rightarrow W_{A \to B} = U_A - U_B = T_B - T_A$$

其中 $T_A \cdot T_B$:剛體在狀態 A 與狀態 B 時之動能。

(三) 剛體與質點的「功能定理」與「機械能守恆定理」的型式相同。

$$U_{1 \to 2} = \Delta(T + V)$$

四、機械效率

(一) 功率

1. 單位時間內力作的功稱爲功率：$P = \dfrac{\delta W}{dt} = \dfrac{\vec{F} \cdot d\vec{r}}{dt} = \vec{F} \cdot \vec{v}$，式中 $\vec{v}$ 是力 $\vec{F}$ 作用點的速度。

2. 功率等於切向力與力作用點速度的乘積，作用在轉動剛體上的力的功率爲：

$$P = \frac{\delta W}{dt} = M_z \frac{d\varphi}{dt} = M_z \omega \quad (M_z：對 z 軸的力矩；\omega：剛體角速度)$$

3. 在國際單位制中，每秒鐘力所作的功等於 1J 時，其功率定爲 1W(瓦特)(W=J/s)。

(二) 機械效率

1. 取質點系動能定理的微分形式，**質點系動能對時間的一階導數，等於作用於質點系的所有力的功率的代數和**：

$$\frac{dT}{dt} = \sum \frac{\delta W_i}{dt} = \sum P_i$$

2. 機械效率：有效輸出功率與有效輸入功率的比值稱爲機器的機械效率：

$$機械效率 \eta = \frac{有效輸出功率}{有效輸入功率}$$

3. 機械效率 η 表示機器對輸入功率的有效利用程度，一般情況下 $\eta < 1$，若是一部機器的傳動部分一般由許多零件組成，各級的效率分別爲 η_1、η_2、$\eta_3 \ldots \eta_n$，對 n 級傳動的總效率等於各級效率的連乘積：

$$\eta = \eta_1 \eta_2 \eta_3 \cdots \eta_n$$

範例 9-6

一總質量為 M 且密度為均勻分佈的梁在 A 及 B 兩端分別由彈簧（彈簧係數為 k）和繩子支撐著。考慮在 B 點的繩子突然發生斷裂的瞬間，梁的角加速度（Angular acceleration）為何？【108 年地特三等】

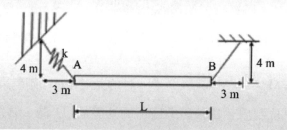

解 由牛頓第二運動定律

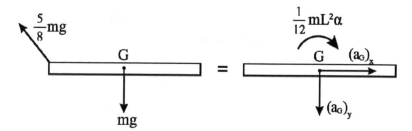

$\Sigma M_G = (\Sigma M_G)_{eff}$

$\dfrac{5}{8} mg \times \dfrac{4}{5} \times \dfrac{L}{2} = \dfrac{1}{12} mL^2 \alpha$

$\alpha = \dfrac{3g}{L}$

範例 *9-7*

一長度為 L 質量為 m 的均勻直桿在靜止狀態由水平位置自由擺動到如下圖所示的位置，若重力的方向為垂直向下，g 表示重力加速度，試求在圖示的位置時，(1)該桿件的角速度；(2)角加速度；(3)該桿件 A 點在 X 方向的反作用力及 Y 方向的反作用力。【土木高考】

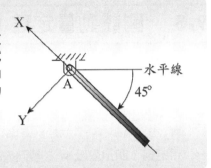

(解) 1. 取桿件擺動後之自由體圖：

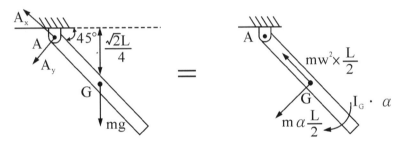

桿件由水平位置移動到45°位置，機械能守恆

$$0 = \Delta(T + W) \quad \Rightarrow 0 = \frac{1}{2}I_G w^2 + \frac{1}{2}mV_G^2 - mg(\frac{\sqrt{2}L}{4})$$

$$I_G = \frac{1}{12}mL^2 \ , \quad V_G = \frac{L}{2} \times w \quad \Rightarrow w = 1.456\sqrt{\frac{g}{L}}$$

2. $\sum M_A = 0 \quad mg \times \frac{L}{2} \times \cos 45° = m\alpha \times \frac{L}{2} \times \frac{L}{2} + \frac{1}{12} \times m \times L^2 \times \alpha$

$$\Rightarrow \alpha = \frac{3\sqrt{2}g}{4L} (\circlearrowright)$$

3. $\sum F_x = ma_x$ ：

$$A_x = mg\cos 45° + mw^2 \times \frac{L}{2} = \frac{5\sqrt{2}mg}{4}$$

$$\sum F_y = ma_y \quad A_y = -mg\sin 45° + m\alpha \times \frac{L}{2} = \frac{\sqrt{2}mg}{8}$$

9-3 剛體動量定理

一、剛體作平面運動之線動量與角動量

(一) 可得剛體作平面運動的線動量為：$L = mv_G$

作平面運動之剛體對其質心 G 之角動量：$H_G = I_G w$

H_G 為一大小為 $I_G w$ 方向由 w 定義之向量，w 恆與運動平面垂直，指向由右手定則（四指順著 w 之轉向大姆指之方向即為 w 之指向）決定，為一自由向量，H_G 亦為自由向量，故 H_G 可作用在剛體上任一點，只要大小及方向保持相同即可。但剛體線動量 L 之作用線必通過剛體的質心 G。

剛體作平移運動時，對質心之角動量為零，但對其他點（可能在剛體內或剛體外）之角動量則不等於零，剛體對 A 點之角動量，等於線動量 L 對 A 點的轉矩：$H_A = mv_G d$

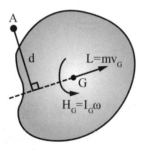

(二) 一般剛體平面運動

1. 剛體作一般平面運動時，其線動量與對質心之角動量為：
$$L = mv_G$$
$$H_G = I_G w$$

2. 剛體對 A 點（可在剛體上或剛體外）之角動量：$H_A = mv_G d$
3. 若已知剛體作一般平面運動之瞬時轉動中心 C：$H_C = I_C w$

(三) 線衝量與線動量原理

$$\Sigma \int_{t_1}^{t_2} Fdt = L_2 - L_1 = m(v_G)_2 - m(v_G)_1$$

在 t_1 及 t_2 時間內作用於剛體之外力對剛體之線衝量總和等於剛體線動量之變化量，此關係稱為線衝量與線動量原理（principle of linear impulse and momentum）。

(四) 角衝量與角動量原理

$$\Sigma \int_{t_1}^{t_2} M_G dt = (H_G)_2 - (H_G)_1$$

剛體之外力對剛體質心之角衝量總和等於剛體對質心角動量之變化量，此關係稱為角衝量與角動量原理（principle of angular impulse and momentum）。

剛體外之任一點 O：$\Sigma \int_{t_1}^{t_2} M_O dt = (H_O)_2 - (H_O)_1$

對於繞固定軸 O 轉動之剛體：$\Sigma \int_{t_1}^{t_2} M_O dt = I_O(\omega_2 - \omega_1)$

角動量守恆

對單一剛體或數個剛體連結之系統，若在所考慮之時間內，外力對固定點或質心之力矩和為零，則：$H_O = 0$　　或　　$H_G = 0$

即在沒有角衝量作用下，對固定點或質心之角動量保持不變。

(五) 偏心碰撞

是指兩物體質心的連線未與碰撞線重合

1. 碰撞之恢復係數：$e = \dfrac{(v'_B)_n - (v'_A)_n}{(v_A)_n - (v_B)_n}$

2. 角衝量與角動量原理：$I_G \omega + r \int P dt = I_G \omega^*$

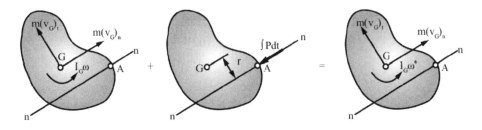

範例 9-8

一個 20 克圓球 D 從右圖位置被釋放，掉落 20 公分後撞擊一根 200 克鋼製橫桿 AB，如果撞擊過程為完全彈性(perfect elastic)，求撞擊完成的瞬間該橫桿 AB 的角速度為何？【關務三等】

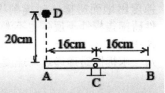

解

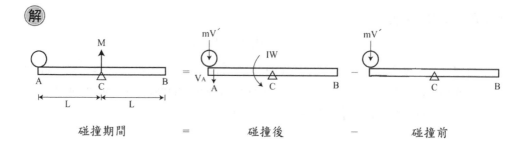

| 碰撞期間 | = | 碰撞後 | − | 碰撞前 |

1. **先計算球在接觸前之速度** $V = \sqrt{2gh} = \sqrt{2 \times 9.81 \times 0.2} = 1.98 \, \text{m/s}$

2. **對 C 點取角動量：**

   $$0 = (mV' \times L - IW) - (-mV \times L)$$

   $$IW = mV' \times L + mV \times L \cdots (1)$$

   又 $e = 1 = \dfrac{V' - V_A}{-(V - O)} \quad \Rightarrow e = \dfrac{V_A - V'}{V} \cdots (2)$

   又 $V_A = WL \cdots (3)$

   將(2)(3)代入(1)

   $$W = \frac{(1+e) \times mLV}{I + mL^2} = \frac{(1+1) \times 0.02 \times 0.16 \times 1.98}{\dfrac{1}{12} \times 0.2 \times (0.162)^2 + 0.02 \times (0.16)^2}$$

   $$= 5.71 \, (\text{rad/s})$$

範例 9-9

有一桿件與水平面夾角 θ，長為 L 且以速度 v 的速度與地面碰撞，碰撞前桿件不旋轉；(1)當桿件碰撞後桿件不反彈也不滑動，求桿件碰撞後之角速度；(2)若碰撞恢復係數為 e，且地面完全光滑，求桿件碰撞後之角速度與質心速度。

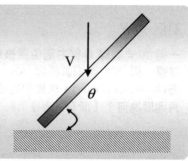

解 1. **如自由體圖：**

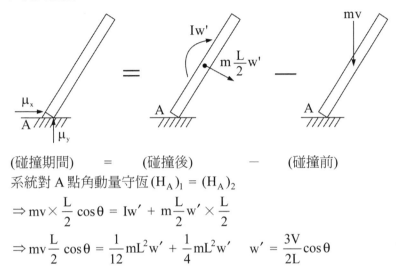

(碰撞期間) = (碰撞後) － (碰撞前)

系統對 A 點角動量守恆 $(H_A)_1 = (H_A)_2$

$\Rightarrow mv \times \dfrac{L}{2} \cos\theta = Iw' + m\dfrac{L}{2}w' \times \dfrac{L}{2}$

$\Rightarrow mv\dfrac{L}{2}\cos\theta = \dfrac{1}{12}mL^2w' + \dfrac{1}{4}mL^2w' \quad w' = \dfrac{3V}{2L}\cos\theta$

2. **如自由體圖：**

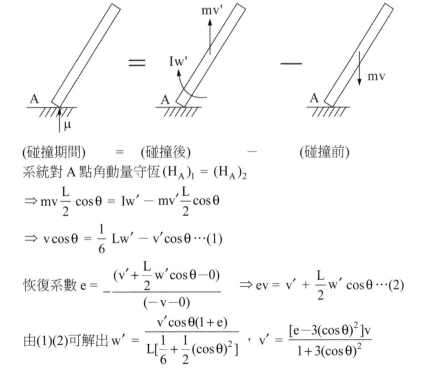

(碰撞期間) = (碰撞後) － (碰撞前)

系統對 A 點角動量守恆 $(H_A)_1 = (H_A)_2$

$\Rightarrow mv\dfrac{L}{2}\cos\theta = Iw' - mv'\dfrac{L}{2}\cos\theta$

$\Rightarrow v\cos\theta = \dfrac{1}{6}Lw' - v'\cos\theta \cdots(1)$

恢復系數 $e = -\dfrac{(v' + \dfrac{L}{2}w'\cos\theta - 0)}{(-v-0)}$ $\Rightarrow ev = v' + \dfrac{L}{2}w'\cos\theta \cdots(2)$

由(1)(2)可解出 $w' = \dfrac{v'\cos\theta(1+e)}{L[\dfrac{1}{6} + \dfrac{1}{2}(\cos\theta)^2]}$ ， $v' = \dfrac{[e - 3(\cos\theta)^2]v}{1 + 3(\cos\theta)^2}$

9-4 振動

一、無阻尼自由振動

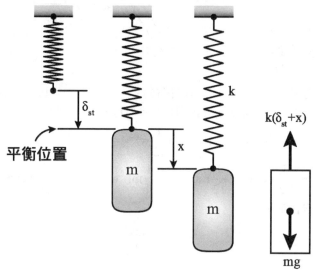

(一) 運動方程式

如圖所示假設質點的質量為 m，彈簧的彈性係數為 k，原長為 l_o。

質點受力狀況 $\Rightarrow m\ddot{x} = mg - F$

彈簧力 $\Rightarrow F = k(x + \delta_s)$

靜變形 $\delta_s \Rightarrow k\delta_s = mg$

取自由體圖

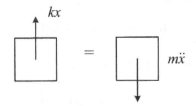

可得：$m\ddot{x} + kx = 0 \Rightarrow$ 令 $w_n^2 = \dfrac{k}{m}$

得 $\ddot{x} + w_n^2 x = 0$

其解為：$x = A\sin(\omega_n t + \phi)$

(二) 自由振動的特點

1. 周期 T： $T = \dfrac{2\pi}{w_n}$

2. 頻率 f : $f = \dfrac{1}{T} = \dfrac{w_n}{2\pi}$

3. 固有頻率 w_n : $w_n = \sqrt{\dfrac{k}{m}}$

將 $k = \dfrac{mg}{\delta_s}$ 代入，得 $w = \sqrt{\dfrac{g}{\delta_s}}$

4. 振幅：A，相位：$(\omega_n t + \phi)$ ，初相位：ϕ

初始條件 $x\big|_{t=0} = x_0$ 　　$\dot{x}\big|_{t=0} = v_0$

$x_0 = A\sin(\phi)$ 、 $\dot{x} = Aw\cos(\omega_n t + \phi)$ 、 $\ddot{x} = -Aw^2 \sin(\omega_n t + \phi)$

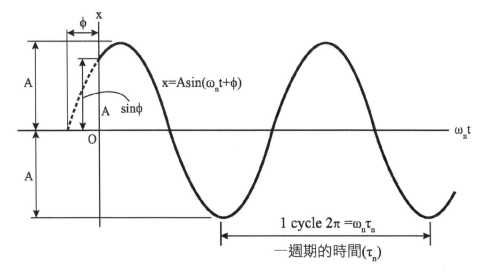

(三) 微擺動系統

如圖所示假設質量可忽略長度為 L 的繩子，其一端固定，另一端繫一質量為 m 的物體，當其與垂直線夾一微小角度時，因重力的因素會使該物體回到垂直位置：

$$\sum F_t = -mg\sin\theta = m\frac{d^2s}{dt^2}$$

當角度不大時，$\sin\theta \approx \theta$。再將弧長 $s = L\theta$代入，單擺的運動方程可重新寫為

$$\frac{d^2\theta}{dt^2} = -\frac{g}{L}\theta \Rightarrow \ddot{\theta} + \frac{g}{L}\theta = 0$$

此運動方程與由彈簧系統所得到的微分方程一樣，所以符合此運動方程的解為

$$\theta(t) = \theta_{max}\cos(wt+\phi)$$

角位移對時間為一簡諧運動，擺動週期與頻率為

$$w = \sqrt{\frac{g}{L}} \quad ; \quad f = \frac{w}{2\pi} = \frac{1}{2\pi}\sqrt{\frac{g}{L}} \quad ; \quad T = \frac{1}{f} = 2\pi\sqrt{\frac{L}{g}}$$

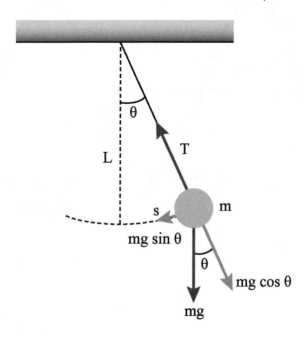

(四) 能量法

物體的簡諧運動是由作用在物體的重力或彈性恢復力所引起的，由於這些力是保守的，故可能用能量守值方程式來獲得物體的自然頻率或振動週期，如下圖當方塊從其平衡位置產生了任意的位移量 x，則其動能為 $T = \frac{1}{2}mv^2 = \frac{1}{2}m\dot{x}^2$，而位能為 $V = \frac{1}{2}kx^2$，利用能量守恆方程式：

$$T + V = 常數 \Rightarrow \frac{1}{2}kx^2 + \frac{1}{2}m\dot{x}^2 = 常數$$

對時間微分：$m\dot{x}\ddot{x} + kx\dot{x} = 0$

運動過程中 $\dot{x}$ 不全為零，故可消去 $\Rightarrow m\ddot{x} + kx = 0$

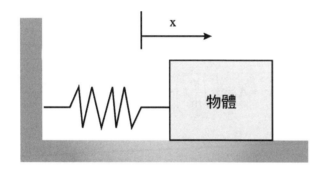

二、無阻尼強迫振動

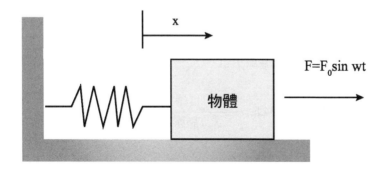

(一) 運動方程式

如圖彈簧系統受一週期性的力(periodic force) $F = F_0 \sin wt$ 作用的系統的振動特性，此力的最大幅度為 F_0 而頻率為 ω。方塊產生一小距離 x 的位移的自由體圖表示於圖中，其運動方程式：

$$m\ddot{x} + kx = F_0 \sin wt$$

此方程式為一非齊次二階微分方程式，其通解包含了齊性解 x_c，加上特解 x_P

其通解為

$$x = x_c + x_p = A\sin\left(\sqrt{\frac{k}{m}}t\right) + B\cos\left(\sqrt{\frac{k}{m}}t\right) + \frac{F_0/k}{1 - \left(\dfrac{w}{\sqrt{k/m}}\right)}\sin wt$$

齊性解 x_c 所定義的是自由振動，此振動由圓周頻率及常數 *A* 及 *B* 決定，特解 x_P 作用力 $F = F_0 \sin wt$ 所導致的強迫振動，由於所有的振動系統均有摩擦作用，故自由振動將隨時間增長而消失因此自由振動稱之為**暫態**，而強迫振動稱為**穩態**。

(二) 放大因子

當作用力的角頻率為某個特定值時，位移振幅達到最大值，我們把這種位移振幅達到最大值的現象叫做位移共振，共振時的角頻率叫做共振角頻率，對下式求極大值，可得共振角頻率

$$\text{放大因子 M.F.} = \frac{(X_P)_{max}\,(穩態最大位移)}{X_{st}\,(靜態最大位移)} = \frac{1}{1 - \left(\dfrac{w}{w_n}\right)}$$

當 $w = w_n$ 時放大因子 $\to \infty$ 稱為共振

三、阻尼振動

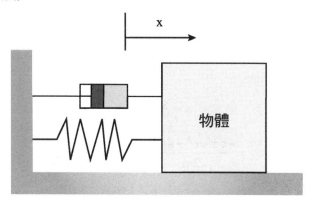

(一) 運動方程式

振動物體總是要受到阻力作用的，在回復力和阻力作用下的振動稱為阻尼振動，在力學中，阻尼裝置的阻力與物體的運動速度有關，在物體速度不太大時，阻力與速度大小成正比，方向總是和速度相反，即

$$F_s = -c\frac{dx}{dt} = -c\dot{x}$$

式中的 c 稱為阻力係數，它的大小由物體的形狀、大小和介質的性質來決定，負號表示阻力與速度的方向相反。

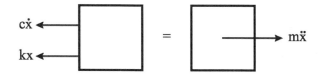

如圖對於彈簧振動物體不僅受到彈性力 $F = -kx$ 的作用，而且還要受到粘性阻力 $F_r = -c\dfrac{dx}{dt}$ 的作用。設振動物體的質量爲，在彈性力和阻力作用下運動，則物體的運動方程爲：

$$m\frac{d^2x}{dt^2} = -kx - c\frac{dx}{dt} \Rightarrow m\ddot{x} + c\dot{x} + kx = 0$$

通解爲：

$$x = A_1 e^{\lambda_1 t} + A_2 e^{\lambda_2 t}$$

$$\lambda_{1,2} = \frac{-c \pm \sqrt{c^2 - 4mk}}{2m} = -\frac{c}{2m} \pm \sqrt{\left(\frac{c}{2m}\right)^2 - \frac{k}{m}}$$

其中 A_1 與 A_2 為任意常數，由初始條件（t=0 之初位置 x_0 及初速度 v_0）決定，式中使根號內為零之 C 值稱為臨界阻尼係數（critical damping coefficient），以 C_{cr} 表示之

$$c_{cr} = 2\sqrt{mk} = 2m\omega_n = \frac{2k}{\omega_n}$$

阻尼比 $\zeta = \dfrac{C}{C_{cr}}$

令 $w_n^2 = \dfrac{k}{m}$ 於是可改寫運動方程式

$$\ddot{x} + 2w_n\zeta\dot{x} + w_n^2 x = 0$$

ζ 稱爲阻尼係數，對於給定的振動系統，它是由阻力係數決定，顯然，ζ 值越大，阻力的影響就越大。

(二) 不同阻尼運動

1. 過阻尼（overdamping）：阻尼比 $\zeta = \dfrac{C}{C_{cr}} > 1$

$$X = A_1 e^{-\left(\zeta + \sqrt{\zeta^2 - 1}\right)\omega_n t} + A_2 e^{-\left(\zeta - \sqrt{\zeta^2 - 1}\right)\omega_n t}$$

2. 臨界阻尼（critical damping）：阻尼比 $\zeta = \dfrac{C}{C_{cr}} = 1$

$$x = (A_1 + A_2 t)e^{-\omega_n t}$$

3. 欠阻尼(underdamping)：阻尼比 $\zeta = \dfrac{C}{C_{cr}} < 1$

$$x = e^{-\zeta\omega_n t}\left(C_1 \cos\omega_d t + C_2 \sin\omega_d t\right)$$

$$\omega_d = \omega_n \sqrt{1-\zeta^2}$$

$$x = Ce^{-\zeta\omega_n t}\sin\left(\omega_d t + \phi\right)$$

為一振幅按指數比率遞減的正弦函數，其中 $\sin(\omega_d t + \phi)$ 顯示系統有振動響應，振動頻率由 ω_d 所控制，ω_d 稱為阻尼自然圓周頻率(damped natural circular frequency)，振動頻率 f_d 及週期 τ_d 分別為：

$$f_d = \frac{\omega_d}{2\pi} = \frac{\omega_n\sqrt{1-\zeta^2}}{2\pi}$$

$$\tau_d = \frac{2\pi}{\omega_d} = \frac{2\pi}{\omega_n\sqrt{1-\zeta^2}}$$

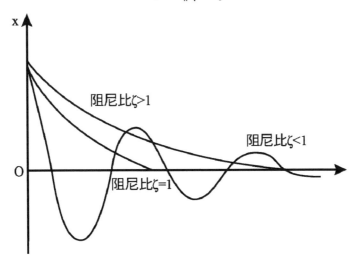

四、強迫阻尼振動

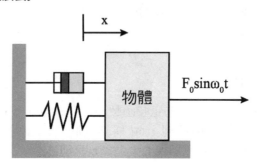

(一) 運動方程式

物體在周期性外力的持續作用下發生的振動稱為強迫阻尼振動，以圖為例，若物體受到周期性的外力，作用力的最大幅度為 F 而頻率為 ω_0，方塊產生一小距離 x 的位移，其運動方程式：

$$m\ddot{x} + c\ddot{x} + kx = F_0 \sin \omega_0 t$$

通解亦包括齊次解 $x_h(t)$ 與特解 $x_p(t)$，齊次解為有阻尼自由振動之解，由於振動系統通常都存在有摩擦，此解所對應之振動將會隨時間逐漸消失，只有描述穩態振動之特解會保留下來，因此穩態解的型式為

$$x_p = A' \sin \omega_0 t + B' \cos \omega_0 t$$

令 $w_n^2 = \dfrac{k}{m}$ 於是可求解運動方程式穩態解

$$A' = \frac{(F_0/m)(\omega_n^2 - \omega_0^2)}{(\omega_n^2 - \omega_0^2)^2 + (c\omega_0/m)^2}$$

$$B' = \frac{-F_0(c\omega_0/m^2)}{(\omega_n^2 - \omega_0^2)^2 + (c\omega_0/m)^2}$$

$$X_p = C' \sin(\omega_0 t - \phi')$$

$$C' = \frac{F_0/k}{\sqrt{[1-(\omega_0/\omega_n^2)]^2 + [2(c/c_2)(\omega/\omega_n)]^2}}$$

$$\phi' = \tan^{-1}\left[\frac{2(c/c_c)(\omega_0/\omega_n)}{1-(\omega_0/\omega_n)^2}\right]$$

$$MF = \frac{C'}{F_0/k} = \frac{1}{\sqrt{[1-(\omega_0/\omega_n)^2]^2 + [2(c/c_c)(\omega_0/\omega_n)]^2}}$$

圖中所示為在不同阻尼比時，放大因子 MF 與 w_0/w_n 比值之關係圖，由圖可看出要降低放大因子，必須增加阻尼比或使週期性外力之頻率 w_0 遠離系統之共振頻率 w_n

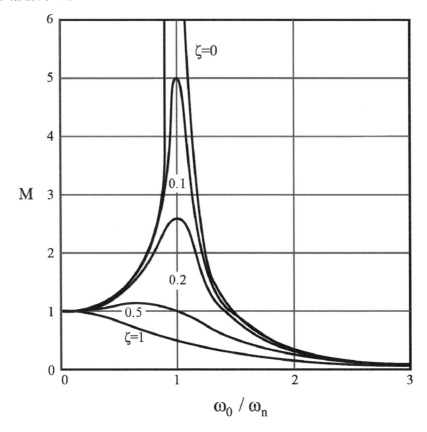

範例 *9-10*

如圖所示，A 物體質量為 m_A，滑輪質量為 m_o，圓盤對其質心 O 的質量慣性矩為 I_O，由靜平衡位置處算起，以 θ 為廣義座標，求系統的運動方程式為何？【以 θ 及 $\ddot{\theta}$ 表示】

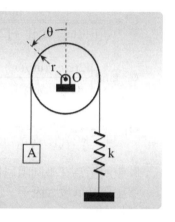

(解) 由自由體圖：

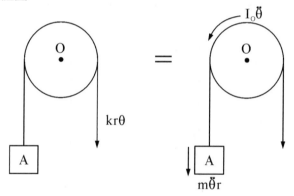

$$\sum M_O = (\sum M_O)_{eff}$$
$$kr^2\theta = -I_O\ddot{\theta} - m\ddot{\theta}r^2$$
$$\Rightarrow (I_O + mr^2)\ddot{\theta} + kr^2\theta = 0$$

範例 9-11

質量為 m 的均勻水平方板，B 處為絞接支承，A 處連接一條勁度為 k 的水平彈簧。如果 A 處沿著彈簧方向移動一段小位移並放鬆之，試求此方板所產生振動的週期(period)為何？【機械關務三等】

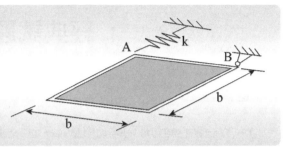

（解）

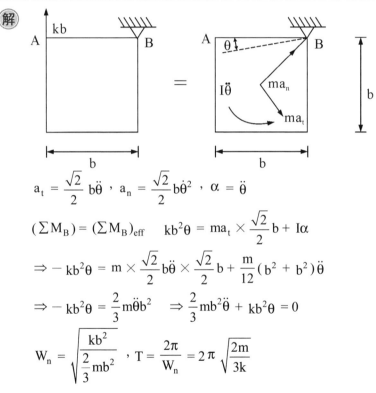

$$a_t = \frac{\sqrt{2}}{2} b\ddot{\theta} \text{ , } a_n = \frac{\sqrt{2}}{2} b\dot{\theta}^2 \text{ , } \alpha = \ddot{\theta}$$

$$(\textstyle\sum M_B) = (\textstyle\sum M_B)_{eff} \quad kb^2\theta = ma_t \times \frac{\sqrt{2}}{2} b + I\alpha$$

$$\Rightarrow -kb^2\theta = m \times \frac{\sqrt{2}}{2} b\ddot{\theta} \times \frac{\sqrt{2}}{2} b + \frac{m}{12}(b^2 + b^2)\ddot{\theta}$$

$$\Rightarrow -kb^2\theta = \frac{2}{3} m\ddot{\theta}b^2 \quad \Rightarrow \frac{2}{3} mb^2\ddot{\theta} + kb^2\theta = 0$$

$$W_n = \sqrt{\frac{kb^2}{\frac{2}{3} mb^2}} \text{ , } T = \frac{2\pi}{W_n} = 2\pi \sqrt{\frac{2m}{3k}}$$

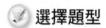

經典試題

選擇題型

(　　) **1.** 一實心均勻球的轉動慣量為 $\frac{2}{5}mr^2$，其中 m 為質量，r 為半徑。當旋轉

軸平移一個半徑長度時，則轉動慣量為：

(A) $\frac{2}{5}mr^2$　　　　　　　　　(B) $\frac{3}{5}mr^2$

(C) $\frac{7}{5}mr^2$　　　　　　　　　(D) $\frac{9}{5}mr^2$。【經濟部】

(　　) **2.** 一個懸掛質量塊之彈簧，其彈性常數為 k。當彈簧彈性常數增加為 2k
時，則：

(A)自然振動頻率變為 2 倍　　　(B)自然振動頻率變為 $1/\sqrt{2}$ 倍

(C)自然振動頻率變為 $\sqrt{2}$ 倍　　(D)質量塊之靜平衡位置向上升。

【經濟部】

(　　) **3.** 在已知瞬間質量 5kg 的細長桿件 AB 作右圖
所示的運動。此時桿對 G 點角動量為何？

(A)1.92kg-m²/s

(B)3.84 kg-m²/s

(C)5.77 kg-m²/s

(D)11.55 kg-m²/s。

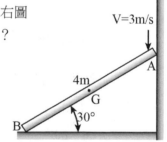

(　　) **4.** 承上題，此時桿對瞬時中心的角動量為何？

(A)11.55kg-m²/s　　　　　　　(B)15.56kg-m²/s

(C)23.09kg-m²/s　　　　　　　(D)34.65kg-m²/s。

( )　**5.** 如右圖所示，A 點以插銷固定，質量 10kg 的桿件承受力偶矩 M ＝50 N-m，及垂直作用在桿件端點的力 P＝80N。彈簧未變形的長度為 0.6m，由於滑輪 B 的引導，彈簧恆保持垂直。當桿件由 θ＝0°旋轉至 θ＝90°，力偶矩所作的功為何？

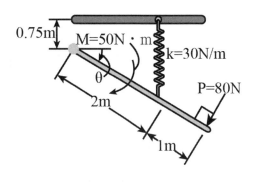

(A)25J　(B)39.3J　(C)50J　(D)78.5J。

( )　**6.** 承上題，彈簧力所作的功為何？

(A)-75J　　　　　　　　　　(B)-69J

(C)69J　　　　　　　　　　(D)75J。

( )　**7.** 承上題，作用在桿件之力所作的總功為何？

(A)533.7J　　　　　　　　　(B)539.7J

(C)671.7J　　　　　　　　　(D)683.7J。

( )　**8.** 右圖所示，有一長度為 0.8m 且質量為 2kg 的均質鋼棒做小角度的擺盪運動，假設支點 A 為光滑無摩擦，則該鋼棒的擺盪週期為何？

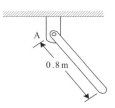

(A)1.33sec　　　　(B)1.47sec

(C)1.56sec　　　　(D)1.83sec。【103 年經濟部】

( )　**9.** 如圖所示之均質桿件 AB(L=0.6m，m=0.48kg)，靜置於光滑水平面上，於時間 t=0 時受外力 F=10N 作用下開始起動，求起動瞬間之角加速度為何？

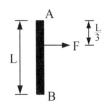

(A)44.62rad/s²↻　　　(B)51.95rad/s²↻

(C)57.87rad/s²↻　　　(D)69.43rad/s²↻。

【107 年經濟部】

(   ) **10.** 如圖所示，桿件 AB 質量為 10kg，左
端 A 由重量極小之繩索所懸吊，右端
B 由徑度 k 之彈簧所支撐，當繩索斷
裂瞬間，桿件 AB 之角加速度為何？

     (A)4.91rad/s^2 (B)7.36rad/s^2
     (C)12.26rad/s^2 (D)14.72rad/s^2。

     【107 年經濟部】

4 m

(   ) **11.** 如圖所示，有一均質細桿，長度為 L，質量為 m，繞 z 軸旋轉，其轉
動慣量為何？

     (A)$\dfrac{1}{12}mL^2$ (B)$\dfrac{1}{4}mL^2$

     (C)$\dfrac{1}{3}mL^2$ (D)$\dfrac{1}{2}mL^2$。

     【108 年經濟部】

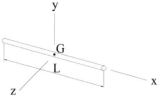

解答及解析

1. (C)。$I = I_O + mr^2 = \dfrac{2}{5}mr^2 + mr^2 = \dfrac{7}{5}mr^2$

2. (CD)。自然振動頻率 $\alpha = \sqrt{\dfrac{k}{m}}$ 若 $k = 2k$ 時則自然振動頻率變為 $\sqrt{2}$ 倍。

3. (C)。$H_G = I_G W = \dfrac{1}{12} \times 5 \times 4^2 \times (\dfrac{3}{2\sqrt{3}}) = 5.77$

4. (C)。$\bar{H}_O = H_G + mV_G \times 2 = 5.77 + 5 \times (\dfrac{3}{2\sqrt{3}}) \times 2 \times 2 = 23.09$

5. (D)。$U_W = 98.1 \times 1.5 = 147.2(J)$ $U_M = 50 \times \dfrac{\pi}{2} = 78.5(J)$

6. (B)。$U_S = -[\dfrac{1}{2} \times 30 \times 2.15^2 - \dfrac{1}{2} \times 30 \times 0.15^2] = -69(J)$

     $U_P = 80 \times 4.712 = 377(J)$

7. (A)。 $U = U_W + U_M + U_S + U_P = 533.7(J)$

8. (B)。

$$\sum M_A = \left(\sum M_A\right)_{eff}$$

$$mg \times \frac{\ell}{2}\sin\theta = \frac{1}{3} \times m \times \ell^2 \ddot{\theta} \Rightarrow 2 \times 9.81 \times 0.4\theta = \frac{1}{3} \times 2 \times 0.8^2 \ddot{\theta}$$

$$W = \sqrt{\frac{7.848}{0.43}} = 4.27 \left(\frac{rad}{s}\right)$$

$$WT = \theta \Rightarrow T = 1.47(sec) \text{。}$$

9. (D)。 $\Sigma M_G = (\Sigma M_G)_{eff}$

$$F \times \frac{L}{6} = \frac{1}{12} \times m \times L^2 \alpha$$

$$\Rightarrow \alpha = \frac{2F}{mL} = \frac{2 \times 10}{0.48 \times 06} = 69.43$$

10. (B)。 $\Sigma M_G = (\Sigma M_G)_{eff}$

$$5 \times 9.8 \times 2 = \frac{1}{12} \times 10 \times 4^2 \alpha$$

$$\Rightarrow \alpha = 7.35 \left(rad/s^2\right)$$

11. (A)。 $I = \frac{1}{12}mL^2$

🕹️ 基礎實戰演練

1 一 2Mg 重之後輪驅動卡車由靜止以一等加速度開始加速。試問此車要達到 16m/s 之速度時,所需之最短時間為何?已知輪胎與地面間之靜摩擦係數(coefficient of static friction)$\mu_s = 0.8$。另忽略輪胎質量,且前輪自由轉動。【108 年高考三級】

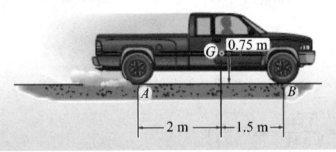

解 由牛頓第二運動定律

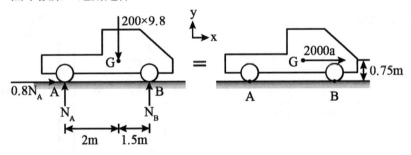

$\curvearrowright \Sigma M_B = (\Sigma M_B)_{eff}$

$N_A \times 3.5 - 2000 \times 9.8 \times 1.5 = 2000a \times 0.75$——(1)

$\Sigma F_x = ma_x$

$0.8N_A = 2000a$——(2)

由(1)(2) $a = 4.055(m/s^2)$

$16 = at \Rightarrow t = 3.95(sec)$

2 將質量 m = 5 kg 的球以 ω_0 = 10 rad/s 的後旋方式放在一巷道上，其質心 O 的速度為 v_0 = 5 m/s。試決定球停止旋轉的時間，以及此時的質心速度。假設球與巷道之間的動摩擦係數為 μ_k = 0.08。【109 年地特三等】

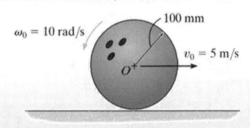

解 由牛頓第二運動定律

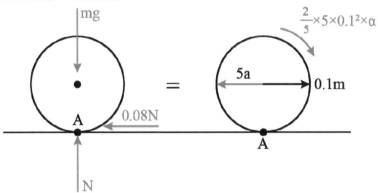

$+\uparrow \ \Sigma \ F_y = ma_y \Rightarrow N = 5 \times 9.8 = 49$

$\pm \Sigma \ F_x = ma_x \Rightarrow 0.08 \times 49 = 5a \Rightarrow a = 0.784$

$\Sigma \ M_A = (\Sigma \ M_A)_{eff}$

$0 = 5 \times 0.784 \times 0.1 - \dfrac{2}{5} \times 5 \times 0.1^2 \times \alpha$

$\alpha = 19.6 (rad/s^2)$

$W = W_0 + \alpha t \Rightarrow 0 = 10 - 19.6t \Rightarrow t = 0.51 (sec)$

$V = V_0 + at = 5 - 0.784 \times 0.51 = 4.6 (m/s)$

3 一均勻細長桿件 OA，其質量為 0.5kg，長度 2.0m，而桿件 O 端具有一無質量之滑輪並靜置於一傾斜角度 $\theta = 30°$ 之斜板上，不考慮滑輪之尺寸，重力加速度 $g = 9.81\,m/s^2$ (1)若斜板為光滑斜面，試決定桿件頂端 O 之加速度；(2)若斜板之動摩擦係數為 $\mu_k = 0.2$ ，試求上題結果。

【機械普考】

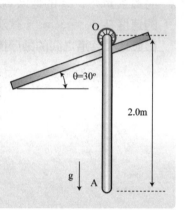

(解) (1) 斜板為光滑斜面(0.2N=0)

$$\sum M_A = I\alpha + \sum mad$$

$$0 = \frac{1}{12} \times 0.5 \times 2^2 \times \alpha + 0.5 \times \frac{2}{2} \times \alpha \times \frac{2}{2} - 0.5 \times a \times \frac{2}{2} \times \cos 30° \cdots ①$$

$$\sum F_x = ma_x \quad 0.5 \times 9.81 \times \sin 30° = 0.5 \times (a - \frac{2}{2}\alpha \times \cos 30°) \cdots ②$$

由①②解得 a=11.2(m/s²)、 α =7.27(m/s²)

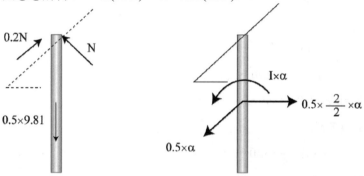

(2) 斜板有摩擦

$$\sum M_A = I\alpha + \sum Mad$$

$$0 = \frac{1}{12} \times 0.5 \times 2^2 \times \alpha + 0.5 \times \frac{2}{2} \times \alpha \times \frac{2}{2} - 0.5 \times a \times \frac{2}{2} \times \cos 30° \cdots ①$$

$$\sum F_x = ma_x \quad 0.5 \times 9.81 \times \sin 30° - 0.2N = 0.5 \times (a - \frac{2}{2} \alpha \times \cos 30°) \cdots ②$$

$$\sum F_y = ma_y \quad -0.5 \times 9.81 \times \cos 30° + N = -0.5 \times (\frac{2}{2} \alpha \times \sin 30°) \cdots ③$$

由①②③解得 a=8.6(m/s²)、 α =5.58(m/s²)、N=2.85

4 如圖所示，均勻長桿 AB（桿長 0.6m，質量 10kg）在垂直面上移動，其兩端 A 及 B 鉸接於滑塊上，分別被限制只能於水平及垂直的滑軌內移動。假設摩擦力以及滑塊之質量均可忽略不計。已知長桿一開始於 θ=30°時保持靜止。若於 A 點之滑塊施以 50N 的水平力，試求此瞬間：

(一) 桿 AB 的角加速度。

(二) A 及 B 端之滑塊所受之反作用力。【109 年地特三等】

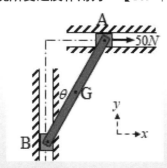

解 由牛頓第二運動定律

(一)

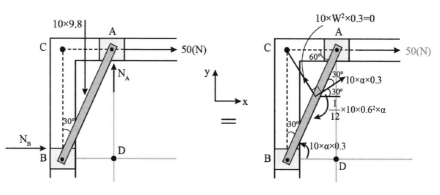

$$\circlearrowleft \Sigma M_D = (\Sigma M_D)_{\text{eff}}$$

$$-10 \times 9.8 \times 0.15 + 50 \times 1.6 \times \cos 30° = \frac{1}{3} \times 10 \times 0.6^2 \alpha$$

$$\alpha = 9.4 (\text{rad/s}^2) \circlearrowright$$

(二.) $\Sigma F_x = ma_x$

$N_B + 50 = 10 \times 9.4 \times 0.3 \times \cos 30° \Rightarrow N_B = -25.6(\text{N})$

$N_B = 25.6(\text{N}) \leftarrow$

$\Sigma F_y = ma_y$

$-10 \times 9.8 + N_A = 10 \times 9.4 \times 0.3 \sin 30°$

$N_A = 112.1(\text{N})$

進階試題演練

1 如圖所示，一長度為 L 質量為 M 的均勻細長直桿 AB，其 A 端為鉸接，B 端連接一半徑 R＝0.1 L、質量為 M 的均勻薄壁圓環。重力的方向為垂直向下，g 表示重力加速度。該圓環受到一通過其圓心的水平力 F 作用，並靜止在圖示的位置，已知 θ＝60°，試求所需之水平力 F 的大小。若突然將水平力 F 移除，則該結構將繞 A 點自由擺動。試求當 B 點擺動到其最低點時，桿件 AB 的角速度及 A 點的反作用力。【106鐵三】

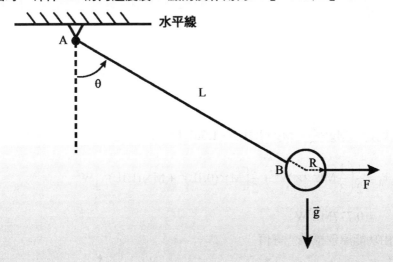

解(1) 取 AB 之 F、B、D

$$\sum M_A = 0$$

$$Mg \times \frac{L}{2} \times \sin 60° + Mg \times 1.1L \times \sin 60°$$

$$= F \times 1.1L \times \cos 60°$$

$$\Rightarrow F = 2.52Mg$$

(2)

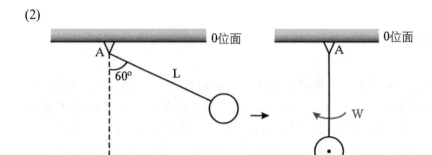

位置一

$T_1 = 0$

$$\forall_{g1} = -Mg \times \frac{L}{2} \cos 60^\circ - Mg \times 1.1L \times \cos 60^\circ = -0.8MgL$$

位置二

$$\forall_{g2} = -Mg \times \frac{L}{2} - Mg \times 1.1L = -1.6MgL$$

$$T_2 = \frac{1}{2} \left(\frac{1}{3} ML^2 \right) \times W^2 + \frac{1}{2} \left[M \times (0.1L)^2 + M \times (1.1L)^2 \right] W^2$$

$$= 0.777 ML^2 W^2$$

由功能原理機械能守恒

$$\left[-1.6MgL + 0.777 ML^2 W^2 \right]_2 - \left[-0.8MgL \right] = 0$$

$$W^2 = 1.029 \frac{g}{L} \Rightarrow W = 1.014 \sqrt{\frac{g}{L}}$$

(3) 由牛頓第二運動定律

$$\pm \Sigma F_x = ma_x \Rightarrow Ax = 0$$

$$A_y - 2Mg = MW^2 \times \frac{L}{2} + M \times W^2 \times 1.1L$$

$$A_y = 3.65Mg$$

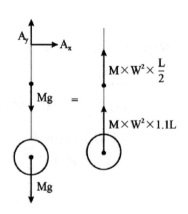

2 如圖所示之均勻薄壁圓環，在一與水平夾角為 θ＝20°的斜坡上，由靜止狀態被釋放。已知重力的方向為垂直向下，重力加速度 g＝9.8m/s²，該圓環的質量 m＝3kg、半徑 r＝150mm，該圓環與斜坡間的靜摩擦係數 μs＝0.15、動摩擦係數 μk＝0.12，試求該圓環與斜坡間的摩擦力及該圓環的角加速度及質心加速度。【106 鐵三】

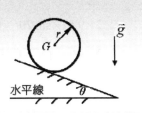

解 (1) 假設圓環作純滾動，由牛頓第二運動定律

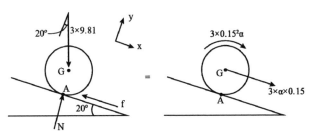

$$\sum M_A = \left(\sum M_A\right)_{eff}$$

$$3 \times 9.81 \times \sin 20° \times 0.15 = 3 \times 0.15^2 \alpha + 3 \times 0.15^2 \alpha$$

$$\Rightarrow \alpha = 11.18 \left(rad / s^2\right)$$

$$\sum F_x = ma_x \Rightarrow f = -3 \times \alpha \times 0.15 + 3 \times 9.81 \times \sin 20° = 5.034$$

$$\sum F_y = ma_y \Rightarrow N = 3 \times 9.81 \times \cos 20° = 27.655(N)$$

$$f_s = 27.655 \times 0.15 = 4.15(N) < f \text{ 故會滑動，假設錯誤}$$

(2)

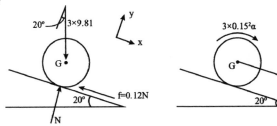

$$N = 27.655(N)$$

$$\sum F_x = ma_x$$

$$3 \times 9.81 \times \sin 20^\circ - 0.12 \times 27.655 = 3a \Rightarrow a = 2.25 \left(m/s^2 \right)$$

$$\sum M_G = \left(\sum M_G \right)_{eff}$$

$$0.12 \times 27.655 \times 0.15 = 3 \times 0.15^2 \alpha \Rightarrow \alpha = 7.37 \left(rad/s^2 \right)$$

3 在如圖所示的位置，一個由細繩纏繞、半徑為 r、質量為 m 的均勻實心圓盤由靜止狀態被釋放。該細繩的一端固定在天花板上，若不計細繩的質量，試求在釋放 t 秒時該細繩的張力、該圓盤的質心速度。【土木高考】

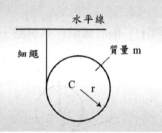

解

(1) $I = \dfrac{1}{2} mr^2$

$\sum M_D = (\sum M_D)_{eff}$

$mgr = I\alpha + m\alpha r^2 \Rightarrow mgr = (\dfrac{1}{2} mr^2 + mr^2)\alpha$

其中 $\alpha t = w$ 代入上式

得 $w = \dfrac{2gt}{3r}$ ， $V_C = wr = \dfrac{2gt}{3}$ ， $\alpha = \dfrac{2g}{3r}$

(2) $\sum F_y = 0 \Rightarrow T - mg = -m\alpha r \Rightarrow T = \dfrac{mg}{3}$

4 如圖所示之滾輪質量為 20 kg，其迴轉半徑（radius of gyration）為 0.18 m，外半徑為 0.24 m，且於外部纏繞連接一彈簧，其彈簧常數為 160 N/m。若滾輪於初始位置為靜止且彈簧為自由長度，當開始施加 23 N·m 之固定力矩後，滾輪與地面間在沒有滑動之情形下，重心 G 往前行進 0.15 m 時，試求此時滾輪之角速度。

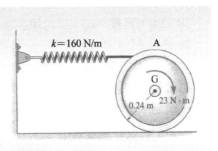

解 滾輪在最初是靜止的，則 $T_1=0$

滾輪最後的動能為

$$T_2 = \frac{1}{2}m(\upsilon_G)_2^2 + \frac{1}{2}I_G\omega_2^2$$

$$= \frac{1}{2}(20)(\upsilon_G)_2^2 + \frac{1}{2}[(20)(0.18m)^2]\omega_2^2$$

$T_2 = 0.9\omega_2^2$ ，$U_s = -\frac{1}{2}ks^2$

滾輪的質心 G 移動 0.15m 未產生滑動，

則旋轉角 θ =0.15m/0.24m= 彈簧的伸長量

　　　　　0.625rad(0.48m)=0.3m

由功能原理 $U_{1\rightarrow2}=\Delta(T+V)$

$23\times0.625 - \frac{1}{2}\times160\times0.3^2 = 0.9(w_2)^2 \Rightarrow w_2=2.82(rad/s)$

524 第九章 剛體動力學

5 有一圓盤組合如下圖。A 盤半徑 r_A =
300mm，質量 4kg，以角速度 ω_o＝300rpm 順
時鐘旋轉。B 盤半徑 r_B = 180mm，質量
1.6kg。兩盤安裝在一豎桿上，B 盤軸心安裝
於滑槽內恰與 A 盤接觸。兩盤接觸位置摩擦
係數為 0.35，忽略兩盤軸心摩擦力。
(1) 求 A、B 盤各自的角加速度。
(2) 作用在 A、B 盤軸心位置的反力。【106 關三】

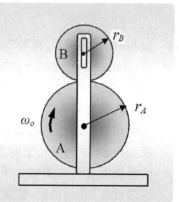

解 (1) 由牛頓第二運動定律

取 B 之 F、B、D 及有效力圖

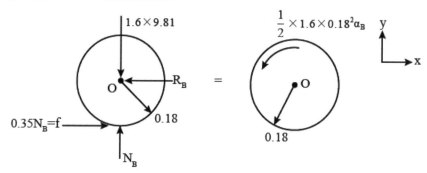

$+\uparrow \sum F_y = ma_y \Rightarrow N_B = 1.6 \times 9.81 = 15.696(N)$

$\sum M_0 = \left(\sum M_0\right)_{eff}$

$0.35 \times 1.6 \times 9.81 \times 0.18 = \dfrac{1}{2} \times 1.6 \times 0.182\alpha_B$

$\alpha_B = 38.15 \left(rad / s^2\right)$

$\pm \sum F_y = ma_x \Rightarrow R_B = 5.49(N)$

(2) 由牛頓第二運動定律

取 A 之 F、B、D 及有效力圖

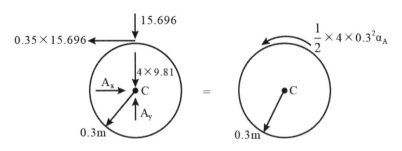

$$\sum M_C = \left(\sum M_C\right)_{eff}$$

$$0.35 \times 15.696 \times 0.3 = \frac{1}{2} \times 4 \times 0.3^2 \alpha_A \Rightarrow \alpha_A = 9.16 \left(\text{rad}/\text{s}^2\right)$$

$$\overset{+}{\to} \sum F_x = ma_x \Rightarrow A_x = 5.49(N) \to$$

$$+\uparrow \sum F_y = ma_y \Rightarrow A_y = 54.9(N)$$

$$R_A = \sqrt{Ax^2 + Ay^2} = 55.17$$

6 有一均質桿件長 0.6m，質量為 5kg，一端鉸接，另一自由端承載 30N 作用力，與桿件垂直，如圖所示，當 θ＝0° 時桿件有順時針方向之初始角速度 $\omega_0 = 10$ rad/sec，求在 θ＝90° 瞬間時之角速度值。【機械高考】

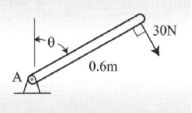

(解) 利用功能原理

$$\frac{1}{2} \times (\frac{mL^2}{3}) W_0^2 + F \times L \times \frac{\pi}{2} + mg \times \frac{L}{2} = \frac{1}{2} \times (\frac{m \times L^2}{3}) \times (W_2)^2$$

$$\Rightarrow \frac{1}{2} \times (\frac{5 \times 0.6^2}{3}) \times 10^2 + 30 \times 0.6 \times \frac{\pi}{2} + 5 \times 9.81 \times \frac{0.6}{2} = \frac{1}{2} \times (\frac{5 \times 0.6^2}{3}) \times (W_2)^2$$

$$\Rightarrow W_2 = 15.6 \,(\text{rad/s})$$

7 有一斜桿質量為 10kg，上面承受彎矩 50N·m 及一永遠垂直斜桿自由端之作用力 80N，同時有一彈簧原長為 0.5m 並保持與滾輪 B 垂直，如圖所示，求當 θ 角從 θ = 0° 到 θ = 90° 時斜桿上所有作用力所作之功。【機械高考、台電】

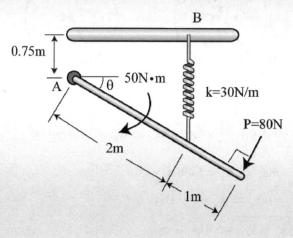

解 (1) 重量所作的功　$V_W = 10 \times 9.81 \times 1.5 = 147.2 \,(J)$

　　　力偶矩 m 所作的功　$V_M = 50 \times \dfrac{\pi}{2} = 78.5 \,(J)$

　　　彈簧功　$V_S = -[\dfrac{1}{2} \times 30 \times (2.25)^2 - \dfrac{1}{2} \times 30 \times (0.25)^2] = -75 \,(J)$

　　　作用力　$V_P = 80 \times \dfrac{\pi}{2} \times 3 = 377 \,(J)$

(2) 功總和 $V = 147.2 + 78.5 - 75 + 377 = 528 \,(J)$

8

質量 100 Kg 的 BD 樑由兩根質量
不計的桿件支撐著。在 θ = 30° 時，
兩桿以 ω = 6rad/s 的角速度旋轉，
試求每根桿件所承認受之力。

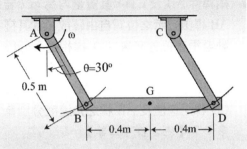

解 (1) 取 AB 自由體圖

$$(a_G)n = \omega^2 r = (6rad/s)^2 (0.5m) = 18m/s^2$$

(2) 取 BD 自由體圖

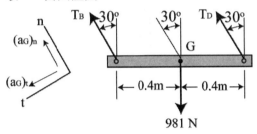

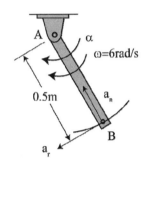

$$+\nwarrow \sum F_n = m(a_G)_n \quad ; \quad T_B + T_D - 981\cos30°N = 100kg(18m/s^2)$$

$$+\swarrow \sum F_t = m(a_G)_t \quad ; \quad 981\sin30°N = 100kg(a_G)_t$$

$$[+\sum M_G = 0 \quad ; \quad -(T_B\cos30°)(0.4m) + (T_D\cos30°)(0.4m) = 0$$

解得

$$T_B = T_D = 1.32kN$$

$$(a_G)_t = 4.90m/s^2$$

9 兩桿件 AB 及 CD，其質量均為 m，若 AB 桿由圖示之位置自由釋放，當其擺動至垂直位置時與 CD 桿相撞。假設兩桿間互撞之復原係數(coefficient of restitution)為 e = 0.4，試求在撞擊後 CD 桿之速度及 AB 桿之角速度分別為多少？【地方特考三等】

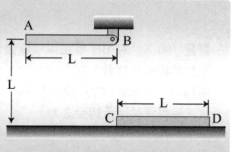

解

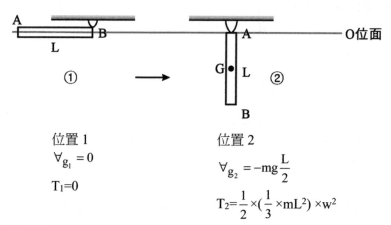

位置 1
$$\forall_{g_1} = 0$$
$$T_1 = 0$$

位置 2
$$\forall_{g_2} = -mg\frac{L}{2}$$
$$T_2 = \frac{1}{2} \times (\frac{1}{3} \times mL^2) \times w^2$$

由功能原理

$$0 = [-mg \times \frac{L}{2} + \frac{1}{2} \times (\frac{1}{3} mL^2) \times w^2] - [0] \Rightarrow w = \sqrt{\frac{3g}{L}}$$

此時 $V_G = w \times \frac{L}{2} = \sqrt{\frac{3gL}{4}}$ ，$V_A = V_L = \sqrt{3gL}$

由動量衝量原理

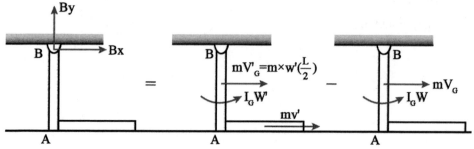

$$(\vec{H}_B)=(\vec{H}_B')$$

$$0=[\frac{1}{3}mL^2w'+mv'\times L]-[\frac{1}{3}mL^2\times w]\ldots\ldots(1)$$

$$e=-\frac{w'L-v'}{\sqrt{3gL}-0}=0.4\ldots\ldots(2)$$

由(1)(2)，$w'=\frac{1}{20}\sqrt{\frac{3g}{L}}$，$v'=\frac{7}{20}\sqrt{3gL}$

10 如圖所示，一質量 m = 1.8 kg 的軸環 A 連接到彈簧上，並且可以在水平桿上滑動而不產生摩擦。已知彈簧常數 k = 1051 N/m，且當軸環受到壓縮而在靜止狀態自由釋放時，是以初始速度 v = 1.4 m/s 向右移動。請回答下列問題：

(一) 若以水平向右代表 x-軸，試繪製軸環 A 的自由體圖，並推導其運動方程式。

(二) 直接利用小題(一)的結果，試表明或驗證軸環 A 的運動方程式可以表為 x = Csinωt+Dcosωt，其中 C 和 D 為常係數，ω 為自然頻率，及 t 為時間。

(三) 試決定軸環 A 在運動過程中的自然頻率 ω、振幅和最大加速度各為多少？

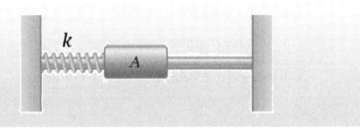

解 (一) 由牛頓第二運動定律

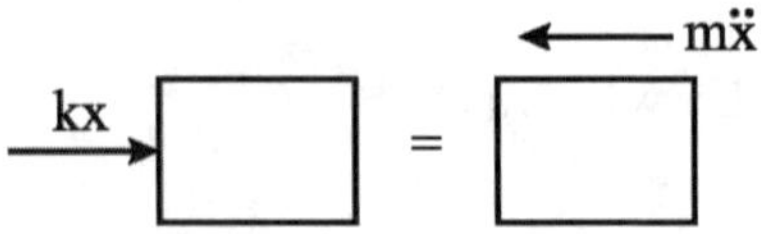

$m\ddot{x} + kx = 0$

$1.8\ddot{x} + 1051x = 0$

(二) $\ddot{x} + \dfrac{k}{m}x = 0$

$w^2 = \dfrac{k}{m}$

$\ddot{x} + w^2 x = 0$ 解 ODE

$x = C\sin wt + D\cos wt$

$\dot{x} = CW\cos wt - DW\sin wt$

(三) $W = \sqrt{\dfrac{1051}{1.8}} = 24.16$

$V = 1.4 = W \times X_m = 24.16\, X_m$

振幅 $X_m = 0.058(m)$

$a = W^2 X_m = 33.85(m/s^2)$

note：$t=0$，$x=0.058 \Rightarrow D=0.058$

$t=0$，$v=1.4 \Rightarrow C=0.058$

$x = 0.058\sin wt + 0.058\cos wt$

11 圖中將質量 8kg 之物體自平衡位置向右移動 0.2m 後於 t=0 時由靜止釋放，已知黏性阻尼係數 c=20N-s/m，彈簧常數 k=32N/m，試求 t=2 秒時物體相對於平衡點之位置 x。

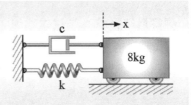

解 先求阻尼比 ζ，以判斷系統為欠阻尼、臨界阻尼或過阻尼。

$$\omega_n = \sqrt{\frac{k}{m}} = \sqrt{\frac{32}{8}} = 2\,\text{rad}/\text{s}$$

得 $\zeta = \dfrac{c}{2m\omega_n} = \dfrac{20}{2(8)(2)} = 0.625 < 1$

故系統為欠阻尼，其阻尼自然圓周頻率 ω_d 為

$$\omega_d = \omega_n\sqrt{1-\zeta^2} = 2(\sqrt{1-0.625^2}) = 1.561\,\text{rad}/\text{s}$$

$$x = Ce^{-\zeta\omega_n t}\sin(\omega_d t + \phi) = Ce^{-1.25t}\sin(1.561t + \phi)$$

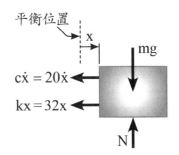

而速度 v 與時間 t 之關係為

$$v = \dot{x} = -1.25Ce^{-1.25t}\sin(1.561t + \phi) + 1.561Ce^{-1.25t}\cos(1.561t + \phi)$$

初始條件：t=0 時，$x_0 = 0.2\text{m}$，$v_0 = \dot{x}_0 = 0$

得 $x_0 = C\sin\phi = 0.2$

$v_0 = \dot{x}_0 = -1.25C\sin\phi + 1.561C\cos\phi = 0$

解得 C=0.256m，$\phi = 0.896\,\text{rad}$

故 $x = 0.256e^{-1.25t}\sin(1.561t + 0.896)$

當 t=2 秒時 $x_2 = 0.256e^{-1.25(2)}\sin(1.561\times2 + 0.896) = -0.01616\text{m}$。

12 彈簧最初壓縮 Δ，試求物塊的振動頻率。

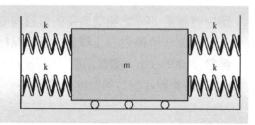

(解) $mx'' + 4kx = 0$ $x'' + \dfrac{4k}{m}x = 0$

$$f = \frac{1}{2\pi}\sqrt{\frac{4k}{m}}$$

13 試求一作純滾動的均質圓柱的運動方程式。已知圓柱質量為 50kg 而半徑為 0.5m，彈簧常數為 75N/m，阻尼係數為 10N・s/m。並求：(1)無阻尼的自然頻率。(2)阻尼比。(3)有阻尼的自然頻率。

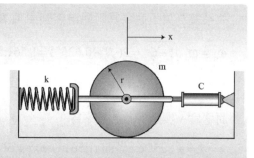

(解) $\left[\sum F_x = m\ddot{x}\right]$ $-c\dot{x} - kx + F = m\ddot{x}$; $\left[\sum M_G = \bar{I}\ddot{\theta}\right]$ $-Fr = \dfrac{1}{2}mr^2\ddot{\theta}$

純滾動的條件為 $\ddot{x} = r\ddot{\theta}$。將此關係式代入力矩方程式得到 $F = -\dfrac{1}{2}m\ddot{x}$。將此摩擦力表示式代入 x 方向之力方程式得到

$$-c\dot{x} - kx - \frac{1}{2}m\ddot{x} = m\ddot{x} \text{ 或 } \ddot{x} + \frac{2}{3}\frac{c}{m}\dot{x} + \frac{2}{3}\frac{k}{m}x = 0$$

可直接得到

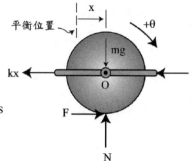

(1) $\omega n^2 = \dfrac{2}{3}\dfrac{k}{m}$ $\omega_n = \sqrt{\dfrac{2}{3}\dfrac{k}{m}} = \sqrt{\dfrac{2}{3}\dfrac{75}{50}} = 1 \text{ rad/s}$

(2) $2\zeta\omega = \dfrac{2}{3}\dfrac{c}{m}$ $\qquad \zeta = \dfrac{1}{3}\dfrac{c}{m\omega_n} = \dfrac{10}{3(50)(1)} = 0.0667$

因此，有阻尼的自然頻率和有阻尼的週期為

(3) $\omega_d = \omega_n\sqrt{1-\zeta^2} = (1)\sqrt{1-(0.0667)^2} = 0.998$ rad/s

14 如圖所示之一任意外形的剛體，質量為 m，重力加速度以 g 表示，其質心(Mass center)G 與懸吊點 O 之距離為 r，若量測其在 x－y 鉛垂平面小角度擺動所得之自然頻率為 f，試求其對通過質心 G 之軸(垂直於紙面)的質量慣性矩(Mass moment of inertia)。【關務特考三等】

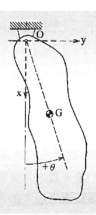

解

$\sum M_0 = 0$ $\Rightarrow I_0\ddot{\theta} + mgr\sin\theta = 0$ ， $\theta \approx \sin\theta$

$\Rightarrow I_0\ddot{\theta} + mgr\theta = 0$

$$\ddot{\theta} + \frac{mgr}{I_0}\theta = 0$$

$$W_n = \sqrt{\frac{mgr}{I_0}} \quad , \quad \mathcal{X} \, f = \frac{W_n}{2\pi} \quad \Rightarrow W_n = 2\pi f$$

$$\Rightarrow 2\pi f = \sqrt{\frac{mgr}{I}} \quad \Rightarrow I_0 = \frac{mgr}{(2\pi f)^2}$$

$$\mathcal{X} \, I_0 = I_G + mr^2$$

$$\Rightarrow I_G = \frac{mgr}{(2\pi f)^2} - mr^2$$

15 如圖所示之質塊及彈簧所組成之系統,該質量為 100kg 之質塊在通過平衡點時其向下之速度為 0.5m/s。 每一條彈簧之彈簧常數(spring constant)為 180kN/m。試 求該質塊之最大加速度(m/s)為何?【升資】

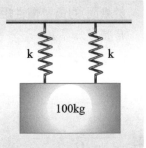

解

$$2k\ddot{x} = -100\ddot{x} \Rightarrow 100\ddot{x} + 2kx = 0 \Rightarrow 100\ddot{x} + 2\times180\times10^3 x = 0$$

$$W_n = \sqrt{\frac{2\times180\times10^3}{100}} = 60(\text{rad}/\text{s})$$

$$x = C_1 \cos W_n t + C_2 \sin W_n t$$

$$\dot{x} = -W_n C_1 \sin W_n t + W_n C_2 \cos W_n t$$

當 t = 0 時 x=0 故 C_1=0

$$\dot{x} = 0.5 = W_n C_2 \Rightarrow C_2 = 8.33\times10^{-3}$$

故 $x=(8.33\times10^{-3})\sin 60t$

$\dot{x} = 0.5\cos 60t \qquad \dot{x} = -30\sin 60t$

$a_{max} = 30(\text{m}/_{s^2})$。

16 滑塊的質量忽略不計之一機構滑塊組,其中該
AB 桿之質量 10kg,長度為 0.4m,兩端點只能
沿著水平與垂直導槽移動,彈簧在 θ = 0 時未變
形且彈簧常數 K=800(N/m),若 AB 桿由
θ = 30°,靜止釋放,試求 θ = 0° 時的角速度。

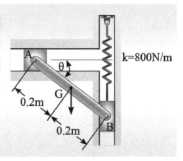

解 $V_1 = -Wy_1 + \frac{1}{2}ks_1^2 = -98.1N(0.2\sin 30°\text{m}) + \frac{1}{2}(800N/m)(0.4\sin 30°\text{m})^2 = 6.19J$

$T_2 = \frac{1}{2}m(\upsilon_G)_2^2 + \frac{1}{2}I_G(\omega_2)^2 = \frac{1}{2}(10kg)(\upsilon_G)_2^2 + \frac{1}{2}\left[\frac{1}{12}(10kg)(0.4m)^2\right](\omega_2)^2$

$T_2 = 0.267\omega_2^2$

機械能守恆 $\Rightarrow T_1 + \forall_1 = T_2 + \forall_2$

$\{0\} + \{6.19\} = \{0.267\omega_2^2\} + \{0\}$

$\omega_2 = 4.82\text{rad}/s$

17 當質量為 2.5 kg 且長度為 750 mm 的均質細長桿 AB 以與垂直方向維持 β=30°並以一垂直速度 V_1 = 2.4 m/s 且無角速度撞擊如圖所示之一圓滑角落，若假設撞擊是完全塑性（Perfectly Plastic），以衝量與動量法求取長桿 AB 在撞擊以後瞬時的角速度。【109 年關務三等】

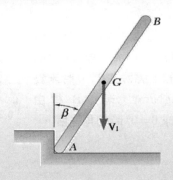

解 由動量衝量原理

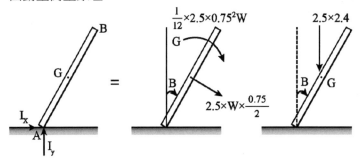

對 A 點取角動量⇒角動量守恆

$$0=[\frac{1}{3} \times 2.5 \times 0.75^2 w]-[2.5 \times 2.4 \times \frac{0.75}{2} \times \sin30°]\Rightarrow w=2.4(\text{rad/s})$$

18 如圖，半徑 r 為 10cm 的煞車鼓(brake drum)與飛輪(flywheel)結合在一起，總質量為 300kg，旋轉半徑(radius of gyration)為 60cm。煞車鼓與飛輪以 180rpm 逆時針轉動。經由力 P 作用及分析得知煞車帶 B 處的拉力是 448N，煞車帶 D 處的拉力是 174N。試問：(1)煞車鼓的減速度 $\alpha(\text{rad}/\text{s}^2)$？(2)需要經過多少時間使煞車鼓完全停止？【100 年機械技師】

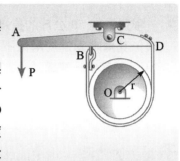

解

$$\overline{I} = m\overline{k}^2 = (300\text{kg})(0.600\text{m})^2 = 108\text{kg} \cdot \text{m}^2$$

$r = 0.100\text{m}$

$$+\!\!\curvearrowleft\sum M_C = \sum(M_C)_{eff} : T_2 r - T_1 r = \overline{I}\alpha$$

$$(T_2 - T_1)(0.100\text{m}) = 108\alpha$$

$$\alpha = (925.93 \times 10^{-6})(T_2 - T_1)$$

$$\alpha = 0.2529\text{rad}/\text{s}^2 \curvearrowright$$

$$\omega_0 = 180\text{rpm} \curvearrowleft \qquad \omega_0 = +18.850\text{rad}/\text{s}$$

$$\alpha = 0.2529\text{rad}/\text{s}^2 \curvearrowright \qquad \alpha = -0.2529\text{rad}/\text{s}^2$$

$$\omega = \omega_0 + \alpha t : 0 = 18.850 - 0.2529t$$

$$t = 74.5\text{s} \text{。}$$

19 一根質量為 50 公斤的長條模板 BC 全長為 3 公尺，其兩端固定於兩條不可伸縮的繩索 AB 與 AC。若其中一條繩索 AC 突然斷裂，試求模板在此瞬間的角加速度(angular acceleration) α 及繩索 AB 的張力。【關務三等】

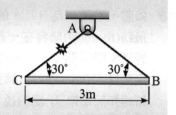

(解)

$I_G\alpha = \dfrac{1}{12} \times 50 \times 3^2 \alpha = 37.5\alpha$

$\sum M_A = (\sum M_A)_{eff}$

$0 = -50a_B \times \cos 60° \times 0.866 + 37.5\alpha$

$\alpha = 0.577a_B$

$\sum F_x = ma_x$

$-50 \times 9.81 \times \sin 60° = -50a_B - 50 \times 1.5\alpha \times \sin 60°$

$a_B = 4.856$　$\alpha = 2.8 (\mathrm{rad/s^2})$

$\sum M_G = (\sum M_G)_{eff}$

$T \times \sin 30° \times 1.5 = 37.5\alpha$

$T = 140(N)$

20 如圖所示，一長為 2.5m 且質量為 15kg 的細長桿件樞接(pivoted)在點 O。細長桿件的左端壓著一彈簧常數 k＝300kN/m 的彈簧直至彈簧的高度為 40mm，此時細長桿件在一水平的位置，假若細長桿件由此位置釋放，計算當細長桿件通過一垂直的位置時的角速度及在 O 點的反作用力。【107 高考】

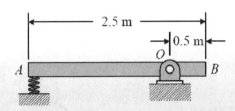

解 (1)

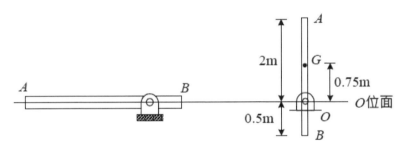

位置一

$$\forall_1 = 0 = T_1$$

$$\forall_{e_1} = \frac{1}{2} \times 300 \times 10^3 \times (0.04)^2 = 240$$

位置二

$$\forall_2 = 15 \times 9.81 \times 0.75 = 110.36$$

$$T_2 = \frac{1}{2} \times I_0 \omega^2$$

$$= \frac{1}{2} \times \left[\frac{1}{12} \times 15 \times 2.5^2 + 15 \times 0.75^2 \right] \omega^2 = 8.125 \omega^2$$

由功能原理機械能守恒

$$\left[110.36 + 8.125\omega^2\right]_2 - \left[240\right]_1 = 0$$

$$\Rightarrow \omega = 3.995(\text{rad}/\text{s})$$

(2) 由牛頓第二運動定律

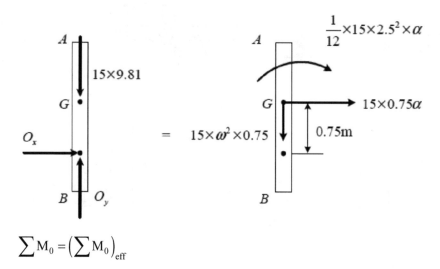

$$\sum M_0 = \left(\sum M_0\right)_{\text{eff}}$$

$$O = a \Rightarrow O_x = 0$$

$$O_y = 15 \times 9.81 - 15 \times 3.995^2 \times 0.75 = -32.4(\text{N})$$

21 如圖所示，一質量為 M、圓心為 O、半徑為 R 的均勻 $\frac{1}{4}$ 薄壁圓環 PQ，其端點 P 與垂直的牆壁接觸、端點 Q 與水平的地面接觸並受一水平力 F 作用。已知所有的接觸面間皆無摩擦力，且該 $\frac{1}{4}$ 圓環 PQ 靜止於圖示的位置，重力加速度為 g。

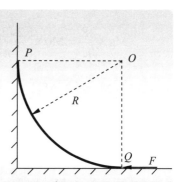

(1) 試求水平力 F 的大小。

(2) 若將水平力 F 突然移除，試求在水平力 F 移除瞬間，$\frac{1}{4}$ 圓環 PQ 的角加速度及 P、Q 兩點所受的反作用力。【102 地三】

解(1) 取圓環之 FBD

$$\circlearrowright \sum M_O = 0$$

$$F \times R - Mg \times \frac{2R}{\pi} = 0 \Rightarrow F = \frac{2Mg}{\pi}$$

(2)

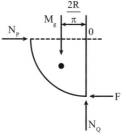

其中 $\overline{OG} = \dfrac{r \sin \dfrac{\pi}{4}}{\dfrac{\pi}{4}} = \dfrac{2\sqrt{2}R}{\pi}$

$$I_G = \left[MR^2 - M\left(\frac{2\sqrt{2}R}{\pi}\right)^2 \right] = MR^2 \left[1 - \frac{8}{\pi^2} \right]$$

$$\circlearrowright \sum M_O = \left(\sum M_O \right)_{\text{eff}}$$

$$Mg \times \frac{2R}{\pi} = M\alpha \times \left(\frac{2\sqrt{2}R}{\pi}\right)^2 + MR^2\left[1 - \frac{8}{\pi^2}\right]\alpha \Rightarrow \alpha = \frac{2g}{R\pi}$$

(3) $\sum M_G = \left(\sum M_G\right)_{eff}$

$$N_Q \times \frac{2R}{\pi} - N_P \times \frac{2R}{\pi} = MR^2\left[1 - \frac{8}{\pi^2}\right] \times \frac{2g}{R\pi}$$

$$N_Q - N_P = Mg\left[1 - \frac{8}{\pi^2}\right]$$

$$\xrightarrow{+}\sum F_x = ma_x$$

$$N_P = M \times \frac{2g}{R\pi} \times \frac{2\sqrt{2}R}{\pi} \times \frac{\sqrt{2}}{2} = \frac{M4g}{\pi^2}$$

$$故\ N_Q = Mg\left[1 - \frac{4}{\pi^2}\right]$$

22 一均質長方形板的靜止位置如圖一所示，若將其釋放使其對 O 點旋轉，試求其最大角速度。（假設在 O 點支承無摩擦力）【103 年鐵高員】

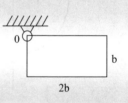

解

位置①   位置②

$V_{g1} = 0$ $V_{g2} = -mg \times \dfrac{b}{2}$

$T_1 = 0$ $T_2 = \dfrac{1}{2}I_o W^2$

由功能原理機械能守恆

$$\left[-mg\times\frac{b}{2}+\frac{1}{2}I_oW\right]_2-[0]_1=0$$

$$\Rightarrow\frac{1}{2}I_oW^2=mg\times\frac{b}{2}$$

$$\Rightarrow\frac{1}{2}\times\left[\frac{1}{3}m(b^2+(2b)^2)\right]W^2=mg\times0.618b$$

$$\Rightarrow\frac{5}{6}m_b^2W^2=mg\times\frac{b}{2}\Rightarrow w=0.861\sqrt{\frac{g}{b}}$$

23 如圖二所示，輪子質量 m=25kg，半徑 r=400mm，且
對輪子質心 G 之迴轉半徑為 k=300mm。已知輪子與
水平地面之靜摩擦係數 μ =0.25，動摩擦係數 μ
k=0.2。今於輪子上施加一力偶矩 M=50N.m，試求：

(1) 輪子之運動狀態。（純滾動？或滾動且滑動？）
(2) 輪子之角加速度。
(3) 輪子之水平加速度。【104 年高考三級】

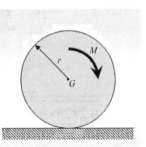

圖二

解 (1) 取輪子之 F、B、D 及有效力圖
　　　由牛頓第二定律，假設為純滾動

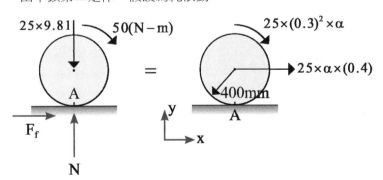

$$\stackrel{+}{\curvearrowright}\sum M_A = (\sum M_A)_{\text{eff}}$$

$$50 = 25 \times 0.3^2 \times \alpha + 25 \times \alpha \times 0.4^2$$

$$\Rightarrow \alpha = 8(^{\text{rad}}\!/_{\text{s}^2})$$

$$\stackrel{+}{\longrightarrow}\sum F_x = \text{max}$$

$F_f = 25 \times 8 \times 0.4 = 80(N) > F_s = 0.25 \times 25 \times 9.81 = 61.3125$，

故滾動＋滑動重取 F、B、D。

(2)

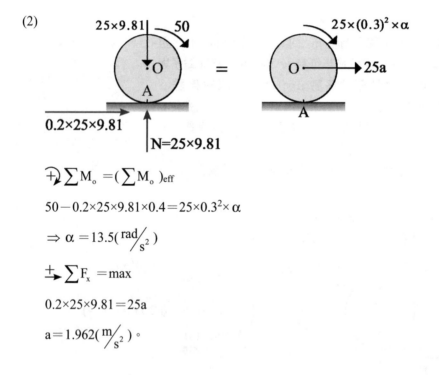

$$\stackrel{+}{\curvearrowright}\sum M_o = (\sum M_o)_{\text{eff}}$$

$$50 - 0.2 \times 25 \times 9.81 \times 0.4 = 25 \times 0.3^2 \times \alpha$$

$$\Rightarrow \alpha = 13.5(^{\text{rad}}\!/_{\text{s}^2})$$

$$\stackrel{+}{\longrightarrow}\sum F_x = \text{max}$$

$$0.2 \times 25 \times 9.81 = 25a$$

$$a = 1.962(^{\text{m}}\!/_{\text{s}^2})。$$

第十章 近年試題及解析

109 年 | 經濟部所屬新進職員

( )　**1.** 有關剛體之描述，下列何者有誤？
　　　(A)內部任兩點軌跡平行，視為剛體之平移運動
　　　(B)可同時做平移運動及旋轉運動
　　　(C)內部一點不動，其餘各點作圓周運動，視為剛體之定軸轉動
　　　(D)可視為具有質量但體積為零，只考慮其質量中心之運動。

( )　**2.** 如剛性物體遵從牛頓定律運動，下列敘述何者正確？
　　　(A)與另一物體存在作用力與反作用力，大小相等，方向相等
　　　(B)如所受合力不為零，此物體在合力作用方向上產生加速度
　　　(C)合力為 F，質量為 m，其物體加速度為 a=m/F
　　　(D)如所受合力為零，此物體保持靜止不動或沿直線方向作等加速度運動。

( )　**3.** 牛頓定律第一條「物體所受合力為零，靜者恆靜、動者恆動」，又稱為何種定律？　(A)萬有引力定律　(B)慣性定律　(C)虎克定律　(D)莫爾定律。

( )　**4.** 下列對於「力」的敘述，何者有誤？　(A)力量具有大小與方向性　(B)力量對物體產生平移效應　(C)力矩對物體產生旋轉效應　(D)力具有可傳性，作用點可沿力之作用線任意移動而不改其效應，且適用於非剛體。

( )　**5.** 下列對桁架結構之基本假設，何者有誤？　(A)各構件均為剛體且自重忽略不計，受力後不變形　(B)各構件均為直線桿件，支承為一節點，所有作用力均作用在節點上　(C)各構件之軸線均通過節點　(D)連接二構件之支承，應假設有摩擦力存在。

( ) **6.** 找出零力桿為解桁架系統重要步驟，
請問圖桁架中共有幾根零力桿？

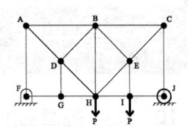

(A)4　　　　　　(B)5
(C)6　　　　　　(D)7。

( ) 7. 兩接觸物體間，下列何者的摩擦係數最小？　(A)靜摩擦係數　(B)動
摩擦係數　(C)滾動摩擦係數　(D)滑動摩擦係數。

( ) **8.** 下列對摩擦定律之敘述，何者正確？　(A)摩擦力與正向力大小成反比
關係　(B)摩擦力大小與接觸面粗糙程度無關，但與接觸面積大小有關
(C)摩擦力方向與主動運動物體方向相同　(D)當施予力量小於正向力
與摩擦係數乘積，物體靜止不動。

( ) **9.** 自由體圖為表現剛體系統外力情形之示意圖，下列支承型式與自由體
圖關係，何者有誤？

(A) 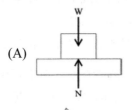　　　(B)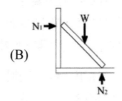

(C) 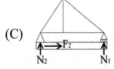　　　(D) 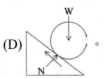 。

( ) **10.** 鋁質中空桿受載重，請計算圖桿件所受應力為何？

(A)1,350 psi
(B)2,750 psi
(C)5,710 psi
(D)11,420 psi。

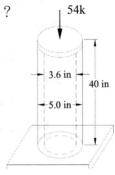

（　）**11.** 一剎車踏板之機構，以 P = 10 lb 之力量踩下剎車，請問前方活塞桿所
受壓應力為何？

(A)1,450 psi

(B)2,370 psi

(C)2,650 psi

(D)2,900 psi。

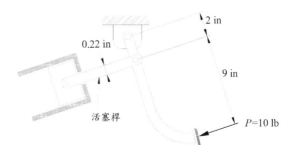

（　）**12.** 有一由 5 塊 5mm 厚鋼板以螺栓接合組成之構件，請問螺栓所受最大剪
應力為何？

(A)100 Mpa

(B)80 MPa

(C)63.7 Mpa

(D)47.1 MPa。

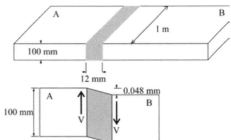

（　）**13.** 一彈性材料填充於二混凝土版間，受一剪力 V 作用下，二混凝土版產
生垂直位移，如圖，假設填充材之剪力彈性模數 G = 960 MPa，請問
可承受最大剪力為何？

(A)384 kN

(B)480 kN

(C)768 kN

(D)960 kN。

( ) **14.** 特殊設計之扭力扳手,含圓軸及方形鍵,各部位尺寸如圖所示,請推
導施加 P 荷重後方形鍵所受之平均剪應力公式為何?

(A)2PL/bc(d+b)

(B)4PL/bc(d+b)

(C)2PL/bc(2d+b)

(D)4PL/bc(2d+b)。

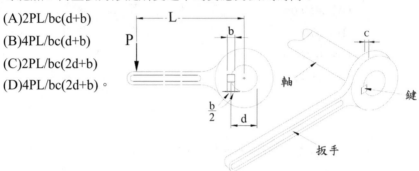

( ) **15.** 如圖所示,該鉗子 6 mm 插銷之極限剪應力為 320 MPa,安全係數
3.5,最大容許之施力 P 為何?

(A)1,590 N

(B)795 N

(C)640 N

(D)320 N。

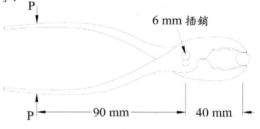

( ) **16.** 材料受力而變形,應力-應變曲
線如圖所示,請問該材料於下列
哪個時間點產生降伏?

(A)A

(B)B

(C)C

(D)D。

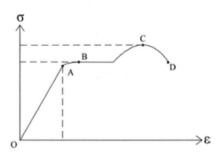

(　　) **17.** 桿件與梁構件組合如圖所示，BD 及 CE 桿件斷面尺寸分別為 1,020mm² 及 520mm²，桿件彈性模數 E=205GPa，梁構件 ABC 為剛體，如 A 點極限位移量為 1.0 mm，請計算最大容許 P 荷重為何？

(A)11.6 kN

(B)17.4 kN

(C)23.2 kN

(D)46.4 kN。

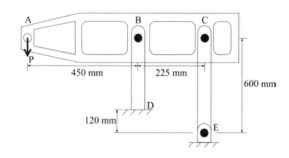

(　　) **18.** 一鋼柱裝入另一銅管內，上面覆蓋剛性平鈑進行荷重試驗，鋼柱斷面積 A_s、彈性模數 E_s，銅管斷面積 A_c、彈性模數 E_c，長度均為 L，如進行荷重施予 P 之力，請推導變形量公式為何？

(A) $PL / (E_s A_s + E_c A_c)$

(B) $2PL / (E_s A_s + E_c A_c)$

(C) $PL / (E_s + E_c) \times (A_s + A_c)$

(D) $PL / (E_s A_c + E_c A_s)$ 。

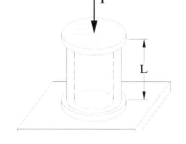

(　　) **19.** 塑膠桿件分成右左二端不同斷面組合，但各斷面長度相同，左端較大斷面內側被鑽入一直徑 d 之孔洞，如圖所示；材料彈性模數 E = 600 psi，施予 P = 25,000 lb 之力，如桿件最大容許變形為 0.3 in，請計算最大鑽孔直徑 d_{max} 為何？

(A)0.73 in

(B)1.09 in

(C)1.64 in

(D)2.18 in。

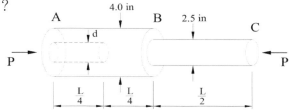

( ) **20.** 一人員重 50 kg，自水面上 60 m 進行高空彈跳，安全繩抗拉剛度 EA = 2.1 kN，跳下後須最接近水面上方 10 m 之高度，選用繩索長度為何？

(A)25.6 m

(B)36.6 m

(C)38.4 m

(D)54.9 m。

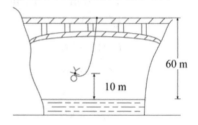

( ) **21.** 五支直徑為 0.4 in 之桿件組，共同承載荷重 P 之物件，假設材料降伏應力$\sigma\sigma yy$ = 36,000 psi，請計算桿件受力為何？

(A)9,500 lb

(B)14,250 lb

(C)19,000 lb

(D)28,000 lb。

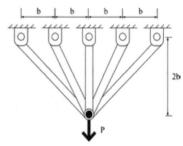

( ) **22.** 如圖所示，圓形桿件剪力彈性模數 G = 11.5×10⁶ psi，如施加扭力 T = 250 lb-ft，桿件二端扭轉角度為何？

(A)0.028°

(B)1.62°

(C)2.43°

(D)3.24°。

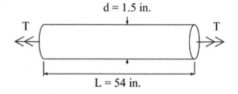

( ) **23.** 剛性之軸承如圖所示，假設剪力彈性模數 G = 80 GPa，請計算 B、D 兩點間之扭轉角度為何？

(A)0.0106°

(B)0.0216°

(C)0.31°

(D)0.61°。

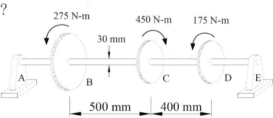

（　）24. 如圖所示，二端不同斷面且固定之桿件，中間 C 點承受一扭力，假設
二斷面之極慣性矩均為 J_P，剪力彈性模數為 G，試推導 C 點扭轉角度
之公式為何？

(A) $T_0 L_A d_B / GLJ_P$

(B) $T_0 L_A d_A L_B d_B / GLJ_P$

(C) $T_0 L_B d_A / GLJ_P$

(D) $T_0 L_A L_B / GLJ_P$。

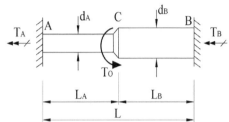

（　）25. 正六邊形且厚度為 t 之薄管如圖所示，各邊長度均為 b，假設受扭力 T
作用，試推導薄管所受剪應力之公式為何？

(A) $\sqrt{2}T / 9b^2 t$

(B) $\sqrt{3}T / 3b^2 t$

(C) $\sqrt{3}T / 6b^2 t$

(D) $\sqrt{3}T / 9b^2 t$。

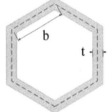

（　）26. 一懸臂梁承受均布載重 q，梁長 L，撓度剛性 EI，請問端點偏位為
何？　(A) $qL^4 / 8EI$　(B) $qL^3 / 8EI$　(C) $qL^3 / 4EI$　(D) $qL^4 / 4EI$。

（　）27. 集中荷重 P 施加於懸臂梁端點，梁長 L，撓度剛性 EI，請問端點處與
水平軸之角度為何？　(A) $PL^3 / 2EI$　(B) $PL^2 / 2EI$　(C) $PL^3 / 3EI$
(D) $PL^2 / 4EI$。

（　）28. 簡支梁受均布載重 q，梁長 L，撓度剛性 EI，請問支承二端與水平軸
之夾角為何？　(A) $qL^3 / 8EI$　(B) $qL^3 / 16EI$　(C) $qL^3 / 24EI$
(D) $qL^3 / 32EI$。

（　）29. 集中荷重 P 施加於簡支梁中央（與二端等距），梁長 L，撓度剛性
EI，請問最大變形量為何？　(A) $PL^4 / 48EI$　(B) $PL^3 / 48EI$
(C) $PL^2 / 48EI$　(D) $PL / 48EI$。

(　) **30.** 一鋼軸桿(G_s= 80 GPA)外套一黃銅套管(G_b = 40 GPA)，如圖所示，兩
材料緊密接合在一起，假設端點最大極限扭轉角為 8.0°，請問容許扭
力為何？

(A)8.57 kN·m

(B)12.95 kN·m

(C)14.17 kN·m

(D)17.14 kN·m。

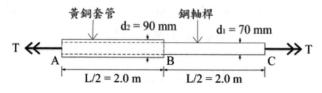

(　) **31.** 小飛機機翼在理想化巡弋狀況下，承受均布載重如圖所示，請計算機
翼內側剪力為何？

(A)-5.13 kN

(B)-5.59 kN

(C)-6.04 kN

(D)-6.95 kN。

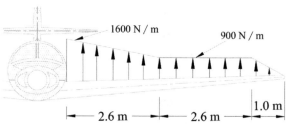

(　) **32.** 圖為含垂直臂之簡支梁構件，荷重 W 以纜
索經無摩擦滑輪 B 繫於垂直臂端點 E 上，
下列各項 C 點所受之作用力，何者正確？

(A)N_C = 18kN(壓)

(B)N_C = 18 kN(拉)

(C)V_C = 12kN

(D)M_C = 33.6 kN·m。

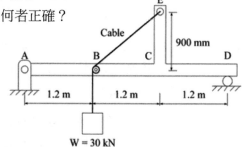

（　）**33.** 梁斷面承受逆時鐘之彎矩作用，彎矩對梁造成之壓應力或拉應力之關
係為何？

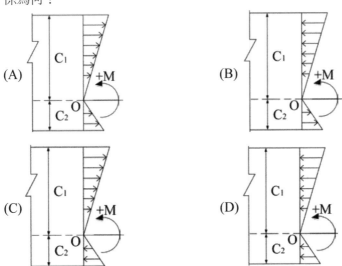

（　）**34.** 一簡易擋水設施，由水平木板(A)、垂直木角材(B)組成如圖，將其埋
入地面(可視為懸臂梁行為)，如材料容許彎曲應力為 8.0 MPa，請計算
角材尺寸至少應為何？

(A)20 cm

(B)25 cm

(C)30 cm

(D)35 cm。

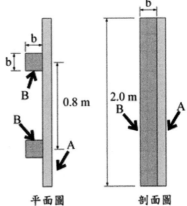

平面圖　　　剖面圖

( ) **35.** 如圖所示，水平外力施加於端部固定之垂直中空管，請問管件之最大剪應力為何？

(A)987 psi

(B)658 psi

(C)62.2 psi

(D)39.8 psi。

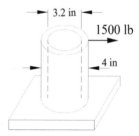

( ) **36.** 如圖所示，水平外力施加於端部固定之垂直實心桿，最大剪應力為658 psi，請問桿件之直徑 d_0 為何？

(A)1.31 in

(B)1.97 in

(C)3.20 in

(D)3.87 in。

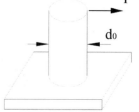

( ) **37.** 如圖所示，工型梁受垂直剪力，請問產生最大剪應力之位置為何？

(A)B   (B)O

(C)I   (D)T。

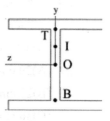

( ) **38.** 工字型梁承受一垂直剪力 V = 45 kN，斷面如圖所示，請計算最小剪應力為何？

(A)17.4 Mpa

(B)21.0 MPa

(C)34.8 Mpa

(D)42.0 MPa。

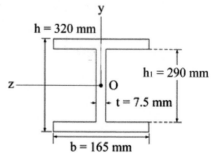

(　　) **39.** 主材料由木頭組成之箱型梁，頂、底部由二塊厚木板組成，左右二側為夾板，並以木頭螺絲與梁板拴固，如圖所示，假設斷面受一 V = 10.5 kN 之力作用，螺絲容許剪應力 F = 800 N，請計算螺絲最大允許間格為何？

(A)31.1 mm
(B)35.0 mm
(C)46.6 mm
(D)69.9 mm。

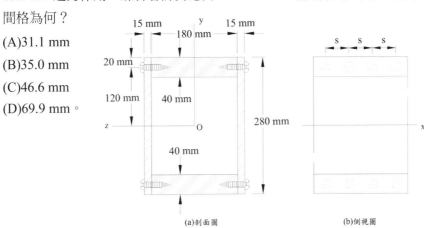

(a)剖面圖　　　　　　　(b)側視圖

(　　) **40.** 二結構體透過銲接接合，造成銲接破壞之拉力為 10 kN/cm，假設銲接要求安全係數為 2.5，請計算最大容許拉力為何？　(A)25 kN/m (B)25 kN/cm　(C)4 kN/m　(D)4 kN/cm。

(　　) **41.** 一壓力氣槽，由金屬半球體銲接組成，內徑 18 in，壁厚 0.25 in，如圖所示，假設銲接無瑕疵，金屬容許剪應力為 6,000 psi，請問最大容許壓力為何？

(A)666 psi
(B)777 psi
(C)888 psi
(D)999 psi。

銲道

( ) **42.** 筒狀壓力容器，組成方式由細長鋼鈑沿軸心方向以螺旋狀纏繞後沿邊緣銲接，如圖所示，鋼鈑彈性模數 E = 200 GPa，柏松比(Poisson's ratio)$v = 0.3$，容器壓力為 800 kPa，請計算經線方向ε_2應變為何？

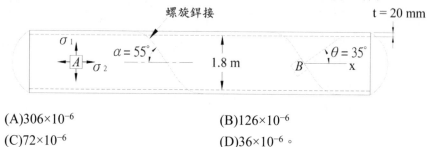

(A)$306×10^{-6}$ (B)$126×10^{-6}$
(C)$72×10^{-6}$ (D)$36×10^{-6}$。

( ) **43.** 壓力桿件在某一平衡位置受到微小的干擾力，轉變到其他平衡位置（永久變形）的過程為何？
(A)挫屈   (B)撓曲
(C)降伏   (D)位移。

( ) **44.** 柱結構偏位與受力關係曲線如圖，下列何者為有缺陷無彈性材料形成之曲線？

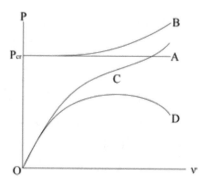

(A)A   (B)B
(C)C   (D)D。

( ) **45.** 尤拉(Euler)公式適用於柱結構之細長比 L/r 為何？
(A)均適用   (B)> 120
(C)< 90   (D)< 30。

( ) **46.** 依尤拉(Euler)長桿件公式 $P_{cr} = \pi^2 EI / L_e^2$ 中 L_e 表示壓桿件之有效長度，下列各圖桿件長度 L 均相等，請問何種支承型式有最大之有效長度？

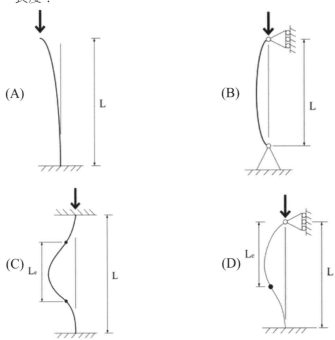

( ) **47.** 簡支端之細長桿構件(柱)，受一軸向力作用，桿件中點二側另有垂直於側向平面之支承頂住，桿件長度 L = 25 ft，材料彈性模數 E = 29×10³ ksi，安全係數 2.5，請計算容許軸力為何？(W8×28 斷面參數 I₁ = 98.0 in4, I₂ = 21.7 in⁴, A = 8.25 in²)

(A)166 kips
(B)125 kips
(C)110 kips
(D)62 kips。

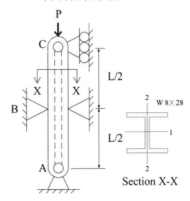

( ) **48.** 圖為簡支梁受二相同外力作用，外力與簡支梁二端之距離相等，下列彎矩圖何者正確？

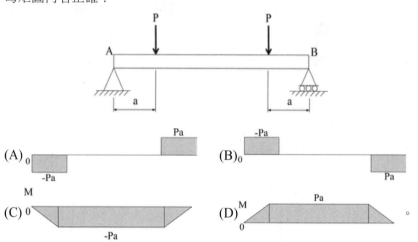

( ) **49.** 梁在負載荷重情形下，其剪力圖與彎矩圖之敘述，下列何者正確？
(A)集中負載下，剪力圖為轉點折線　(B)均布載重下，彎矩圖為二次拋物線　(C)彎矩負載下，剪力圖為垂直直線　(D)均變負載下，彎矩圖為 N 次曲線。

( ) **50.** 共軛梁法為計算梁受力的方法之一，下列實梁與其共軛梁之組合，何者有誤？

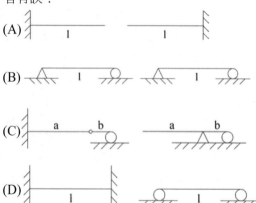

解答及解析

1. **(D)**。　剛體具有質量及體積。

2. **(B)**。　(A)作用力與反作用力→大小相同方向相反。(B)正確。
(C)F=ma ⇒ $a = \dfrac{F}{m}$。(D)沿直線方向作等速直線運動。

3. **(B)**。　慣性定律。

4. **(D)**。　力的可傳性適用於剛體。

5. **(D)**。　桁架之銷接點不可有摩擦力。

6. **(C)**。　FG、GD、GH、IH、IJ、BD
皆為 0 力桿。

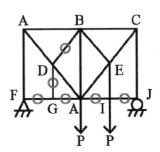

7. **(C)**。　滾動摩擦係數最小。

8. **(D)**。　(A)摩擦力與正向力成正比。(B)摩擦力與接觸面積無關。(C)方向相反。

9. **(#)**。　依公告，答案為(B)或(D)。

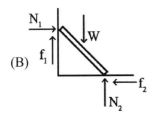 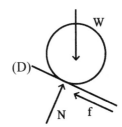

10. **(C)**。　$\sigma = \dfrac{54 \times 10^3}{\dfrac{\pi}{4} \times (5^2 - 3.6^2)} = 5710.54$

11. (A)。 $\sum M_0 = 0 \Rightarrow 10 \times 11 = F \times 2 \Rightarrow F = 55$

$$\sigma = \frac{55}{\frac{\pi}{4} \times 0.22^2} = 1446.86 (PSi)$$

12. (C)。 $\tau = \dfrac{1800}{\dfrac{\pi}{4} \times 6^2} = 66.67(MPa)$

$\tau = \dfrac{3000}{2 \times \dfrac{\pi}{4} \times 6^2} = 53.05(MPa)$，取 $66.67(MPa)$

13. (A)。 $r = \dfrac{0.048}{12} = 4 \times 10^{-3}$

$\tau = Gr = 3.84(MPa)$

$\tau = \dfrac{V}{100 \times 1000} \Rightarrow V = 384(kN)$

14. (D)。 $T = P \times L = F \times (\dfrac{d}{2} + \dfrac{b}{4})$

$F = \dfrac{PL}{(\dfrac{d}{2} + \dfrac{b}{4})} = \dfrac{4PL}{(b + 2d)}$

$\tau = \dfrac{F}{b \times c} = \dfrac{4PL}{bc(b + 2d)}$

15. (B)。 $P \times (90 + 40) = V \times 40 \Rightarrow V = \dfrac{130P}{40} = \dfrac{13P}{4}$

$\tau = \dfrac{320}{3.5} = \dfrac{V}{A} = \dfrac{\dfrac{13}{4}P}{\dfrac{\pi}{4} \times 6^2} \Rightarrow P = 795.4(N)$

16. (B)。 B 點為降伏點。

17. **(C)**。　(1) 內力分析

$$\Sigma M_C = 0$$

$$P \times (450 + 225) = F_B \times 225$$

$$F_B = 3P - F_C = 2P$$

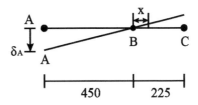

(2) 變形分析

$$\delta_B = \frac{F_B \times (480)}{205 \times 10^3 \times 1020} = 6.887 \times 10^{-6}P$$

$$\delta_C = \frac{F_C \times 600}{205 \times 10^3 \times 520} = 1.1257 \times 10^{-5}P$$

(1) 變形相合條件

$$\delta_B : \delta_C = x : 225 - x \Rightarrow 6.887 \times 10^{-6}P : 1.1257 \times 10^{-5}P = x : 225 - x$$

$$x = 85.4 \, (\text{mm})$$

$$\delta_B = 1 : 85.4 : (450 + 85.4) \Rightarrow P = 23160.58(N) = 23.2(kN)$$

18. **(A)**。　系統並聯

$$K_S = \frac{E_S A_S}{L}$$

$$K_C = \frac{E_C A_C}{L}$$

$$\delta = \frac{P}{K_S + K_C} = \frac{PL}{E_S A_S + E_C A_C}$$

19. **(#)**。　送分。

20. **(A)**。　$\delta = \delta_{st} + \sqrt{\delta_{st}^2 + 2\delta_{st} \times L}$

$$\delta_{st} = \frac{mg}{K} = \frac{mg}{\frac{EA}{L}} = \frac{50 \times 9.8 \times L}{2.1 \times 10^3} = 0.233L$$

$$\delta = 0.233L + \sqrt{(0.233\,L)^2 + 2 \times 0.233L^2}$$

$$L + \delta = 50 = 1.233L + \sqrt{(0.233\,L)^2 + 2 \times 0.233L^2}$$

$$\Rightarrow L = 25.6(m)$$

21. (C)。　$F_y = 36000 \times \dfrac{\pi}{4} \times 0.4^2 = 4523 \cdot 89$

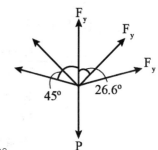

　　$P = F_y + 2F_y \times \cos 26.6° + 2F_y \times \cos 45°$

　　$= 19011.75(N)$

22. (B)。　$\phi = \dfrac{TL}{GJ} = \dfrac{250 \times 12 \times 54}{11.5 \times 10^6 \times \dfrac{\pi}{2} \times (\dfrac{15}{2})^4} = 0.0283(rad) = 1.62°$

23. (D)。　$\phi_{P/B} = \dfrac{275 \times 10^3 \times 500}{80 \times 10^3 \times \dfrac{\pi}{2} \times 15^4} + \dfrac{-175 \times 10^3 \times 400}{80 \times 10^3 \times \dfrac{\pi}{2} \times 15^4} = 0.0106(rad) = 0.61°$

24. (D)。　$\phi = \dfrac{-T_B \times L_B}{G \cdot J_p} + \dfrac{(T_0 - T_B)L_A}{G \cdot J_p} = 0$

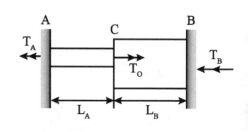

　　$T_B = \dfrac{L_A}{L_A + L_B} \times T_0$

　　$\phi_C = \dfrac{T_B L_B}{GJ_p} = \dfrac{T_0 L_A L_B}{LGJ_p}$

25. (D)。　$\tau = \dfrac{T}{2Amt} = \dfrac{T}{2 \times (b \times \dfrac{\sqrt{3}}{2}b) \times 3 \times t} = \dfrac{T}{3\sqrt{3}b^2 t} = \dfrac{\sqrt{3}T}{9b^2 t}$

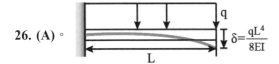

26. **(A)**。

27. **(B)**。　基本撓度公式

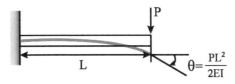

$$\theta = \frac{PL^2}{2EI}$$

28. **(C)**。

$$\theta = \frac{qL^3}{24EI}$$

29. **(B)**。

$$\delta = \frac{PL^3}{48EI}$$

30. **(A)**。　由剛度分配法(A–B 段)

$$G_s J_s = 80 \times \frac{\pi}{2} \times 35^4 \times 10^3 = 1.8857 \times 10^{11}$$

$$G_b J_b = 40 \times 10^3 \times \frac{\pi}{2} \times (45^4 - 35^4) = 1.6336 \times 10^{11}$$

$$T_s = \frac{1.8857T}{1.8857 + 1.6336} = 0.5358T$$

$$T_b = 0.464T$$

$$\phi = 8 \times \frac{\pi}{180} = \frac{T \times 2 \times 10^3 + 0.5358T \times 2 \times 10^3}{80 \times 10^3 \times \frac{\pi}{2} \times 35^4}$$

T=8572050(N−mm)=8.57(kN−m)

31. (C) 。

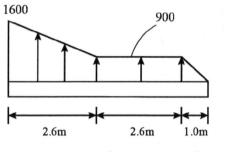

$$(900+1600) \times 2.6 \times \frac{1}{2} + 900 \times 2.6 + \frac{1}{2} \times 1 \times 900 = 6040(N)$$

$$\Rightarrow V=-6.04(kN)$$

32. (D) 。

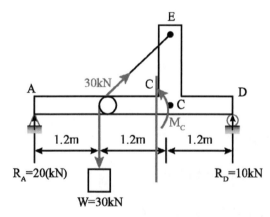

$\Sigma M_C=0$

$$20 \times 2.4 - 30 \times 1.2 + 30 \times \frac{3}{5} \times 1.2 - M_C = 0$$

$$\Rightarrow M_C=33.6(kN-m)$$

33. (B)。

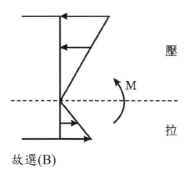

故選(B)

34. (A)。　水 r=9810(N/m³)

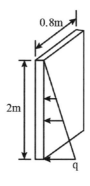

q=9810×2×0.8=15696(N/m)

$M=\dfrac{1}{2}\times2\times q\times\dfrac{1}{3}\times2=10464(N{-}m)$

$\sigma=8=\dfrac{my}{I}=\dfrac{10646\times400\times10^3}{\dfrac{1}{12}\times800\times b^3}$

b=199.9(mm)≒20(cm)

35. (B)。　$Q=\dfrac{\pi}{4}\times\dfrac{1}{2}\times(4^2)\times\dfrac{4\times2}{3\pi}-\dfrac{\pi}{8}\times(3.2)^2\times\dfrac{4\times1.6}{3\pi}=2.6$

$\tau=\dfrac{VQ}{Ib}=\dfrac{1500\times2.6}{\dfrac{\pi}{4}[2^4-1.6^4]\times0.8}=657(psi)$

36. (#)。　送分。

37. (B)。　中性軸位置會有最大剪應力，故選 O 點。

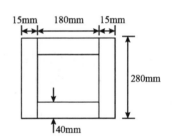

38. (A)。

$$I=\frac{1}{12}\times165\times320^3-\frac{1}{12}\times(165-7.5)\times290^3=130454375$$

$$\tau=\frac{45\times10^3\times15\times165\times152.5}{130454375\times7.5}=17.36\text{(MPa)}$$

39. (C)。　$I=\frac{1}{12}\times210\times280^3-\frac{1}{12}\times180\times200^3=264160000$

$$f=\frac{VQ}{I}=\frac{10.5\times10^3\times180\times40\times120\times\frac{1}{2}}{264160000}=\frac{800}{S}$$

$$\Rightarrow S=46.6\text{(mm)}$$

40. (D)。　$\dfrac{10}{2.5}=4\text{(kN/cm)}$

41. (A)。　$2\times6000=\dfrac{P\times18\times\frac{1}{2}}{2\times0.25}$

　　　　$P=666\text{(psi)}$

42. (D)。　$\sigma_2=\dfrac{0.8\times900}{2\times20}=18\text{(MPa)}$

　　　　$\sigma_1=36\text{(MPa)}$

$$\varepsilon_2=\frac{1}{E}=[\sigma_2-\upsilon\sigma_1]=\frac{1}{200\times10^3}[18-0.3\times36]=36\times10^{-6}$$

43. (A)。　壓力桿件變形⇒挫曲

44. (D)

45. (B)。　尤拉公式 $\dfrac{L}{r} > 120$

46. (A)。　(A)$L_e=2L$。(B)$L_e=L$。(C)$L_e=0.5L$。(D)$L_e=0.7L$

47. (C)。　$P_2=\dfrac{\pi^2EI}{L_e^{\,2}}=\dfrac{\pi^2\times29\times10^3\times10^3\times21.7}{(\dfrac{25\times12}{2})^2}=276041.87$

$P_1=\dfrac{\pi^2EI}{L_e^{\,2}}=\dfrac{\pi^2\times29\times10^6\times98}{(25\times12)^2}=311660.1745$

故 $P_{cr}=\dfrac{276041.87}{2.5}=110416.74\;\ell\,b=110.416\text{kips}$

48. (D)。

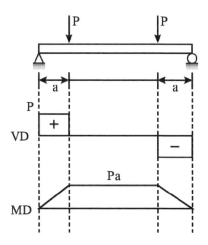

49. (B)。　(A)垂直線。(C)剪力圖無影響。(D)N+2 次曲線。

50. (D)。　固定端→自由端。

110年 經濟部所屬新進職員

( ) **1.** 下列何者為質量單位？　(A)N　(B)kg　(C)gal　(D)MPa。

( ) **2.** 下列有關二力桿件(Two-force member)之描述，何者有誤？　(A)僅受二力作用　(B)所受之力大小相等、方向相反　(C)桿件必為直線　(D)力作用於同一直線上。

( ) **3.** 一滑車如圖所示，彈簧彈力常數分別為 k_1、k_2、k_3，求其組合彈力常數？

(A)$k_1+k_2+k_3$　　(B)$k_1+\dfrac{k_2+k_3}{k_2 k_3}$

(C)$k_1+\dfrac{k_2 k_3}{k_2+k_3}$　　(D)$\dfrac{k_1 k_2 k_3}{k_2 k_3+k_1 k_3+k_1 k_2}$。

( ) **4.** 下列何者為非保守力(Nonconservative force)？　(A)彈簧力　(B)靜電力　(C)重力　(D)摩擦力

( ) **5.** 一質量 M 物體，距離地面高度 h 處自由落下，若以地面為零位面且不計空氣阻力，重力加速度為 g，當下降至 h/2 時，物體之總能量為何？
(A)Mgh　(B)$\dfrac{1}{2}Mgh$　(C)$\dfrac{1}{2}Mgh2$　(D)$\dfrac{1}{4}Mgh$。

( ) **6.** 一單擺長度 L 被懸掛在電梯之天花板上，假設電梯以加速度 a 向上加速，重力加速度為 g，此單擺之週期為何？
(A)$2\pi\sqrt{\dfrac{L}{g}}$　　(B)$2\pi\sqrt{\dfrac{L}{g+a}}$　　(C)$2\pi\sqrt{\dfrac{L}{a}}$　　(D)$2\pi\sqrt{\dfrac{L}{g-a}}$。

( ) **7.** 以初速 v_0，仰角 α 斜向拋射一物體，在物體達最大高度 H 時，物體水平方向之動量變化為何？
(A)不變　　　　　　　　　(B)增加
(C)減小　　　　　　　　　(D)隨時間不同。

（　）　**8.** 如圖所示，一懸臂梁受兩相等 F 力作用時，下列有關固定端垂直反力
及彎矩之描述，何者正確？ 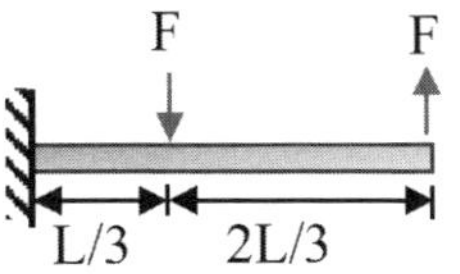
(A)垂直反力及彎矩均為零
(B)垂直反力及彎矩均不為零
(C)垂直反力不為零、彎矩為零
(D)垂直反力為零、彎矩不為零。

（　）　**9.** 一旋轉唱片盤，於經過 tt 秒所轉動之角度為 $\theta(t)=4t^3+2t^2-t$，求 t=2 秒
之角速度為何？　(A)38rad/s　(B)52rad/s　(C)55rad/s　(D)60rad/s。

（　）　**10.** 一單對稱 T 形斷面如圖所示，y_c 為其形心軸
位置，求對應其形心軸之慣性矩為何？ 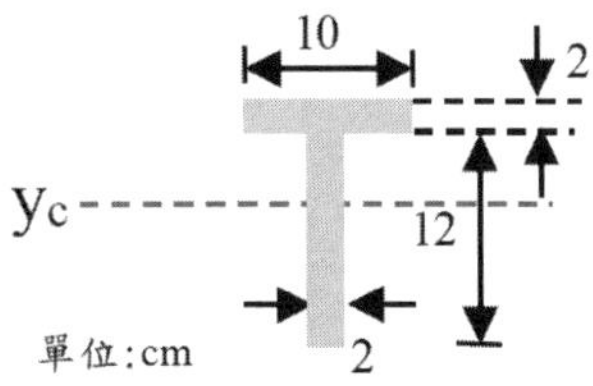
(A)457cm^4　　　　　(B)560cm^4
(C)829cm^4　　　　　(D)976cm^4。

（　）　**11.** 一質量 M 之質點運動，其動量為 P，則此質點之動能可表示為何？
(A)P/M　(B)P^2/M　(C)P/2M　(D)P^2/2M。

（　）　**12.** 如圖所示，一點受 P、Q 兩力作用，求其合力大小為何？ 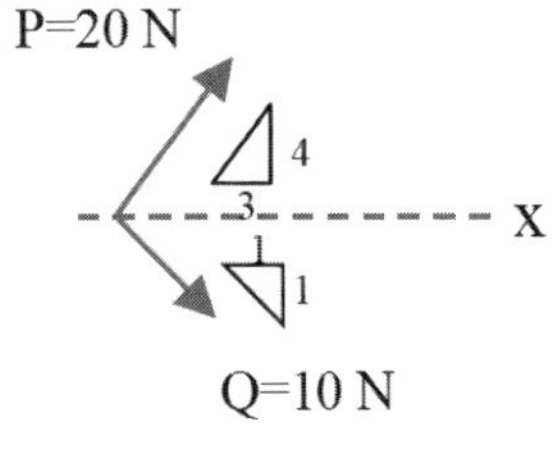
(A)18N
(B)20N
(C)21.06N
(D)29.93N。

（　）　**13.** 梁結構受力如圖所示，求梁內最大彎矩為何？ 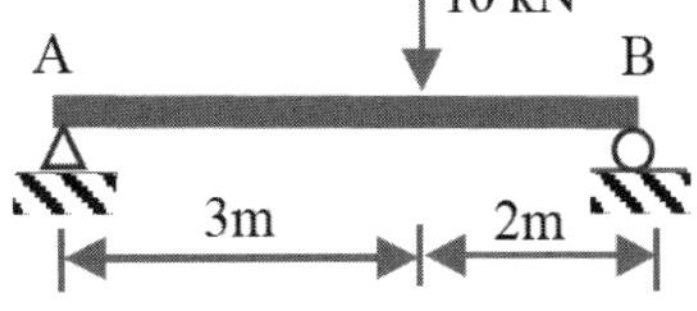
(A)12kN-m
(B)20kN-m
(C)30kN-m
(D)50kN-m。

( ) **14.** 下列有關摩擦力之描述，何者有誤？ (A)最大靜摩擦力與兩接觸面之正向力成正比 (B)摩擦力之大小與接觸面積無關 (C)摩擦力作用方向必與接觸面平行 (D)靜止狀態之物體不會受到摩擦力。

( ) **15.** 一靜止質點受一力量作用，其加速度 a(t)=1.5tm/s²，求 5 秒後該質點之速度為何？ (A)18.75m/s (B)9.375m/s (C)7.5m/s (D)3.75m/s。

( ) **16.** 一懸臂梁受三角形分佈載重為 w，如圖所示，其固定端之彎矩值為何？

(A)$\frac{2}{3}wL^2$ (B)$\frac{1}{2}wL^2$

(C)$\frac{1}{3}wL^2$ (D)$\frac{1}{4}wL^2$。

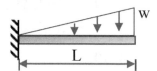

( ) **17.** 一木塊質量 5kg，置於光滑無摩擦力之水平面上，以 F=20N 之水平力推之，使其同水平力方向移動 50m，其所作之功為何？ (A)0J (B)200J (C)500J (D)1000J。

( ) **18.** 如圖所示，一木塊重量為 100N 與桌面之最大靜摩擦係數為 0.3，以繩懸吊一物體 W=20N，系統力平衡，求木塊所受之摩擦力為何？

(A)20N

(B)$20\sqrt{2}$ N

(C)30N

(D)$30\sqrt{2}$ N。

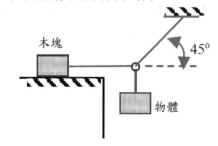

( ) **19.** 一質點位置對時間之關係曲線若為直線，此質點之運動方式為何？ (A)等加速度運動 (B)簡諧運動 (C)變速運動 (D)靜止或等速運動。

( ) **20.** 圖所示一斷面，其形心位置(x,y)之值為何？

(A)(6,1)

(B)(4.2,3.8)

(C)(3.8,4.2)

(D)(6,6.5)。

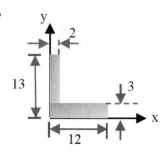

(　) **21.** 下列有關功(Work)之描述，何者有誤？　(A)非保守力作功時，力學能守恆　(B)作用力與位移垂直時不作功　(C)功只有大小沒有方向性　(D)功有正功與負功之分，正功可增加質點之動能，負功則會減少質點之動能。

(　) **22.** 一均勻細直桿之質量為 m，長度為 L，如細桿繞桿端點旋轉，其轉動慣量為何？　(A)$\frac{1}{2}mL^2$　(B)$\frac{1}{3}mL^2$　(C)$\frac{1}{4}mL^2$　(D)$\frac{1}{12}mL^2$。

(　) **23.** 有關桁架結構之描述，何者有誤？　(A)桿件內力承受壓力、拉力及彎矩　(B)各桿件自重忽略不計　(C)載重均作用於接點上　(D)各桿件之連接均為光滑銷接，無摩擦力存在。

(　) **24.** 一桁架結構受力如圖所示，桿件 GH 之軸向力為多少？
(A)$17\sqrt{2}$ kN(壓力)
(B)$17\sqrt{2}$ kN(拉力)
(C)17kN(壓力)
(D)17kN(拉力)。

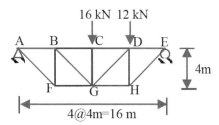

(　) **25.** 一剛架結構受力如圖所示，接點 C 之內彎矩為何？
(A)24kN-m
(B)48kN-m
(C)64kN-m
(D)112kN-m。

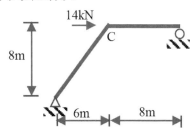

(　) **26.** 一正方形斷面之混凝土短柱，混凝土抗壓強度為 f'c=280kgf/cm²，若混凝土容許抗壓強度為 0.85f'c，承受軸向壓力 600tf，則此正方形斷面至少需要多少邊長？　(A)40cm　(B)46.3cm　(C)48.2cm　(D)50.2cm。

( ) **27.** 若某材料受力破壞瞬間可以展現出大永久變形量,則稱此材料為下列
何者?
(A)脆性材料 　　　　　　　　(B)延展性材料
(C)彈性材料 　　　　　　　　(D)等向性材料。

( ) **28.** 如圖所示,一等斷面懸臂梁,長度為 150cm,斷面為 30cm×60cm,承
受一集中力 P=180tf,若不計梁自重,則梁內最大剪應力為何?
(A)100kgf/cm²
(B)120kgf/cm²
(C)150kgf/cm²
(D)200kgf/cm²。

( ) **29.** 材料存在初始應力,經過一段時間後,應變不與時改變,內部應力卻
隨時間變小之現象稱為下列何者? 　(A)鬆弛 　(B)潛變 　(C)疲勞 　(D)
降伏。

( ) **30.** 如圖所示,一等斷面懸臂梁,長度為 250cm,斷面直徑為 10cm,梁中
間承受一集中力 P=785kgf,若不計梁自重,梁內最大剪應力約為多少?
(A)10kgf/cm²
(B)12kgf/cm²
(C)13.3kgf/cm²
(D)15kgf/cm²。

( ) **31.** 一斷面受彎矩作用達全斷面降伏,即張力區與壓力區應力均達降伏強
度,此時斷面彎矩稱為下列何者? 　(A)降伏彎矩 　(B)塑性彎矩 　(C)
彈性彎矩 　(D)脆性彎矩。

( ) **32.** 一平面應力元素如圖所示,求最大剪應力之值為何?
(A)100Mpa
(B)160Mpa
(C)200Mpa
(D)210MPa。

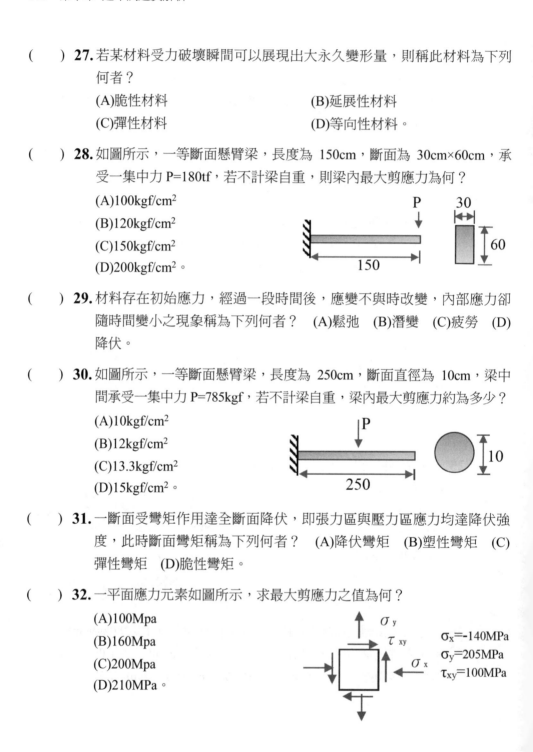

σ_x=-140MPa
σ_y=205MPa
τ_{xy}=100MPa

（　）33.細而長之壓力桿件，受足夠大之軸壓力作用下，產生側向位移而無法
維持穩定之現象稱為下列何者？
(A)挫屈　　　　　　　　　　(B)降伏
(C)斷裂　　　　　　　　　　(D)平衡。

（　）34.G 為剪力模數，E 為彈性模數，ν 為柏松比(Poisson'sRatio)，對於等向
性材料，三者並非獨立而有一關係式，此關係式為下列何者？
(A)$G = \dfrac{E}{1+\nu}$　(B)$G = \dfrac{E}{3(1-2\nu)}$　(C)$G = \dfrac{\nu}{2(1+E)}$　(D)$G = \dfrac{E}{2(1+\nu)}$。

（　）35.如圖所示，一無質量剛性柱頂端受 P 力作用，柱側向有一水平彈簧作
用，其勁度為 k，求系統之臨界挫屈荷重 Pcr 為何？
(A)$\dfrac{3}{2}kL$

(B)$\dfrac{4}{3}kL$

(C)$\dfrac{2}{3}kL$

(D)$\dfrac{1}{3}kL$。

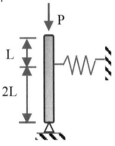

（　）36.如圖所示，桿件由一固定端懸垂下來，彈性模數為 E，單位重為 γ，斷
面積為 A，桿件長度為 L，桿件受自重作用伸長，如欲以外力 P 抵消
自重伸長之效應，請問外力 P 需施加多少？
(A)$\dfrac{\gamma L}{2E}$　　　(B)$\dfrac{\gamma LA}{2}$

(C)$\dfrac{\gamma LA}{4}$　　　(D)$\dfrac{\gamma L}{2EA}$。

（　）37.一均質懸臂梁承受均佈載重為 w，懸臂梁長度為 L，斷面剛度均為
EI，如自由端撓角為 θ，若將梁長度增為 1.5L，則自由端撓角變為下
列何者？　(A)1.5θ　(B)2.25θ　(C)3.375θ　(D)5.0625θ。

( )　**38.** 如圖所示，懸臂梁 C 點受一集中力 P 作用，求 B 點之變位為何？

(A)$\dfrac{5PL^3}{6EI}$　　(B)$\dfrac{2PL^3}{3EI}$

(C)$\dfrac{8PL^3}{3EI}$　　(D)$\dfrac{5PL^3}{12EI}$ 。

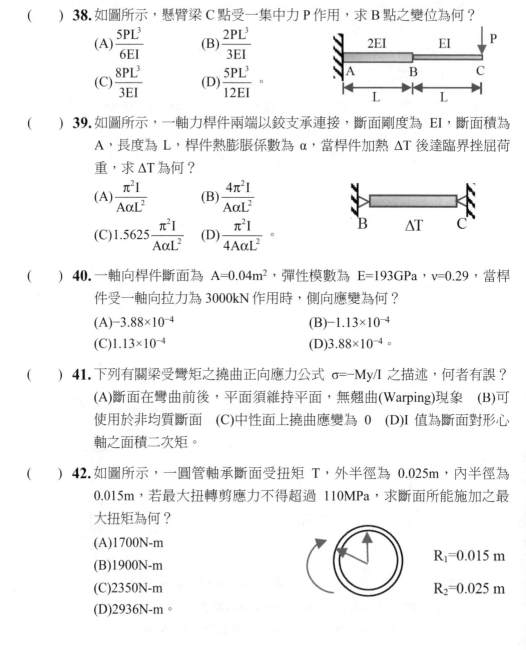

( )　**39.** 如圖所示，一軸力桿件兩端以鉸支承連接，斷面剛度為 EI，斷面積為 A，長度為 L，桿件熱膨脹係數為 α，當桿件加熱 ΔT 後達臨界挫屈荷重，求 ΔT 為何？

(A)$\dfrac{\pi^2 I}{A\alpha L^2}$　　(B)$\dfrac{4\pi^2 I}{A\alpha L^2}$

(C)$1.5625\dfrac{\pi^2 I}{A\alpha L^2}$　　(D)$\dfrac{\pi^2 I}{4A\alpha L^2}$ 。

( )　**40.** 一軸向桿件斷面為 A=0.04m²，彈性模數為 E=193GPa，ν=0.29，當桿件受一軸向拉力為 3000kN 作用時，側向應變為何？

(A)−3.88×10⁻⁴　　　　　　(B)−1.13×10⁻⁴

(C)1.13×10⁻⁴　　　　　　(D)3.88×10⁻⁴。

( )　**41.** 下列有關梁受彎矩之撓曲正向應力公式 σ=−My/I 之描述，何者有誤？(A)斷面在彎曲前後，平面須維持平面，無翹曲(Warping)現象　(B)可使用於非均質斷面　(C)中性面上撓曲應變為 0　(D)I 值為斷面對形心軸之面積二次矩。

( )　**42.** 如圖所示，一圓管軸承斷面受扭矩 T，外半徑為 0.025m，內半徑為 0.015m，若最大扭轉剪應力不得超過 110MPa，求斷面所能施加之最大扭矩為何？

(A)1700N-m

(B)1900N-m

(C)2350N-m

(D)2936N-m。

(　) **43.** 如圖所示，以 45°應變規瓣測量構件表面某點之應變，得到各應變計讀數為 $\varepsilon_A=530\times10^{-6}$，$\varepsilon_B=420\times10^{-6}$，$\varepsilon_C=-80\times10^{-6}$，求其最大剪應變為何？

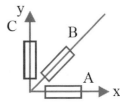

(A)-137×10^{-6}

(B)390×10^{-6}

(C)587×10^{-6}

(D)724×10^{-6}。

(　) **44.** 如圖所示，一長度為 L 之簡支梁承受均佈載重為 w，梁兩端承受大小相等、方向相反之彎矩為 M，若斷面剛度 EI 為定值，其梁中點之撓度為何？

(A)$\dfrac{5wL^4}{384EI}+\dfrac{ML^2}{8EI}$

(B)$\dfrac{5wL^4}{384EI}-\dfrac{ML^2}{8EI}$

(C)$\dfrac{wL^3}{24EI}+\dfrac{ML^2}{8EI}$

(D)$\dfrac{5wL^4}{384EI}+\dfrac{ML^2}{3EI}$。

(　) **45.** 如圖所示，梁結構之靜不定度為何？

(A)0　　　　　　(B)1

(C)2　　　　　　(D)3。

(　) **46.** 如圖所示，一方形箱型梁受剪力 V=28kip，厚度為 1in，邊長為 12in，求其最大剪應力 τ_{max} 為何？

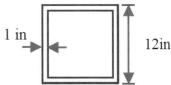

(A)0.71ksi

(B)1.32ksi

(C)1.42ksi

(D)2.84ksi。

（　）**47.** 下列有關軸力桿件「串聯」、「並聯」之描述，何者有誤？　(A)外力作用在兩桿並聯之節點上，兩桿有相同之變位　(B)串聯之總勁度為兩桿勁度相加　(C)兩桿串聯，兩桿之變形量可以不同　(D)兩桿串聯，兩桿具有相同內力。

（　）**48.** 圓形斷面之直徑為 d，此斷面對圓心之極慣性矩為何？　(A)$\dfrac{\pi d^4}{64}$ (B)$\dfrac{\pi d^4}{32}$ (C)$\dfrac{\pi d^2}{64}$ (D)$\dfrac{\pi d^2}{32}$。

（　）**49.** 一懸臂支撐外伸梁如圖所示，求 B 點支承反力為何？
(A)20kN　　　　(B)40kN
(C)60kN　　　　(D)80kN。

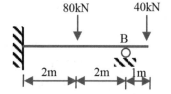

（　）**50.** 下列何者不影響柱之臨界挫屈荷重 Pcr？　(A)柏松比　(B)斷面慣性矩　(C)彈性模數　(D)柱之有效長度。

解答及解析

1. (B)。 kg 為質量單位

2. (C)。 二力桿件只有二端點受力，桿件不一定為直線

3. (C)。 k_2 與 k_3 串聯後再與 k_1 並聯

$$\frac{1}{k'}=\frac{1}{k_2}+\frac{1}{k_3}=\frac{k_2+k_3}{k_2\cdot k_3}$$

$$\Rightarrow k'=\frac{k_2\cdot k_3}{k_2+k_3}$$

等效 $k=k_1+k'=k_1+\dfrac{k_2\cdot k_3}{k_2+k_3}$

4. (D)。 保守力：彈簧、重力、靜電力

5. (A)。 機械能守恆⇒物體在任何位置之總能量均相同

E=Mgh

6. (B)。 由牛頓第二運動定律

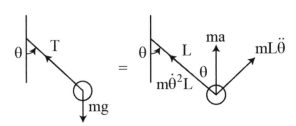

$-mg\sin\theta = mL\ddot{\theta} + ma\sin\theta$

θ非常小

$\Rightarrow m(g+a)\theta + mL\ddot{\theta} = 0$

$W_n = \sqrt{\dfrac{(g+a)}{L}}$

$W_n T = 2\pi \Rightarrow T = \dfrac{2\pi}{W_n} = 2\pi\sqrt{\dfrac{L}{(g+a)}}$

7. (A)。 水平方向等速故動量變化不變

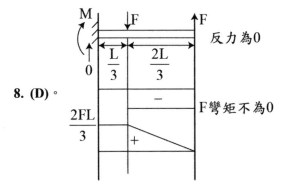

8. (D)。

9. (C)。 $\theta=4t^3+2t^2-t$

$\dot{\theta}=12t^2+4t-1$

t=2 代入

$\dot{\theta}=55(\text{rad/s})$

10. (C)。 $2\times10\times13+2\times12\times6=[(2\times10)+(2\times12)]y_C$

$\Rightarrow y_C=9.18$

$I_C=\dfrac{1}{3}\times2\times9.18^3+\dfrac{1}{3}\times10\times4.82^3-\dfrac{1}{3}\times8\times2.82^3$

$=829.21(\text{cm}^4)$

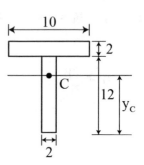

11. (D)。 P=MV

$T=\dfrac{1}{2}MV^2=\dfrac{P^2}{2M}$

12. (C)。 $\Sigma F_x=20\times\dfrac{3}{5}+10\times\dfrac{\sqrt{2}}{2}=19$

$\Sigma F_y=20\times\dfrac{4}{5}-10\times\dfrac{\sqrt{2}}{2}=8.93$

$\Sigma F=\sqrt{19^2+8.93^2}=21(\text{N})$

13. (A)。

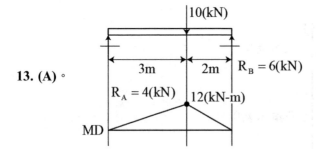

14. (D)。 靜平衡狀態物體仍會受摩擦力

15. (A)。 $V=\int_0^5 1.5tdt=\dfrac{1.5}{2}\times5^2=18.75(m/s)$

16. (C)。 $M=\dfrac{1}{2}\times wL\times\dfrac{2}{3}L=\dfrac{1}{3}wL^2$

17. (D)。 $W=20\times50=1000(J)$

18. (A)。

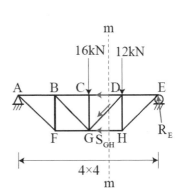

$f=T_1=20(N)$

19. (D)。

20. (B)。 $2\times13\times\dfrac{13}{2}+3\times12\times\dfrac{3}{2}=[2\times13+3\times12]y$

$\Rightarrow y=3.6$

21. (A)。 非保守力作功時，力學能不守恆

22. (B)。 $I=\dfrac{1}{3}mL^2$

23. (A)。 桁架內不會產生彎矩

24. (D)。 $\Sigma M_A=0\Rightarrow R_E\times16=16\times8+12\times12$

$\Rightarrow R_E=17(kN)$

$\Sigma M_D=0\Rightarrow S_{GH}\times4=17\times4\Rightarrow S_{GH}=17(kN)$

25. (C)。 $\Sigma M_A=0 \Rightarrow R_B \times 14 = 14 \times 8 \Rightarrow R_B=8$

$\Sigma M_C=0$

$M_C = 14 \times 8 - 8 \times 6 = 64$

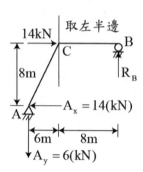

26. (D)。 $0.85 \times 280 = \dfrac{600 \times 10^3}{L^2} \Rightarrow L=50.2(\text{cm})$

27. (B)。 延展性材料可以在破壞瞬間展現大永久變形

28. (C)。 $\tau = \dfrac{3}{2} \times \dfrac{V}{A} = \dfrac{3}{2} \times \dfrac{180 \times 10^3}{30 \times 60} = 150(\text{kgf/cm}^2)$

29. (A)。 材料存在一內應力，內部應力隨時間變小稱之為鬆弛

30. (C)。 $\tau = \dfrac{4V}{3A} = \dfrac{4}{3} \times \dfrac{785}{\dfrac{\pi}{4} \times 10^2} = 13.3(\text{kgf/cm}^2)$

31. (B)。 使材料受彎矩作用達到斷面全面降伏之彎矩稱之為全面降伏

32. (C)。 $\tau_{max} = \sqrt{(\dfrac{\sigma_x - \sigma_y}{2})^2 + \tau_{xy}{}^2}$

$= \sqrt{(\dfrac{-140-205}{2})^2 + 100^2}$

$= 200(\text{MPa})$

33. (A)。 細長桿受壓力後產生側向位移稱之為挫屈

34. (D)。 $G = \dfrac{E}{2(1+\nu)}$

35. (B)。 $\forall_P = P \times 3L \times \sin\theta$

$\forall_k = \dfrac{1}{2} \times (2L \times \theta)^2 \times k$

$\forall = 3PL + \dfrac{1}{2} k \times (2L\theta)^2$

$\dfrac{d\forall}{d\theta} = 0 = -3P\sin\theta + k(2L\theta) \cdot 2L$

$\Rightarrow P = \dfrac{4kL}{3}$

36. (B)。 x=L 時

$N(x) = P - \gamma Ax$

$\delta = \int_0^L \dfrac{N(x)dx}{EA} = 0$

$\Rightarrow PL - \dfrac{\gamma AL^2}{2} = 0$

$\Rightarrow P = \dfrac{\gamma LA}{2}$

37. (C)。 $\theta = \dfrac{WL^3}{6EI}$

$\theta' = \dfrac{W(1.5L)^3}{6EI} = 3.375\theta$

38. (D)。 $\delta_B = \dfrac{PL^3}{3(2EI)} + \dfrac{(PL)L^2}{2(2EI)} = \dfrac{5PL^3}{12EI}$

39. (A)。 $P_{cr}=\dfrac{\pi^2 EI}{L^2}$

$\delta=0=\delta_T+\delta_P=\alpha\Delta T\cdot L-\dfrac{P_{cr}L}{E_A}$

$\Rightarrow P_{cr}=\alpha\Delta TEA=\dfrac{\pi^2 EI}{L^2}$

$\Delta T=\dfrac{\pi^2 I}{\alpha AL^2}$

40. (B)。 $\sigma=\dfrac{3000\times10^3}{0.04\times10^6}=75(MPa)$

$\varepsilon_{側}=-\nu\dfrac{\sigma}{E}=-0.29\times\dfrac{75}{193\times10^3}=-1.13\times10^{-4}$

41. (B)。 $\sigma=\dfrac{My}{I}$ 不可用於非均質斷面

42. (C)。 $110=\dfrac{T\times25}{\dfrac{\pi}{2}\times[25^4-15^2]}\Rightarrow T=2350\times10^3(N\text{-}mm)=2350(N\text{-}m)$

43. (D)。 $\sigma_{xy}=2\times\varepsilon_B-(\varepsilon_A+\varepsilon_C)$

$=2\times420\mu-(530\mu-80\mu)=390(\mu)$

$\dfrac{\sigma_{max}}{2}=[\sqrt{\dfrac{530-(-80)}{2}+(\dfrac{390}{2})^2}]\mu$

$\Rightarrow\sigma_{max}=724\mu$

44. (A)。 $\delta=\dfrac{5wL^4}{384EI}+2\times\dfrac{ML^2}{16EI}$

45. (B)。 靜不定度=3-2=1

46. (C)。 $\tau = \dfrac{VQ}{Ib} = \dfrac{28 \times 10^3 \times [12 \times 6 \times \frac{6}{2} - 10 \times 5 \times \frac{5}{2}]}{[\frac{1}{12} \times 12 \times 12^3 - \frac{1}{12} \times 10 \times 10^3] \times 2}$

$= 1424(\text{psi}) = 1.42\text{ksi}$

47. (B)。 串聯為總柔度相加

48. (B)。 $J = \dfrac{\pi}{2} r^4 = \dfrac{\pi d^4}{32}$

49. (D)。 $\delta_B = \dfrac{80 \times 2^3}{3EI} + \dfrac{80 \times 2^2}{2EI} \times 2 + \dfrac{(40 - R_B) \times 4^3}{3EI} + \dfrac{40 \times 4^2}{2EI} = 0$

$\Rightarrow R_B = 80(\text{kN})$

50. (A)。 $P_{cr} = \dfrac{\pi^2 EI}{Le}$

柏松比不影響 P_{cr}

110年 │ 關務三等

一、如圖所示的輪子承受一扭矩 M=50N·m。假設帶狀剎車（Band Brake）和輪子邊緣（Rim）之間的動摩擦係數（Coefficient of Kinetic Friction）為0.3，試求要讓輪子停下所必須施加在槓桿（Lever）上最小的水平力 P。

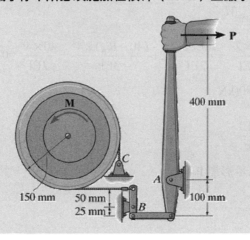

解 （一）取鼓輪之 F.B.D

$$\frac{F_1}{F_2}=e^{0.3\times\frac{\pi}{180}\times270}=4.11 \text{—(1)}$$

$(F_1-F_2)\times0.15=50 \text{—(2)}$

由(1)(2)

$F_1=440.51(N)$，$F_2=107.18(N)$

（二）取 B 桿之 F.B.D

$\Rightarrow F_3\times25=107.18\times50$

$\Rightarrow F_3=214.36(N)$

(三) 取 A 桿之 F.B.D

P×400=214.36×100

⇒P=53.59(N)

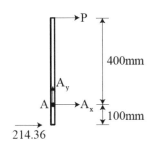

二、如圖所示為一長度為 L 之均質細長桿以一垂直速度 $\vec{v_1}$ 且無角速度撞擊一光滑的水平面時，細長桿與鉛直方向的夾角為 β。若假設撞擊為塑性撞擊（Perfectly Plastic Impact），請推導細長桿在撞擊之後的瞬間之角速度。圖中之 G 點為細長桿之質心。

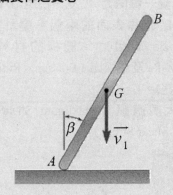

解 由動量衝量原理

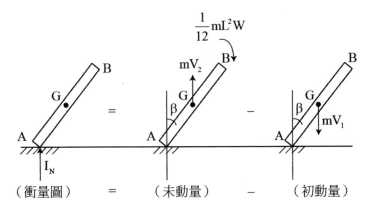

對 A 點取角動量⇒角動量守恆

$$0=[\frac{1}{12}mL^2W-mv_2\times\frac{L}{2}\sin\beta]_2-[mv_1\times\frac{L}{2}\sin\beta]\ldots\ldots(1)$$

$$e=0=-\frac{V_2+W\times\frac{L}{2}\sin\beta}{-V_1-0}\ldots\ldots(2)$$

由(1)(2)

$$W=\frac{6V_1\times L\sin\beta}{(1+3\sin^2\beta)\times L^2}=\frac{6V_1\sin\beta}{(1+3\sin^2\beta)L}$$

三、如圖所示的一承受一軸向力 P 及一扭矩 T 的實心圓桿，圓桿直徑為 d=32mm。安裝於圓桿表面的兩個應變計 A 及 B 的讀數分別為 $\varepsilon_A=140\times10^{-6}$ 及 $\varepsilon_B=-60\times10^{-6}$。圓桿的材料為楊氏模數（Young's Modulus）E=210GPa 及波松比（Poisson's Ratio）v=0.29 的鋼。試求：

(一) 軸向力 P 及扭矩 T。

(二) 圓桿之最大剪應變（Maximum Shear Strain）及最大剪應力（Maximum Shear Stress）。

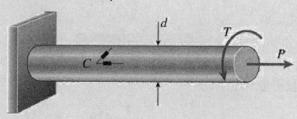

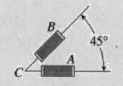

解　(一) $\varepsilon_A=140\times10^{-6}=\varepsilon_x$

$\varepsilon_y=-v\varepsilon_x=-40.6\mu$

$$E\varepsilon_x=\sigma_x\Rightarrow210\times10^3\times140\times10^{-6}=\dfrac{P}{\dfrac{\pi}{4}\times32^2}\Rightarrow P=23644.88(N)$$

由應變轉換公式

$$\varepsilon_B=\dfrac{\varepsilon_x+\varepsilon_y}{2}+\dfrac{\varepsilon_x-\varepsilon_y}{2}\cos(-45°\times2)+\gamma_{xy}\sin(-45°\times2)$$

$$\Rightarrow-60\mu=\dfrac{140\mu-40.6\mu}{2}+\dfrac{140\mu+40.6\mu}{2}\cos(-90°)+\dfrac{\gamma_{xy}}{2}\sin(-90°)$$

$$\gamma_{xy}=219.4\mu$$

$$G=\dfrac{E}{2(1+\nu)}=\dfrac{210}{(2)(1+0.29)}=81.4(GPa)$$

$$\tau_{xy}=G\gamma_{xy}=81.4\times10^3\times219.4\times10^{-6}=17.86(MPa)$$

$$17.86=\dfrac{16T}{\pi d^3}=\dfrac{16T}{\pi\times32^3}\Rightarrow T=114910.91(N\text{-}mm)=114.91(N\text{-}m)$$

(二.) $\dfrac{\gamma_{max}}{2}=\sqrt{(\dfrac{\varepsilon_x-\varepsilon_y}{2})^2+(\dfrac{\gamma_{xy}}{2})^2}\Rightarrow\gamma_{max}=284.18\mu$

$$\tau_{max}=\gamma_{max}\times G=23.13(MPa)$$

四、如圖所示之簡支樑的斷面為一實心圓柱。若圓柱可容許的彎曲應力為 167MPa 且可容許的剪應力為 97MPa。

(一) 畫出樑之剪力圖及彎矩圖。

(二) 試求樑可安全承載時的最小圓柱直徑。

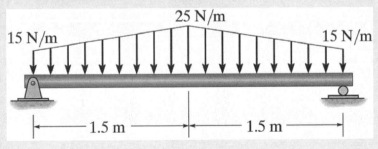

解 (一) 先求支承反力

$$R_A = 1.5 \times 15 + \frac{1}{2} \times 1.5 \times 10 = 30(N) = R_B$$

取 AC 之 F.B.D

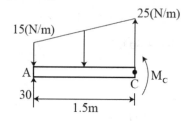

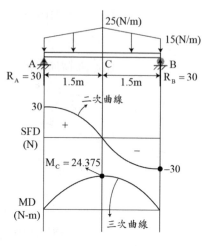

$$\Sigma M_A = 0$$

$$M_C = 15 \times 15 \times \frac{1.5}{2} + \frac{1}{2} \times 1.5 \times 10 \times \frac{2 \times 1.5}{3}$$

$$= 24.375(N\text{-}m)$$

(二) 應力分析

$$\sigma = \frac{My}{I} \Rightarrow 167 = \frac{24.375 \times 10^3 \times \dfrac{d}{2}}{\dfrac{\pi}{4} \times (\dfrac{d}{2})^4}$$

$$\Rightarrow d = 11.41(mm)$$

一、如圖所示,一吊桿由梁 AB 與桿件 BC 構成,兩者於 B 處銷接(pin connected),末端 A 與 C 固定於剛性牆之銷支撐(pin support)。梁的截面為 b(寬)×h(高)之矩形。梁 AB 的中點吊掛 6kN 重物,其承受組合荷載(combined loading)且結構自重不計。請回答下列問題:

(一) 繪製梁 AB 的自由體圖,計算支撐點 A 的反力及桿件 BC 的軸力。

(二) 繪製梁 AB 的剪力分布圖及彎矩分布圖,並且計算吊掛重物處的剪力及彎矩。

(三) 梁 AB 吊掛重物處截面承受的最大壓應力、最大橫向剪應力及各別位置。

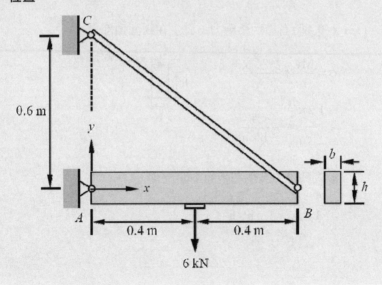

解 （一）（二）取樑 AB 之 F.B.D

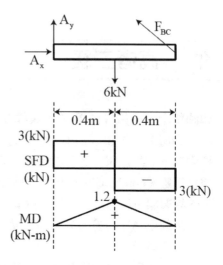

$\Sigma M_A = 0$

$6 \times 0.4 = F_x \times \dfrac{3}{5} \times 0.8 \Rightarrow F_{BC} = 5$

$\Sigma F_y = 0 \Rightarrow A_y = 3(kN)$

$\Sigma F_x = 0 \Rightarrow A_x = 4(kN)$

$R_A = \sqrt{3^2 + 4^2} = 5$

（三）x=0.4 時有最大壓應力⇒發生在斷面頂部

$$\sigma = \dfrac{My}{I} + \dfrac{F_{BC} \times \dfrac{4}{5}}{A}$$

$$= \dfrac{1.2 \times \dfrac{h}{2}}{\dfrac{1}{12} \times bh^3} + \dfrac{4}{b \times h}$$

最大剪應力發生在斷面中間位置

$$\tau = \dfrac{4}{3} \times \dfrac{V}{A} = \dfrac{4}{3} \times \dfrac{3}{b \times h}$$

二、如圖所示，末端固定於剛性牆的兩支等長圓柱構件 AB 及 BC，構件連結處 B 設有法蘭（flanges），兩者中心線對準。由於安裝誤差，兩法蘭的螺栓孔角度相差 θ。組裝時施予扭轉荷載，將其對準栓接後，移除施加的荷載。兩圓柱構件具有相同的剪力模數（shear modulus）G，面積極慣性矩（polar moment of inertia of area）分別為 $3I_0$ 及 I_0。試問兩圓柱構件組裝後的殘留扭矩 T 及法蘭的扭轉角（angle of twist）φ。

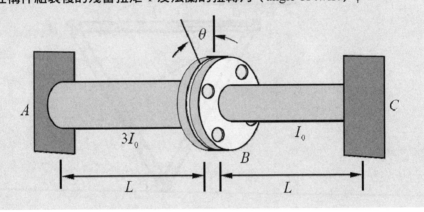

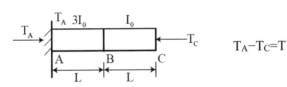

$$T_A - T_C = T$$

$$\frac{TL}{GI_0} + \frac{T_L}{G(3I_0)} = \theta \Rightarrow \frac{3\theta GI_0}{14L}$$

$$\phi_{BC} = \frac{T_C L}{GI_0} = \frac{3}{4}\theta$$

$$\phi_{BC} = \frac{T_A L}{G(3I_0)} = \frac{1}{4}\theta$$

三、如圖所示，一個正三角鐵平面與鉛垂面平行，頂點 A 懸掛於天花板上的銷支撐（pin support）。三角鐵總質量為 m，邊長為 L，頂點 A 與質心 G 之連線的水平傾角為 θ。將正三角鐵於 θ=30°處由靜止下釋放，繞頂點 A 旋轉。重力加速度以符號 g 表示。請回答下列問題：

(一) 正三角鐵相對 A 點的轉動慣量（moment of inertia of mass）值。

(二) 當 θ=90°時，銷支撐 A 施予三角鐵的水平力及鉛垂力是多少？

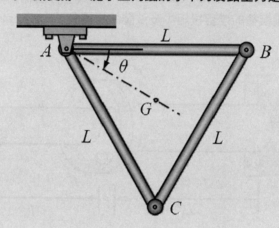

（解）（一）

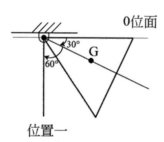

位置一

位置二

$I_A = \frac{1}{3} mL^2 \times 2 + \frac{1}{12} mL^2 + m \times (\frac{\sqrt{3}}{2} L)^2$

$= \frac{3}{2} mL^2$

位置一

$T_1 = 0$

$\forall g_1 = 300g \times [\frac{2}{3} \times \frac{\sqrt{3}}{2} L] \times \sin 30° = -0.886 mgL$

位置二

$\forall g_2 = -3mg \times [\frac{2}{3} \times \frac{\sqrt{3}}{2} L] = -1.731 mgL$

$T_2 = \frac{1}{2} \times (\frac{3}{2} mL^2) W^2 = \frac{3}{4} mL^2 W^2$

(二) 由功能原理

$$-0.886mLg=-1.731mgL\times\frac{3}{4}\,mL^2W^2$$

$$\Rightarrow W^2=1.152\frac{g}{L}$$

由牛頓第二運動定律

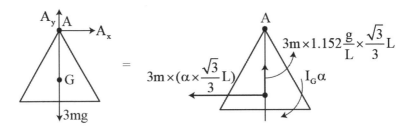

$\Sigma M_A=(\Sigma M_A)_{eff}\Rightarrow 0=I_A\alpha\Rightarrow\alpha=0$

$\Sigma F_x=ma_x\Rightarrow A_x=0$

$\Sigma F_y=ma_y\Rightarrow A_y-3mg=3m\times1.152\frac{g}{L}\times\frac{\sqrt{3}}{3}\,L$

$A_y=5mg\Rightarrow\because$ 總質量 m $\Rightarrow A_y=\frac{5}{3}\,mg$

四、 如圖所示，一個均質半圓柱靜置於水平地面，質量為 m，半徑為 r。已知半圓柱的質心 G 與圓心 O 距離 $\overline{y}=4r/(3\pi)$，相對圓心 O 的轉動慣量（moment of inertia of mass）為 $I_O=mr^2/2$，重力加速度以符號 g 表示。施一傾斜力 P 於 B 點，使半圓柱開始轉動而不滑動（roll without sliding）。請回答下列問題：

(一) 繪製半圓柱於初始瞬間的自由體圖及動力圖（kinetic diagram）。

(二) 半圓柱於初始瞬間的角加速度 α？

(三) 半圓柱與地面至少需要的最大靜摩擦係數？

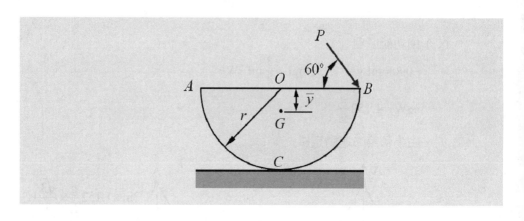

解 (一)

$$\frac{1}{2}mr^2=I_G+m[\frac{4r}{3\pi}]^2\Rightarrow I_G=0.32mr^2$$

(二) $\Sigma M_C=(\Sigma M_C)$eff

$$P\cos60°×r+P\sin60°×r=[0.32mr^2+m×(1-\frac{4r}{3\pi})^2]\alpha=0.6513mr^2\alpha$$

$$\alpha=2.1\frac{P}{mr}$$

(三) $\Sigma F_y=ma_y\Rightarrow N_C=mg+P\sin60°$

$$\Sigma F_x=ma_x\Rightarrow f+P\cos60°=m×(2.1\frac{P}{mr})×0.5756r$$

$$F=0.71P=\mu×[mg+P\sin60°]$$

$$\Rightarrow\mu=\frac{0.71P}{mg+P\sin60°}$$

111 年 | 經濟部所屬新進職員

( ) **1.** 有關材料的力學性質，下列敘述何者有誤？ (A)常溫狀態下，材料降伏後至破壞前還能承受大量應變的材料，稱為延性材料 (B)常溫狀態下，材料破壞前未能產生大量應變的材料，稱為脆性材料 (C)若由不同方向對材料施力，各方向的受力行為皆相同者，稱為等向性材料 (D)線彈性材料若加載產生變形，卸載後無法回復原來的形狀。

( ) **2.** 一均質彈性材料桿件，其斷面積為 A，慣性矩為 I，極慣性矩為 J，若其楊氏模數為 E，剪力模數為 G，試問下列何者與該桿件之剛度(Rigidity)無關？ (A)GI (B)EA (C)GJ (D)EI。

( ) **3.** 如圖所示，一承受軸向力之桿件，其斷面為鋼與鋁組成之方形斷面，A 端固定，B 端自由並覆蓋一片剛性板施以軸向力 P，若鋼的彈性模數為 210GPa，鋁的彈性模數為 70GPa，當 P=20kN 時，鋼與鋁分擔之軸力值之比值(P鋼/P鋁)為何？

(A)1.0
(B)3.0
(C)6.0
(D)9.0。

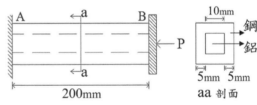

( ) **4.** 如圖所示之軸力系統，彈性模數 $E=1.6\times10^4 kgf/cm^2$，AC 段剖面積 $A1=200cm^2$，CD 段剖面積 $A2=100cm^2$，求 C 點的水平變位為何？

(A)0.00625cm(←)
(B)0.01875cm(←)
(C)0.0125cm(→)
(D)0.03125cm(→)。

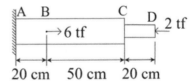

（　）　**5.** 有一正方形平面，每邊長為 2a，試求其對底邊軸之迴轉半徑為何？

(A)$\frac{\sqrt{3}}{3}a$　　　　(B)$\frac{\sqrt{3}}{2}a$　　　　(C)$\frac{2\sqrt{3}}{3}a$　　　　(D)$\sqrt{3}a$。

（　）　**6.** 如圖所示之 T 型梁斷面，梁承受垂直剪力 V=40kN，則梁上最大垂直剪應力發生在距梁上翼緣頂端何處之位置？

(A)21cm

(B)22cm

(C)24cm

(D)26cm。

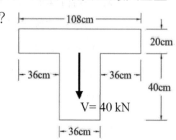

（　）　**7.** 如圖所示，一簡支梁係由 A、B 兩種材料緊密結合，已知材料 A 彈性模數 E_A=70GPa，材料 B 彈性模數 E_B=210GPa，試求該斷面的最大彎曲應力值為何？

(A)273.6Mpa

(B)364.8Mpa

(C)475.2Mpa

(D)521.3MPa。

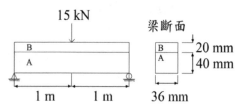

（　）　**8.** 如圖所示，柱 1 之彎曲剛度為 EI、長度為 L1；柱 2 之彎曲剛度為 2EI、長度為 L2，當柱 1 和柱 2 具有極為相近的臨界挫屈荷重 P_{cr}，試求 L2/L1 之比值為何？

(A)0.495

(B)0.571

(C)0.836

(D)1。

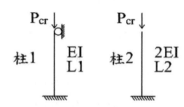

（　）　**9.** 一中空圓軸，其外徑為 20cm，承受一扭矩後，其內壁產生之剪應力為 200kg/cm²，且外壁產生之剪應力為 500kg/cm²，試求其內徑為多少？

(A)4cm　(B)8cm　(C)12cm　(D)16cm。

( )　**10.** 如圖所示，一均質線彈性之等剖面直桿，兩端固定，彈性模數為 E，熱膨脹係數為 α，剖面積為 A，長度為 L，假設桿件溫度均勻上升 ΔT，試求端點 a 之反力為何？

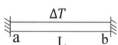

(A)$E\alpha(\Delta T)$　　　　(B)$E\alpha(\Delta T)L$
(C)$EA\alpha(\Delta T)$　　　(D)$EA\alpha(\Delta T)L$。

( )　**11.** 如圖所示，邊長 a=400mm，b=300mm，c=200mm 之長方體，楊氏模數 E=200GPa，蒲松比(Poisson's ratio)為 v=0.3，承受 σ_x=-40MPa，σ_y=-60MPa 以及 σ_z=-20MPa 之三軸向應力，分別作用在 x，y 及 z 面上，則 y 軸邊長縮減量為何？

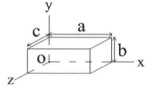

(A)0.054mm
(B)0.063mm
(C)0.076mm
(D)0.085mm。

( )　**12.** 一彈性均質桿件長 1m，斷面積為 10cm²，已知當承受 150kN 軸向拉力，其伸長量為 0.8mm，假設該材料之蒲松比(Poisson's ratio)為 0.25，則其剪力模數(Shear modulus)之理論值為何？

(A)50Gpa　　　　　　　(B)62.5Gpa
(C)75Gpa　　　　　　　(D)150GPa。

( )　**13.** 如圖所示，一懸臂梁結構，AC 及 CD 具有相同之慣性矩 I 及楊氏模數 E，試求在圖示之外力 P 作用下，D 點的水平位移為何？

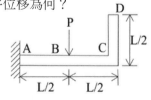

(A)$\dfrac{PL^3}{16EI}$　　　(B)$\dfrac{PL^3}{12EI}$

(C)$\dfrac{5PL^3}{48EI}$　　　(D)$\dfrac{PL^3}{8EI}$。

( )　**14.** 如圖所示之梁結構，彎曲剛度 EI 為常數，試求 B 點的支承反力為何？

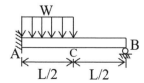

(A)$\dfrac{5WL}{384}$　　　(B)$\dfrac{7WL}{384}$

(C)$\dfrac{5WL}{192}$　　　(D)$\dfrac{7WL}{128}$。

（　）**15.**如圖所示之平面應力元素，試求該點的最大剪應力值為何？

(A)34.5Mpa

(B)36.1Mpa

(C)37.6Mpa

(D)39.3MPa。

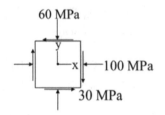

（　）**16.**如圖所示，一均質等剖面構件，彎曲剛度為 EI，長度為 L，A 端固定，B 端為定向支承，試求其臨界挫屈荷重為何？

(A)$\dfrac{4\pi^2 EI}{L^2}$　　(B)$\dfrac{\pi^2 EI}{L^2}$

(C)$\dfrac{\pi^2 EI}{2L^2}$　　(D)$\dfrac{\pi^2 EI}{4L^2}$ 。

（　）**17.**如圖所示之梁結構，D 點處為鉸接，試求 B 點處之彎矩大小為何？

(A)64kN-m

(B)72kN-m

(C)80kN-m

(D)96kN-m。

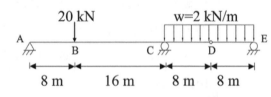

（　）**18.**如圖所示一桁架系統，A 端為鉸支承，D 端為滾支承，試問桁架中的零力桿件共有幾支？

(A)0　　　(B)1

(C)2　　　(D)3。

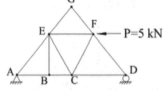

（　）**19.**一簡支梁長度為 L，彎曲剛度為 EI，梁中點承受一向下荷重 P，試求梁之彎矩應變能為何？

(A)$\dfrac{P^2 L^3}{24EI}$　　(B)$\dfrac{P^2 L^3}{48EI}$

(C)$\dfrac{P^2 L^3}{96EI}$　　(D)$\dfrac{P^2 L^3}{192EI}$ 。

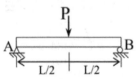

(　) **20.** 如圖所示，簡支梁承受三角形垂直向下荷重，試求最大彎矩在距離 A 點多遠處？

(A)4.6m 　　　　(B)4.8m

(C)5.0m 　　　　(D)5.2m。

(　) **21.** 如圖所示，試求該斜線斷面對 y 軸的慣性矩 I_y 為何？

(A)$80.5 \times 10^6 mm^4$

(B)$80.5 \times 10^6 mm^4$

(C)$94.8 \times 10^6 mm^4$

(D)$98.5 \times 10^6 mm^4$

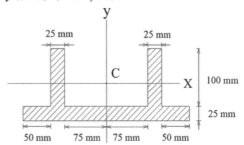

(　) **22.** 有關斷面剪力中心之敘述，下列何者有誤？　(A)當作用力不通過剪力中心，斷面將產生額外的扭力　(B)剪力中心不一定在斷面上　(C)剪力中心的位置與斷面之幾何形狀有關　(D)T 型斷面之剪力中心位於斷面形心處。

(　) **23.** 如圖所示，一圓管剖面，已知圓管厚度為 t，圓管厚度中心到圓管中心之半徑為 r，則該圓管的斷面極慣性矩為何？

(A)$\dfrac{\pi rt}{2}\left(r^2 + 4t^2\right)$ 　 (B)$\dfrac{\pi rt}{2}\left(r^2 + 2t^2\right)$

(C)$\dfrac{\pi rt}{2}\left(4r^2 + t^2\right)$ 　 (D)$\dfrac{\pi rt}{2}\left(4r^2 + 2t^2\right)$。

(　) **24.** 如圖所示，一梁具有上下不對稱的 I 型剖面，承受一作用於 Z 軸的彎矩，試求當梁上緣的應力與下緣的應力比為 5：3 時，所對應的上梁翼版寬度 b 約為何？

(A)238mm

(B)245mm

(C)253mm

(D)265mm。

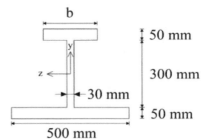

( ) **25.** 如圖所示之滑輪系統,若物體 A 以 6m/s 的速度向上運動,試求物體 B 的速度為何?

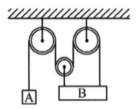

(A)1.5m/s(↓)　　　(B)2m/s(↓)
(C)2.5m/s(↓)　　　(D)3m/s(↓)。

( ) **26.** 一均質彈性材料之圓形斷面梁的最大容許承受剪力為 V,若將圓形斷面變更為相同斷面積之矩形斷面,則所能容許承受的最大剪力為何?

(A)$\dfrac{8}{9}$V　　　(B)$\dfrac{9}{8}$V　　　(C)$\dfrac{3}{2}$V　　　(D)$\dfrac{4}{3}$V。

( ) **27.** 下列敘述何者有誤?

(A)線動量為物體質量與其速度之乘積

(B)角動量為物體之轉動慣量與角速度之乘積

(C)物體所受衝量之大小等於動量的變化量

(D)一運動體其質量為 m,動量為 P,則動能可表示為 $\dfrac{P^2}{m}$。

( ) **28.** 如圖所示,一線彈性材料實心圓桿,直徑 50mm,進行扭力試驗,當扭矩 T=500N-m 時,應變計讀數 ε_a=339×10⁻⁶,試求此材料的剪力模數(Shear modulus)值最接近下列何者?

(A)30Gpa
(B)35Gpa
(C)45Gpa
(D)60GPa。

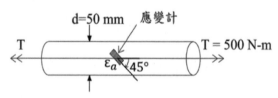

( ) **29.** 如圖所示,一淺基礎受到上方柱荷重 P 與彎矩 M_A、M_B 作用,試求基礎底部之最大正向應力值為何?

(A)36kPa
(B)48kPa
(C)60kPa
(D)72kPa。

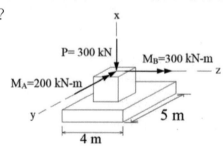

(　) **30.** 如圖所示，A、B 兩端固定，桿件軸向剛度為 EA，試求在圖之受力情況下，B 端的支承反力 R_B 為何？

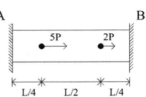

(A) $\dfrac{9}{4}P$　　　(B) $\dfrac{11}{4}P$

(C) $\dfrac{13}{4}P$　　　(D) $\dfrac{17}{4}P$。

(　) **31.** 如圖所示，一實心扭力桿件，具有圓形剖面，AB 段的扭轉剛度為 GJ_1，BC 段的扭轉剛度為 GJ_2，試求整體桿件勁度為何？

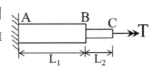

(A) $\dfrac{T}{G}\left(\dfrac{J_1 L_2 + J_2 L_1}{J_1 J_2}\right)$　　　(B) $\dfrac{1}{G}\left(\dfrac{J_1 L_2 + J_2 L_1}{J_1 + J_2}\right)$

(C) $\dfrac{GJ_1 J_2}{J_1 L_2 + J_2 L_1}$　　　(D) $\dfrac{J_1 L_2 + J_2 L_1}{GJ_1 J_2}$。

(　) **32.** 如圖所示之構架 ABC，A、C 端為鉸支承，B 點為鉸接，試求 A 點的垂直支承反力為何？

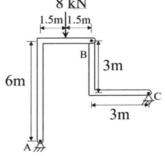

(A) $\dfrac{25}{6}$ kN　　　(B) $\dfrac{16}{3}$ kN

(C) $\dfrac{25}{4}$ kN　　　(D) $\dfrac{20}{3}$ kN。

(　) **33.** 如圖所示之 1/4 圓，半徑為 4cm，斜線面積之曲線邊界為 1/4 圓周，斜線面積的形心座標為 (x_c, y_c)，則 $x_c + y_c$ 之值為何？

(A)4.368　　　(B)4.526

(C)4.672　　　(D)4.816。

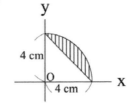

( ) **34.** 如圖所示，一左右對稱的繩索結構承受均佈載重 $W_0=15N/m$，試求其最大繩索拉力最接近下列何值？

(A)843.75N

(B)956.25N

(C)1024.62N

(D)1080.24N。

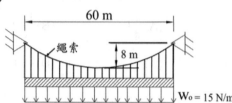

( ) **35.** 如圖所示，一桁架系統，A 端為鉸支承，H 端為滾支承，試求桁架中 HI 桿件之軸力為何？

(A)16kN(拉力)

(B)16kN(壓力)

(C)20kN(拉力)

(D)20kN(壓力)。

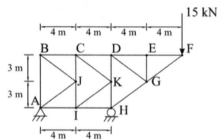

( ) **36.** 如圖所示之梁結構，A 端為鉸支承，E 為一無摩擦滑輪，W=200N，試求滑輪上繩索之張力為何？

(A)168.2N

(B)176.5N

(C)185.4N

(D)192.3N。

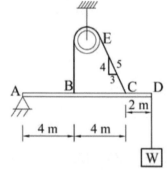

( ) **37.** 如圖所示，一懸臂梁承受圖示之分布力作用，試求固定端之彎矩大小為何？

(A)1.125kN-m

(B)1.175kN-m

(C)1.25kN-m

(D)1.5kN-m。

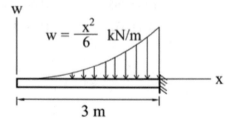

（　）**38.** 如圖所示，三力平衡，已知 F1 及 F2 皆不得超過 100N，試求垂直向下力 W 之最大值最接近下列何者？

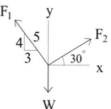

(A)115N

(B)130N

(C)145N

(D)175N。

（　）**39.** 一平面物體受如圖所示之力作用，作用力對 E 點造成的合力矩為 M_E；作用力對 B 點造成的合力矩為 M_B，則下列敘述何者正確？

(A)$M_E > M_B$

(B)$M_E < M_B$

(C)$M_E = M_B$

(D)M_E=20kN-m(逆時針)。

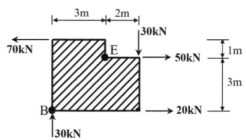

（　）**40.** 如圖所示，A 物體的質量為 3kg，B 物體的質量為 5kg，兩者堆疊在光滑的水平面上，A 物體與 B 物體間的靜摩擦係數 μ_s＝0.5。此時對 B 物體施以 F 的推力，若 A 物體與 B 物體間無相對運動，則 F 的最大推力為何(假設重力加速度 g 為 9.8m/s²)？

(A)26.8N　　　　(B)35.1N

(C)39.2N　　　　(D)45.3N。

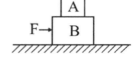

（　）**41.** 如圖所示，桿件 AB 於牆角滑動，若 B 點速度為 3m/s 向右，試求此時桿件 AB 之角速度大小為何？

(A)0.3rad/s

(B)0.375rad/s

(C)0.5rad/s

(D)0.625rad/s。

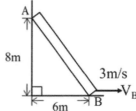

( ) **42.** 下列敘述何者有誤？　(A)力的三要素是大小、方向、作用點　(B)力的可傳性是指力可平移至平行的直線　(C)兩物體之間的作用力與反作用力必大小相同，方向相反，作用線共線　(D)若一物體為剛體，受力後物體內任兩點間的距離恆保持不變。

( ) **43.** 一長度 L 之均勻簡支梁，於梁中點施加一逆時針彎矩 M_o，有關該點(彎矩作用點)之敘述，下列何者正確？　(A)剪力為零　(B)位移為零　(C)彎矩不連續　(D)轉角不連續。

( ) **44.** 如圖所示，一滑輪系統，物體 A 之質量為 100kg，物體 B 之質量為 20kg，當物體 A 從靜止狀態釋放，若不計滑輪及繩索之重量以及兩者間的摩擦力，試求物體 B 在 2 秒時的速度為何？

(A)11.5m/s(↑)
(B)13.1m/s(↑)
(C)14.6m/s(↑)
(D)16.2m/s(↑)。

( ) **45.** 如圖所示，物體 A 以 20m/s 的速度垂直於斜面拋出，試求物體 A 掉落於斜面上時，R 值之距離約為多少(若不計空氣阻力，且假設重力加速度 g 為 9.8m/s²)？

(A)67.5m
(B)70.5m
(C)73.5m
(D)76.5m。

( ) **46.** 如圖所示，一質量 20kg 之細桿，O 點為鉸支承，A 端被纜繩所懸吊支持，若該纜繩突然斷裂，試求細桿之角加速度值為何(假設重力加速度 g 為 9.8m/s²)？

(A)4.9rad/s²　　(B)7.4rad/s²
(C)9.8rad/s²　　(D)14.7rad/s²。

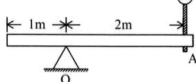

（　）**47.** 如圖所示，質量為 3kg 之物體 A 置於一平面上，受圖示之外力作用，已知物體與平面間之動摩擦係數 μ_k 為 0.2，若物體從靜止開始啟動，當速率達到 10m/s 時，試求其於水平方向之移動距離為何(假設重力加速度 g 為 9.8m/s²)？

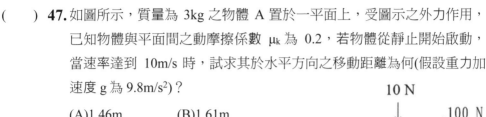

(A)1.46m　　　(B)1.61m
(C)1.74m　　　(D)1.83m。

（　）**48.** 如圖所示，A、B 兩球在一光滑地表面上，兩球大小相等，質量不相同，並以不同速度正面撞擊，若兩球間之恢復係數 e 為 0.5，試求兩球碰撞後 B 球之速度為何？

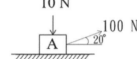

(A)0m/s　　　　(B)1m/s(←)
(C)2m/s(→)　　(D)2.5m/s(→)。

（　）**49.** 一子彈質量為 20g，以 Vb=800m/s 速度射入光滑平面上的靜止木塊 (300g)後嵌入其中，試求木塊向右移動多少距離後停止(假設子彈射入木塊前，彈簧無變形)？

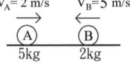

(A)2.45m　　　(B)2.64m
(C)2.83m　　　(D)3m。

（　）**50.** 有一質量為 m 之汽車在水平的圓周跑道上行駛，其輪胎與地面之靜摩擦係數為 μ，且重力加速度為 g，若車子在不產生側滑情況下之最大速度為 V，試求此跑道之圓周半徑為何？

(A)$\dfrac{V}{\mu g}$　　　　(B)$\dfrac{V^2}{\mu g}$　　　　(C)$\dfrac{2V^2}{\mu g}$　　　　(D)$\dfrac{\sqrt{2V^2}}{\mu g}$。

解答及解析

1. (D)。 線彈性材料卸載後，可恢復原來形狀

2. (A)。 (B)EA：軸向負載之剛度

(C)GJ：扭力負載之剛度

(D)EI：彎矩負載之剛度

3. (D)。 $K_S = E_S A_S = 210 \times [20 \times 20 - 10 \times 10] = 63000$

$K_A = E_A A_A = 70 \times 10 \times 10 = 7000$

$\dfrac{K_S}{K_A} = \dfrac{63000}{7000} = 9$

4. (A)。 $\delta_C = \dfrac{4 \times 10^3 \times 20}{1.6 \times 10^4 \times 200} - \dfrac{2 \times 10^3 \times 50}{1.6 \times 10^4 \times 200} = -0.00625 \text{(cm)}$

$\therefore \delta_C = 0.00625 \text{(cm)}$

5. (C)。 $I = \dfrac{1}{3} \times (2a)^4 = (2a)^2 \times K^2$

$K = \dfrac{2\sqrt{3}}{3} a$

6. (B)。 $20 \times 108 \times 10 + 40 \times 36 \times 40$

$= [20 \times 108 + 40 \times 36] \overline{Z}$

$\overline{Z} = 22$

7. (C)。 $36 \times 3 \times 20 \times 10 + 40 \times 36 \times 40$

$= [36 \times 3 \times 20 + 40 \times 36] C_1$

$\Rightarrow C_1 = 22$

$M = \dfrac{15 \times 2}{4} = 7.5 \text{(kN-m)}$

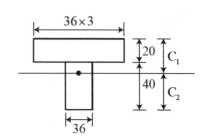

$$I=\frac{1}{3}\times36\times38^3+\frac{1}{3}\times108\times22^3-\frac{1}{3}\times72\times2^3=1041600(mm)$$

$$\sigma_B=\frac{My}{I}\times3=\frac{7.5\times10^6\times22}{1041600}=475.2(MPa)$$

8. **(A)**。　$P_{cr}=\dfrac{\pi EI}{(0.7L_1)^2}=\dfrac{\pi^2 EI\times2}{(2L_2)^2}$

$$\Rightarrow\frac{L_2}{L_1}=0.495$$

9. **(B)**。　$\dfrac{20}{d}=\dfrac{500}{200}\Rightarrow d=8(cm)$

10. **(C)**。　$\alpha\Delta TL=\dfrac{PL}{EA}\Rightarrow P=EA\alpha\Delta T$

11. **(B)**。　$\varepsilon_A=\dfrac{1}{E}[\sigma_y-\nu(\sigma_x+\sigma_z)]$

$$=\frac{1}{200\times10^3}[-60-0.3(-40-20)]$$

$$=-2.1\times10^{-4}$$

$$\delta_y=-2.1\times10^{-4}\times300=-0.063(mm)$$

12. **(C)**。　$\dfrac{150\times10^3\times1\times10^3}{E\times10\times10^2}=0.8\Rightarrow E=187500(MPa)$

$$G=\frac{E}{2(1+\nu)}=75000MPa=75(GPa)$$

13. **(A)**。

$$\theta = \frac{P \times (\frac{L}{2})^2}{2EI}$$

$$(\delta_D)_n = \frac{L}{2} \times \theta = \frac{PL^3}{16EI}$$

14. (D)。 $\frac{1}{EI}[\frac{1}{2} \times L \times R_B L \times \frac{2}{3}L - \frac{1}{3} \times \frac{W}{8}L^2 \times \frac{L}{2} \times (\frac{L}{2} \times \frac{3}{4} + \frac{L}{2})]$

$\Rightarrow R_B = \frac{7WL}{128}$

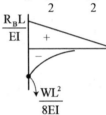

15. (B)。 $\sigma_x = -100$，$\sigma_y = -60$，$\tau_{xy} = -30$

$\tau_{max} = \sqrt{(\frac{-100+60}{2})^2 + (-30)^2} = 36.1(MPa)$

16. (B)。 $\frac{\pi^2 EI}{L^2}$

17. (A)。

$\circlearrowright \Sigma M_C = 0 \Rightarrow R_A \times 24 - 20 \times 16 + 2 \times 8 \times 4$

18. (D)。

共 3 根

19. (C)。　$M_1(x)=\dfrac{P}{2}x$ ，$M_2(x)=\dfrac{P}{2}x-P(x-\dfrac{L}{2})$

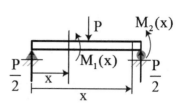

$$L_1=\int_0^{\frac{L}{2}}\dfrac{M_1^{\,2}(x)dx}{2EI}+\int_{\frac{L}{2}}^{L}\dfrac{M_2^{\,2}(x)dx}{2EI}$$

$$=\int_0^{\frac{L}{2}}\dfrac{(\dfrac{P}{2}x)^2 dx}{2EI}+\int_{\frac{L}{2}}^{L}\dfrac{[\dfrac{P}{2}x-P(x-\dfrac{L}{2})]^2}{2EI}dx$$

$$=\dfrac{P^2L^3}{96EI}$$

20. (D)。

$R_A=9$

$$9=\dfrac{1}{2}\times 9\times 6\times(\dfrac{x}{9})^2\Rightarrow x=5.2(m)$$

21. (C)。　$I_y=\dfrac{1}{12}\times 25\times 300^3+[\dfrac{1}{12}\times 100\times 25^3+25\times 100\times 87.5^2]\times 2=94791666.67$

22. (D)。

S.C.（剪力中心）

T 型斷面剪力中心

23. (C)。　$J_t=\dfrac{\pi}{2}[r^4-(r+\dfrac{t}{2})^4]=\dfrac{\pi rt}{2}[4r^2+t^2]$

24. **(A)**。

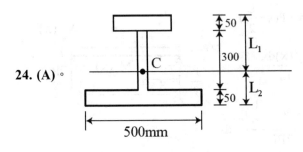

$$\frac{L_1}{L_2}=\frac{5}{3}\Rightarrow L_1=250-L_2=150$$

b×50×225+30×200×100=500×50×125+30×100×50

$$\Rightarrow b=238(mm)$$

25. **(B)**。

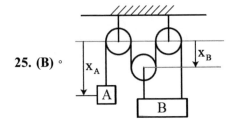

$$x_A+3x_B=\ell$$

$$\dot{x}_A+3\dot{x}_B=0$$

$$\dot{x}_B=2(m/s)\downarrow$$

26. **(A)**。　$\tau=\dfrac{4V}{3A}=\dfrac{3V'}{2A}$

$$V'=\frac{8}{9}V$$

27. **(D)**。　$P=mv\Rightarrow$動能$=\dfrac{1}{2}mv^2=\dfrac{P^2}{2m}$

28. **(A)** 。　$\tau=\dfrac{16T}{\pi d^3}=\dfrac{16\times500\times10^3}{\pi\times50^3}=20.37(MPa)$

$\varepsilon_a=\varepsilon_x-\varepsilon_A=-\varepsilon_a$

$\dfrac{\gamma}{2}=\dfrac{\varepsilon_x-\varepsilon_y}{2}\sin90°\Rightarrow\gamma=678\times10^{-6}$

$\tau=Gr\Rightarrow G=\dfrac{20.37}{678\times10^{-6}}=30046(MPa)=30(GPa)$

29. **(B)** 。　$\sigma=\dfrac{300\times10^3}{5\times4}+\dfrac{300\times10^3\times2.5}{\frac{1}{12}\times4\times5^3}+\dfrac{200\times10^3\times2}{\frac{1}{12}\times5\times4^3}$

$=48000(Pa)=48(kPa)$

30. **(B)** 。　$R_B\times L=2P\times\dfrac{3}{4}L+5P\times\dfrac{L}{4}$

$\Rightarrow R_B=\dfrac{11}{4}P$

31. **(C)** 。　$k_1=\dfrac{GJ_1}{L_1}$　　$k_2=\dfrac{GJ_2}{L_1}$

$\dfrac{1}{k}=\dfrac{1}{k_1}+\dfrac{1}{k_2}=\dfrac{k_1+k_2}{k_1k_2}$

$\Rightarrow k=\dfrac{k_1k_2}{k_1+k_2}=\dfrac{GJ_1J_2}{J_1L_2+J_2L_1}$

32. **(D)** 。　取 AB 之 F.B.D

$\circlearrowleft\Sigma M_A=0\Rightarrow-F_B\times\cos45°\times6-F_B\times\sin45°\times3+8\times1.5=0$

$\Rightarrow F_B=1.89(kN)$

$\Sigma F_y=0\Rightarrow A_y=8-1.89\times\sin45°=6.67$

33. (C)。　$\dfrac{1}{4}\pi\times4^2\times\dfrac{4\times4}{3\pi}=\dfrac{1}{2}\times4\times4\times\dfrac{1}{3}\times4+[\dfrac{\pi}{4}\times4^2-\dfrac{1}{2}\times4\times4]x_C$

$\Rightarrow x_C=2.336=y_C$

$\Rightarrow x_C+y_C=4.672$

34. (B)。　$\Sigma M_B=0\Rightarrow T_0\times8=15\times30\times15$

$\Rightarrow T_0=843.75$

$T=\sqrt{843.75^2+(15\times30)^2}=956.25(N)$

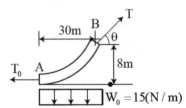

35. (D)。　$\Sigma M_D=0$

$S_{IH}\times6=15\times8\Rightarrow S_{IH}=-20$

故 $S_{IH}=20(kN)$壓力

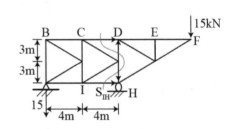

36. (D)。　$\Sigma M_A=0$

$200\times10=T\times4+\dfrac{4}{5}T\times8\Rightarrow T=192.3(N)$

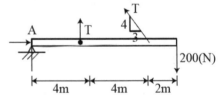

37. (A)。　$x=3$ 時 $W=1.5$

$M=\dfrac{1}{3}\times3\times1.5\times\dfrac{1}{4}\times3=1.125(kN\text{-}m)$

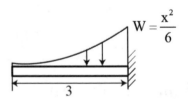

38. (A)。　$\begin{cases}F_1\times\dfrac{3}{5}=F_2\times\cos30°\Rightarrow F_1=1.44F_2\text{——(1)}\\[2mm]F_1\times\dfrac{4}{5}+F_2\times\sin30°=W\text{——(2)}\end{cases}$

由(1)(2)　$1.15F_1=W$，若 $F_1=100(N)$

$W=115(N)$

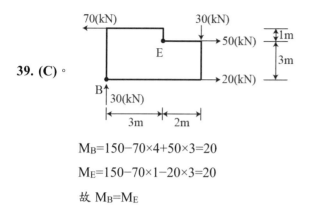

39. (C)。

$M_B=150-70\times4+50\times3=20$

$M_E=150-70\times1-20\times3=20$

故 $M_B=M_E$

40. (C)。

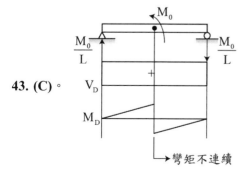

$F=0.5\times8\times9.8=39.2(N)$

41. (B)。

$W=\dfrac{3}{8}=0.375(rad/s)$

42. (B)。　力的可傳性：力沿作用力之作用線移動不改變其外效應

43. (C)。

44. (B)。 由牛頓第二運動定律

$2T-100\times9.8=-100a$——(1)

$T-20\times9.8=20\times2a$——(2)

由(1)(2) $a=3.27$

$V_B=3.27\times2\times2=13.1(m/s)$

45. (D)。 $\dfrac{20t}{4.9t^2}=\dfrac{4}{5}\Rightarrow t=5.1$

$\dfrac{20t}{R}=\dfrac{4}{3}\Rightarrow R=76.5(m)$

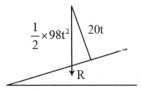

46. (A)。 $20\times9.8\times0.5=[\dfrac{1}{12}\times20\times3^2+20\times0.5^2]\alpha$

$\alpha=4.9(rad/s^2)$

47. (B)。 由功能原理

$-0.2\times[10+3\times9.8-100\sin20°]\times S+100\cos20°\times S$

$=\dfrac{1}{2}\times3\times10^2$

$\Rightarrow S=1.61(m)$

48. **(D)** 。

$0=[5V_A+2V_B]–[5\times2–2\times5]$

$\Rightarrow5V_A+2V_B=0$——(1)

$\Rightarrow e=0.5=-\dfrac{V_A-V_B}{2-(-5)}$

$\Rightarrow V_A-V_B=-3.5$——(2)

由(1)(2)　$V_B=2.5$

49. **(C)** 。　由動量衝量原理

$0.02\times800=0.30V'\Rightarrow V'=50$

$\dfrac{1}{2}\times(0.32)\times50^2=\dfrac{1}{2}\times100\times\delta^2\Rightarrow\delta=28.3(m)$

50. **(B)** 。　$\mu mg=m\dfrac{v^2}{r}\Rightarrow r=\dfrac{v^2}{\mu g}$

111年 關務三等

一、圖結構於 A、B、C 處設置鉸支承，D、E、F 處則設置鉸接點，結構尺寸配置如圖所示。今分別於 D 點、E 點、F 點施加載重 6P、2P、2P，試求在此外力作用下，支承 A、支承 B、支承 C 處之反力（A_X，A_Y）、（B_X，B_Y）、（C_X，C_Y）之大小及方向。

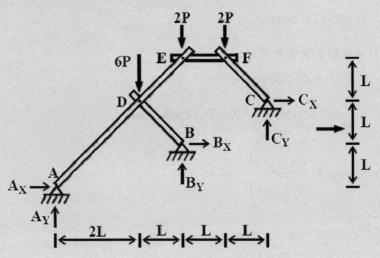

解 （一）取 FC 之 F.B.D

$\Sigma M_C = 0$

$S_{EF} = 2P$

$\overset{+}{\rightarrow} \Sigma F_x = 0$

$\Rightarrow C_x = 2P(\leftarrow)$，$C_y = 2P(\uparrow)$

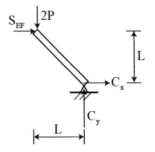

(二) 取 ADE 之 F.B.D

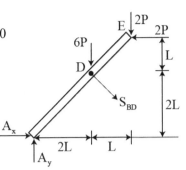

$\mathrel{\reflectbox{G}}\ \Sigma M_A=0$

$2P \times 3L - 6P \times 2L - S_{BD} \times 2\sqrt{2}L - 2P \times 3L = 0$

$\Rightarrow S_{BD} = -3\sqrt{2}P$

故 $B_x=3P(\rightarrow)$，$B_y=3P(\downarrow)$

$\xrightarrow{+}\ \Sigma F_x=0$

$A_x - 2P - 3\sqrt{2}P \times \dfrac{\sqrt{2}}{2} = 0$

$A_x=5P(\rightarrow)$

$+\uparrow \Sigma F_y=0$

$A_y - 6P - 2P + 3\sqrt{2}P \times \dfrac{\sqrt{2}}{2} = 0$

$A_y=5P(\uparrow)$

二、圖為一個均質的細長桿件 AB，桿件長度為 L、桿件重量為 W，光滑的牆面及地面與桿件 AB 的接觸點均無摩擦力。將桿件垂直立於牆面，桿件 AB 與牆面的夾角 θ 為零度，此時將桿件於靜止狀態釋放而滑動，當桿件 AB 與垂直牆面的夾角 θ 為 45°時，試求此時桿件 AB 的角速度 ω 及角加速度 α、桿件 A 點與牆面間的反力 R_A 及 B 點與地面間的反力 R_B。

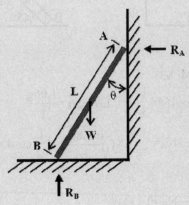

解 (一) 由功能原理

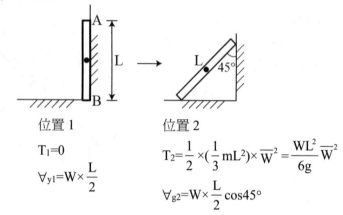

位置 1

$T_1 = 0$

$\forall_{y1} = W \times \dfrac{L}{2}$

位置 2

$T_2 = \dfrac{1}{2} \times (\dfrac{1}{3}mL^2) \times \overline{W}^2 = \dfrac{WL^2}{6g}\overline{W}^2$

$\forall_{g2} = W \times \dfrac{L}{2}\cos 45°$

由功能原理

$W \times \dfrac{L}{2} = \dfrac{WL^2}{6g}\overline{W}^2 + W \times \dfrac{L}{2}\cos 45°$

$\Rightarrow \overline{W} = \sqrt{\dfrac{0.88g}{L}}$

(二) 由牛頓第二運動定律

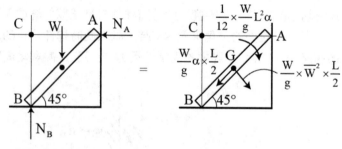

$\Sigma M_C = (\Sigma M_C)_{eff}$

$W \times \dfrac{L}{2} \times \cos 45° = \dfrac{1}{3}(\dfrac{W}{g})L^2\alpha \Rightarrow \alpha = \dfrac{1.06g}{L}$

$\Sigma F_x = ma_x \Rightarrow N_A = \dfrac{-W}{g} \times (\sqrt{\dfrac{0.88g}{L}})^2 \times \dfrac{L}{2}\cos 45° + \dfrac{W}{g} \times (\dfrac{1.00g}{L}) \times \dfrac{L}{2}\sin 45°$

$= 0.064W$

$\Sigma F_y = ma_y \Rightarrow N_B = 0.314W$

三、圖為一個 L 形之實心且均質的圓棒，AB 段的長度為 L_1、BC 段長度為
　　L_2，圓棒的直徑為 D、半徑為 r，於圓棒 A 端形心處施加一個垂直載重
　　P。已知垂直載重 P=200kgf、直徑 D=20cm、長度 L_1=100cm、長度
　　L_2=50cm，試求固定端 C 處之 a 點（位於 Y 軸上）及 b 點（位於 X 軸
　　上）的最大主應力。

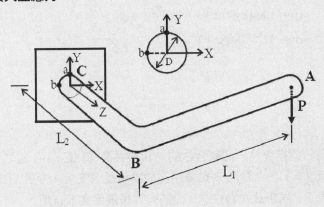

解　(一) 內力分析

　　　　M_z=200×100=20000(kg-cm)=T

　　　　M_x=200×50=10000(kg-cm)

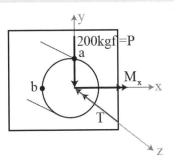

　　(二) a 點分析

　　　　$\sigma=\dfrac{32M_x}{\pi D^3}=12.73(kg/cm^2)$

　　　　$\tau_T=\dfrac{16T}{\pi D^3}=12.73(kg/cm^2)$

　　　　主應力$\sigma_{1,2}=\dfrac{\sigma}{2}\pm\sqrt{(\dfrac{\sigma}{2})^2+\tau^2}$

　　　　$\Rightarrow\sigma_1=20.59(kg/cm^2)$

　　　　$\sigma_2=-7.86(kg/cm^2)$

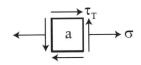

(三) b點分析

$$\tau=\tau_T-\tau_P=12.73-\frac{4}{3}\times\frac{200}{\frac{\pi}{4}\times 20^2}=11.88(kg/cm^2)$$

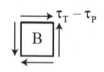

$\sigma_1=11.88(kg/cm^2)$

$\sigma_2=-11.88(kg/cm^2)$

四、圖為一個複合柱,此複合柱的 AB 段具有 EI 值、BC 段之 EI 值則為無限大(∞),A 點及 B 點分別為鉸支承及滾支承。今於 C 端點施加軸向壓力 P,試求此複合柱 AB 段的有效長度係數 K_{AB} 值。

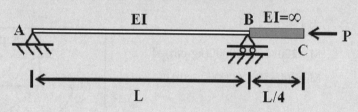

解 (一)

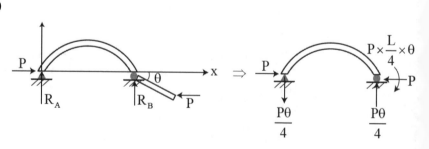

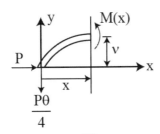

$$M(x) = -Pv - \frac{P\theta}{4}x = EIv''$$

$$EIv'' + pv = -\frac{P\theta}{4}x \Rightarrow v'' + \frac{P}{EI}v = \frac{-P}{EI} \times \frac{\theta x}{4}$$

$$令 \beta^2 = \frac{P}{EI} , \quad v'' + \beta^2 v = -\beta^2 \frac{\theta}{4}x$$

(二) $v = L_1\cos\beta x + L_2\sin\beta x - \frac{\theta}{4}x$ 　由邊界條件

$x=0$ 　$v=0 \Rightarrow C_1=0$

$x=L$ 　$v=0 \Rightarrow C_2(\sin\beta L) - \frac{\theta}{4}L = 0 \Rightarrow C_2 = \frac{L\theta}{4\sin\beta L}$

$v' = [\frac{L\theta\beta}{4\sin\beta L}(\cos\beta x)] - \frac{\theta}{4} \Rightarrow x=L$ 時 $v'(L) = \theta$

$\Rightarrow \frac{\beta L}{5} = \tan\beta L \Rightarrow$ 由試誤法 $\beta L = 3.79$

$\Rightarrow P_{cr} = \beta^2 EI = \frac{\pi^2 EI}{(0.828L)^2} \Rightarrow k = 0.828$

111 年｜高考三級

一、如圖所示由三根桿件所構成之空間桁架，桿件端點都是球窩接頭（ball-and-socket joints），在 D 點之作用力 F=(135i+200j−180k)kN。試求在 ED 桿件之反力大小及說明其為張力或壓力。

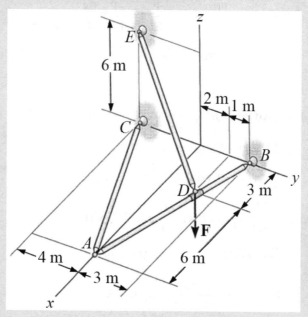

解　(一) $\overline{AC} = -9\vec{i} - 4\vec{j} + 0\vec{k}$

$\Rightarrow \overline{e_{AC}} = -0.9138\vec{i} - 0.406\vec{j}$

$\overline{DE} = -3\vec{i} - 6\vec{j} + 6\vec{k}$

$\Rightarrow \overline{e_{DE}} = -0.33\vec{i} - 0.66\vec{j} + 0.66\vec{k}$

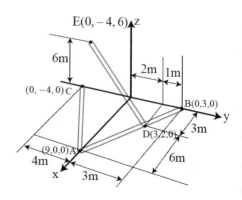

(二) 取 AB 之 F.B.D

$\overrightarrow{BD}=3\vec{i}-1\vec{j}$

$\overrightarrow{BA}=9\vec{i}-3\vec{j}$

$\Sigma\overrightarrow{M_B}=\overrightarrow{BD}\times\overrightarrow{F}+\overrightarrow{BD}\times\overrightarrow{F_{DE}}+\overrightarrow{BA}\times\overrightarrow{F_{AC}}=0$

$=(+180-0.66F_{DE}+0)\vec{i}+(540-1.98F_{DE}+0)\vec{j}+(735+2.31F_{DE}-6.3954F_{AC})\vec{k}$

$\Rightarrow180-0.66F_{DE}=0\Rightarrow F_{DE}=270(kN)$拉力

二、如圖所示，有一繩索末端繫有一質量 m 之質點，另一端則繞在一半徑為 R 之圓柱上。在時間 t=0 時，質點之初始速度為 v_0，且繩索繃緊之初始長度為 L_0。若繩索與質點都假設於水平面上，且除繩索之張力 T 外，並無其他外力作用，試求繩索張力 T 隨角度 θ 之改變關係函數式。

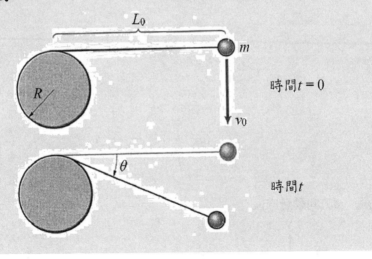

時間$t=0$

時間t

解 (一) $r=L_0-R\theta$

$V=(L_0-R\theta)\dot{\theta}$

由功能原理

$\dfrac{1}{2}mV^2=\dfrac{1}{2}mV_0^2$

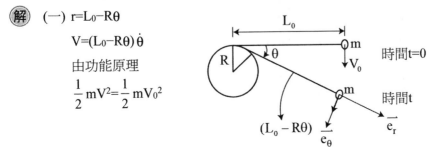

(二) 由牛頓第二運動定律

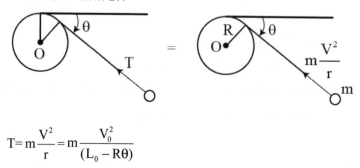

$$T = m\frac{V^2}{r} = m\frac{V_0^2}{(L_0 - R\theta)}$$

三、如圖所示，有一 1kg 質量之圓球 A 在水平面上以 10m/s 之速度撞擊一 2m 長、4kg 質量之靜止桿件 B。若撞擊後球黏著於桿件上（即恢復係數為 0），試求撞擊後桿件之角速度。

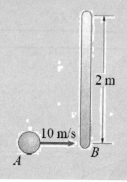

解 x 方向動量守恆

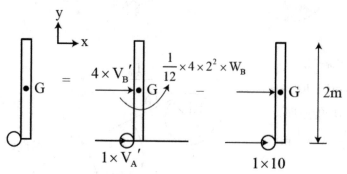

$1V_A'+4V_B'=1\times10$—(1)

$(HG)_2=(HG)_1$

$1V_A'\times1+\dfrac{1}{12}\times4\times2^2\times W_B=1\times10\times1$—(2)

$e=0=-\dfrac{V_A'-[V_B'+W_B\times1]}{10-0}$

$\Rightarrow-V_A'+V_B'+W_B=0$—(3)

由(1)(2)(3)

$W_B=3.75(rad/s)$

$V_A'=5(m/s)$

$V_B'=\dfrac{5}{4}(m/s)$

四、如圖所示之鋼軸（G=75GPa）由直徑為 80mm 實心圓桿所組成，軸 B 端為完全固定，而 A 端有 0.005rad 之餘隙，即可自由轉動 0.005rad 後就固定。軸上 C、D 處分別承受圖中所示之外力扭矩，且於 D 點處承受 750N·m 之外加扭矩，試求軸內之最大扭轉剪應力。

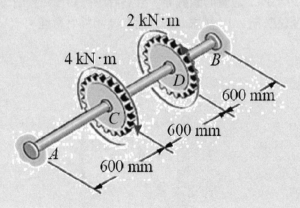

解 (一) 內力分析

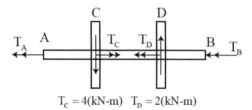

$$T_C = 4(kN\text{-}m) \quad T_D = 2(kN\text{-}m)$$

$4-2-T_A-T_B=0$

$T_{AC}=T_A-T_{CD}=4000-T_A$、$T_{BD}=2000-T_A$

(二) 變形分析

$\phi_{A/B}=\phi_{A/C}+\phi_{C/D}+\phi_{D/B}$

$$\Rightarrow 0.005=\frac{-T_A \times 0.6 + (4000-T_A)\times 0.6 + (2000-T_A)\times 0.6}{\frac{\pi}{2}\times 0.04^4 \times [75\times 10^9]}$$

$\Rightarrow T_A=1162.24(N\text{-}m) \Rightarrow T_B=838(N\text{-}m)$

$$\tau_{max}=\frac{T_{CD}r}{J}=\frac{16\times(4000-1162.24)\times 10^3}{\pi\times 80^3}=28.22(MPa)$$

五、如圖吊架吊掛重物 C 質量為 500kg，其中桿件 AB 為鋼製（E=207GPa）之實心圓截面，且設計時針對預防挫曲（buckling）失效的安全係數為 2.0，試求此桿件設計時所需之直徑。

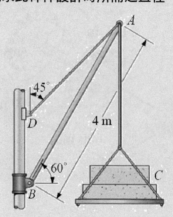

(一) 取 A 之 F.B.D

$\xrightarrow{+}$ ΣFₓ=0

$F_B\cos60°=F_D\cos45°$

$F_D=\dfrac{\sqrt{2}}{2}F_B$

+↑ ΣF_y=0

$F_B\sin60°-F_D\sin45°-500\times9.8=0$

$F_B=13387.04(N)$、$F_D=9466.07(N)$

(二) $\dfrac{\pi^2 EI}{L^2}=\dfrac{\pi^2\times207\times10^3\times\dfrac{\pi}{64}d^4}{(4\times10^3)^2}=13387.04\times2$

$\Rightarrow d=45.46(mm)$

111年 地特三等

一、如圖所示，一質量為 20kg 的滑塊靜止放在斜面上，斜面的靜摩擦係數為 0.3，若施加一拉力 T 在滑塊上，使滑塊保持靜止不動，求 T 大小為多少？

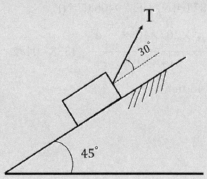

解 (一) 假設滑塊向上

$\Sigma F_y=0$

$N-20\times9.8\times\cos45°+T\sin30°=0$—(1)

$\Sigma F_x=0$

$T\cos30°-20\times9.8\times\sin45°-0.3N=0$—(2)

由(1)(2)

$T=177.33(N)$

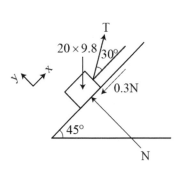

(二) 假設滑塊向下

$T\cos30°-20\times9.8\times\sin45°+0.3N=0$—(3)

由(1)(3)

$T=135.49(N)$

故 $135.49<T<177.33(N)$　滑塊保持不動

二、如圖所示，一質量為 100kg 的滑塊放置於 A 點且平貼於光滑斜面上，
圖中水平地面之磨擦係數 f_s 為 0.2，且在 C 點放置一彈簧，其彈簧係數
k_s 為 200N/m。若滑塊從 A 點靜止釋放後滑下斜面，假設滑塊在運動過
程中緊貼斜面與水平地面，並於水平地面滑行。請問滑塊是否會撞上
彈簧？若有撞上彈簧，試求彈簧最大壓縮距離？（假設滑塊與彈簧撞
擊時，過程為完全非彈性碰撞，恢復係數 e=0）

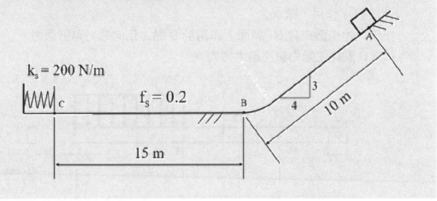

(解)

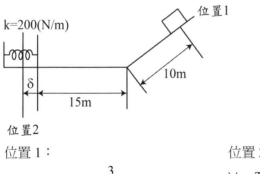

位置 1：

$\forall_{g1}=100\times9.8\times10\times\dfrac{3}{5}=5880(J)$

$T_1=0$

位置 2：

$\forall_{g2}=T_2=0$

$\forall_{e2}=\dfrac{1}{2}\times200\times\delta^2$

由功能原理　$U_{1\to 2}=\Delta(T+\forall)$

$-0.2\times100\times9.8\times(15+\delta)=\dfrac{1}{2}\times200\times\delta^2-5880$

$\Rightarrow\delta=4.53(m)$

三、 有一樑如圖所示，在 C 點受 6kN·m 彎矩作用，以及在 BE 段受到一均佈負載 w 作用，試求：

(一) 與水平面夾角 60°斜面上作用於 D 點之正向應力與剪應力。

(二) D 點之主應力與主應力方向。

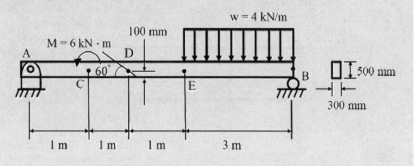

解 (一) 內力分析

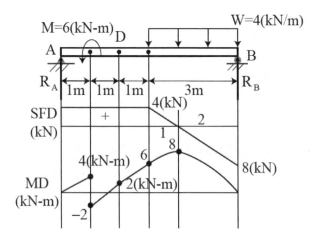

$\oplus$ $\Sigma M_A=0$

$R_B\times6-4\times3\times4.5+6=0\Rightarrow R_B=8(kN)$

$R_A=4(kN)$

D 點應力分析

$\sigma=\dfrac{My}{I}=\dfrac{2\times10^6\times250}{\dfrac{1}{12}\times300\times500^3}=0.16(MPa)$

$\Rightarrow\sigma_x=0.16(MPa)$

$\tau=\dfrac{VQ}{Ib}=\dfrac{4\times10^3\times[300\times100\times200]}{\dfrac{1}{12}\times300\times500^3\times300}$

$=0.0256(MPa)\Rightarrow\tau_{xy}=-0.0256(MPa)$

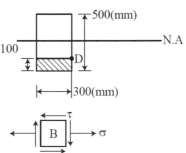

$\sigma_{30°}=\dfrac{0.16}{2}+\dfrac{0.16}{2}\cos60°-0.0256\times\sin60°=0.098(MPa)$

$\tau_{30°}=-\dfrac{0.16}{2}\sin60°-0.0256\times\cos60°=-0.082(MPa)$

(二) 主應力 $\sigma_{1,2}=\dfrac{\sigma_x+\sigma_y}{2}\pm\sqrt{(\dfrac{\sigma_x-\sigma_y}{2})^2+\tau_{xy}^2}\Rightarrow\begin{cases}\sigma_1=0.164(MPa)\\ \sigma_2=-4\times10^{-3}(MPa)\end{cases}$

$\tan(2\theta_P)=\dfrac{-0.0256}{\dfrac{0.16}{2}}\Rightarrow\theta_P=-8.87°$

四、有一滑車在軌道上直線移動如圖所示,當滑車行駛至 P 點,此時滑車之速度 v=8m/s,加速度 a=1.5m/s²,OP 之距離 r=30m,θ=135°,請問此瞬間之 $\dot{r}$、$\ddot{r}$、$\dot{\theta}$ 與 $\ddot{\theta}$ 為多少?

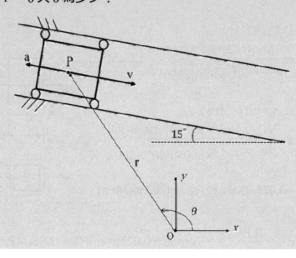

解

$\vec{V} = \dot{r}\vec{e}_r + r\dot{\theta}\vec{e}_\theta = (-8\cos30°)\vec{e}_r + (-8\sin30°)\vec{e}_\theta$

故 $\begin{cases} \dot{r} = -8\cos30° = -6.928(m/s) \\ \dot{\theta} = -0.133(rad/s) \end{cases}$

$\vec{a} = (\ddot{r} - r\dot{\theta}^2)\vec{e}_r + (r\ddot{\theta} + 2\dot{r}\dot{\theta})\vec{e}_\theta = (1.5\cos30°)\vec{e}_r + (1.5\sin30°)\vec{e}_\theta$

$\Rightarrow \ddot{r} - 30 \times (-0.133)^2 = 1.5 \times \cos30° \Rightarrow \ddot{r} = 1.83(m/s^2)$

$r\ddot{\theta} + 2\dot{r}\dot{\theta} = 1.5 \times \sin30° \Rightarrow \ddot{\theta} = -0.0364(rad/s^2)$

五、如圖所示，一長方體放在兩固定剛體平板中間，若施加一集中力
　　200kN 在長方體上，試求長方體 x 方向應變為多少？（長方體彈性模數
　　E 為 200GPa，蒲松比 v=0.32）

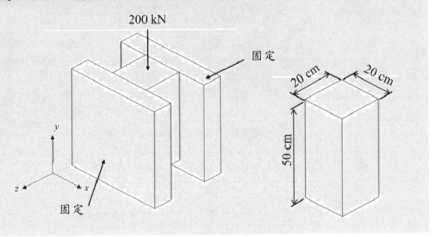

解 $\sigma_y = -\dfrac{200 \times 10^3}{200 \times 200} = -5(\text{MPa})$，$\sigma_x = 0$

由廣義虎克定律

$\varepsilon_z = 0 \Rightarrow \varepsilon_z = 0 = \dfrac{1}{E}[\sigma_z - v(\sigma_x + \sigma_y)]$

$\sigma_z = v\sigma_z = -1.6(\text{MPa})$

$\varepsilon_x = \dfrac{1}{E}[\sigma_x - v(\sigma_y + \sigma_z)] = \dfrac{1}{200 \times 10^3} \times [-0.32 \times (-5 - 1.6)] = 1.056 \times 10^{-5}$

Note

一試就中，升任各大
國民營企業機構
高分必備，推薦用書

2B251121	捷運法規及常識(含捷運系統概述) 👑 榮登博客來暢銷榜	白崑成	560元
2B321121	人力資源管理(含概要)	陳月娥、周毓敏	590元
2B351101	行銷學(適用行銷管理、行銷管理學) 👑 榮登金石堂暢銷榜	陳金城	550元
2B421121	流體力學（機械）‧工程力學（材料）精要解析	邱寬厚	650元
2B491121	基本電學致勝攻略　　　👑 榮登博客來暢銷榜	陳新	690元
2B501131	工程力學(含應用力學、材料力學) 👑 榮登金石堂暢銷榜	祝裕	630元
2B581111	機械設計(含概要)　　👑 榮登金石堂暢銷榜	祝裕	580元
2B661121	機械原理(含概要與大意)奪分寶典	祝裕	630元
2B671101	機械製造學(含概要、大意)	張千易、陳正棋	570元
2B691121	電工機械(電機機械)致勝攻略	鄭祥瑞	590元
2B701111	一書搞定機械力學概要	祝裕	630元
2B741091	機械原理(含概要、大意)實力養成	周家輔	570元
2B751111	會計學(包含國際會計準則IFRS) 👑 榮登金石堂暢銷榜	歐欣亞、陳智音	550元
2B831081	企業管理(適用管理概論)	陳金城	610元
2B841121	政府採購法10日速成	王俊英	590元
2B851121	8堂政府採購法必修課：法規+實務一本go！ 👑 榮登博客來、金石堂暢銷榜	李昀	500元
2B871091	企業概論與管理學	陳金城	610元
2B881121	法學緒論大全(包括法律常識)	成宜	650元
2B911111	普通物理實力養成	曾禹童	590元
2B921101	普通化學實力養成	陳名	530元
2B951101	企業管理(適用管理概論)滿分必殺絕技	楊均	600元

以上定價，以正式出版書籍封底之標價為準

歡迎至千華網路書店選購
服務電話(02)2228-9070
千華網路書店

更多網路書店及實體書店
博客來網路書店　　PChome 24hr書店　　三民網路書店
MOMO 購物網　　金石堂網路書店　　誠品網路書店
查詢實體書店

一試就中，升任各大
國民營企業機構
高分必備，推薦用書

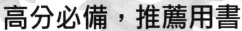

題庫系列

2B021111	論文高分題庫	高朋 尚榜	360元
2B061101	機械力學(含應用力學及材料力學)重點統整＋高分題庫	林柏超	430元
2B091111	台電新進雇員綜合行政類超強5合1題庫	千華 名師群	650元
2B171121	主題式電工原理精選題庫	陸冠奇	530元
2B261121	國文高分題庫	千華	530元
2B271121	英文高分題庫　　　　👑榮登金石堂暢銷榜	德芬	570元
2B281091	機械設計焦點速成＋高分題庫	司馬易	360元
2B291111	物理高分題庫	千華	530元
2B301121	計算機概論高分題庫	千華	550元
2B341091	電工機械(電機機械)歷年試題解析	李俊毅	450元
2B361061	經濟學高分題庫	王志成	350元
2B371101	會計學高分題庫	歐欣亞	390元
2B391121	主題式基本電學高分題庫	陸冠奇	600元
2B511121	主題式電子學(含概要)高分題庫	甄家灝	550元
2B521091	主題式機械製造(含識圖)高分題庫	何曜辰	510元

2B541131	主題式土木施工學概要高分題庫	林志憲	近期出版
2B551081	主題式結構學(含概要)高分題庫	劉非凡	360元
2B591121	主題式機械原理(含概論、常識)高分題庫 👑 榮登金石堂暢銷榜	何曜辰	590元
2B611111	主題式測量學(含概要)高分題庫　👑 榮登金石堂暢銷榜	林志憲	450元
2B681111	主題式電路學高分題庫	甄家灝	450元
2B731101	工程力學焦點速成＋高分題庫	良運	560元
2B791121	主題式電工機械(電機機械)高分題庫	鄭祥瑞	560元
2B801081	主題式行銷學(含行銷管理學)高分題庫	張恆	450元
2B891131	法學緒論(法律常識)高分題庫	羅格思 章庠	570元
2B901111	企業管理頂尖高分題庫(適用管理學、管理概論)	陳金城	410元
2B941121	熱力學重點統整＋高分題庫 👑 榮登金石堂暢銷榜	林柏超	470元
2B951131	企業管理(適用管理概論)滿分必殺絕技	楊均	近期出版
2B961121	流體力學與流體機械重點統整＋高分題庫	林柏超	470元
2B971111	自動控制重點統整＋高分題庫	翔霖	510元
2B991101	電力系統重點統整＋高分題庫	廖翔霖	570元

以上定價，以正式出版書籍封底之標價為準

千華會員享有最值優惠!

立即加入會員

會員等級	一般會員	VIP 會員	上榜考生
條件	免費加入	1. 直接付費 1500 元 2. 單筆購物滿 5000 元	提供國考、證照相關考試上榜及教材使用證明
折價券	200 元	500 元	
購物折扣	·平時購書 9 折 ·新書 79 折 (兩周)	·書籍 75 折　·函授 5 折	
生日驚喜		●	●
任選書籍三本		●	●
學習診斷測驗(5科)		●	●
電子書(1本)		●	●
名師面對面			

facebook

公職 · 證照考試資訊

專業考用書籍 | 數位學習課程 | 考試經驗分享

千華公職證照粉絲團

按讚送E-coupon

Step1. 於FB「千華公職證照粉絲團」按讚
Step2. 請在粉絲團的訊息,留下您的千華會員帳號
Step3. 粉絲團管理者核對您的會員帳號後,將立即回贈e-coupon 200元。

千華 Line@ 專人諮詢服務

☑ 有疑問想要諮詢嗎?歡迎加入千華LINE@!

☑ 無論是考試日期、教材推薦、勘誤問題等,都能得到滿意的服務。

☑ 我們提供專人諮詢互動,更能時時掌握考訊及優惠活動!

國家圖書館出版品預行編目(CIP)資料

(國民營事業)工程力學(含應用力學、材料力學)/祝裕編著. -- 第十一版. -- 新北市：千華數位文化股份有限公司, 2023.07

　　面；　　公分

ISBN 978-626-337-897-1(平裝)

1.CST: 工程力學

440.13　　　　　　　　　　112011115

[國民營事業]

工程力學(含應用力學、材料力學)

編 著 者：祝 裕

發 行 人：廖 雪 鳳
登 記 證：行政院新聞局局版台業字第 3388 號
出 版 者：千華數位文化股份有限公司
地址／新北市中和區中山路三段 136 巷 10 弄 17 號
電話／ (02)2228-9070　傳真／ (02)2228-9076
郵撥／第 19924628 號　千華數位文化公司帳戶
千華公職資訊網：http://www.chienhua.com.tw
千華網路書店：http://www.chienhua.com.tw/bookstore
網路客服信箱：chienhua@chienhua.com.tw

法律顧問：永然聯合法律事務所
編輯經理：甯開遠
主　　編：甯開遠
執行編輯：廖信凱
校　　對：千華資深編輯群
排版主任：陳春花
排　　版：翁以倢

出版日期：2023 年 7 月 15 日　　第十一版／第一刷

本書如有勘誤或其他補充資料，
將刊於千華公職資訊網　http://www.chienhua.com.tw
歡迎上網下載。

[國民營事業]

工程力學(含應用力學、材料力學)

編 著 者:施昭炫

發 行 人:楊榮川
公 司:五南圖書出版股份有限公司
地 址:106台北市大安區和平東路二段339號4樓
電 話:(02)2705-5066 傳 真:(02)2706-6100
劃 撥 帳 號:01068953
戶 名:五南圖書出版股份有限公司
網 址:http://www.wunan.com.tw
電子郵件:wunan@wunan.com.tw

出版日期:2023年7月15日   第十一版一刷